贾浩梅 / 编著

PS App UI 设计从零开始学

清华大学出版社
北 京

内 容 简 介

本书使用理论知识与操作案例相结合的教学方式，通过39个实际设计案例介绍了App UI设计基础、App UI光影设计、App UI字体设计、App UI简约ICON设计、App UI三维ICON设计、App UI多样图形设计、App UI控件设计、App UI基础界面设计、App UI导航列表设计等内容。为方便读者使用本书，编者还为本书录制了教学视频，读者扫码本书的二维码即可直接观看，大幅提高学习效率。

本书由一线设计师精心编撰，图文并茂，步骤详尽，实例丰富，尤其适合想从事UI设计的新手快速上手，也可以作为培训机构或大专院校相关专业的教学用书。

图书在版编目（CIP）数据

PS App UI设计从零开始学/贾浩梅编著. —北京：清华大学出版社，2022.1
ISBN 978-7-302-59861-9

Ⅰ. ①P… Ⅱ. ①贾… Ⅲ. ①移动终端－人机界面－程序设计②图像处理软件
Ⅳ. ①TN929.53②TP391.413

中国版本图书馆CIP数据核字（2022）第003399号

责任编辑： 王金柱
封面设计： 王 翔
责任校对： 闫秀华
责任印制： 曹婉颖
出版发行： 清华大学出版社
网　　址： http://www.tup.com.cn，http://www.wqbook.com
地　　址： 北京清华大学学研大厦A座　　**邮　　编：** 100084
社 总 机： 010-62770175　　**邮　　购：** 010-62786544
投稿与读者服务： 010-62776969，c-service@tup.tsinghua.edu.cn
质量反馈： 010-62772015，zhiliang@tup.tsinghua.edu.cn
印 装 者： 三河市铭诚印务有限公司
经　　销： 全国新华书店
开　　本： 190mm×260mm　　**印　　张：** 14.5　　**字　　数：** 391千字
版　　次： 2022年2月第1版　　**印　　次：** 2022年2月第1次印刷
定　　价： 79.80元

产品编号： 089892-01

前　言

通常意义上，UI 是 User Interface 的缩写。其中，Interface 的前缀 Inter 的意思是“在一起、交互”，而翻译成中文“界面”之后，“交互”的概念没能得到体现。

UI 是指人与信息交互的媒介，它是信息产品的功能载体和典型特征。UI 作为系统的可用形式而存在，比如以视觉为主体的界面，强调的是视觉元素的组织和呈现。这是物理表现层的设计，每一款产品或者交互形式都以这种形态出现的，包括图形、图标、色彩、文字设计等，用户通过它们使用系统。在这个层面，UI 可以理解为 User Interface，即用户界面，这是 UI 作为人机交互的基础层面。

本书采用新版 Photoshop CC（不限于此版本）制作和讲解，Photoshop 作为目前非常流行的一款设计软件，凭借其强大的功能和易学易用的特性，深受广大设计师喜爱。

本书汇集编者在手机 App 界面设计中的丰富经验，详细讲解 App 手机界面设计知识，从写实到新潮，从质感到流行，从图标到整体商业案例系统，手把手教用户 App 界面创意设计，帮用户轻松打开手机 App 界面设计这扇窗，自由自在地翱翔在手机 App 界面设计的蓝天上。

通过阅读本书，读者可以快速了解以下内容：

- 快速认识并了解 UI 设计。
- 快速掌握图标制作基础。
- 学会制作写实 App 图标。
- 快速掌握 iOS 新潮扁平风的设计技法。
- 学会质感 App 的表现手法。
- 熟练掌握个性字体设计的方法。
- 掌握手机 App 界面商业案例设计技巧。

本书内容全面、结构清晰、实例新颖，采用理论知识与操作案例相结合的教学方式，向用户介绍不同类型元素的处理和表现手法以及手机 App UI 界面设计所需的基础知识和操作技巧，实用性较强，确保用户能够理解并掌握相应的功能与操作，为入职 UI 设计岗位奠定良好基础。

本书的配书资源

为方便读者使用本书，本书提供了全部 39 个案例的教学视频与素材文件。

读者只需扫码本书各章案例的二维码即可直接观看教学视频，对于新手来说，可减少学习中的困惑，大幅提高学习效率。

本书的素材文件按章分类，对应各章案例，读者在上机练习时可以直接调用，十分方便，扫码下述二维码可以下载素材文件。如果有疑问，请联系 booksaga@163.com，邮件主题写“PS App UI 设计从零开始学”。

由于编者水平有限，加上时间仓促，书中难免有一些不足之处，欢迎同行和读者批评指正。

编者

2021 年 1 月

目　录

CHAPTER 01

第1章 App UI设计基础

本章导读

智能手机与以往的功能手机的最大不同在于，它像计算机一样，拥有独立的操作系统，可由用户自行安装第三方应用程序，简称App。这些App通常都会拥有操作界面，或称之为用户界面，即UI（User Interfact），UI设计就是指这些界面设计。本章首先介绍App UI设计基础、设计理论及一些设计技巧，以便为后续的App设计打好基础。

关键知识点

- App UI设计概念
- App UI设计风格
- App UI界面布局
- App UI设计要求
- 学习App UI配色
- App UI设计流程
- 设计案例

1.1 App UI 设计概述

1.1.1 什么是UI设计

UI（User Interface，用户界面）指人和机器互动过程中的界面，以手机为例，手机上的界面都属于用户界面，我们通过这个界面向手机发出指令，手机根据指令产生相应的反馈。设计这套界面视觉的人就称为UI设计师，一般来说，我们把在PC端从事网页设计的人称为WUI（Web User Interface）设计师或者网页设计师，在移动端从事移动设计的人称为GUI（Graphics User Interface）设计师，如图1-1所示。

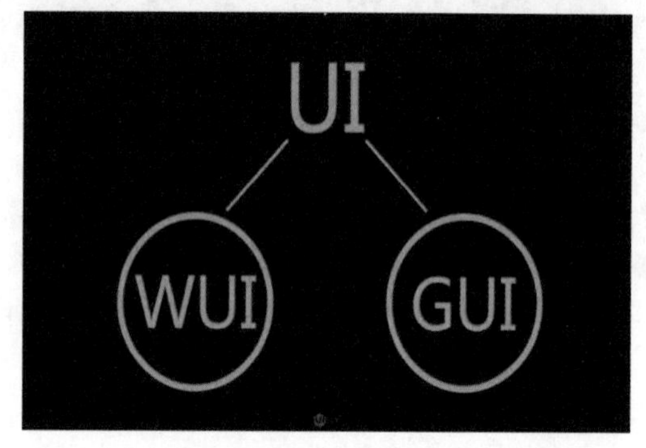

图1-1 UI、WUI和GUI

UI设计是指对软件的人机交互、操作逻辑、界面美观的整体设计。好的UI设计不仅要让软件变得有个性、有品位，还要让软件的操作变得舒适、简单、自由，充分体现软件的定位和特点。

与之对应，UI设计师的职能大体包括三方面：一是图形设计，即传统意义上的“美工”，当然，实际上他们承担的不是单纯意义上美术工人的工作，而是软件产品的“外形”设计；二是交互设计，主要包括设计软件的操作流程、树状结构、操作规范等，一个软件产品在编码之前需要做的就是交互设计，并且要确立交互模型和交互规范；三是用户测试/研究，这里所谓的“测试”，其目标在于测试交互设计的合理性及图形设计的美观性，主要通过目标用户问卷的形式衡量UI设计的合理性。如果没有这方面的测试研究，UI设计的好坏只能凭借设计师的经验或者领导的审美来评判，这样就会给企业带来极大的风险。

1.1.2 什么是App UI设计

上一节大概了解了UI设计的定义，这一节我们真正走进移动UI设计即App UI设计。

1. 什么是App

App是英文Application的简称，指运行在手机系统上的应用程序软件，比较著名的App商店有Apple的iTunes商店，Android的Android Market，诺基亚的Ovi Store，还有Blackberry用户的BlackBerry App World，以及微软的应用商城。目前主流智能手机的操作系统还是iOS和Android，其他智能手机系统份额非常小，可以忽略不计，所以我们只需要掌握这两种系统的应用界面设计即可。

2. App的开发流程

UI设计只是整个应用开发的一个环节，想更好地展开设计工作，设计人员还需要了解App开发和维护的整个流程，参考图1-2所示。

从图中的流程可以知道，设计一个App的流程应包括商务沟通、原型策划、UI设计、程序开发、测试、上线及后期维护这7个过程。

- 商务沟通（Product Manager）：一般负责收集需求、整理需求等工作，需要根据产品的生命周期协调设计、研发和测试及运营，最终产出低保真的原型说明文档（也就是线框图），表达产品的流程、逻辑、布局、视觉效果和操作状态等。
- 原型策划（User Experience Design）：继续深入这个低保真原型，一般由企业产品经理承担这个工作。如果有专门的交互设计，更多地会考虑用户流程、信息框架、交互细节和页面元素等。有些企业会让其做出高保真的原型，高保真原型是无限接近最终效果图的线框图，表达产品的流程、逻辑、布局、视觉效果和操作状态等。
- UI设计（User Interface）：拿到无论是低保真还是高保真原型图，我们要做的不仅是美化界面，需要对原型有深入的了解，了解整个页面的逻辑，从全局的角度来做视觉设计。好的UI不仅能让产品变得有个性、有品位，还能让产品操作变得舒适、简单、自由，充分体现产品的定位和特点，最终产出物是各种图片、界面标注和界面切图。

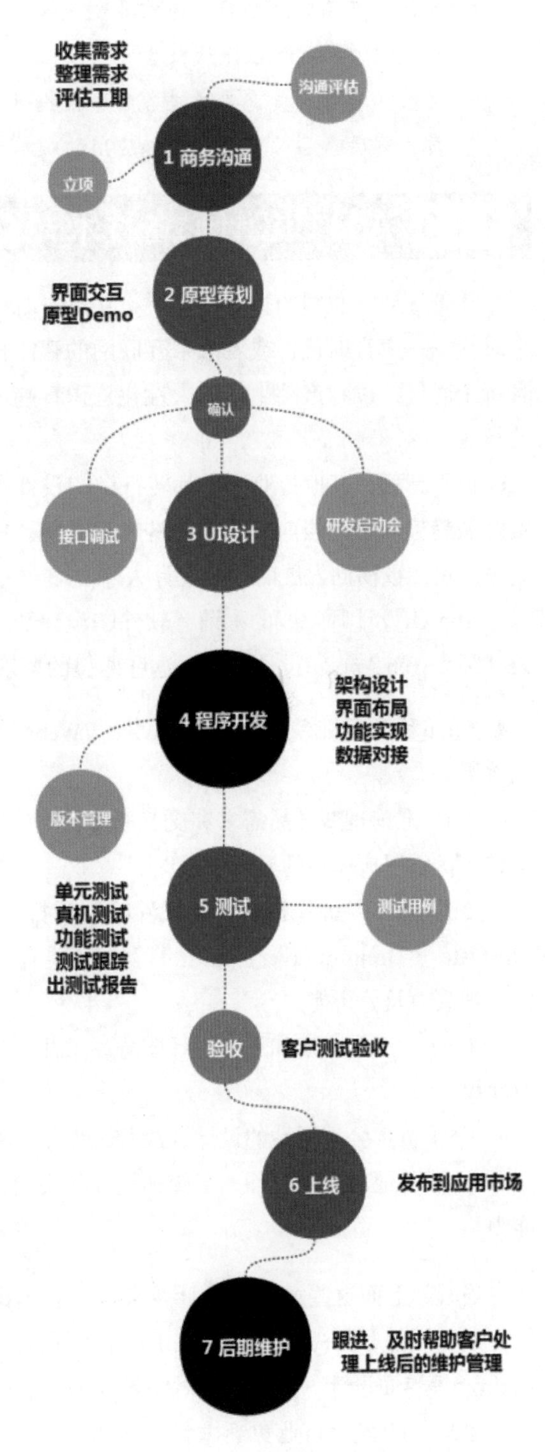

图1-2 App开发和维护的整个流程

- 程序开发：程序员根据设计图搭建界面，根据产品提供的功能说明文档开发功能，最终产出物是可使用的应用。

- 测试：产品完成之后，还需要测试人员测试应用，主要分为单元测试、真机测试、功能测试、测试跟踪和出测试报告。
- 运营：运营人员需要通过各种手段提升应用的人气，同时把用户反馈的问题提供给产品人员，然后产品人员再次发起应用的版本迭代。

1.1.3 App UI设计必备技术

随着移动互联网的智能化发展，从点击时代发展到触摸时代，再到预言互联网智能化的第三个时代——声音时代，或者未来互联网的智能化时代——体感时代。用户体验至上理念始终贯穿着每个时代，以致产品生产的人性化意识日趋增强，用户界面设计师便成为人才市场上十分紧俏的行业。

由于高薪，其他行业人员都转行做UI设计，直到今年网络消息报UI行业就业趋势下滑。其实就发展趋势来看，当前行业依然是热潮时期，只不过招人单位更理性，对UI设计岗位的人员要求更高，更注重横向发展的行业设计人才。

App UI设计师一般的称谓有软件UI设计师/工程师、iOS App设计师、App UI设计师、移动UI设计师和Web App UI设计师等。这些职位的要求大同小异，我们先来看前些年的要求：

（1）移动手机客户端软件及WAP与Web网站的美术创意、UI界面设计，把握软件的整体及视觉效果。

（2）准确理解产品需求和交互原型，配合工程师进行手机软件及WAP、Web界面优化，设计出具有优质用户体验的界面效果图。

（3）熟练掌握手机客户端软件UI制作技术，能够熟练使用各种设计软件（例如Photoshop、Illustrator、Dreamweaver、Flash等）。还要有优秀的用户界面设计能力，对视觉设计、色彩有敏锐的观察力及分析能力。

（4）为产品推广和形象设计服务，关注所负责的产品设计动向，为产品提供专业的美术意见及建议。

（5）负责公司网站的设计、改版、更新，对公司的宣传产品进行美工设计。

（6）其他与美术设计、多媒体设计相关的工作，与设计团队充分沟通，推动提高团队的设计能力。

当看到上面这些App UI设计要求时，会让我们想到网页美工的任职要求。其实，它们之间大体上是相同的，唯一的区别就在于App UI设计针对的是移动手机客户端的界面设计，包括iOS、Android等界面设计。这是之前对UI设计师的认识。

但是，UI设计行业更新太快，优秀产品层出不穷，需求技能不断在更新，同时流行的设计风格也在不断变化，如果自己不去学习新技能，不去尝试新的设计风格、新的工具、新的创作方法，说不定哪天你擅长的设计风格或者工具就被淘汰了。所以，作为设计师，除了要对自己的技能和个人能力进行加强外，设计师对未来设计趋势的了解也决定了你的高度与发展可能。

那么，作为一个App UI设计师，究竟需要掌握哪些技术呢？

1. 基本软件操作和设计规范理解能力

Adobe公司的部分软件是UI设计师必须会的，如Adobe Photoshop、Adobe Illustrator、Adobe AfterEffects。Sketch是近几年来设计界常用的UI界面设计软件，非常好用且适应现在的设计趋势，尤其适合设计师职能不细分的中小团队和个人作品的制作，线框到视觉稿可以在一个软件里完成，能省去不少时间。不时地去关注行业内使用的一些小插件等，比如Size Marks、Sympli、Cutterman、像素大厨标你妹等，有了一些小插件后，你会发现工作效率比平时提高好几倍，如图1-3所示。

图1-3 小插件

根据交互设计及产品规划完成产品（iOS、Android、Web平台App及网站）相关的用户界面视觉设计，熟知各手机端的基本设计规范，以Android和iOS平台为主，还有电视端、iWatch、iPad等，都需要UI设计师去关注并了解其基本设计规范和原则，比如Android设计规范中的点9切图、适配、标注dp等相关内容，iOS平台设计原则、尺寸、适配、切图。

2. 沟通能力

沟通能力是当前从事UI设计行业的一项非常重要的技能，是软件设计开发人员和产品最终实现交互的桥梁和纽带，UI设计师如果不具备良好的沟通和理解能力，就无法撰写出优秀的指导性原则和规范，无法体现出自己对于开发人员和客户的双重价值，也就无法完成其本职工作。另外，出于设计师职业的特点，设计师的作品可能会经过一次又一次的修改才能够被委托人通过，因此作品被委托人拒绝需要返工的时候，要不急、不气，保持平和的情绪，这不是每个人都可以做到的。

3. 设计审美能力

从用户的角度来考虑，用户觉得美，用着舒适，才是好的产品，要理解用户的这种需求，UI设计师需要具备一定的审美能力。

审美不是天生的，没有人天生就有出类拔萃的审美能力，作为一个产品设计师需要多学、多看、多想。

4. 产品思维能力

产品思维能力给设计师为正确的人打造正确的产品功能等方面带来了优势。它有助于设计师整体上理解产品的用户体验，而不仅仅是在交互和视觉的细节功能点上钻牛角尖。同时，它可确保设计师真正的解决用户问题，从而降低做无用功的风险。无论何时，我们在开始创建产品功能时，产品思维是做出正确决定的力量。

从产品角度思考，确保设计师为正确的人设计正确的产品功能，解决用户真正的问题。它使设计师做出正确的决策，是打造“用户所需”的成功产品的基础。产品思维可以让产品管理和体验设计人员建立卓有成效的合作关系，携手做出更好的产品，如图1-4所示。

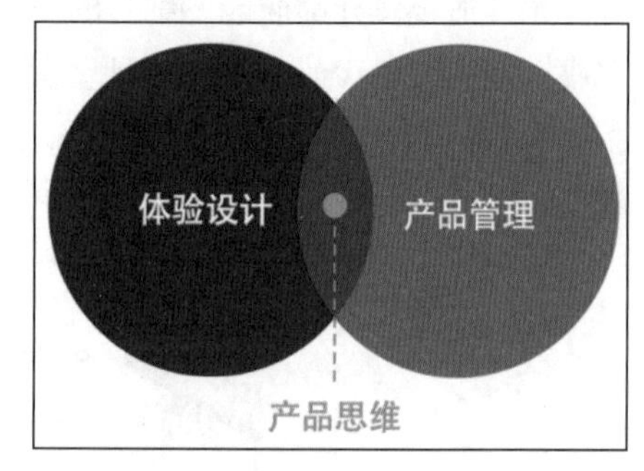

图1-4 产品思维

技术是最基础的，UI设计师必备的技能其实就是软件技能，因此本书针对App UI设计，依托Photoshop教大家如何成为一名合格的App UI设计师。

1.2 Photoshop 软件的基本操作

Photoshop（简称PS）是一款功能强大可运行于Windows与Mac OS等操作系统上的图像处理软件，作为UI设计师，只有掌握该软件的使用才能发挥自己的灵感，创作出用户喜欢的App UI。本书以Windows为平台介绍Photoshop。

1.2.1 安装、卸载、启动和退出Photoshop

1. 安装

获取Photoshop安装程序Setup.exe后，执行该程序，按照安装引导程序一步一步操作，依据安装询问输入相应内容即可完成Photoshop的安装。

2. 卸载Photoshop

在“我的电脑→控制面板”窗口双击“添加/删除程序”命令，打开“添加/删除程序”窗口，选择Photoshop，单击“删除”按钮，开始卸载程序，完毕即可。

3. 启动Photoshop

（1）执行Windows 桌面上的“开始→程序→Adobe Photoshop”命令。

（2）待Photoshop启动画面结束后，就会打开Photoshop的操作界面，所有对图像文件的操作将在这里完成。

4. 退出Photoshop

当不需要使用Photoshop时，可以使用以下任何一种方法退出Photoshop。

（1）执行菜单栏的“文件→退出”命令，或单击Photoshop窗口右上角的关闭按钮，就会关闭所有打开的图像窗口并退出Photoshop程序。

（2）双击标题栏左端的程序图标。

（3）按Alt+F4组合键或Ctrl+Q组合键（若文件没有存储，将会提示询问用户是否存储文件），根据需要来选择是否保存或取消此次操作，如图1-5所示。

图1-5 保存或取消此次操作

1.2.2 图形图像文件的基本操作

启动Photoshop程序之后，就可以在软件中对图形图像文件进行操作。本小节先介绍常用操作，包括新建图像文件、保存新文件、打开和关闭图像文件、置入图像等操作。

1. 创建新图像文件

启动程序后，若要编辑一个图像文件，首先需要创建一个符合目标应用领域的新图像文件，其操作步骤如下：

01 执行“文件→新建”命令或按Ctrl+N组合键。

注 意

按住Ctrl键同时双击Photoshop工作区也可以打开“新建”对话框。

02 打开如图1-6所示的“新建文档”对话框，设置各项参数。

- 文件名称：输入新文件的名称。若不输入，则系统默认名为“未标题-1”。
- 尺寸预设：选择一个图像预设尺寸大小。例如选择F4，则在“宽度”和“高度”列表框中将显示预设的尺寸值。
- 宽度：设置新文件的宽度。

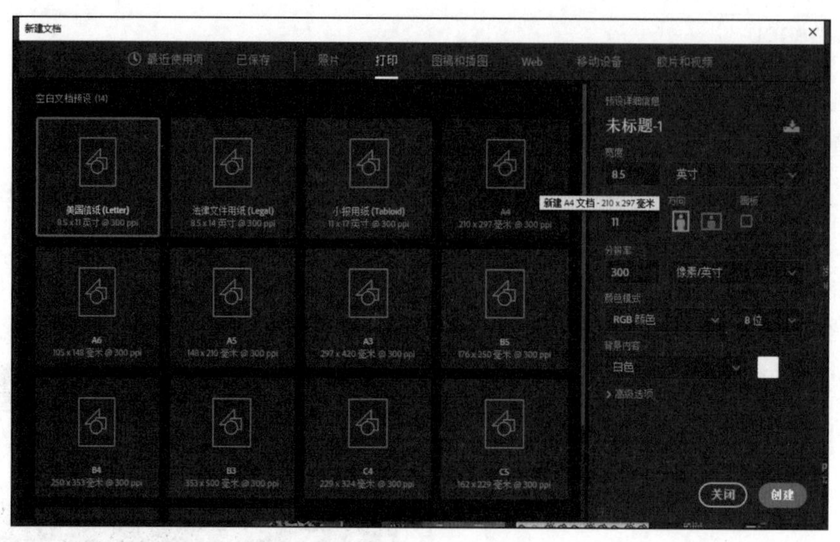

图1-6 “新建文档”对话框

- 高度：设置新文件的高度。
- 分辨率：设置新文件的分辨率。

注 意

输入前要确定文件尺寸的单位，表示图像大小的单位有“像素”“英寸”“厘米”“点”“派卡”和“列”，表示分辨率的单位有“像素/英寸”和“厘米/英寸”。

- 颜色模式：设置新文件的色彩模式，指定位深度，确定可使用颜色的最大数量。通常采用RGB色彩模式，8位/通道。
- 背景内容：设置新文件的背景层颜色，可以选择“白色”“背景色”和“透明”三种，当选择“背景色”选项时，新文件的颜色与“工具箱”中背景颜色框中的颜色相同。
- 高级选项：该选项用来设置颜色概况和像素比率，是Photoshop新增的功能。

2. 打开和关闭图像文件

在使用Photoshop编辑已有文件时需要打开文件，打开文件的方法主要有以下两种：

（1）执行“文件→打开”命令或按Ctrl+O组合键。

（2）在Photoshop桌面的空白区域双击。

弹出“打开”对话框，选择一个图像文件，再单击“打开”按钮（或双击所要打开的文件），即可打开图像文件，如图1-7所示。

图1-7 “打开”对话框

若要同时查看或打开多个文件，可执行“文件→浏览”命令或按Ctrl+Shift+O组合键，打开“文件浏览器”对话框，选择一个或多个目标文件打开。

当对图像编辑完成后，可将当前文件关闭，或关闭所有文件。

（1）执行“文件→关闭”命令或按 Ctrl+W组合键或 Ctrl+F4组合键关闭当前文件。

（2）执行“文件→关闭全部”命令或按Ctrl+Alt+W组合键关闭当前打开的所有文件。

3. 存储图像文件

存储文件的命令包括存储、存储为、存储为Web所用格式等，每个命令可以保存成不同的文件。

（1）“存储”命令

执行“文件→存储”命令，或按Ctrl+S组合键。如果当前文件从未保存过，将打开如图1-8所示的“存储为”对话框；如果是至少保存过一次的文件，则直接保存当前文件修改后的信息，而不会出现“存储为”对话框。

图1-8　“存储为”对话框

（2）“存储为”命令

执行“文件→存储为”命令，或按Ctrl+Shift+S组合键，也会弹出“存储为”对话框，在此对话框中以不同位置、不同文件名或不同格式存储原来的图像文件，可用选项根据所选取的具体格式而有所改变。

注　意

（1）在Photoshop中，如果选取的格式不支持文件的所有功能，对话框底部将出现一个警告。如果看到了此警告，建议以Photoshop格式或支持所有图像数据的另一种格式存储文件的副本。

（2）在Photoshop的各种对话框中，按Alt+Backspace键，复位修改的参数值，单击“复位”按钮可以将各种设置还原为系统默认值。

（3）存储为Web所用格式

执行“文件→存储为Web所用格式”命令或按Ctrl+Alt+Shift+S组合键，将打开如图1-9所示的“存储为Web所用格式”对话框，可以直接将当前文件保存成HTML格式的网页文件。

图1-9 “存储为Web所用格式”对话框

4. 新建文件

新建并生成名为“平面设计.psd”的文件，操作步骤如下。

01 启动程序，执行“文件→新建”命令，弹出“新建”对话框，输入名称“平面设计”，如图1-10所示。

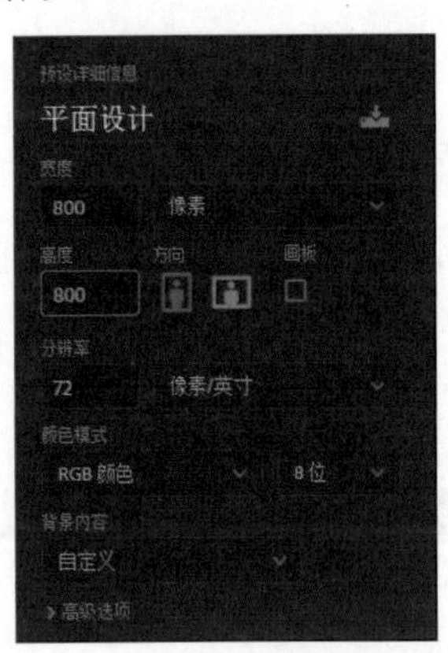

图1-10 输入名称“平面设计”

02 在“宽度”和“高度”后的下拉列表框中选择“像素”，然后在文本框中输入宽度及高度值，在“分辨率”文本框中输入分辨率，如图1-11所示。

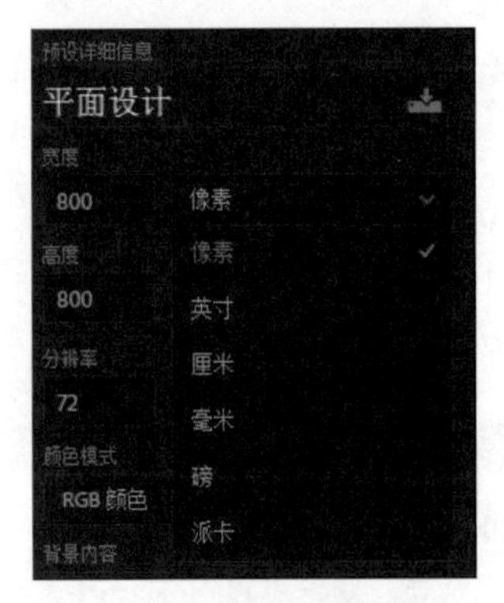

图1-11 设置各项参数

03 在“背景内容”下拉列表框中选择“透明”选项，单击“确定”按钮，如图1-12所示。

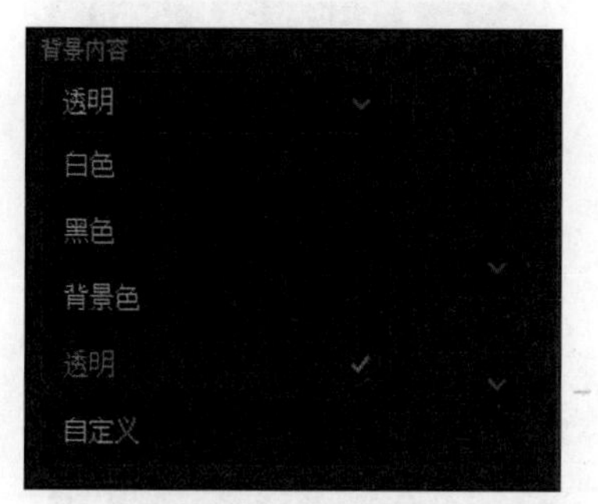

图1-12 选择“透明”

04 创建了一个空白文档，再执行“文件→存储为”命令，如图1-13所示。

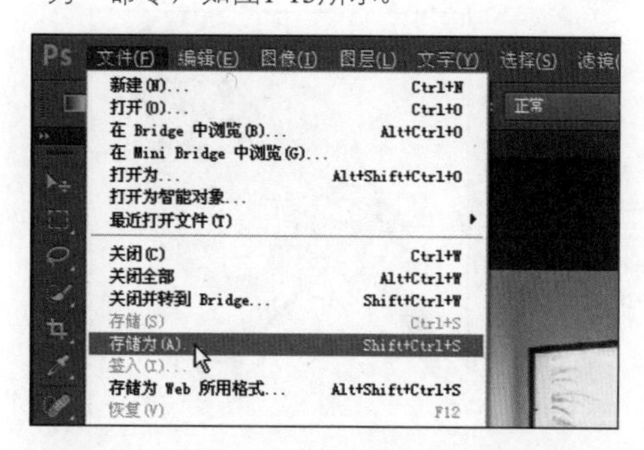

图1-13 保存空白文档

05 弹出“存储为”对话框，指定保存位置，输入文件名称，文件类型默认为PSD格式，单击“保存”按钮即可，如图1-14所示。

图1-14 “存储为”对话框

5. 恢复图像文件

恢复图像文件是指将当前图像恢复到其最后一次存储时的状态。文件恢复有一个前提条件是：要恢复的文件至少被保存过一次，而且被修改的信息尚未被保存。执行“文件→恢复”命令恢复图像文件。

6. 置入图像文件

Photoshop是一个位图软件，但它也支持矢量图的导入，可以将矢量图软件制作的图形文件（如Adobe Illustrator软件制作的*.ai图形文件、*.pdf和*.eps等格式的文件）导入Photoshop中，操作步骤如下：

01 打开或创建一个要导入图形的图像文件。

02 执行“文件→置入”命令，打开 “置入”对话框，设定各项参数后单击“置入”按钮，矢量图形就被插入图像文件中，如图1-15所示，同时在“图层”面板中将增加一个新图层，如图1-16所示。

图1-15 插入矢量图形

图1-16 增加一个新图层

1.3 Photoshop 系统界面调整

前面讲到了如何启动程序，启动之后进入程序的主界面，这正是设计师日常的工作界面。为使界面更适合自己的工作特点，可对这个工作界面进行调整。

1.3.1 界面组成

在打开Photoshop后，将会出现如图1-17所示的界面，与其他的图形处理软件的操作界面基本相同，主要包括菜单栏、工具选项栏、工具箱、图像窗口、控制面板等。

图1-17 Photoshop的操作界面

1. 菜单栏

菜单栏包含各类操作命令，同一类操作命令包含在同一下拉菜单中，下拉菜单中的命令如果显示为黑色，表示此命令目前可用，如果显示为灰色，则表示此命令目前不可用。Photoshop根据图像处理的各种要求将所有的功能分类后，分别放在10个菜单中，如图1-18所示。它们分别为文件、编辑、图像、图层、文字、选择、滤镜、视图、窗口及帮助菜单。

Ps　文件(F)　编辑(E)　图像(I)　图层(L)　文字(Y)　选择(S)　滤镜(T)　视图(V)　窗口(W)　帮助(H)

图1-18　菜单栏

在每个菜单名称下方都有相关的命令，因此菜单中包含Photoshop的大部分命令操作，大部分功能都可以在菜单的使用中得以实现。一般情况下，一个菜单中的命令是固定不变的，但是有些菜单可以根据当前环境的变化适当添加或减少命令。

2. 工具选项栏

工具选项栏位于菜单的下方，主要用于设置各工具的参数。工具选项栏的选项会根据操作工具的不同而有所不同。如图1-19所示为选择“椭圆工具”时工具栏的显示。

图1-19　工具选项栏

3. 工具箱

工具箱是Photoshop的一大特色，也是Adobe开发软件的独特之处，工具箱中除了包含各种操作工具外，还可以对文件窗口进行控制、设置在线帮助以及切换到Imageready等。工具箱位于操作界面的左侧，如图1-20所示，其有单栏和双栏两种形式，单击工具箱左上角的三角图案，即可进行两种形式的切换。

对于工具箱中的工具，直接单击该工具按钮即可使用。如果工具按钮右下方有一个黑色小三角，则表示该工具按钮中还有隐藏的工具，右击工具按钮就可以和弹出的工具组中的其他工具进行切换。将鼠标移动到工具按钮上并稍停片刻，就会显示工具的名称，后面的字母即为该工具的组合键，如图1-21所示。

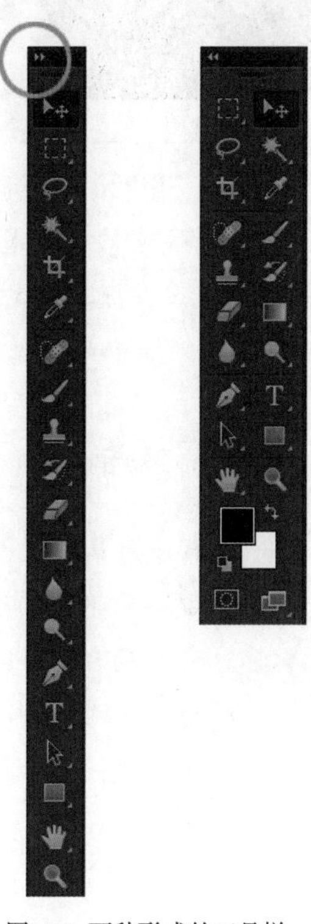

图1-20　两种形式的工具栏

注　意

按住Alt键的同时单击工具按钮，也可以直接实现工具的切换。或者在工具按钮上按住鼠标左键不放，也可以弹出其他工具。

套索组合工具

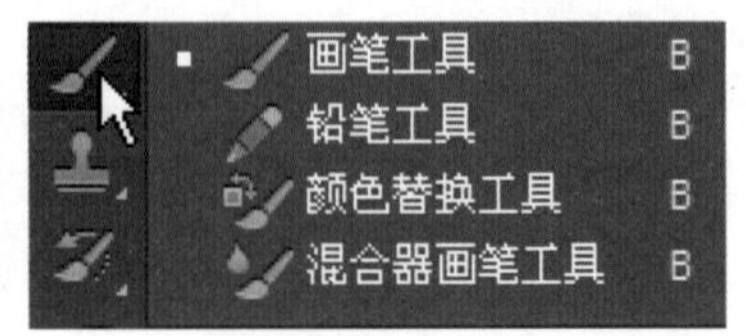

画笔组合工具

图1-21 套索工具和画笔工具

工具箱的上半部分为编辑图像用的工具，下半部分还包括“前景色/背景色控制”工具、“以快速蒙版模式编辑/以标准模式编辑”工具以及“更改屏幕模式”工具。

- “前景色/背景色控制”工具用于设定前景色和背景色，单击色彩控制框将出现“拾色器”对话框，如图1-22所示。用户可以从中选取颜色作为前景色或背景色。单击按钮或按X键则可以将前景色和背景色互换。拾色器也可以对素材中已有的色彩进行吸取，如图1-23所示，用吸管吸取向日葵花瓣上某一处的色彩，则拾色器的颜色也被自动选择为相对应的同一种颜色。

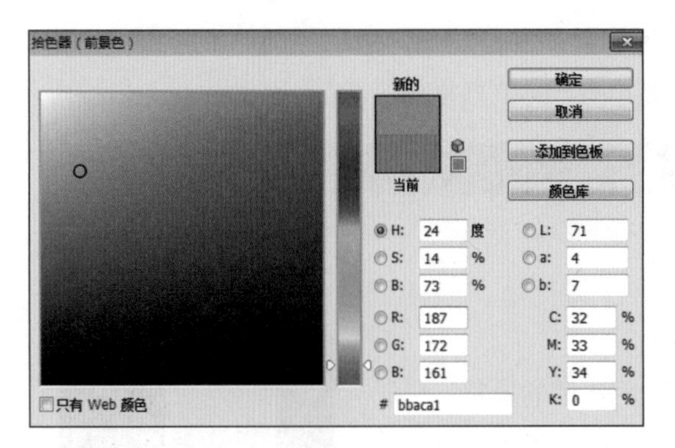

图1-22 “拾色器”对话框

图1-23 用拾色器吸取素材的颜色

- “以快速蒙版模式编辑/以标准模式编辑”工具其实是一个按钮，单击即可在两种状态下切换，“标准模式”可以使用户脱离快速蒙板状态，“快速蒙板模式”允许用户轻松地创建、观察和编辑选择区域。按Q键可在这两种状态中切换。
- “更改屏幕模式”工具包括3种模式，直接单击按钮即可切换，或在按钮上按住鼠标左键不放，如图1-24所示。

  ◆ 标准屏幕模式：默认状态下的模式。
  ◆ 带有菜单栏的全屏模式：能够将可用的屏幕全部扩充为使用区域。
  ◆ 全屏模式：同样能将可用的屏幕全部扩充为使用区域，但不包括开始功能表。

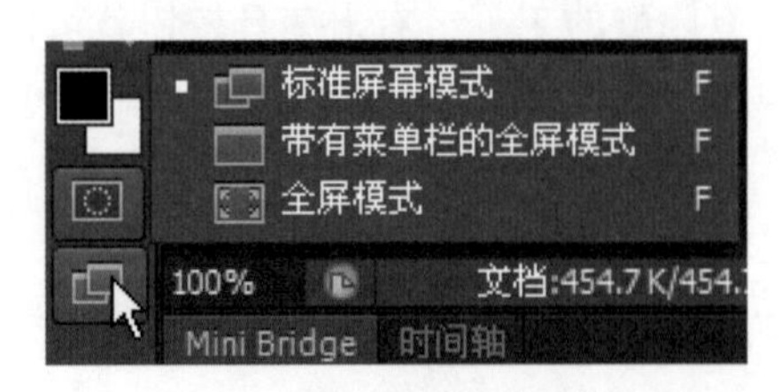

图1-24 更改屏幕模式

4. 图像窗口

图像窗口是指显示图像的区域，也是编辑和处理图像的区域，比如对图像区域的选择、改变图像的大小等，如图1-25所示。

图像窗口包括标题栏、最大化按钮、最小化按钮、滚动条以及图像显示区等几个部分。通过这些按钮可以调整窗口。

图1-25 图像操作窗口

5. 控制面板

控制面板是Photoshop中最灵活、最好用的工具，它能够控制各种参数的设置，而且设置起来非常直观，并且颜色的选择以及显示图像处理的过程和信息也能在控制面板中体现，如图1-26所示。控制面板左侧的按钮是一些隐藏的控制面板，单击后即可显示出来，如图1-27所示。

图1-26 控制面板

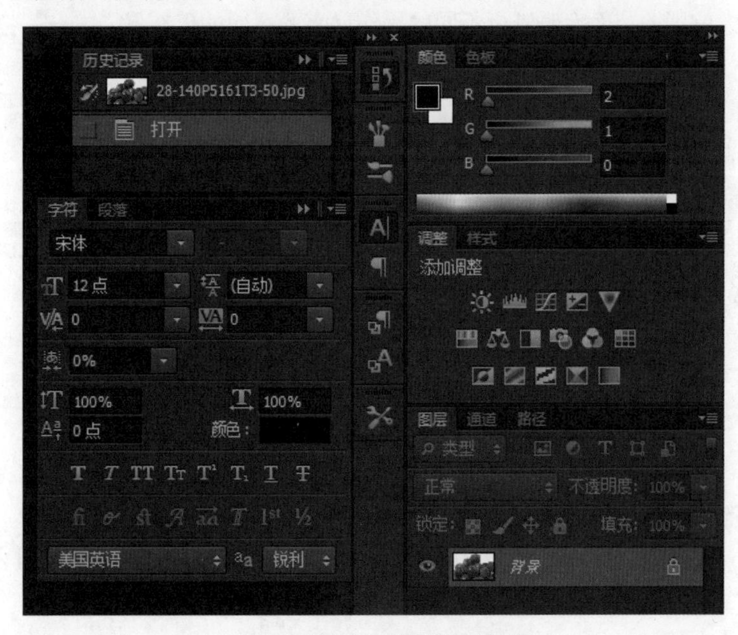

图1-27 单击显示隐藏的控制面板

第一组控制面板有颜色和色板两个控制面板，第二组控制面板有调整和样式两个控制面板，第三组控制面板有图层、通道、路径3个控制面板，其他的面板则隐藏在左侧的按钮中。

控制面板并不是一成不变的，可以单个显示，也可以若干个组成一组，只要使用鼠标左键拖动即可更改。例如，将“字符”面板与其他面板放在一组中，操作步骤如下：

01 Photoshop默认的面板显示方式是按相近的功能成组排放。用鼠标拖曳“字符”面板的标签，将其拖到“样式”面板标签的后面，释放鼠标，如图1-28所示。

02 双击控制面板上一栏（就是有标题的那个），可以使控制面板最小化，如图1-29所示。

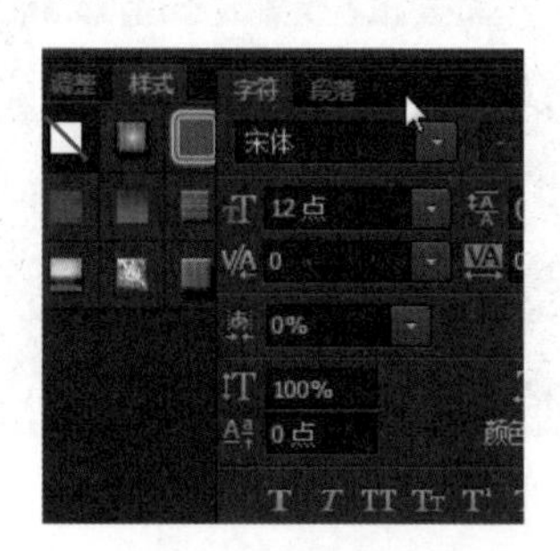

图1-28 将“字符”面板拖到“样式”面板后面

图1-29 控制面板最小化

1.3.2 调整界面

使用熟悉的工作界面对于提高图像处理的效率无疑有很大的帮助，而有时进行不同的操作又需要不同的工作界面，因此Photoshop新增了自定义工作区的功能。

打开“窗口→工作区”菜单，如图1-30所示，可以看到自定义工作区的命令，分别是“新建工作区”“删除工作区”和“复位基本功能”等命令。

也可以直接使用鼠标拖动面板、工具箱等，释放鼠标后即可将其移到指定的位置。

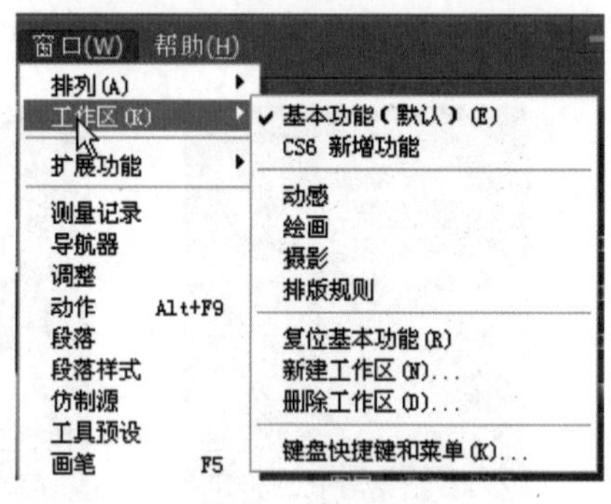

图1-30 “工作区”菜单

1.4 App UI 界面设计团队与流程

想要设计出优秀的App界面，首先应该从设计团队入手。本节将为大家呈现App设计与产品团队的关系。

有些人认为，App设计就是一个独立的个体，只要由设计者单独设计出来就可以了，但是不能忽视一个问题，那就是App界面同时也属于产品团队，如果没有产品团队的配合，最终也无法发挥界面的优势。因此，想要设计出优秀的App界面，要从了解团队开始。

1.4.1 App界面设计者与产品团队

关于产品团队人员的划分，下面引用当前UI设计行业中比较认可的一种划分方式。

- 产品经理：产品团队的领头人物，他主要是对用户的需求进行细致研究，针对广大用户的需求进行规划，然后将规划提交给公司高层，公司高层将会为本次项目提供人力、物力、财力等资源。产品经理常用的软件主要是PPT、Project和Visio等。
- 产品设计师：产品设计师主要在于功能设计方面，考虑技术是否具有可行性。产品设计师常用的软件有Word和Axure。
- 用户体验师：用户体验师需要了解商业层面的东西，应该从商业价值的角度出发，对产品与用户交互方面进行改善。用户体验师常用的软件有Dreamweaver等。
- UI设计师：主要对用户界面进行美化。UI设计师常用的软件有Photoshop、Illustrator等。

以上人员划分方式是在公司内部职责划分明确的前提下，并不是所有的公司都能做到职责划分明确。

1.4.2 App界面设计与项目流程

在一个手机App产品团队中，通常App界面的设计者在前期就应该加入团队中，参与产品定位、设计风格、颜色、控件等多方面问题的讨论。这样做可以使设计者充分了解产品的设计风格，从而设计出成熟可用的App界面，如图1-31所示。

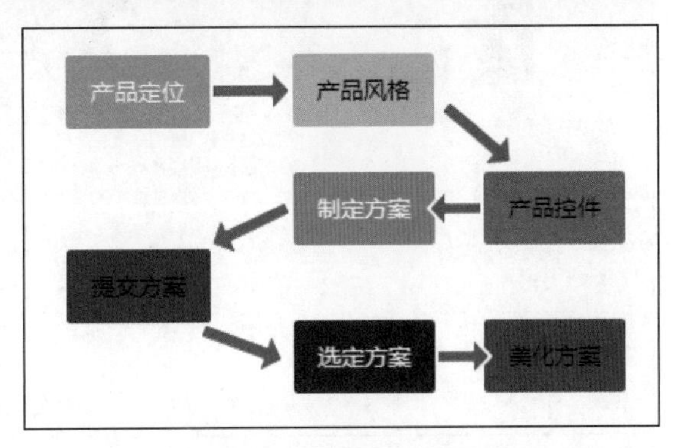

图1-31 App界面设计流程

（1）产品定位

产品的功能是什么？依据什么而做这样的产品？要达到什么影响？

（2）产品风格

产品定位直接影响产品风格。根据产品的功能、商业价值等内容可以产生许多不同的风格。如果产品的定位是面向人群，那么产品的风格应该是清新、绚丽的；如果产品的定位是商业价值，那么产品的风格应该是稳重、大气的。

（3）产品控件

对产品界面用下拉菜单还是下拉滑屏、用多选框还是滚动条、控件的数量应该限制在多少个等方面进行研究。

（4）制定方案

当产品的定位、风格和控件确定后，就开始制定方案。一般需要做出两套以上的方法，以便于对比选择。

（5）提交并选定方案

将方案提交后，邀请各方人士来进行评定，从而选出最佳方案。

（6）美化方案

将方案选定以后，就可以根据效果图进行美化设计了。

1.4.3 视觉设计

当原型完成后，就可以进行视觉设计了。通过视觉的直观感觉对原型设计进行加工，比如可以在某些元素上进行加工，如文本、按钮的背景、高光等。

在没有想法的时候，可以多参看其他优秀的App设计，来为自己的设计找些灵感。下面列出一些App示例，如图1-32所示。

图1-32 App示例

1.5 App UI界面设计理论

本章主要讲解了关于App 界面的一些设计理论知识，了解这些设计理论知识可以使读者更系统地了解App 界面设计方面的专业知识，这样才能设计出优秀的且被大众喜欢的作品。

1.5.1 用户操作习惯

用户在面对移动应用时，心态有以下三大特征：

一是微任务，用户通常不会拿手机写一篇论文，也不会从头到尾看一部电影，使用时随时随地进行相关活动。

二是查看周围情况，也就是个人所处的环境，可能会打开手机，看有什么好的饭馆，有什么好的电影，有什么打折团购，等等。

三是打发无聊时间，大多数移动用户在无聊时会打开手机，从左到右地翻，翻到最后再把手机关掉。

针对这三种特征应该怎样去面对？

第一，应用最好小而准，不要大而全。功能应用越全，可能代表着这个应用在各方面都很平庸。

第二，要满足用户的情景需求。

第三，要帮助用户消磨时间。

1.5.2 界面布局

1. 了解几个概念

（1）分辨率。分辨率就是手机屏幕的像素点数，一般描述成屏幕的“宽×高”，安卓手机屏幕常见的分辨率有480×800、720×1280、1080×1920等。720×1280表示此屏幕在宽度方向有720像素，在高度方向有1280像素。

（2）屏幕大小。屏幕大小是手机对角线的物理尺寸，以英寸（in）为单位。比如某某手机为“5寸大屏手机”，就是指对角线的尺寸为5in×2.54cm/in=12.7cm。

（3）密度（dpi，Dots Per In；或PPI，Pixels Per In）。从英文顾名思义，就是每英寸的像素点数，数值越高，当然显示越细腻。假如我们知道一部手机的分辨率是1080×1920（见图1-33），屏幕大小是5英寸，你能否计算出此屏幕的密度呢？中学的勾股定理派上用场了。通过宽1080和高1920，根据勾股定理，得出对角线的像素数大约是2203，那么用2203除以5就是此屏幕的密度了，计算结果是440。440dpi的屏幕已经相当细腻了。

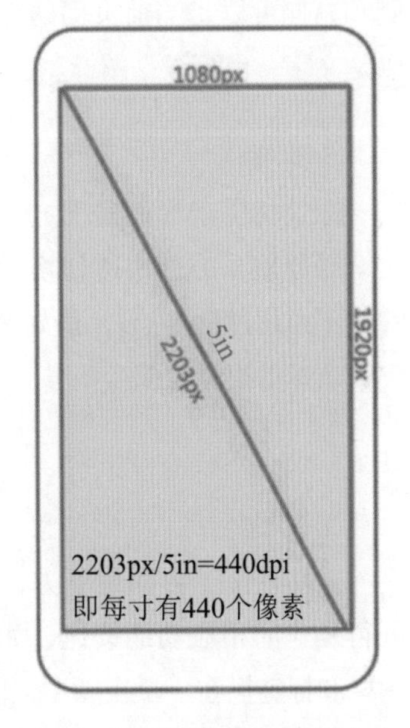

图1-33　手机界面分辨率和屏幕大小

2. iOS系统界面

目前App手机主流的系统是iOS系统和Android系统，我们对界面系统规范有一定的认识，才能进一步深入设计界面。

iOS UI界面元素由三部分组成：栏、内容视图和临时视图。下面按照iPhone 6、尺寸750×1334的规范来说明。

（1）栏

栏分为状态栏（Status Bar）、导航栏（Navigation Bar）、标签栏（Tab Bar）和工具栏（Tool Bar）。

① 状态栏

iOS上的状态栏指的是最上面的40像素高的部分，如图1-34所示。状态栏分为前后两部分，要分清以下两个概念：

- 前景部分：是指显示电池、时间等部分。
- 背景部分：是指显示黑色、白色或者图片的背景部分。

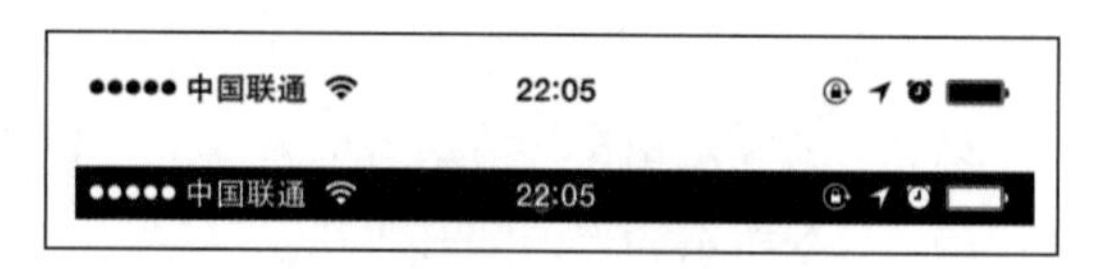

图1-34 状态栏

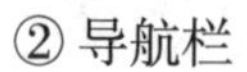

② 导航栏

状态栏下方的就是导航栏（见图1-35），一般情况下中间显示当前界面的内容标题，左侧和右侧可以是当前页面的操作按钮，按钮可以是文字，也可以是图标。

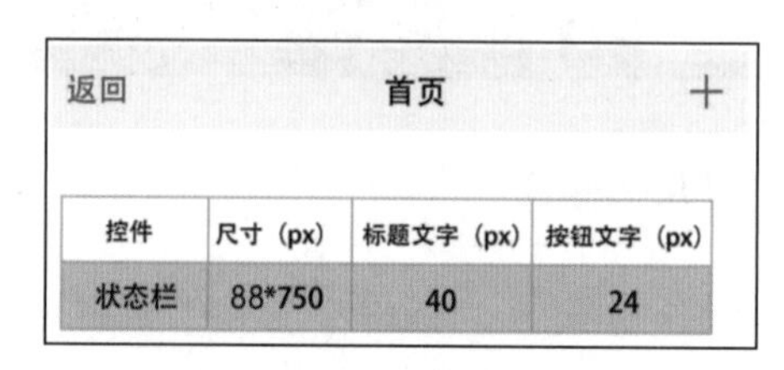

控件	尺寸（px）	标题文字（px）	按钮文字（px）
状态栏	88*750	40	24

图1-35 导航栏

③ 标签栏

标签栏位于界面最下方（见图1-36），用于全局导航，方便快速切换功能。手机上的标签栏不得超过5个标签，最好是3～5个，有选择和未选择的视觉效果。

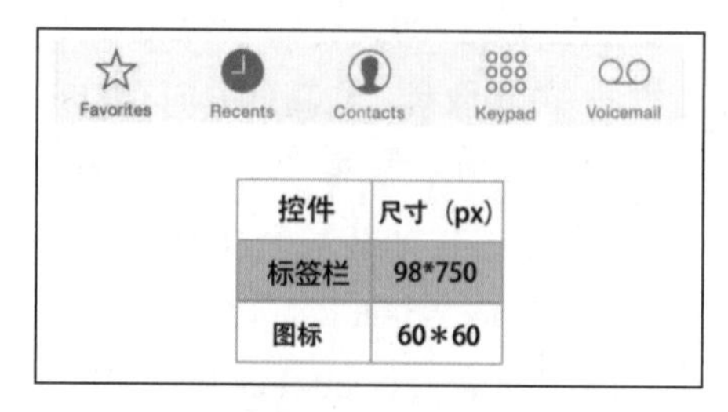

控件	尺寸（px）
标签栏	98*750
图标	60＊60

图1-36 标签栏

④ 工具栏

工具栏位于界面最下方，包含对当前界面进行操作的相应功能按钮，如图1-37所示。工具栏和标签栏在一个视图中只能存在一个。

图1-37 工具栏

（2）内容视图

内容视图包含应用显示的内容信息，分为表格视图、文本视图、Web视图、临时视图。

① 表格视图

- 平面型表格视图（Table View）展示一列不需要辅助信息就能辨认的界面，例如通讯录界面。
- 辅助说明型表格，用户需要额外利用辅助信息来区分的界面。
- 内容强调型表格，展示强调当前页面的状态（见图1-38），一般左边为主标题，右边为副标题。

② 文本视图

能够显示多行文本区域，当内容太多时可以滚动查看，例如备忘录的输入区，如图1-39所示。

③ Web视图

在应用中嵌入HTML5页面，我们可以理解为一个容器中含有HTML内容。电商类应用（见图1-40）一般都会嵌入大量的HTML5页面。这样做可以在服务器端快速发布更新的内容，不用等待审核的时间。

图1-38 表格视图

图1-39 输入区

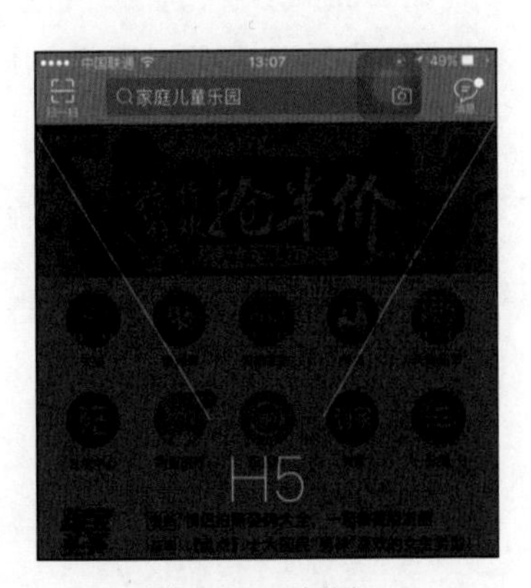

图1-40 Web视图

④ 临时视图

该视图用于临时向客户提供重要信息或者提供额外的功能和选项。

- 对话框。系统向用户通知信息的重要形式，例如用户想进一步操作，需要先对对话框做出响应，如图1-41所示。

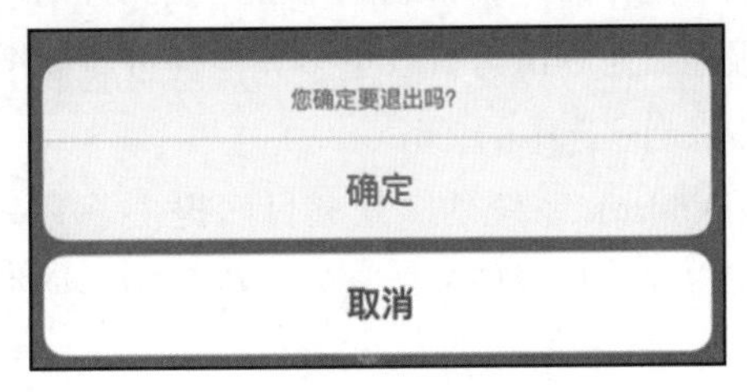

图1-41 对话框

- 操作列表。对于内容比较多，层次比较复杂的页面来说，可能需要通过功能区划分种类。例如，筛选分类，以不同的方式排序，如图1-42所示。

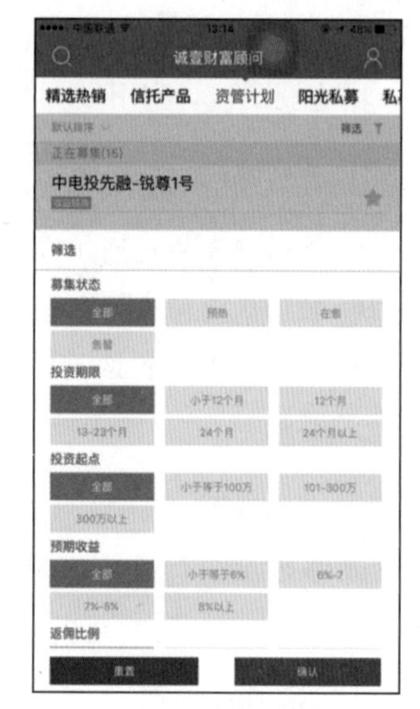

图1-42 操作列表

3. Android系统界面

Android系统界面有自己的一套独特的设计规范，与iOS有很大的差距。

下面通过分析导航、界面布局和操作方式等跟iOS系统进行比较，这样更容易理解。

（1）硬件特性

iOS只有一个实体键Home键，这个键的主要功能是：按一次，回到桌面；按两次，出现多任务界面。在iOS 8系统中，轻触两下Home键，调出单手模式。

Android有4个实体键（现在很多被屏幕上的虚拟键代替，但功效是一样的），分别是Back键、Home键、Menu键和搜索键。在Android 4.4及以上系统中，是Back键、Home键和多任务键。Android原生系统是这样的，经过优化的Android系统就不一定了，比如魅族的Smart Bar，可以根据当前页面情景变化。

Android的Back键在大部分情况下和页面上的返回键功效一样。不过，Android的Back键可以在应用间切换，还可以返回主屏幕。而iOS里面的Back键不能在应用间直接切换。

（2）结构差异

Android的实体返回键导致两个平台设计的结构差异如下：

- iOS系统从上到下：状态栏、导航栏、内容视图和标签栏。
- Android系统从上到下：状态栏、导航栏、内容视图。
- iOS系统在应用底部放了标签栏，而Android系统则把标签栏的内容放在顶部的Action。

不过现在大多数应用都直接应用iOS系统的方式把标签栏放在底部。

（3）多任务

在iOS系统双击Home键，大多数程序在转移到后台时会被挂起。被挂起的程序会展示在多任务选择器中，帮助用户快速找到近期使用的程序。左右滑可查看更多其他任务，向上滑可删除当前选中的任务。

Android系统的多任务界面提供了另一种展现方式，长按任务能查看应用程序的详细信息，如图1-43所示。

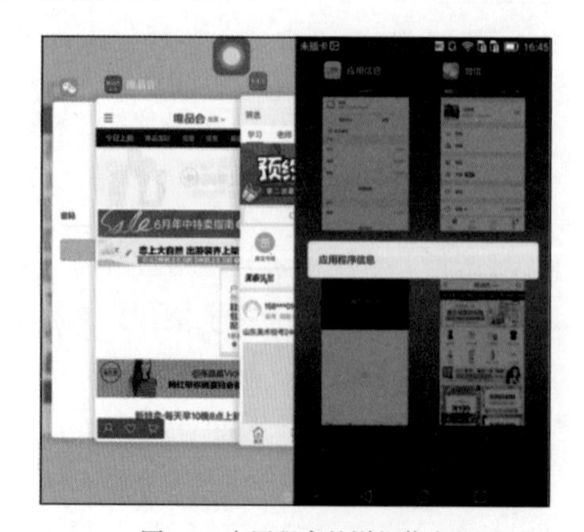

图1-43 应用程序的详细信息

（4）单条Item

iOS系统单条Item的操作有两种，即点击和滑动，点击一般进入一个新的页面，滑动会出现对这条Item的一些常用操作，如在微信中滑动一条对话，会出现标记未读和删除。

在Android系统中，单条Item的操作也有两种，即点击和长按，点击一般进入一个新的页面，长按进入编辑模式，可以在里面进行批量操作和其他一些操作，比如删除、置顶等。

（5）复制粘贴

iOS系统的应用程序在文本视图、Web视图和图片视图中可调出编辑菜单，来执行剪切、复制、粘贴和选择等操作，菜单出现在需要处理的内容附近，与内容产生关联。

Android系统的应用程序可以在文本框及其他文本视图中长按选择任何文字，这个操作直接触发文本选择模式。

（6）选择

iOS系统进行选择操作时点击触发滚轮盘，通过上下滑动来选择数据。

Android系统的选择操作以弹出浮层为主。

（7）消息推送

iOS系统的推送（Apple Push Notification Service，APNS）依托于一个或者多个系统常驻进行运作，是全局的，所以可以看作独立于应用之外的，而且是设备与苹果服务器之间的通信，并不是应用的提供商服务器。

Android系统的推送类似于传统桌面计算机系统，每个需要后台推送的应用都有各自的后台进程，才能和各自的服务器通信。Android系统也有类似APNS的GCM推送，可以供开发者选择。

1.5.3 操作简单

由于用户更多需要微任务，同时还要打发无聊的时间，因此要尽量让App变得简单。但设计更简单的体验往往意味着要追求更极端的目标，因为需要充分理解用户的需求，理解用户现在想要什么，用户现在的心态是什么样的，用户的情绪怎么样。

1. 隐藏或删除

有些功能不太重要，但是又是必要的，可以把它隐藏起来；而对于无关紧要的功能，能删掉就删掉。比如邮件应用中，已发邮件、草稿、已删除这些功能，对一般用户来说，在常用的场景里面，这些是不重要的，但是不可能把它去掉，就可以隐藏在下面，而签名、外出自动回复等功能更加不常用，可以把它藏得更深。再比如Path这个软件把5个常用的按钮集成到“+”里，点击“+”以后，有拍照、音乐等功能，打开这个应用，最直观的就是最主要的信息，没有其他不常用功能元素的干扰。比如之前有多少人看过我的图片，它把这个信息直接集成在图片右上角，没有占据太多地方，点击之后，可以发表情、评论以及直接删除等，做到了隐藏，使得页面非常干净、漂亮。

2. 区分内容或功能

以"同城旅行"为例，酒店图片、服务设施、价格等是主要的内容，放在首要位置；点评放在了其次的位置；然后是交通状况、周边设施等，有一个明确的分区。用户一旦知道了这种分区方式，下次再点开这个应用时，想看哪方面的内容，就会直接看哪个区域。用户其实希望看到的是开发者直接给他们一个简单、易懂、操作方便的软件。

1.5.4 在操作方式上创新

比如，用户现在在某个位置，想知道附近有什么好吃的。一种方式是定位了以后，直接把附近所有东西显示出来；另一种方式是用手在屏幕上画出一个区域，记录下轨迹，只显示该区域内的商户，这种方式特别直观，而且用户想怎么样就怎么样，想画一个五角星就画一个五角星，想画一条线也可以，只显示想要的地方的内容，这就是一种创新。

1.5.5 在设计中投入情感

什么样的设计师、什么样的团队才算优秀？优秀的标准之一就是设计者要对设计的应用投入感情，会给产品带来一些好玩的、让用户觉得有意思的地方。比如订机票的应用中，有头等舱和经济舱两个选项。经济舱是一个普通的人，而头等舱是一个戴着帽子、系着领结、胸前别着手帕的人，很酷的老板形象，体现出了头等舱和经济舱之间的区别。要坐头等舱的人一般都愿意看到自己是这样的形象。

1.5.6 App UI的配色理论

1. 如何配色

在设计中，色彩一直是讨论的话题。在一个作品中，视觉冲击力占很大的比例，至少占70%。关于色彩构成和基本原理的图书有很多，讲得也很详细，此处不再赘述。在这里，主要讲解如何制作配色色卡。

对于初学设计的人来说，经常为使用什么样的颜色而烦恼。他们做的画面要么颜色用得太多，显得太过花哨和俗气，要么就只用一个色相，使画面显得既单调又没有活力。乱用色和不敢用色是初学者的一个通病。我们大可不必纠结这个问题，可以在真实世界中学习配色，多看看大自然的美丽景致，然后归纳总结出一套自己的配色色卡，以供日后使用。

大家或许都知道，黑、白、灰这3个颜色可以调和各种色彩。大自然的美是千变万化的，这就要求设计师拥有一颗捕捉美的心。拿天空来举例，如果有人问你天空是什么颜色的，很多人都回答蓝色，但是仔细观察就会发现，天空的颜色是千变万化的。艺术来源于生活又高于生活，所以设计师要经常总结，因为设计是一种"理解→分解→再构成"的艺术。

大自然的色彩是丰富多彩的，很多人造物在自然光线下也会呈现出特别和谐的色彩搭配。比如蔚蓝的大海、红色的瓷器、黄色的花朵等，在自然光的照射下，它们都会表现出丰富的色彩细节。大自然的色彩与色系如图1-44和图1-45所示。

图1-44 大自然的色彩和色系（1）

图1-45 大自然的色彩和色系（2）

2. 配色实战

无论在哪个平台下，画面一般都是由主色调、辅色调、点睛色和背景色4部分构成的，其中，主色调在画面中的作用是无可取代的。有时候，色卡可以很方便地帮用户找到哪一类的画面需要什么样的主色调。但是我们也要多一些积累，活学活用。这样不仅可以自己增加和减少色块比重来调整整个画面，还可以为了达到增加颜色细节的目的使用两张相似的色卡。接下来，我们来看一些配色卡和画面实例的色调，如图1-46所示。

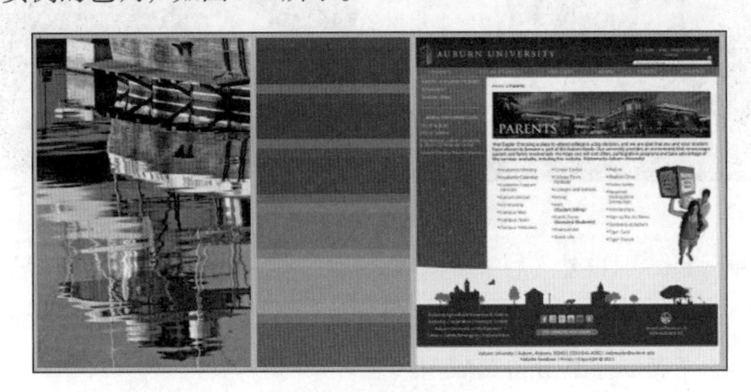

图1-46 配色卡与画面

蓝色和白色调和是看起来很权威、很官方的配色。需要注意的是，这个蓝色不是科技蓝。

彩虹糖果色和黑色调和是一种梦幻活泼的鲜艳配色。一般情况下，比较亮的彩虹色显得很粉很飘，在加入大面积协调色调后，画面就显得很美，如图1-47所示。

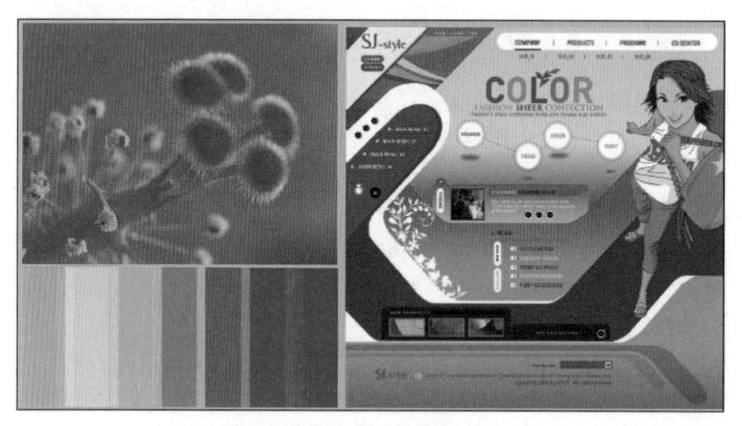

图1-47 彩虹糖果色和黑色调和

橙色和蓝色调和后和谐统一，不仅显得有活力，而且感觉很有时间感。因为橙色和蓝色是互补色，如果使用得不好就会显得很俗气。如图1-48所示的这些作品，有些在橙色里加了米色，有些则在蓝色里加了深蓝，用来拉开色相上的冲突，整体效果都非常好。

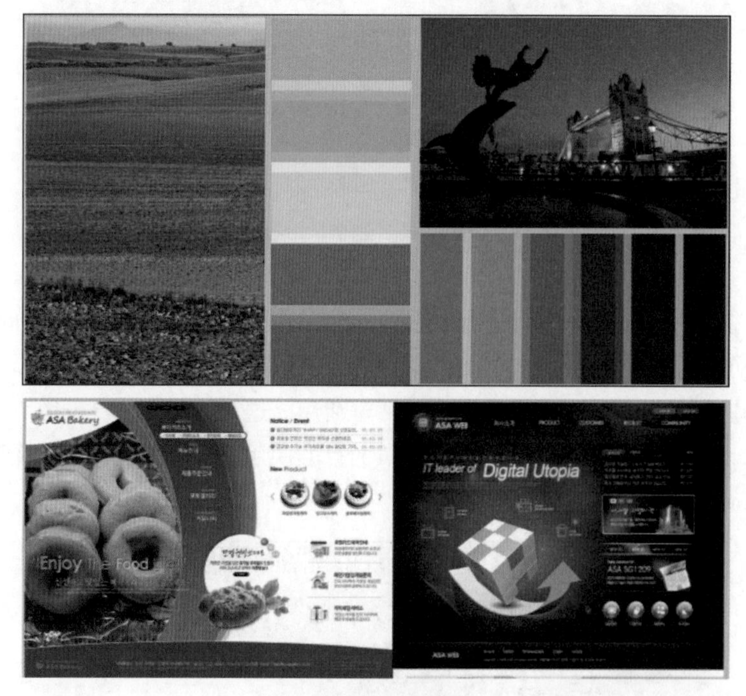

图1-48 橙色和蓝色调和

绿色和白色调和后是一种自然、优雅的清新配色。图1-49中的这两幅作品都运用了绿色和白色，左图中的作品通过渐变来制造柔和、轻松的气氛，还有光线照射下来，而右图中作品里的绿叶元素以及灰色菜单的亮点都让其显得典雅清新。

图1-49 绿色和白色调和

红色和黑色调和后形成一种金属冷色+热烈的红色的对比配色。图1-50中的作品首先运用黑、白、灰的金属色调来体现出科技感，然后用热烈、奔放的红色来体现出音乐手机的产品定义。

图1-50 红色和黑色调和

1.6 App UI 界面设计技巧

本节介绍关于App界面的设计技巧知识，学习这些设计技巧可以使读者充分了解App UI 的设计流程、图标的设计流程以及如何将图标设计得更具吸引力。

1.6.1 完整的App UI 设计流程

随着人类社会逐步向非物质社会迈进，互联网信息产业已经走入人们的生活。在这样一个非物质社会中，手机软件这些非物质产品再也不像过去那样紧紧靠技术就能处于不败之地。工业设计开始关注非物质产品，但是在国内依然普遍存在这样一个称呼——“美工”。这种旧式的称呼无关紧要，关键在于企业和个人都要清楚这个职位的重要作用，如果还以“老眼光”来对待这份工作，则会产生很多消极的因素，一方面在于称呼职员为美工的企业没有意识到界面与交互设计能给他们带来巨大的经济效益；另一方面在于被称为美工的人不知道自己应该做什么，以为自己的工作就是每天给界面与网站勾边描图，如图1-51所示。

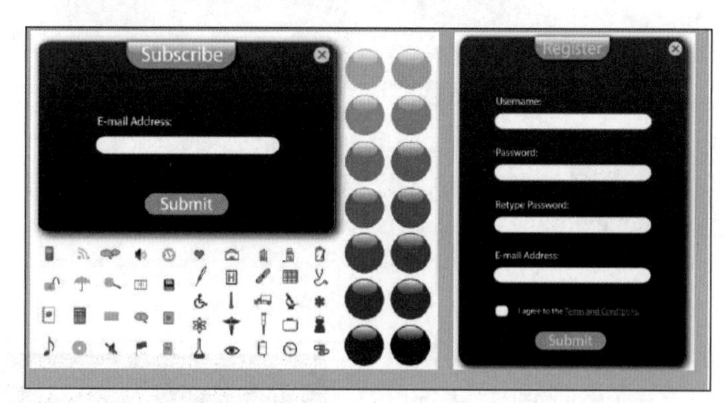

图1-51 界面美化

在这里通过为大家介绍一套比较科学的设计流程，来讲述App UI界面设计是属于工业设计范畴的。这是一个科学的设计过程，理性的商业运作模式，而不是单纯的美术描边。

UI设计包括交互设计、用户研究和界面设计3部分，这里主要讲述用户研究与界面设计的过程。

例如，一个通用消费类软件界面的设计大体可以分为以下5个阶段：

（1）需求阶段。

（2）分析设计阶段。

（3）调研验证阶段。

（4）方案改进阶段。

（5）用户验证反馈阶段。

1. 需求阶段

软件产品属于工业产品的范畴，依然离不开3W（Who、Where、Why）的考虑，也就是使用者、使用环境、使用方式的需求分析。所以在设计一个软件产品之前，我们应该明确给什么人用（用户的年龄、性别、爱好、收入、教育程度等）、在什么地方用（办公室、家庭、厂房车间、公共场所等）、如何用（鼠标、键盘、遥控器、触摸屏等）。上面的任何一个元素改变，结果都会有相应的改变。

除此之外，在需求阶段，同类竞争产品也是必须了解的。同类产品比我们的产品提前问世，我们要做得更好才有存在的价值。单纯地从界面美学考虑哪个好、哪个不好是没有一个客观的评价标准的，只能说哪个更合适，适合最终用户的就是最好的。如何判定是否适合用户呢？接下来通过用户调研来解答这个问题。

2. 分析设计阶段

通过分析上面的需求，接下来进入设计阶段，也就是方案形成阶段，一般需要设计出几套不同风格的界面用于备选。首先应该制作一个体现用户定位的词语坐标，例如为25岁左右的白领男性制作家居娱乐软件，对于这类用户分析得到的词汇有品质、精美、高档、高雅、男性、时尚、酷、个性、亲和、放松等。分析这些词汇的时候就会发现有些词是必须体现的，例如品质、精美、高档、时尚，但有些词是相互矛盾的，必须放弃一些，例如亲和、放松、酷、个性等。所以可以画出一个坐标，上面是必须用的品质、精美、高档、时尚，左边是贴近用户心理的词汇：亲和、放松、人性化，右边是体现用户外在形象的词汇：酷、个性、工业化。然后开始搜集相呼应的图片，放在坐标的不同点上。这样根据不同坐标点的风格，我们就会设计出数套不同风格的界面。

3. 调研验证阶段

几套备选方案的风格必须保证在同等的设计制作水平上，不能明显看出差异，这样才能得到用户客观的反馈。

测试阶段开始前，我们应该对测试的具体细节进行清楚地分析描述，如下所述：

数据收集方式：厅堂测试、模拟家居、办公室。

测试时间：某年某月某日。

测试区域：北京、广州、天津。

测试对象：某消费软件界定市场用户。

主要特征：对计算机的硬件配置以及相关的性能指标比较了解，计算机应用水平较高；计算机使用经历一年以上；家庭购买计算机时品牌和机型的主要决策者；年龄为X ~ X岁；年龄在X岁以上的被访者文化程度为大专及以上；个人月收入X元以上或家庭月收入X元以上。

样品：5套软件界面。

样本量：X个，实际完成X个。

调研阶段需要从以下几个问题出发：

- 用户对各套方案的第一印象。
- 用户对各套方案的综合印象。
- 用户对各套方案的单独评价。
- 选出最喜欢的。
- 选出其次喜欢的。
- 对各方案的色彩、文字、图形等分别打分。

结论出来以后，请所有用户说出最受欢迎方案的优、缺点。

所有这些都需要用图形表达出来，直观科学。

4. 方案改进阶段

经过用户调研，可以得到目标用户最喜欢的方案，而且了解到用户为什么喜欢、还有什么缺陷等，这样就可以进行下一步的修改。这时候可以把精力投入选中方案（这里指不能换皮肤的应用软件或游戏的界面），将该方案做到细致、精美。

5. 用户验证反馈阶段

改正以后的方案，我们可以将它推向市场。但是设计并没有结束，还需要用户反馈。好的设计师应该在产品上市以后去柜台调研，零距离接触最终用户，看看用户真正使用时的感想，为以后的升级版本积累资料。

经过上面设计过程的描述，大家可以清楚地发现，界面UI设计类似于一个科学的推导公式，它有设计师对艺术的理解感悟，但绝对不仅仅是表现设计师个人的绘画水平。所以我们一再强调，这个工作过程是设计过程，UI界面设计不只是美工，如图1-52所示。

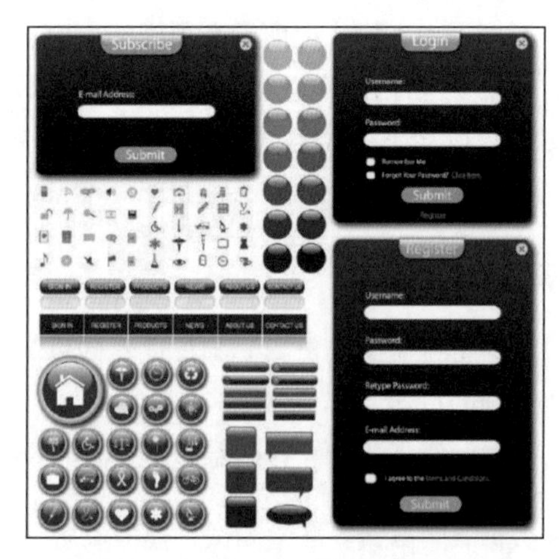

图1-52 UI界面

1.6.2 图标设计流程

俗话说流程是死的，人是活的，这里介绍的是图标的通用设计流程，大家不一定要拘泥于这里讲的流程，要灵活掌握，如图1-53所示。

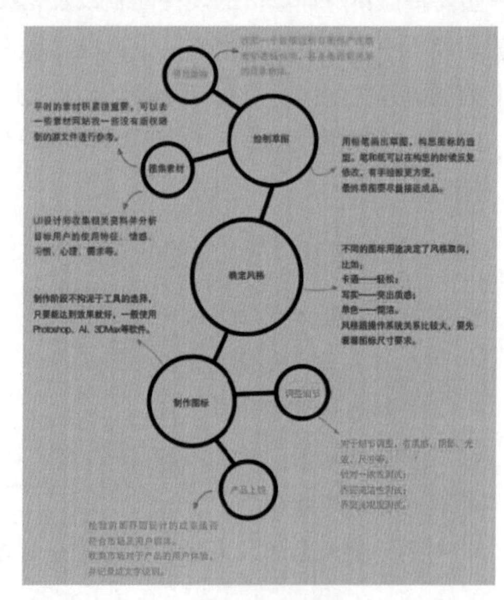

图1-53 图标

1.6.3 让图标更具吸引力

设计图标的目的在于能够一下子抓住人们的视觉中心，那么该怎样设计才能让图标更具吸引力呢？在这里讲述两点：同一组图标风格的一致性以及合适的原创隐喻。

1. 同一组图标风格的一致性

几个图标之所以能成为一组，是因为该组图标的风格具有一致性。一致性可以通过这些方面显示出来：配色、透视、尺寸、绘制技巧，或者类似几个这样属性的组合。如果一组中只有少量的几个图标，设计师可以很容易地记住这些规则。如果一组中有很多图标，而且由几个设计师同时工作（例如，一个操作系统的图标），就需要特别的设计规范。这些规范细致地描述了怎样绘制图标能够让其很好地融入整个图标组，如图1-54所示。

图1-54 图标规范

2. 合适的原创隐喻

绘制一个图标意味着描绘一个物体最具代表性的特点，这样通过图标就可以看出这个物体的功能。

一般来说，多边形铅笔有以下3种绘图方式：

（1）多边形柱体，表面涂有一层反光漆，没有橡皮擦。

（2）多边形柱体，笔身上有一个白色的金属圈固定着一个橡皮头。

（3）多边形柱体，没有木纹效果和橡皮擦。

在这里选择第二种作为图标设计的原型，因为该原型具备所有必要的元素，这样的图标设计出来具有很高的可识别性，即具有合适的原创隐喻，如图1-55所示。

图1-55 具有合适原创隐喻的图标

CHAPTER 02

第 2 章

App UI光影设计

本章导读

“光影”宛如时间的引线，织起人类历史的漫漫长河。无论是从远古到现代，还是从东方到西方，光影一直作为重要的设计元素，也被视为人类与万物生灵、大自然相互沟通的共同语言，只是根据时代的不同，对话的主题有所区别。本章收录了4 个界面和图标的设计实践练习，包括图形绘制、图层样式技巧等操作。通过这些练习，可以使读者更加深刻地认识到光与影在设计中起到的重要作用。

关键知识点

- 矢量工具的应用
- 透视感和玻璃质感
- 图层样式
- 光与影

2.1 UI 设计师必备技能之颜色搭配

设计UI界面时，色彩是影响用户最简单和最重要的一个因素。可以用颜色来营造一种情绪、吸引注意力或做出强调，用色彩调动人的情绪或使人冷静下来。通过选择正确的配色方案可以营造一种优雅、温暖和平静的氛围。很多人认为UI界面色彩的选择取决于设计师的品位和审美，然而颜色的选择过程比它看起来要复杂得多，一个App也有可能因配色不当而无法正常使用。

因此，设计师需要了解色彩的含义和影响，以传达正确的语气、信息并引导用户做出预期的行为。本节主要介绍App设计中色彩的搭配运用与混合特效，并通过简单的示例介绍配色的应用。

2.1.1 简约配色设计

比起复杂的配色设计，现在人们更加喜欢简约的配色，简约美也成为近几年流行的设计思路。简单的配色设计也比较贴近这一思路。现在的用户喜欢有质感的设计远多于配色复杂的设计。常见的色相有赤、橙、黄、绿、青、蓝、紫等，色相差异如果比较明显，主要色彩的选取就容易得多。我们可以选择对比色、临近色、冷暖色调互补等方式，也可以直接从成功作品中借鉴主辅色调配，像朱红点缀深蓝和明黄点缀深绿等色相。

如图2-1所示，根据画面信息的多少，会有更多色彩区域的层级划分和文字信息的层级划分需求，那么在守住“配色的色彩（相）不超过三种”的原则下，只能寻找更多同色系的色彩来完善设计，也就是在“饱和度”和“明度”（透明度）上做文章。

图2-1 配色设计

2.1.2 混合特效设计

在App设计中，善于利用叠加、柔光和透明度（在Photoshop中主要参数为“不透明度”）这3个关键词就可以了。但需要注意的是，透明度和填充不一样，透明度是作用于整个图层的，而填充则不会影响“混合选项”的效果，如图2-2所示。

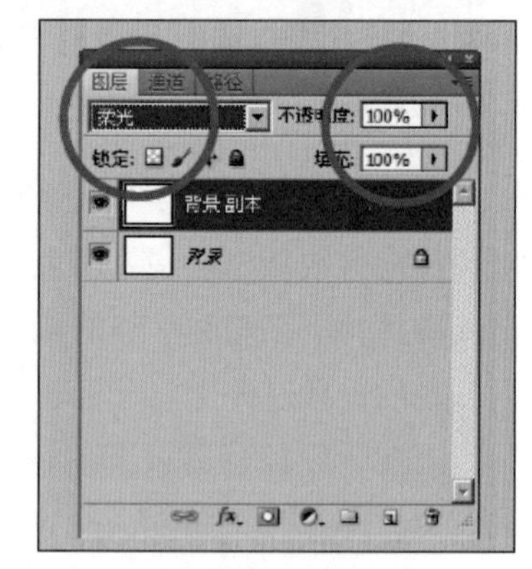

图2-2 透明度选项

在讲解叠加和柔光之前，我们先了解一下配色技巧的原理：用纯白色和纯黑色通过“叠加”和“柔光”的混合模式，再选择一个色彩得到最匹配的颜色，就像调整饱和度和明度，再通过调整透明度选取最适合的辅色一样。

如图2-3所示，只要调整叠加/柔光模式的黑白色块的10%到100%的透明度就可以得到差异较明显的40种配色。通过这种技巧，每一种颜色都能轻易获得无误且无穷尽的天然配色。因为叠加和柔光模式对图像内的最高亮部分和最阴影部分无调整，所以这种配色方法对纯黑色和纯白色不起任何作用。

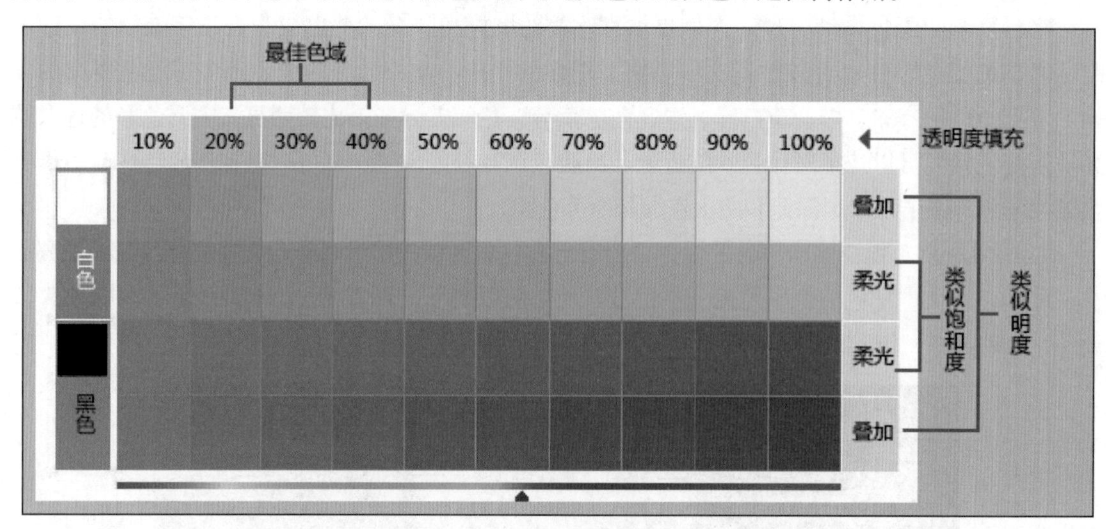

图2-3 调整透明度配色

2.1.3 具体案例

只要了解了色彩搭配技巧和混合特效，就能做出客户想要的效果。下面通过例子介绍对混合特效的应用，步骤如下：

01 选择一个黑色、白色或黑白渐变的点、线、面或者字体。

02 在混合模式中选择叠加或柔光。

03 调整不透明度，从1%到100%随意调试，也可以直接输入一个整数值。轻质感类画面可以选择20%到40%的透明度，重质感类画面可以选择60%以上的透明度，如图2-4所示。

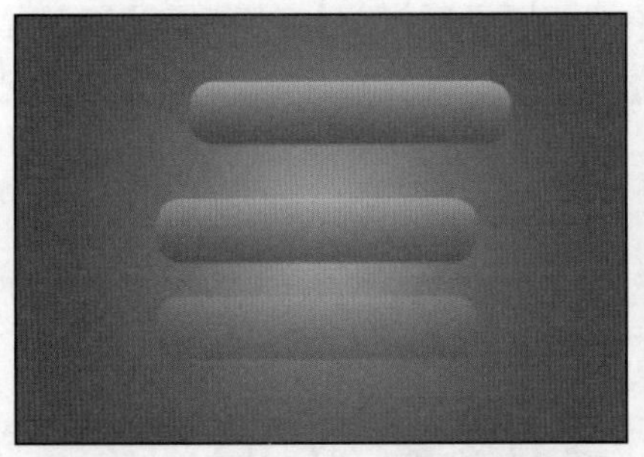
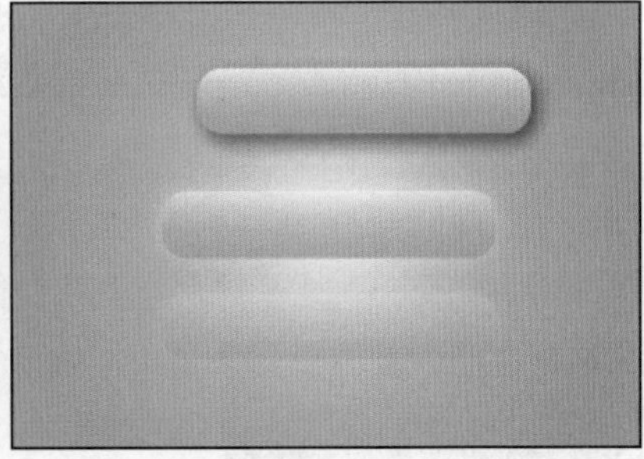

图2-4 调整透明度得到不同质感的画面

方法延伸：依照前面的方法，再将其运用到某一个按钮上。通过依次调整混合选项中的阴影、外发光、描边、内阴影、内发光等参数查看不同的效果。

2.2 案例：玻璃质感图标设计

玻璃质感被广泛应用于设计中，可以说是设计师的宠儿。这不仅因为玻璃看上去玲珑剔透、透明质感非常好，还因为玻璃的反光可以轻松营造出清新、唯美的感觉。

2.2.1 设计构思

本案例制作玻璃质感的界面。设计师利用绿色作为背景，对圆角矩形添加图层样式，表现出玻璃的质感，再加上反光的设计，使玻璃感更加形象，最后绘制App图标，完成本例的制作，效果如图2-5所示。

图2-5 玻璃质感的界面

2.2.2 操作步骤

01 新建文档。执行“文件→新建”命令，在弹出的“新建文档”窗口中，选择新建一个800×800像素的文档，如图2-6所示。

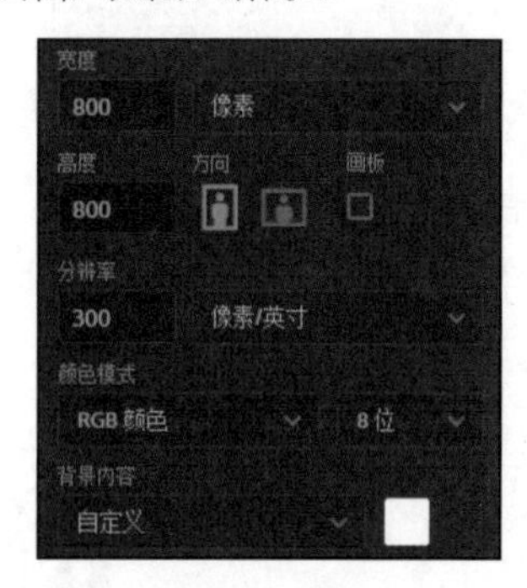

图2-6 新建文档

02 设置颜色。在工具栏把前景颜色设置为深绿色：#1e7214，背景颜色设置为绿色：#46a33b，如图2-7所示。

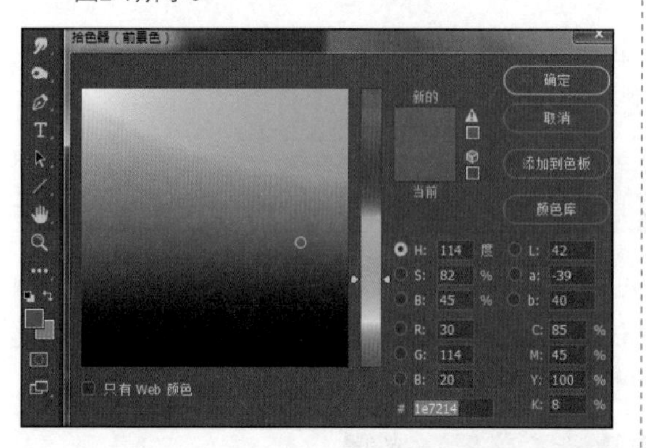

图2-7 设置颜色

03 填充渐变。单击工具栏中的“渐变工具”按钮，设置渐变编辑器，在背景图层中填充渐变色，如图2-8所示。

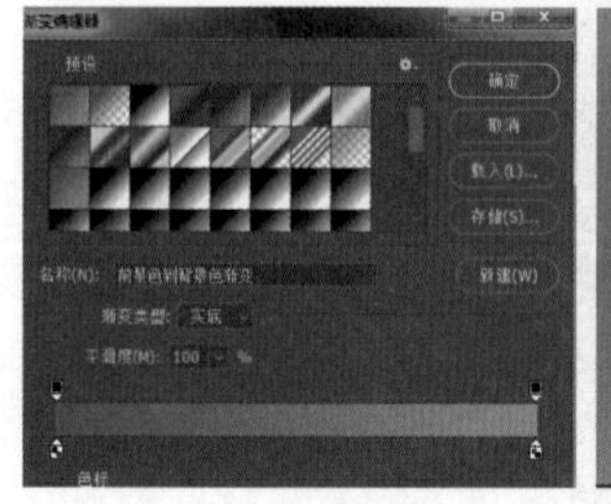

图2-8 填充渐变色

04 绘制圆角矩形。新建图层，单击工具箱中的“圆角矩形工具”按钮，在选项栏中选择工具的模式为“形状”，绘制圆角矩形，如图2-9所示。

图2-9 绘制圆角矩形

05 添加斜面和浮雕。执行“添加图层样式→斜面和浮雕”命令，打开“图层样式”面板。之后在弹出的“图层样式”对话框中选择“斜面和浮雕”选项，设置参数，添加斜面和浮雕效果，如图2-10所示。

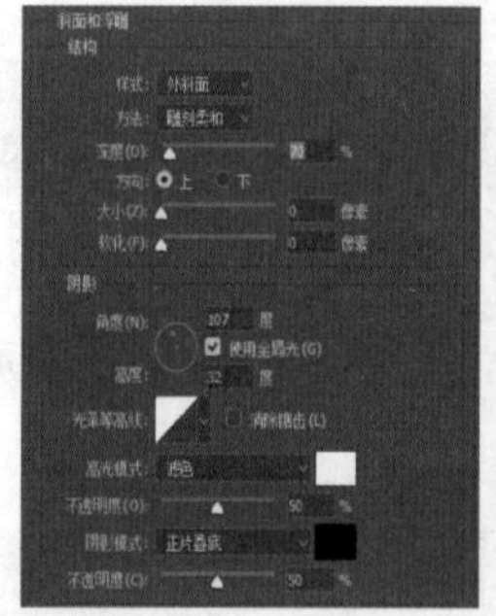

图2-10 添加斜面和浮雕

06 添加描边。在打开的“图层样式”对话框中选择“描边”选项，设置参数，添加描边效果，如图2-11所示。

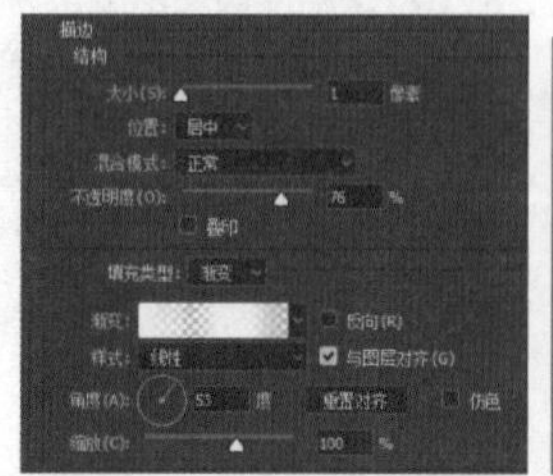

图2-11 添加描边

07 添加内阴影。在打开的“图层样式”对话框中选择“内阴影”选项，设置参数，添加内阴影效果，如图2-12所示。

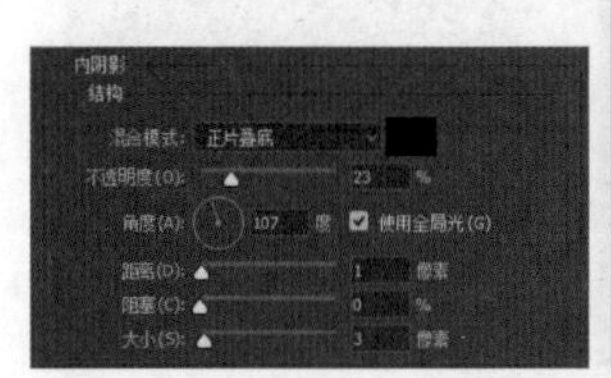

图2-12 添加内阴影

08 添加内发光。在打开的“图层样式”对话框中选择“内发光”选项，设置参数，添加内发光效果，如图2-13所示。

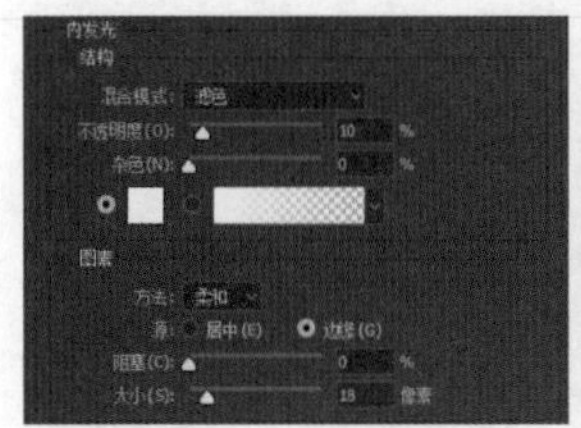

图2-13 添加内发光

09 添加投影。在打开的“图层样式”对话框中选择“投影”选项，设置参数，添加投影效果，如图2-14所示。

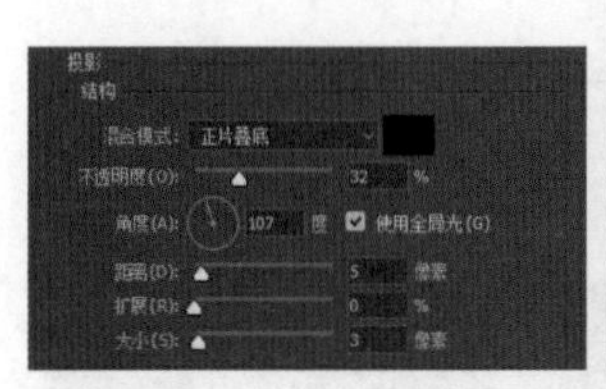

图2-14 添加投影

10 绘制圆角矩形。新建图层，单击工具箱中的“圆角矩形工具”按钮，在选项栏中选择工具的模式为“形状”，绘制圆角矩形，如图2-15所示。

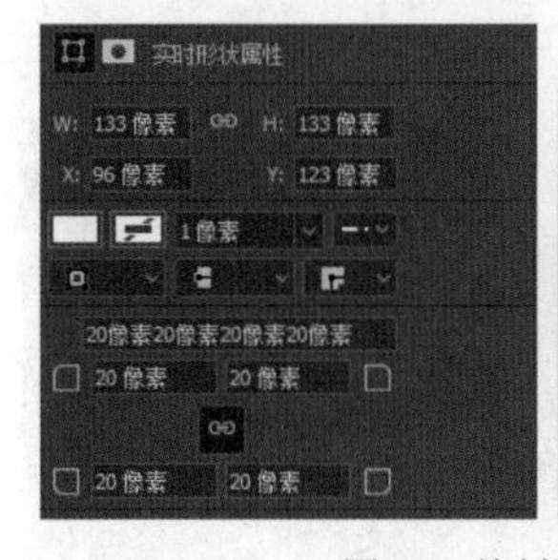

图2-15 绘制圆角矩形

11 不透明度。修改图层不透明度为18%，填充为38%，如图2-16所示。

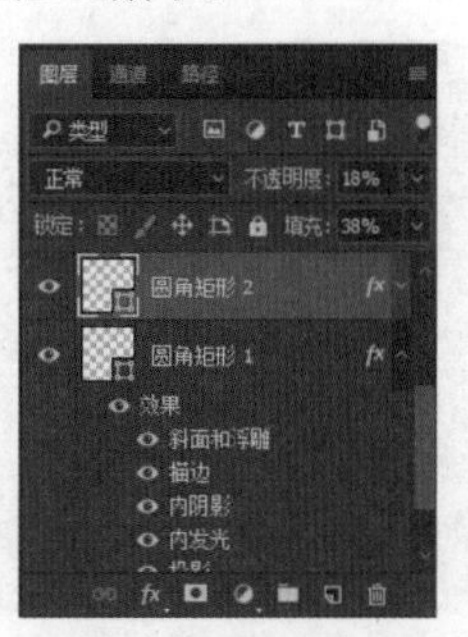

图2-16 修改不透明度

12 改变锚点。单击工具栏中的“转换点工具”，转化为常规路径，如图2-17所示。

图2-17 改变锚点

13 添加渐变叠加。执行“添加图层样式→渐变叠加”命令，打开“图层样式”面板。之后在弹出的“图层样式”对话框中选择“渐变叠加”选项，设置参数，添加渐变叠加效果，如图2-18所示。

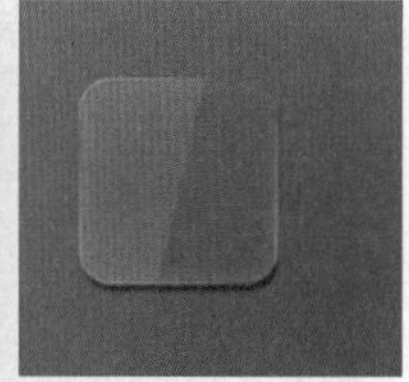

图2-18 添加渐变叠加

14 绘制形状。单击工具栏中的“钢笔工具”按钮，在选项栏中选择工具的模式为“形状”，绘制叶子形状，如图2-19所示。

图2-19 绘制形状

15 不透明度。修改图层不透明度为61%，如图2-20所示。

图2-20 修改图层不透明度

16 添加颜色叠加。执行“添加图层样式→颜色叠加”命令，打开“图层样式”面板。之后在弹出的“图层样式”对话框中选择“颜色叠加”选项，设置参数，添加颜色叠加效果，如图2-21所示。

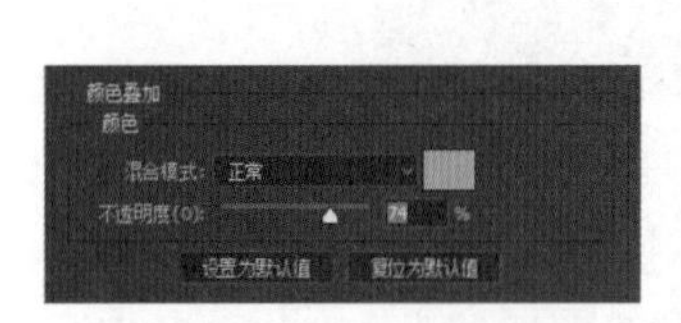

图2-21 添加颜色叠加效果

17 绘制另一片叶子。用同样的方法绘制另一片叶子，调整好大小和位置，如图2-22所示。

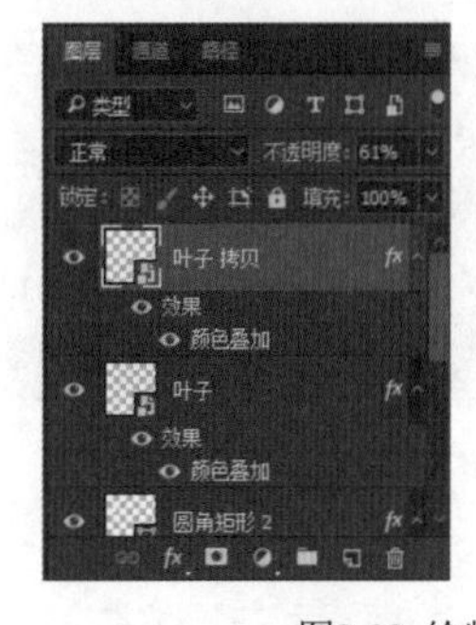

图2-22 绘制另一片叶子

18 绘制椭圆。新建图层，单击工具箱中的“椭圆工具”按钮，在选项栏中选择工具的模式为“形状”，绘制椭圆，如图2-23所示。

图2-23 绘制椭圆

19 添加斜面和浮雕。执行“添加图层样式→斜面和浮雕”命令，打开“图层样式”面板。之后在弹出的“图层样式”对话框中选择“斜面和浮雕”选项，设置参数，添加斜面和浮雕效果，如图2-24所示。

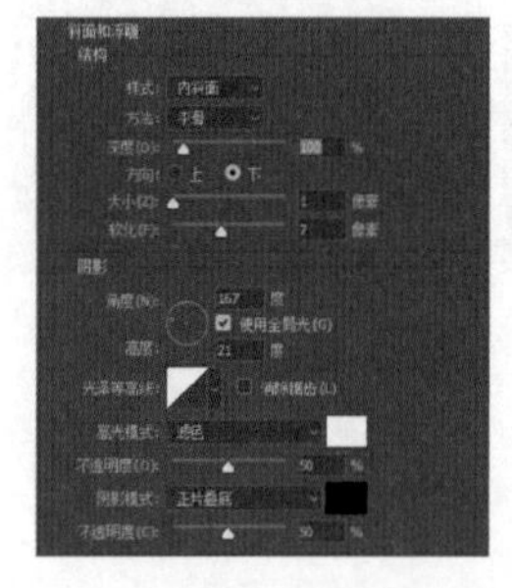

图2-24 添加斜面和浮雕

20 添加描边。在打开的“图层样式”对话框中选择“描边”选项，设置参数，添加描边效果，如图2-25所示。

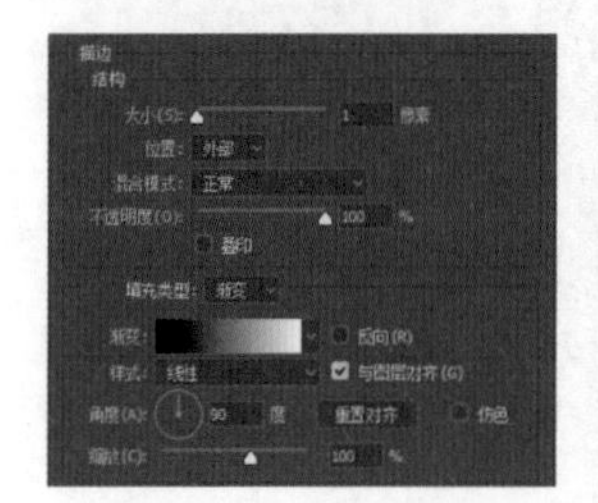

图2-25 添加描边

21 添加渐变叠加。在打开的“图层样式”对话框中选择“渐变叠加”选项，设置参数，添加渐变叠加效果，如图2-26所示。

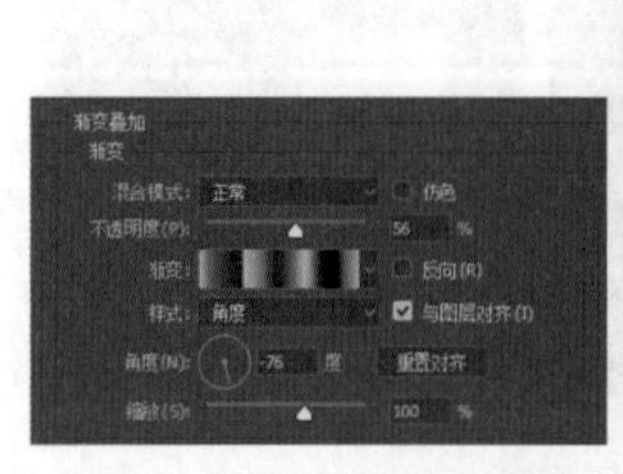

图2-26 添加渐变叠加

22 添加投影。在打开的“图层样式”对话框中选择“投影”选项，设置参数，添加投影效果，如图2-27所示。

图2-27 添加投影

23 绘制椭圆。新建图层，单击工具箱中的“椭圆工具”按钮，在选项栏中选择工具的模式为“形状”，绘制椭圆，如图2-28所示。

图2-28 绘制椭圆

24 添加斜面和浮雕。执行“添加图层样式→斜面和浮雕”命令，打开“图层样式”面板。之后在弹出的“图层样式”对话框中选择“斜面和浮雕”选项，设置参数，添加斜面和浮雕效果，如图2-29所示。

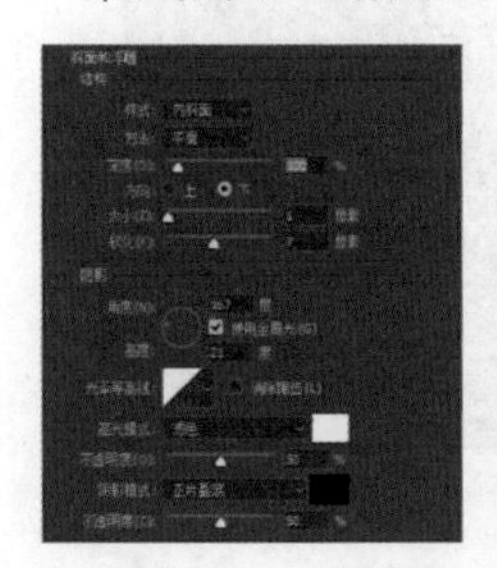

图2-29 添加斜面和浮雕

25 添加描边。在打开的“图层样式”对话框中选择“描边”选项，设置参数，添加描边效果，如图2-30所示。

图2-30 添加描边

26 添加渐变叠加。在打开的“图层样式”对话框中选择“渐变叠加”选项，设置参数，添加渐变叠加效果，如图2-31所示。

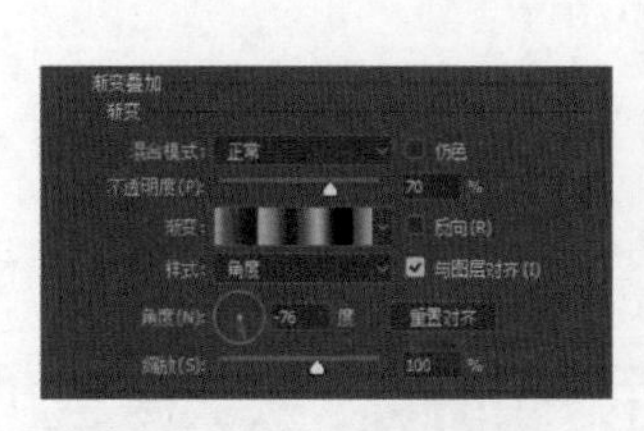

图2-31 添加渐变叠加

27 添加投影。在打开的“图层样式”对话框中选择“投影”选项，设置参数，添加投影效果，如图2-32所示。

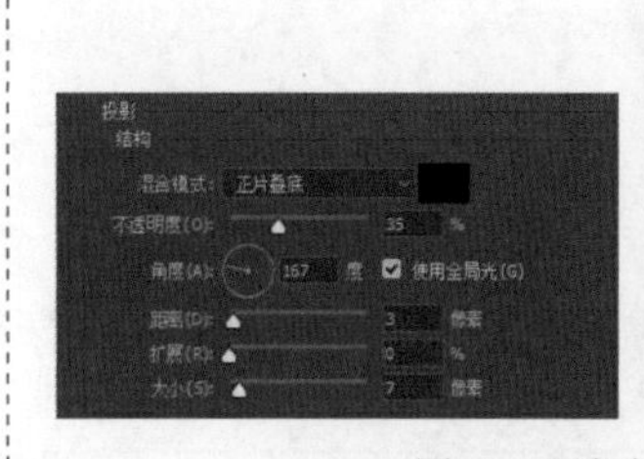

图2-32 添加投影

28 绘制其他图标。用同样的方法绘制其他图标，以完成本例的制作，如图2-33所示。

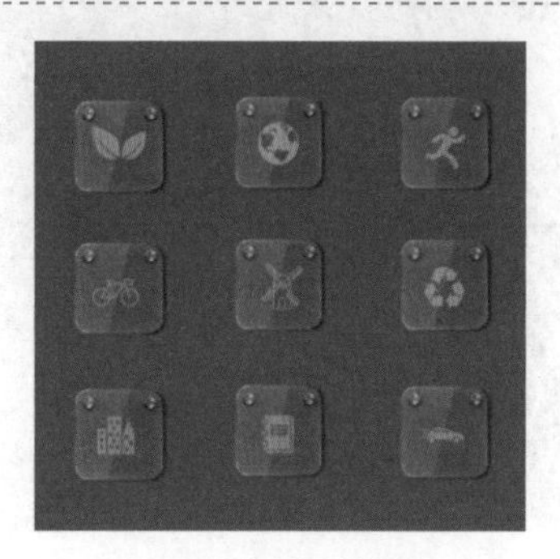

图2-33 绘制其他图标

2.3 案例：仿真插座设计

2.3.1 设计构思

本案例制作仿真插座的图标。设计师利用不同的图层样式叠加效果，使插座更加立体真实。绘制图标，应用到App的设计中，完成本例的制作，效果如图2-34所示。

图2-34 插座图标效果

2.3.2 操作步骤

01 新建文档。执行“文件→新建”命令，在弹出的“新建文档”窗口中，选择新建一个800×800像素的文档，如图2-35所示。

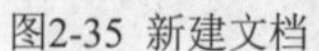

图2-35 新建文档

02 添加背景色。将前景色设置为#dcdcdc后，按Alt+Delete组合键给图层添加背景色，如图2-36所示。

图2-36 添加背景色

03 新建矩形。整体的插座可分为3个部分，所以我们需要建立3个部分的形状，首先是插座的轮廓，使用圆角矩形工具新建一个516px×516px、4个圆角为50px的圆角矩形，将矩形颜色设置为#b3b3b3，如图2-37所示。

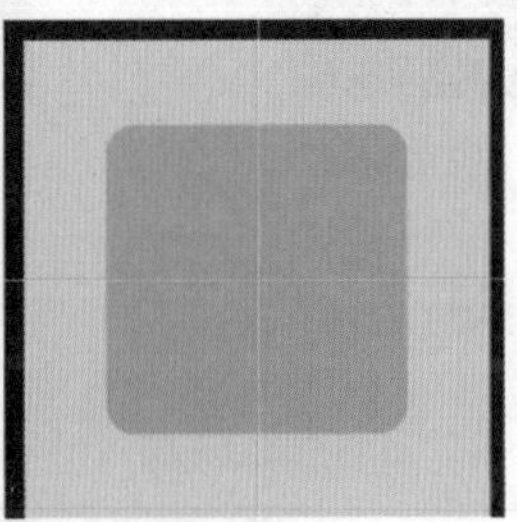

图2-37 新建矩形

04 新建圆形。接下来需要建立插座插孔的部分，新建大小为246px×246px、颜色为#6f6f6f的大圆形，以及两个大小为34px×34px，颜色为#000000的小圆形，如图2-38所示。

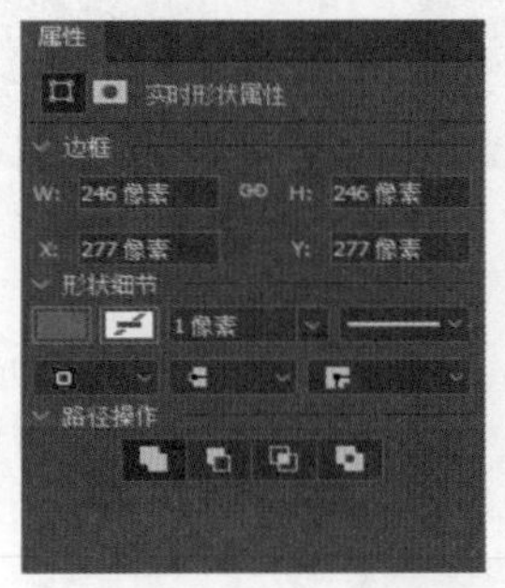

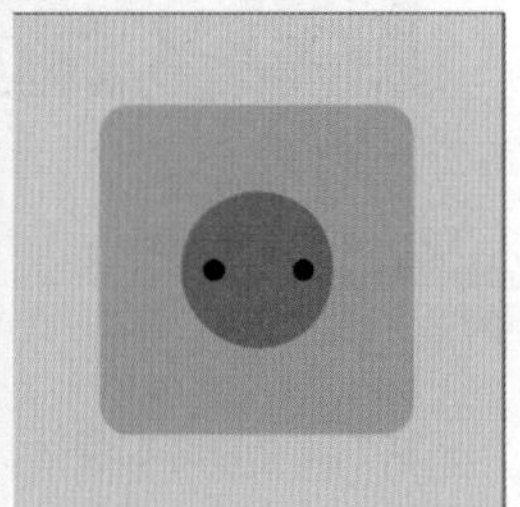

图2-38 新建圆形

05 添加图层效果。选中最外面的矩形图层，添加图层效果，选择添加斜面和浮雕，设置属性，如图2-39所示。添加渐变叠加，如图2-40所示。添加投影，如图2-41所示。

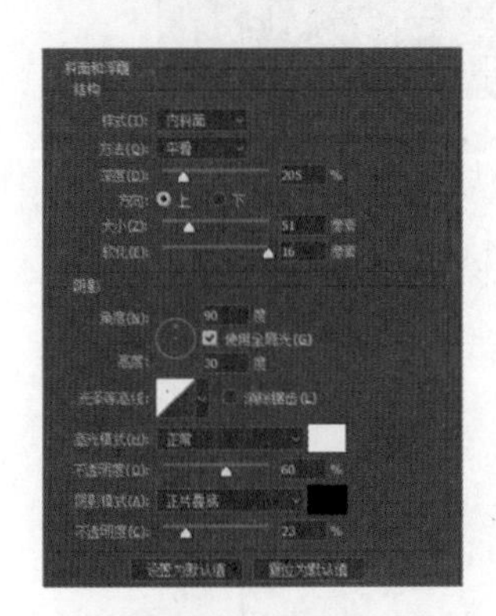

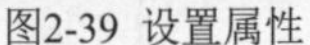

图2-39 设置属性

图2-40 添加渐变叠加

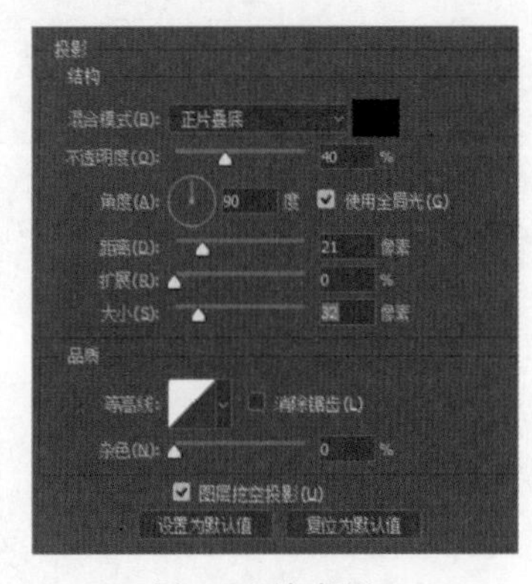

图2-41 添加投影

06 添加图层效果。选中大圆形的图层，双击打开图层样式面板，勾选“内阴影”及“渐变叠加”样式，设置属性，如图2-42和图2-43所示。

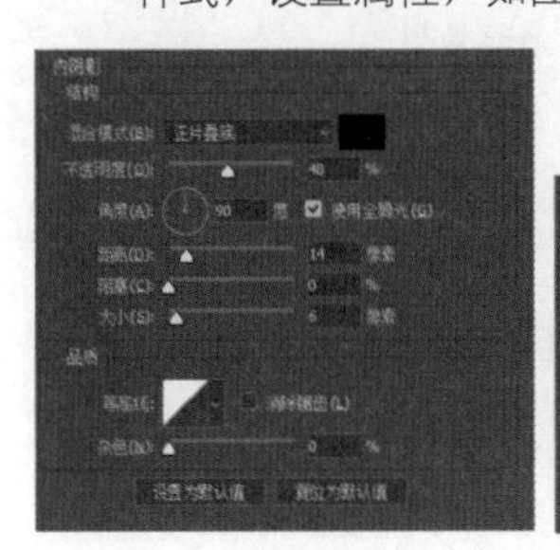

图2-42 设置内阴影

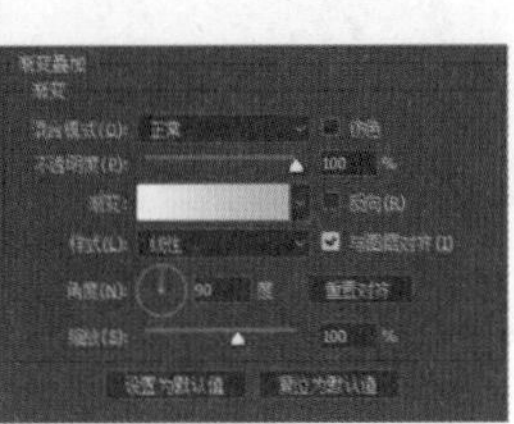

图2-43 设置渐变叠加

07 添加图层样式。选中小圆形的图层，双击打开图层面板，添加“描边”样式，如图2-44所示。添加完各种图层样式的效果如图2-45所示。

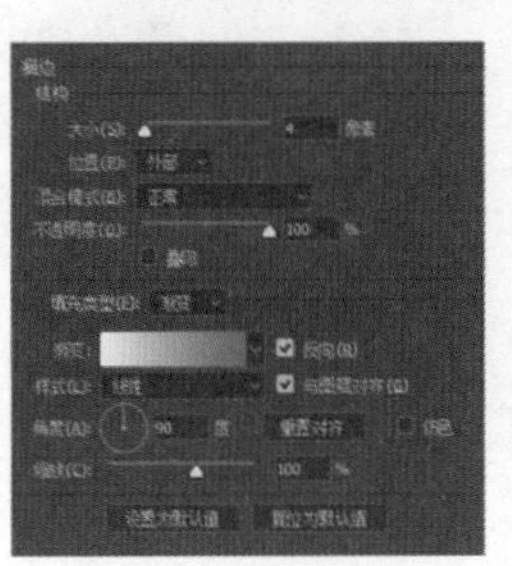

图2-44 添加描边

图2-45 最终效果

08 新建圆角矩形。为了使插座效果更逼真，我们需要给插座的圆形外面添加一个线框，首先在图层“矩形1”上新建两个圆角矩形，如图2-46所示。

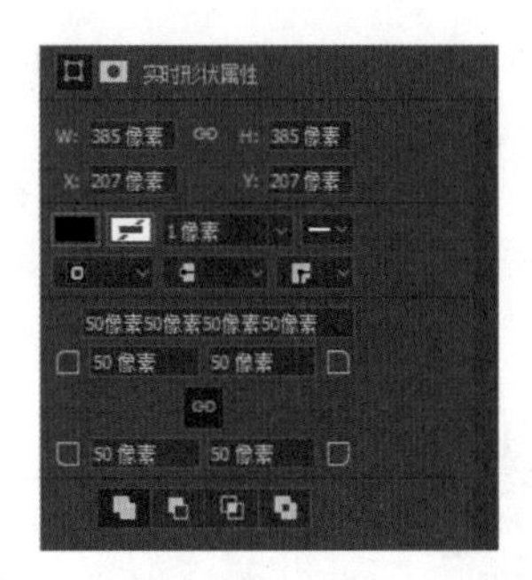

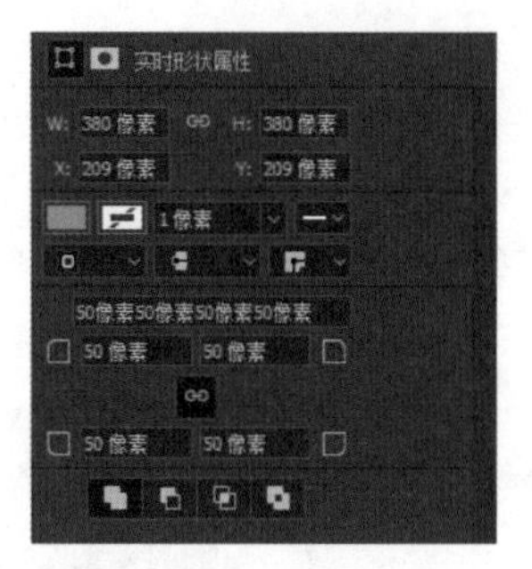

图2-46 新建两个圆角矩形

09 图层相减。选中两个刚刚新建的圆角矩形图层，单击“形状”工具栏上方的“减去顶层形状”，如图2-47所示。

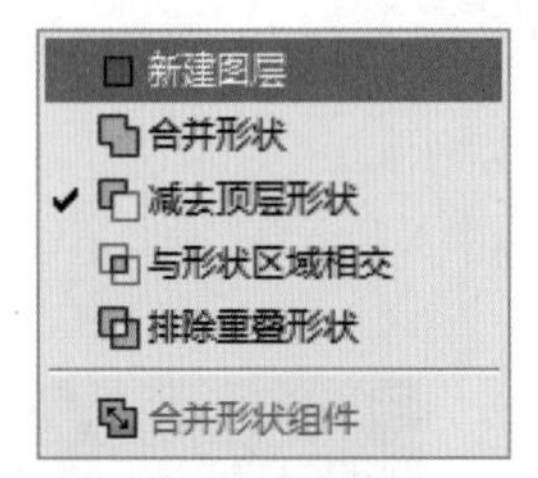

图2-47 图层相减

10 边框效果。得到新的矩形，单击“合并形状”后，给新的形状添加图层效果“渐变叠加”，如图2-48所示。

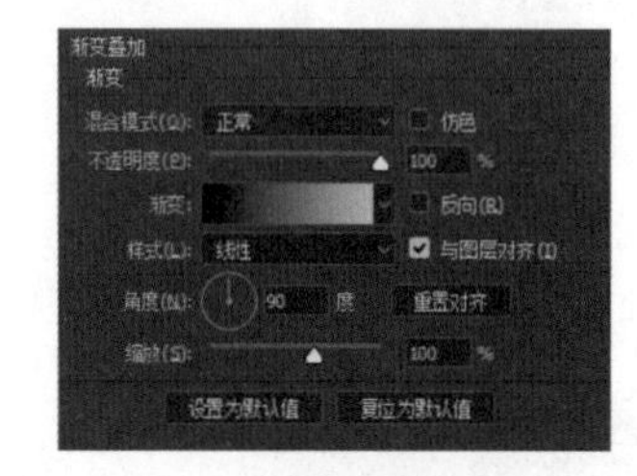

图2-48 设置边框效果

11 最后效果如图2-49所示。

图2-49 最终效果

2.4 案例：木纹质感设计

无论是现代网站设计还是复古网站设计，木纹元素的使用总是随处可见。无论是打印产品、界面设计还是总体布局，木纹总是能增强视觉效果和冲击力。

2.4.1 设计构思

本例制作木纹质感时，设计师利用滤镜、渲染来绘制木纹背景质感，同时叠加木纹质感图案，再添加图层样式与字体，形成一个略带三维效果的设计，展现出非常强的木质感，效果如图2-50所示。

图2-50 木纹质感设计

2.4.2 操作步骤

01 新建文件。执行“文件→新建”命令，在弹出的“新建”对话框中创建500px×400px、背景色为白色的空白文档，命名为木纹质感1，完成后单击“创建”按钮，然后单击背景的锁头图标，解锁图层，如图2-51所示。

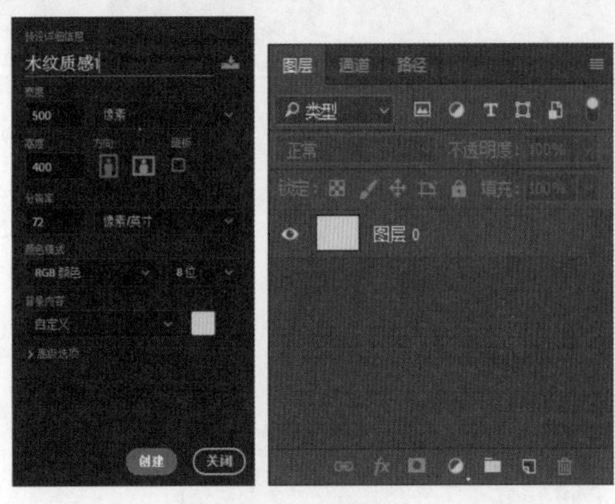

图2-51 新建文件

02 设置颜色。单击上方的白色图标，设置前景色为#e19051，单击下方的黑色图标，设置背景色为#b1612e，如图2-52所示。

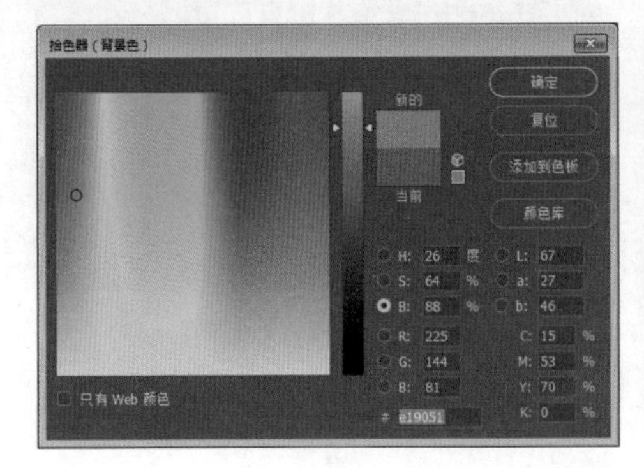

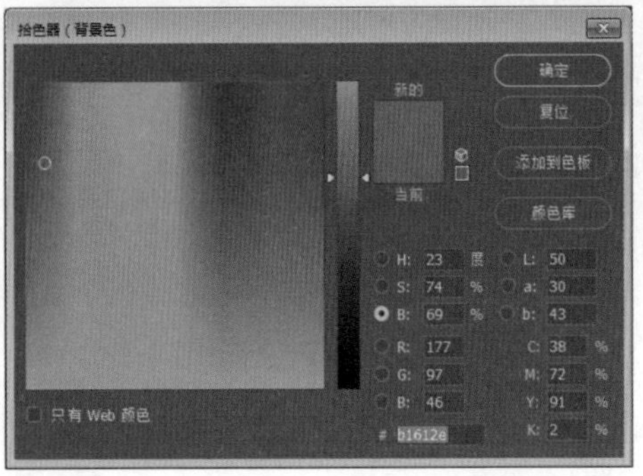

图2-52 设置颜色

03 添加渲染。执行“滤镜→渲染→纤维”，设置差异为20，强度为10，单击“确定”按钮，效果如图2-53所示。

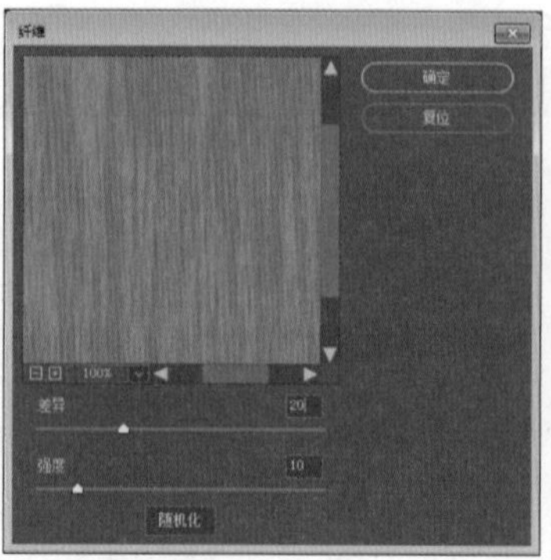

图2-53 添加渲染

04 添加扭曲。选择工具栏中的矩形选框工具，然后选择绘图区域，执行“滤镜→扭曲→旋转扭曲”命令，设置参数，单击“确认”按钮，完成操作。然后按Ctrl+D组合键取消矩形选框，重复制作扭曲效果，如图2-54所示。

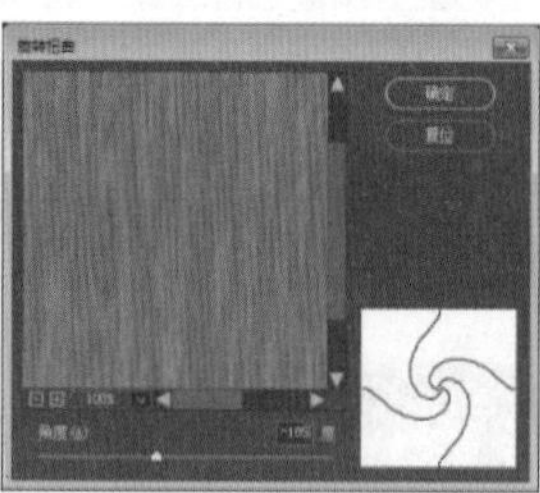

图2-54 添加扭曲

05 添加液化。执行“滤镜→液化”命令，改变不同的压力和浓度值，进行绘制，如图2-55所示。

图2-55 添加液化

06 新建文件。再次执行“文件→新建”命令，在弹出的“新建”对话框中创建400px×400px、背景色为白色的空白文档，命名为木纹质感2，完成后单击“创建”按钮，然后单击背景的锁头图标，解锁图层，如图2-56所示。

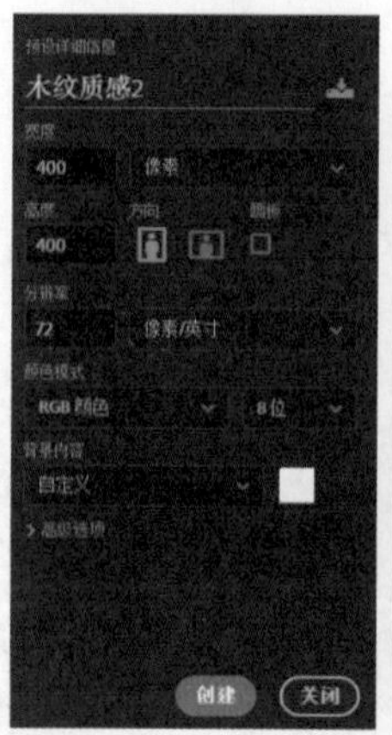

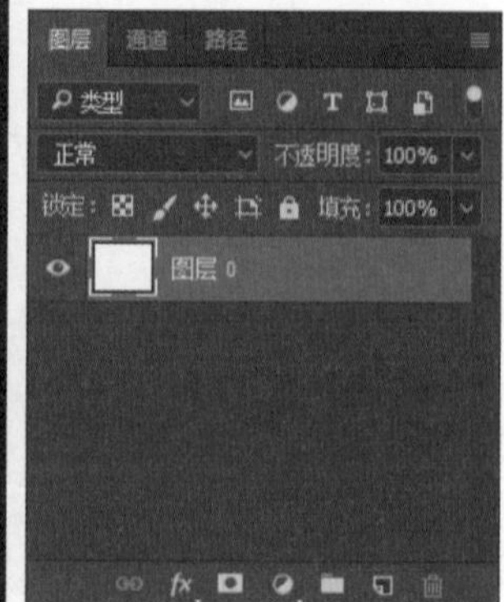

图2-56 新建文件

07 设置颜色。单击上方的白色图标，设置前景色为#9a5a36，单击下方的黑色图标，设置背景色为#834723，如图2-57所示。

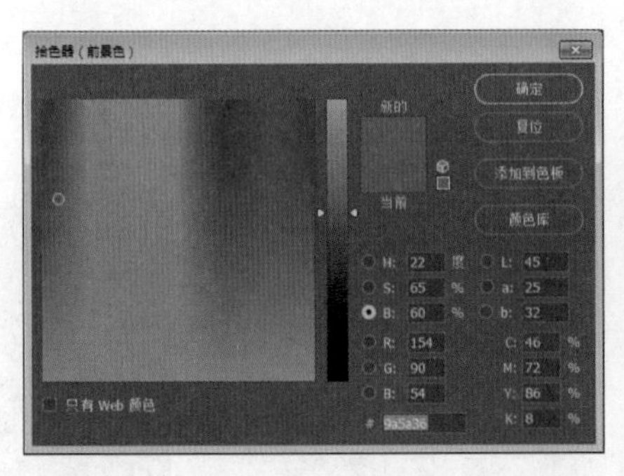
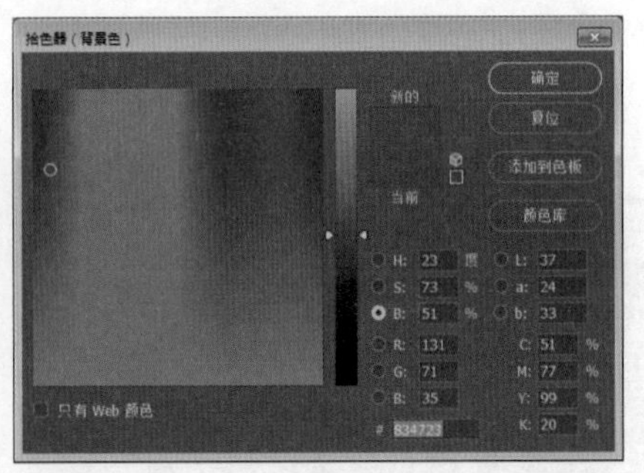

图2-57 设置颜色

08 添加渲染。执行“滤镜→渲染→纤维”命令，设置差异为20，强度为10，单击“确定”按钮，效果如图2-58所示。

09 旋转图像。执行“图像→旋转图像→顺时针90度”命令，将图像横向显示，如图2-59所示。

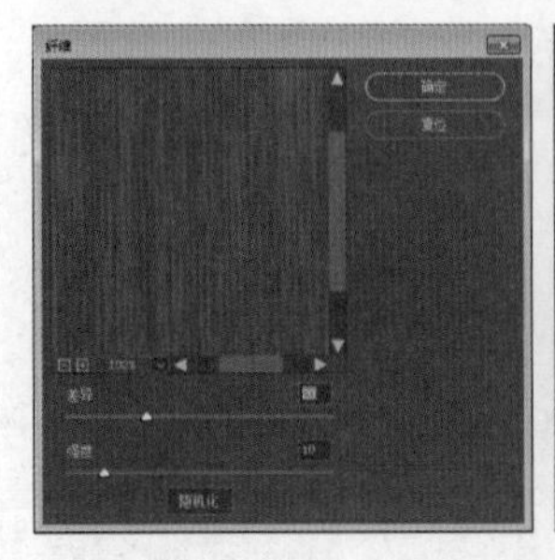

图2-58 添加渲染

图2-59 旋转图像

10 添加扭曲。选择工具栏中的矩形选框工具，然后选择绘图区域，执行“滤镜→扭曲→旋转扭曲”命令，设置参数，单击“确认”按钮，完成操作。然后按Ctrl+D组合键，取消矩形选框，重复制作扭曲效果，如图2-60所示。

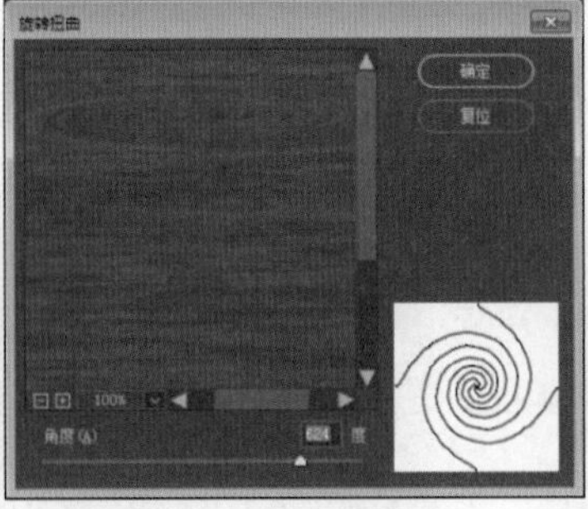

图2-60 添加扭曲

11 添加液化。执行“滤镜→液化”命令，改变不同的压力和浓度值，进行绘制，如图2-61所示。

图2-61 添加液化

12 绘制圆角矩形。单击工具栏中的“圆角矩形工具”，在选项栏中选择工具模式的“形状”，设置参数，设置填充颜色为白色，如图2-62所示。

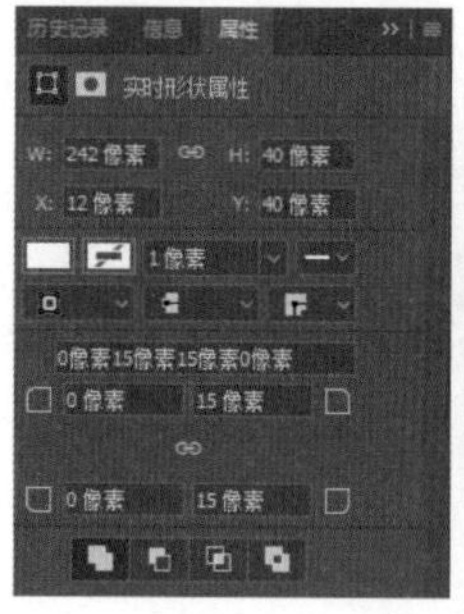

图2-62 绘制圆角矩形

13 绘制图形。单击工具栏中的“钢笔工具→添加锚点工具”，在中间添加锚点，对锚点进行拖曳，绘制图形，如图2-63所示。

图2-63 绘制图形

14 导入素材。执行“文件→打开”命令，选择木纹质感2素材，将素材拖曳到场景中，调节适合的大小，如图2-64所示。

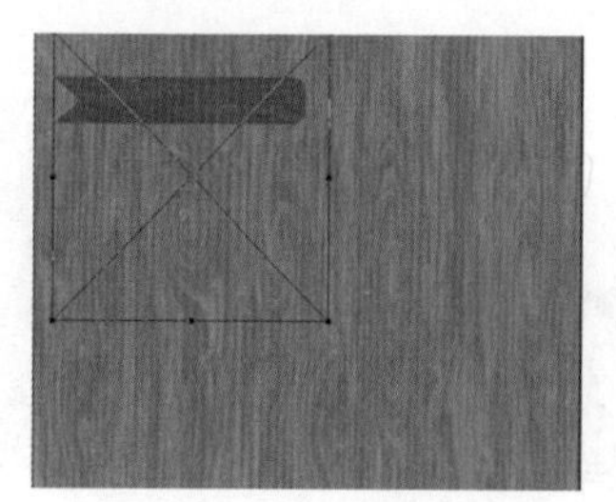

图2-64 导入素材

15 创建剪贴图层。右击头像图层，选择“创建剪贴蒙版”按钮，为椭圆图层创建剪贴蒙版，如图2-65所示。

图2-65 创建剪贴图层

16 添加斜面和浮雕。执行“添加图层样式→斜面和浮雕”命令，设置参数，添加斜面与浮雕效果，如图266所示。

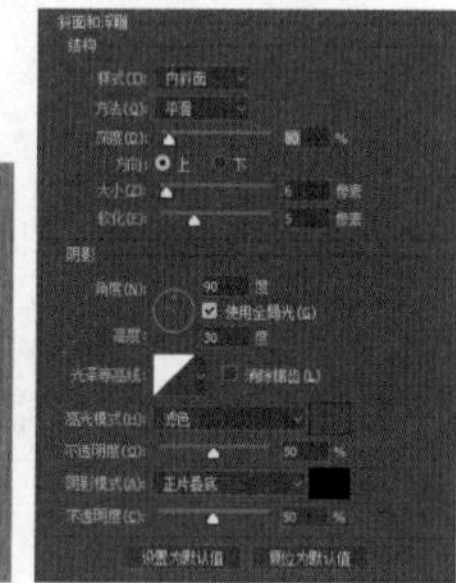

图2-66 添加斜面和浮雕

17 添加描边。执行“添加图层样式→描边”命令，设置参数，添加描边效果，如图2-67所示。

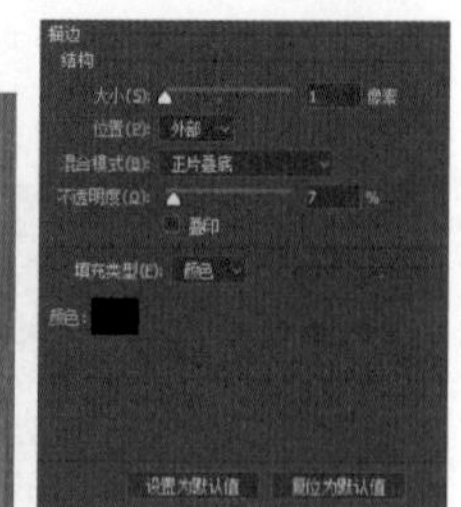

图2-67 添加描边

18 添加内阴影。执行“添加图层样式→内阴影”命令，设置参数，添加内阴影效果，如图2-68所示。

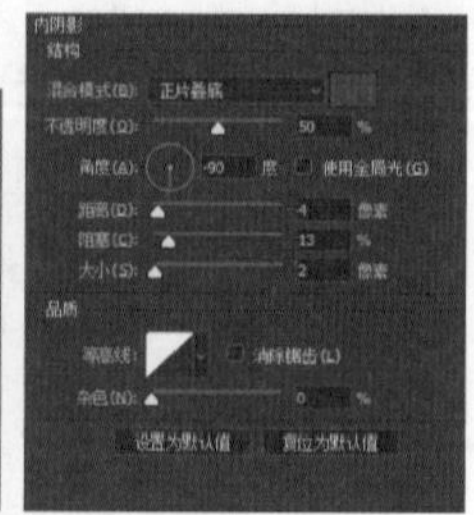

图2-68 添加内阴影

19 添加渐变叠加。执行“添加图层样式 fx →渐变叠加”命令，设置参数，添加渐变叠加效果，如图2-69所示。

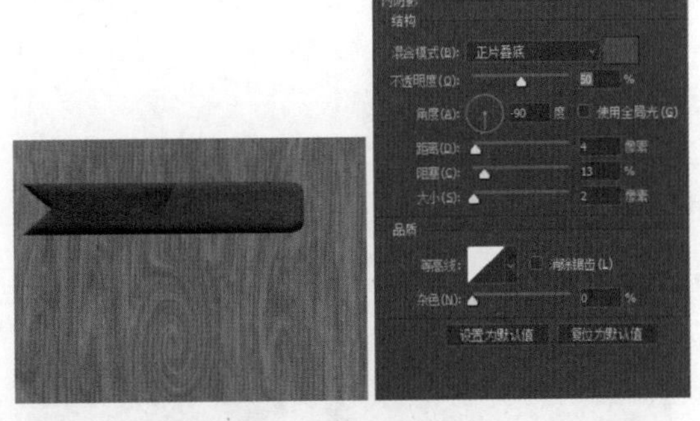

图2-69 添加渐变叠加

20 添加文字。单击工具栏中的“横版文字工具”按钮，在选项栏中设置字体为“方正舒体”，字号为24点，颜色为白色，输入文字“导航”，重复操作，如图2-70所示。

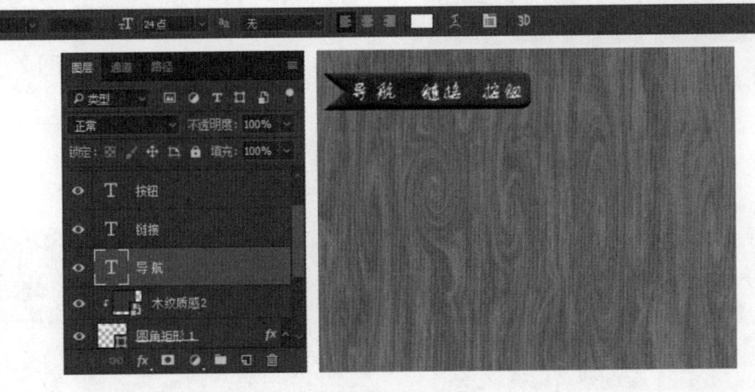

图2-70 添加文字

21 绘制形状。单击工具箱中的“直线工具”，颜色为#5e5b5a，描边像素为1，绘制一条直线，将不透明度改为65%，重复操作，得到形状1和形状2，如图2-71所示。选中形状1和形状2，按Ctrl+J组合键，复制图层，移至相应位置，如图2-72所示。

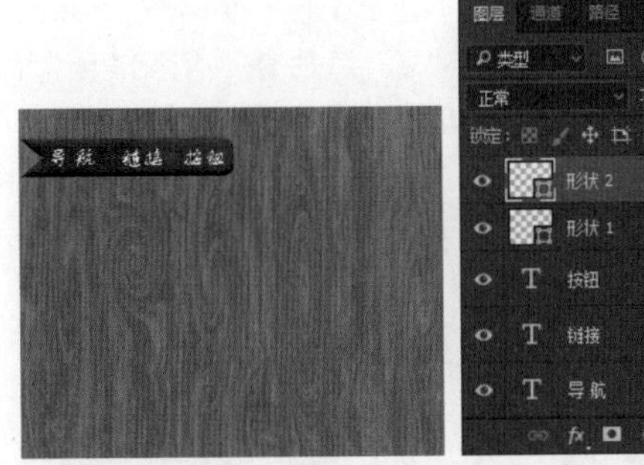

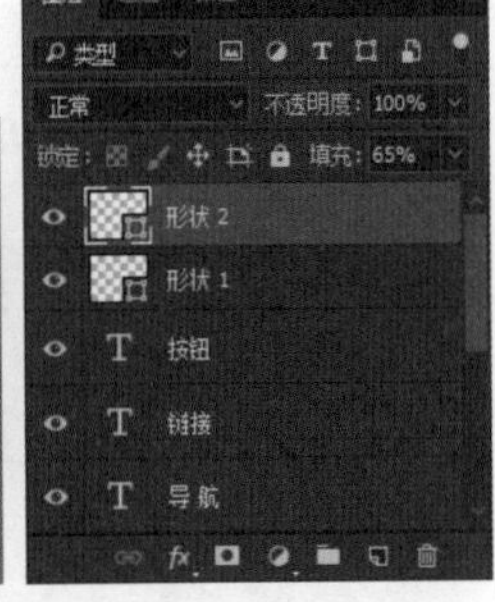

图2-71 绘制形状

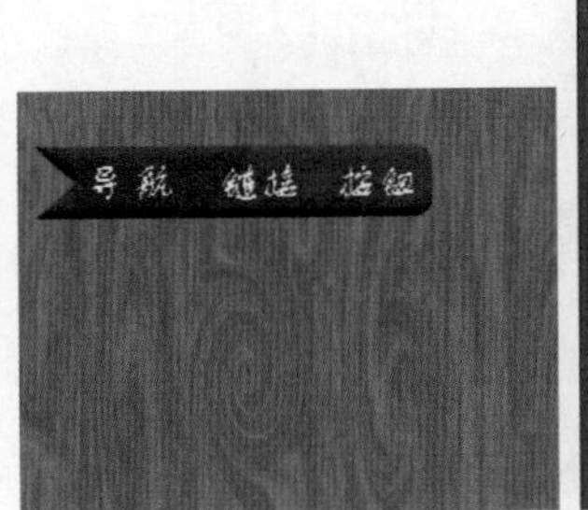

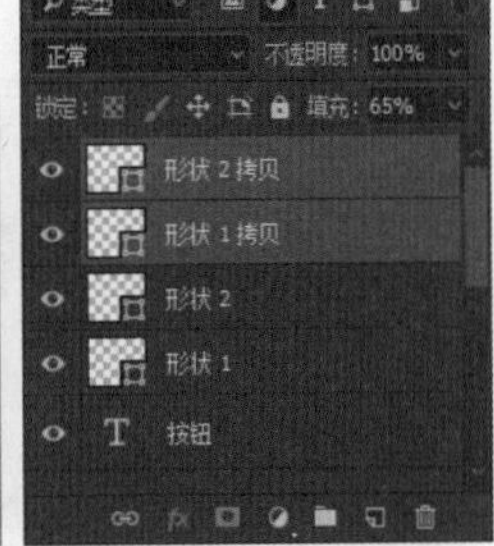

图2-72 复制图层

22 添加正圆。单击工具栏中的“椭圆工具”按钮，在选项栏中选择工具的模式为“形状”，设置填充为#8d4223，按住Shift键在页面中绘制正圆，如图2-73所示。

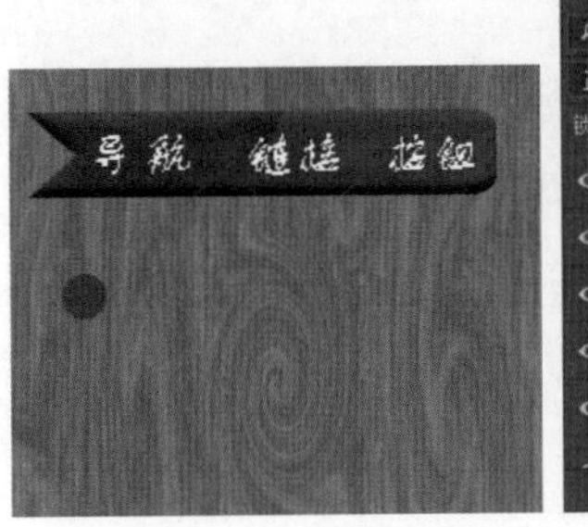

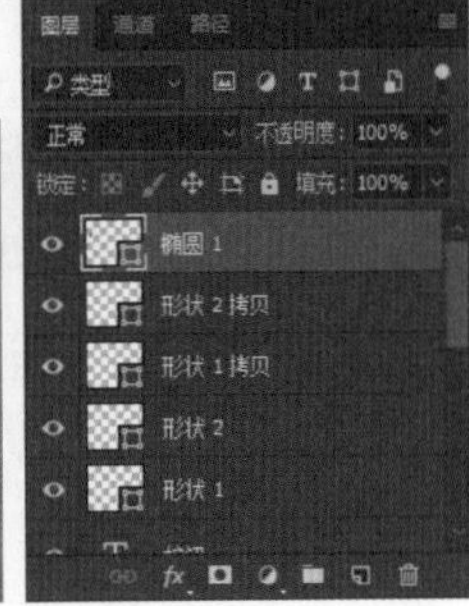

图2-73 添加正圆

23 添加斜面和浮雕。执行“添加图层样式 fx →斜面和浮雕”命令，设置参数，添加斜面和浮雕效果，如图2-74所示。

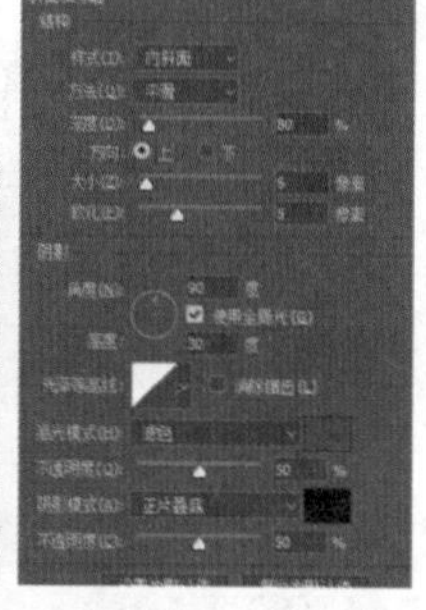

图2-74 添加斜面和浮雕

24 添加描边。执行“添加图层样式 fx →描边”命令，设置参数，添加描边效果，如图2-75所示。

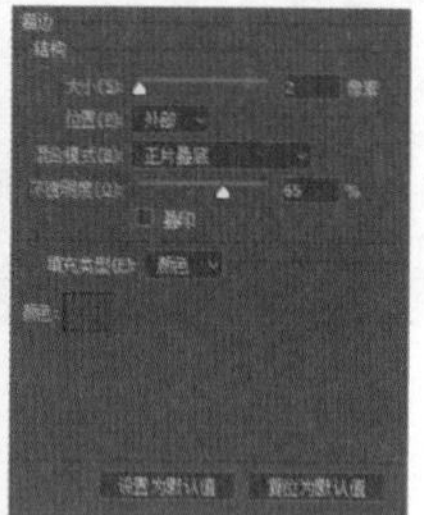

图2-75 添加描边

25 添加正圆。单击工具栏中的“椭圆工具”按钮，在选项栏中选择工具的模式为“形状”，设置填充为ecc5a8，按住Shift键在页面中绘制正圆，如图2-76所示。

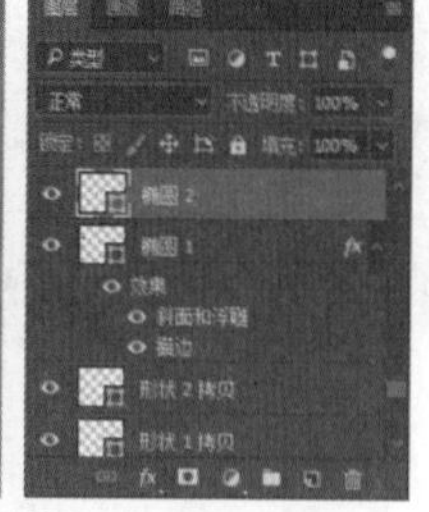

图2-76 添加正圆

26 添加投影。执行“添加图层样式 fx →投影”命令，设置参数，添加投影效果，如图2-77所示。

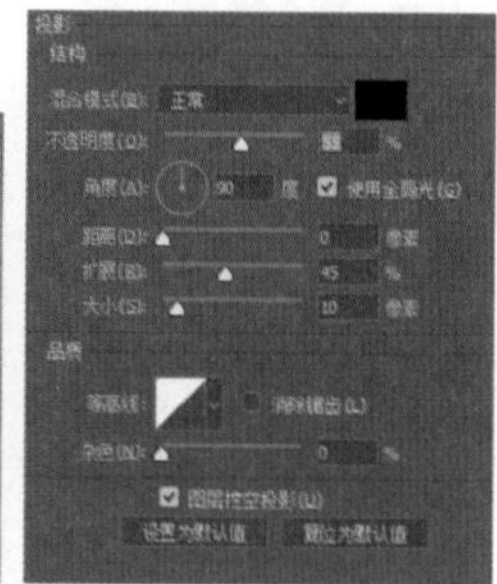

图2-77 添加投影

27 添加光泽。执行“添加图层样式 fx →光泽”命令，设置参数，添加光泽效果，如图2-78所示。

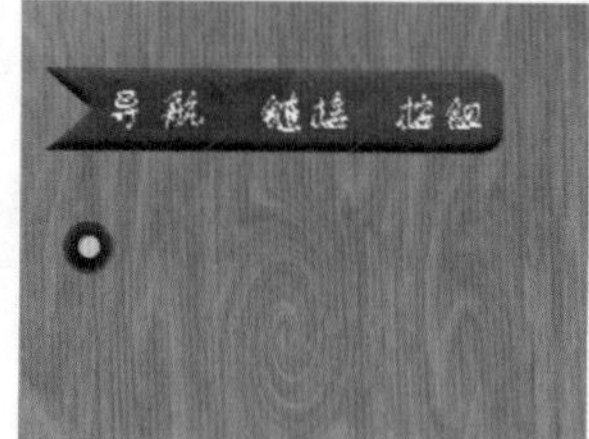
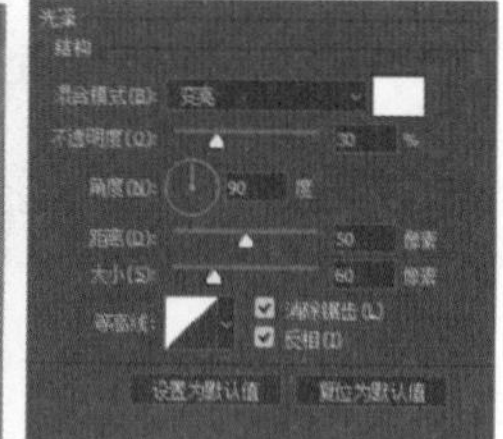

图2-78 添加光泽

28 添加正圆。选中“椭圆1”和“椭圆2”图层，按Ctrl+J组合键，复制图层，并右击“椭圆2”，清除图层样式，然后修改填充颜色为#3f291c，如图2-79所示。

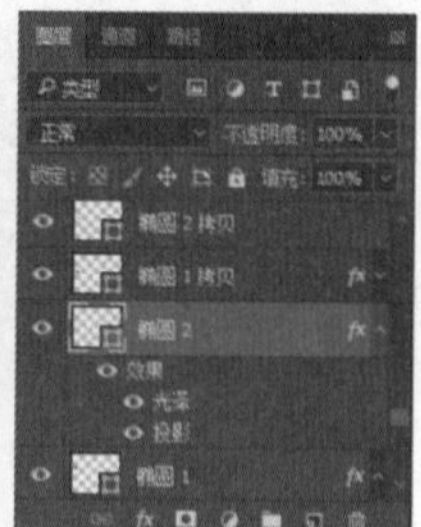

图2-79 添加正圆

29 添加描边。执行“添加图层样式 fx →描边”命令，设置参数，添加描边效果，如图2-80所示。

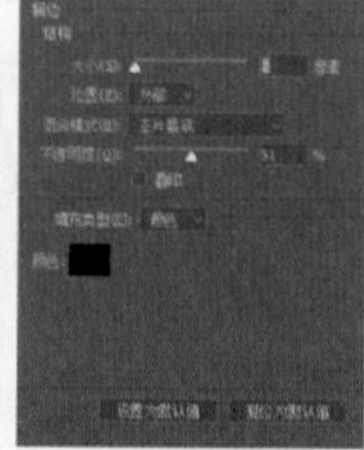

图2-80 添加描边

30 添加内阴影。执行“添加图层样式 fx →内阴影”命令，设置参数，添加内阴影效果，如图2-81所示。

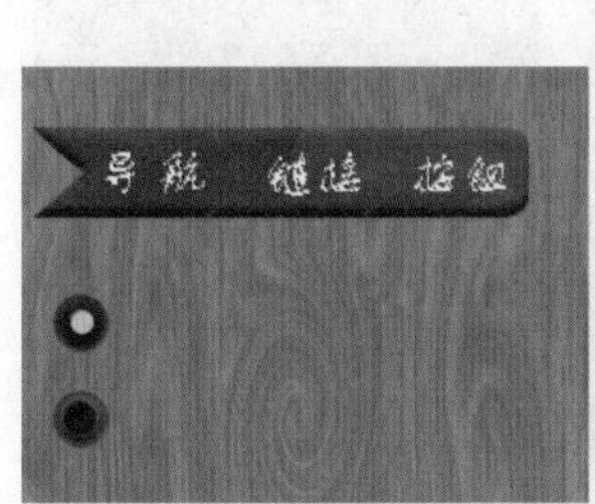
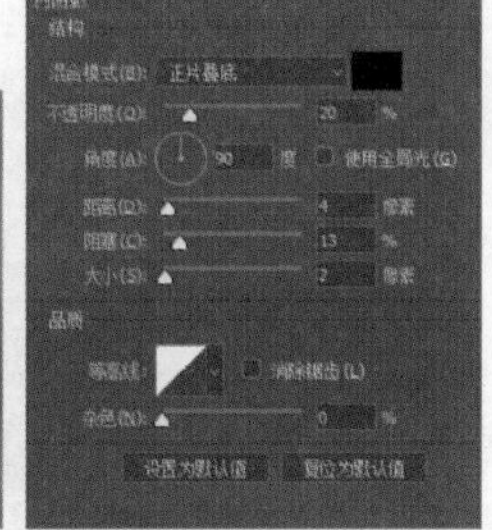

图2-81 添加内阴影

31 添加投影。执行“添加图层样式 fx →投影”命令，设置参数，添加投影效果，如图2-82所示。

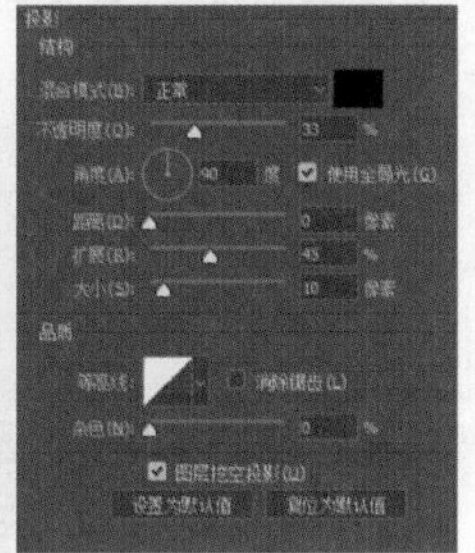

图2-82 添加投影

32 绘制圆角矩形。单击工具栏中的“圆角矩形工具”按钮，在选项栏中选择工具模式的“形状”，设置参数，设置填充颜色为#834723，如图2-83所示。

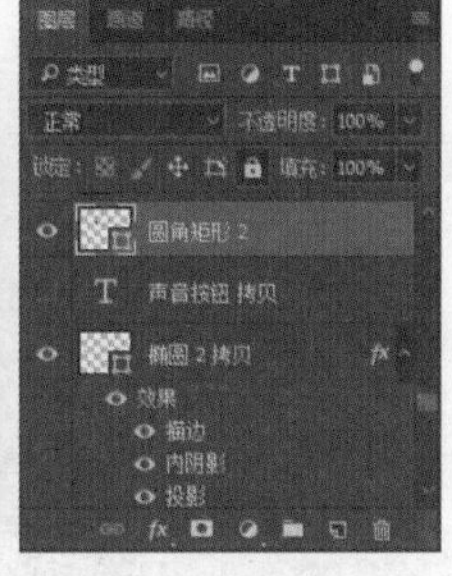

图2-83 绘制圆角矩形

33 添加斜面和浮雕。执行“添加图层样式 fx →斜面和浮雕”命令，设置参数，添加斜面与浮雕效果，如图2-84所示。

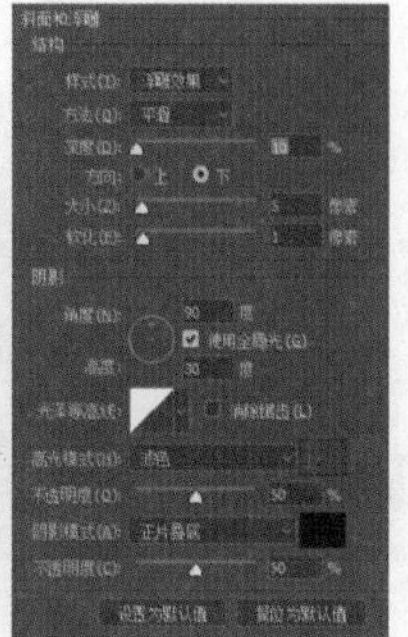

图2-84 添加斜面和浮雕

34 添加描边。执行“添加图层样式 fx →描边”命令，设置参数，添加描边效果，如图2-85所示。

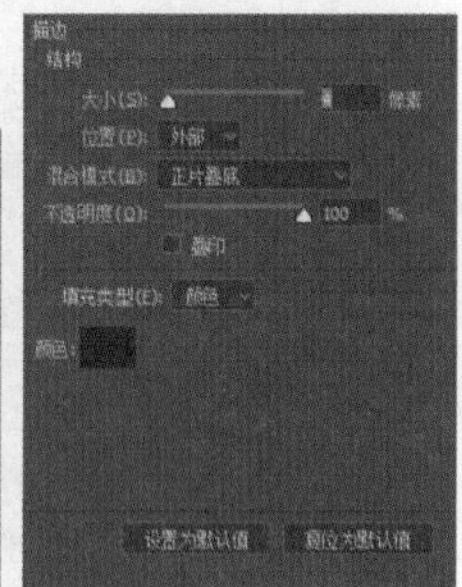

图2-85 添加描边

35 添加内阴影。执行“添加图层样式 fx →内阴影”命令，设置参数，添加内阴影效果，如图2-86所示。

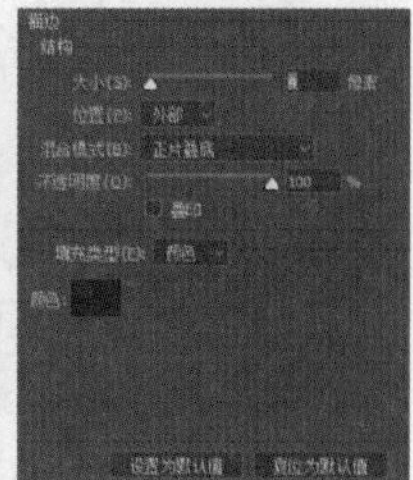

图2-86 添加内阴影

36 添加形状。首先通过Ctrl+J组合键复制圆角矩形2，再添加“对勾”形状，单击工具栏中的“自定义形状工具”按钮，在选项栏中选择工具模式的“形状”，设置填充颜色为白色，如图2-87所示。

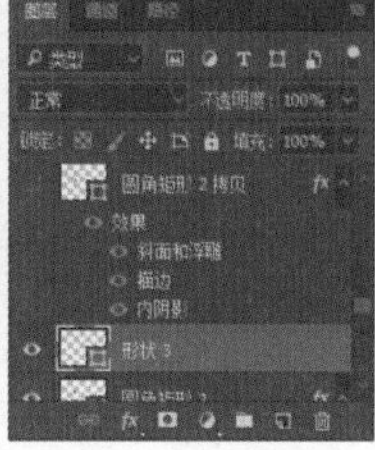

图2-87 添加形状

37 添加文字。单击工具栏中的“横版文字工具”按钮，在选项栏中设置字体为“仿宋”，字号为18点，颜色为黑色，重复操作，如图2-88所示。

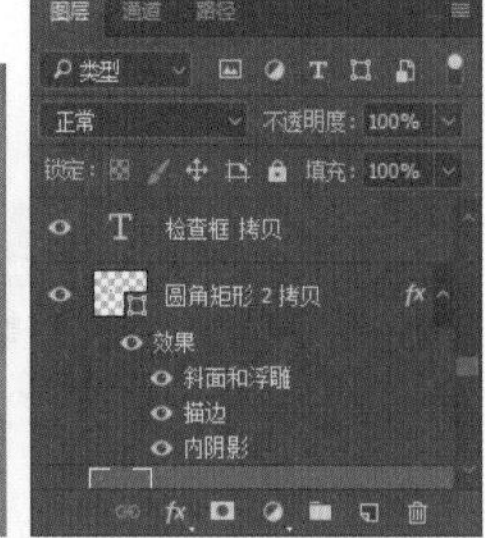

图2-88 添加文字

38 绘制圆角矩形。单击工具栏中的“圆角矩形工具”按钮，在选项栏中选择工具模式的“形状”，设置参数。接着导入素材，执行“文件→打开”命令，选择木纹质感2素材。将素材拖曳到场景中，调节适合的大小（同步骤14），再右击头像图层，单击“创建剪贴蒙版”按钮，为圆角矩形3图层创建剪贴蒙版（同步骤15），最后添加文字，设置字体为“仿宋”，字号为30点，颜色为白色，效果图如图2-89所示。

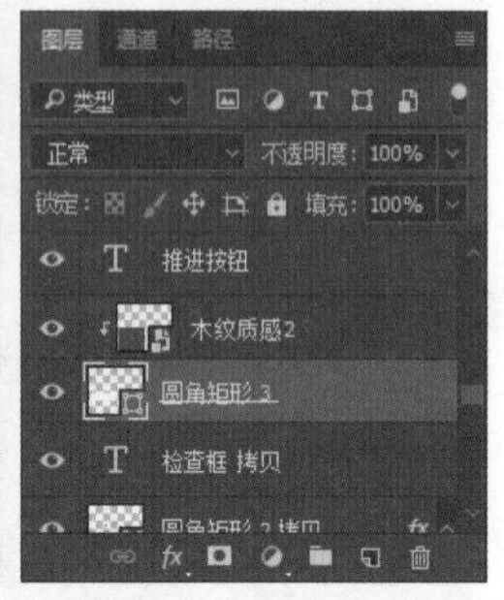

图2-89 绘制圆角矩形

39 添加颜色叠加。选择圆角矩形3的剪贴蒙版木纹质感2，执行“添加图层样式fx→颜色叠加”命令，设置参数，添加颜色叠加效果，如图2-90所示。

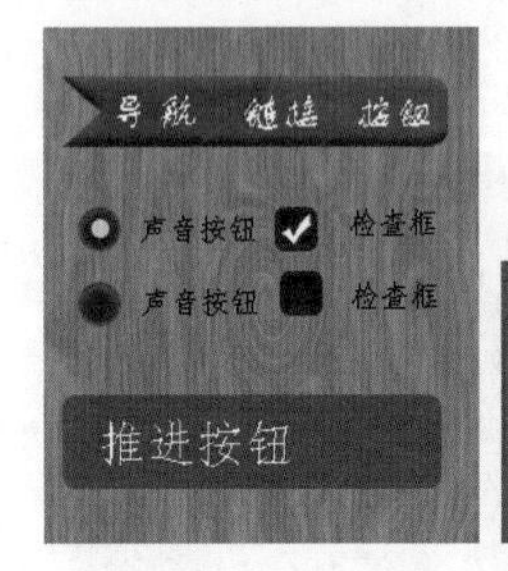

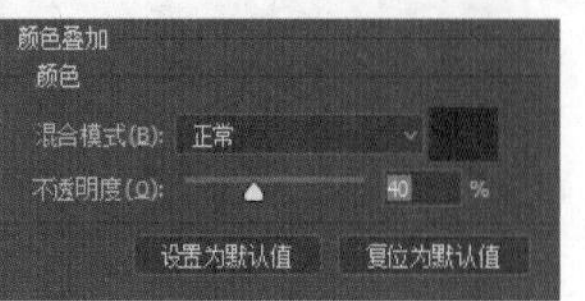

图2-90 添加颜色叠加

40 添加斜面和浮雕。执行“添加图层样式fx→斜面和浮雕”命令，设置参数，添加斜面和浮雕效果，如图2-91所示。

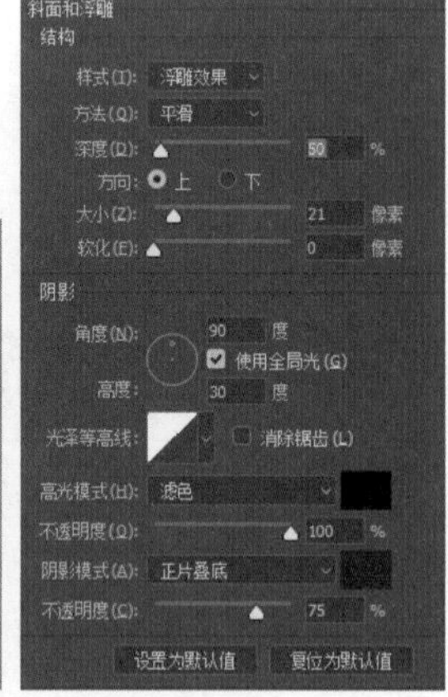

图2-91 添加斜面和浮雕

41 添加投影。执行“添加图层样式fx→投影”命令，设置参数，添加投影效果，如图2-92所示。

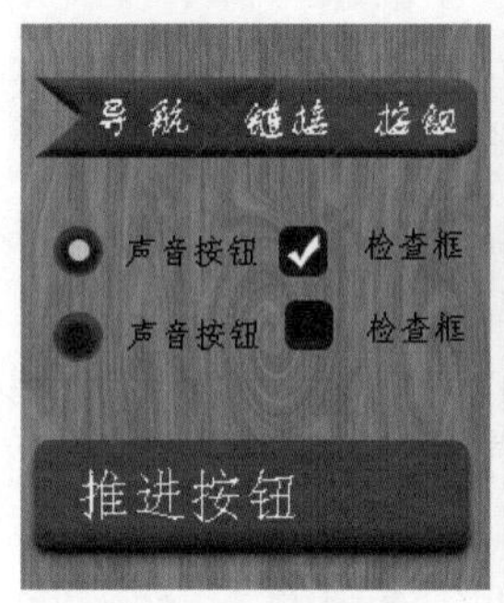

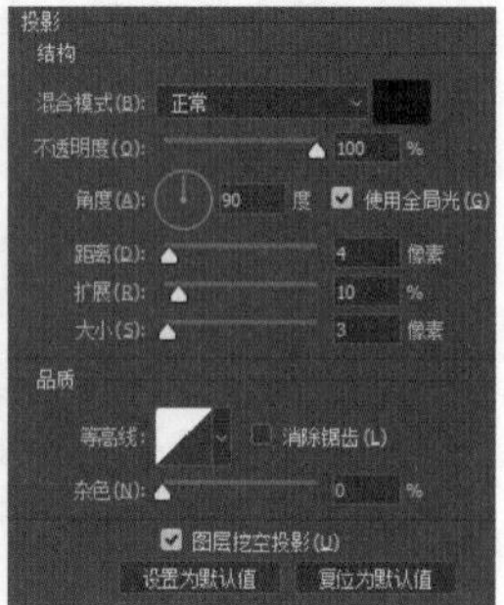

图2-92 添加投影

42 添加正圆。单击工具栏中的“椭圆工具”按钮，在选项栏中选择工具的模式为“形状”，设置填充为#482f20，按住Shift键在页面中绘制正圆，如图2-93所示。

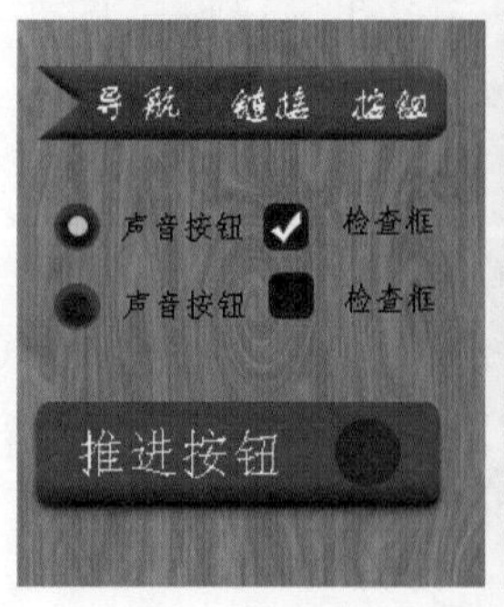

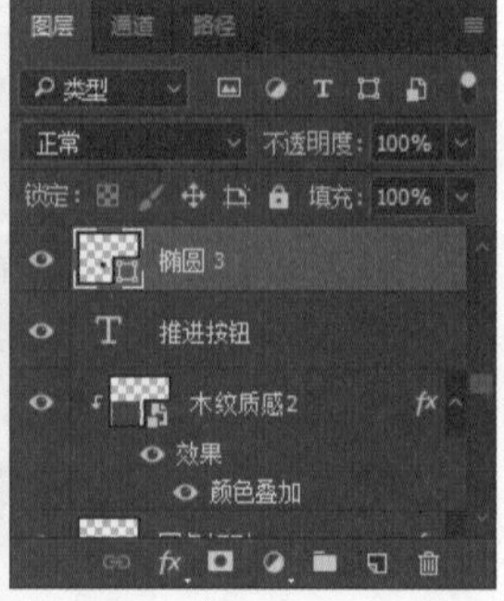

图2-93 添加正圆

43 添加斜面和浮雕。执行“添加图层样式 fx →斜面和浮雕”命令，设置参数，添加斜面和浮雕效果，如图2-94所示。

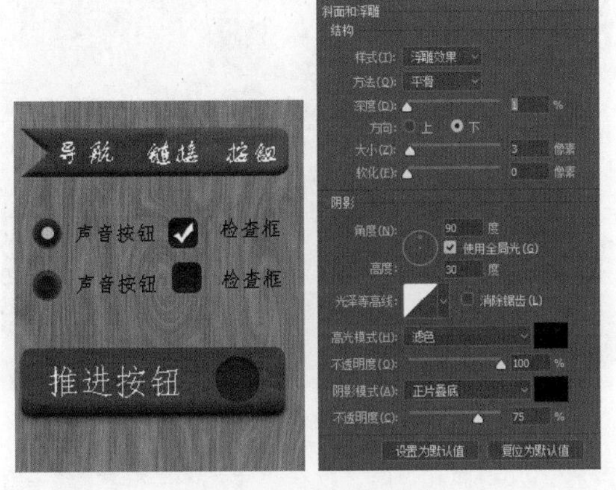

图2-94 添加斜面和浮雕

44 添加描边。执行“添加图层样式 fx →描边”命令，设置参数，添加描边效果，如图2-95所示。

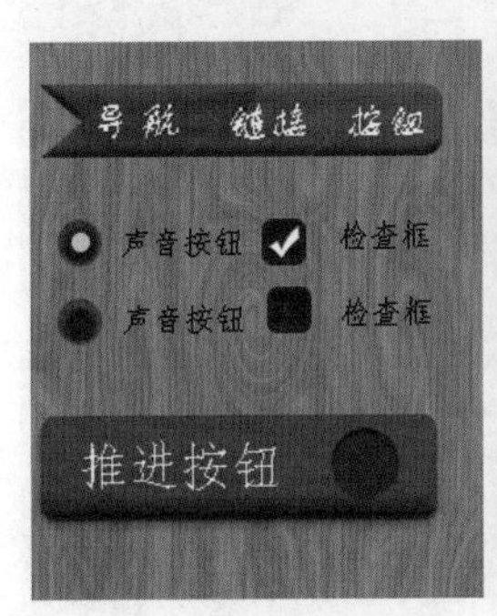

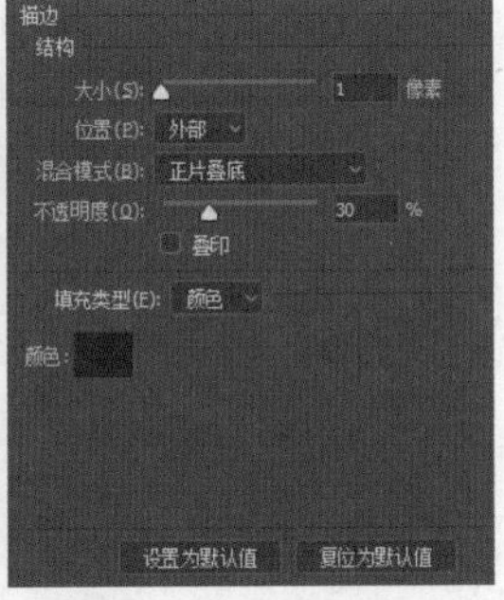

图2-95 添加描边

45 添加内阴影。执行“添加图层样式 fx →内阴影”命令，设置参数，添加内阴影效果，如图2-96所示。

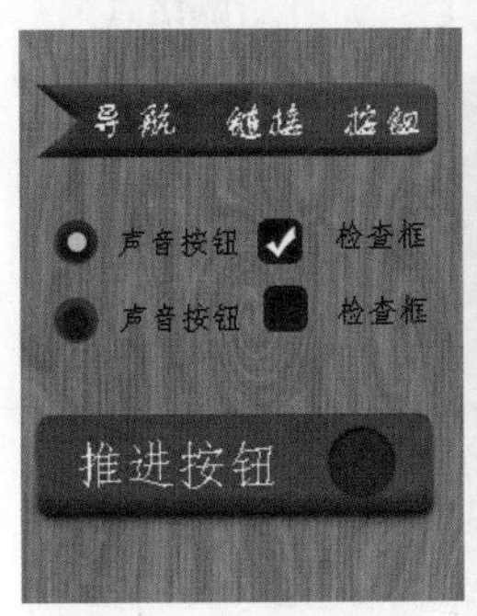

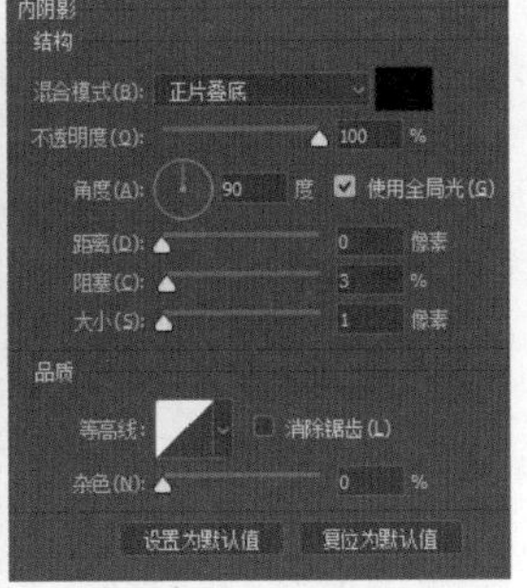

图2-96 添加内阴影

46 绘制三角形。单击工具箱中的“多边形工具”，在选项栏中选择工具模式为“形状”，设置填充色为黑色，如图2-97所示。

图2-97 绘制三角形

47 添加投影。执行“添加图层样式 fx →投影”命令，设置参数，添加投影效果，如图2-98所示。

图2-98 添加投影

48 添加下拉按钮。选中“圆角矩形3”和“木纹质感2”，按Ctrl+J组合键，复制图层，移至相应位置。然后添加文字，单击工具栏中的“横版文字工具”按钮，在选项栏中设置字体为“仿宋”，字号为30点，颜色为白色，如图2-99所示。

图2-99 添加下拉按钮

49 绘制圆角矩形。单击工具栏中的“圆角矩形工具”按钮，在选项栏中选择工具模式的“形状”，设置参数，设置填充颜色为#623522，如图2-100所示。

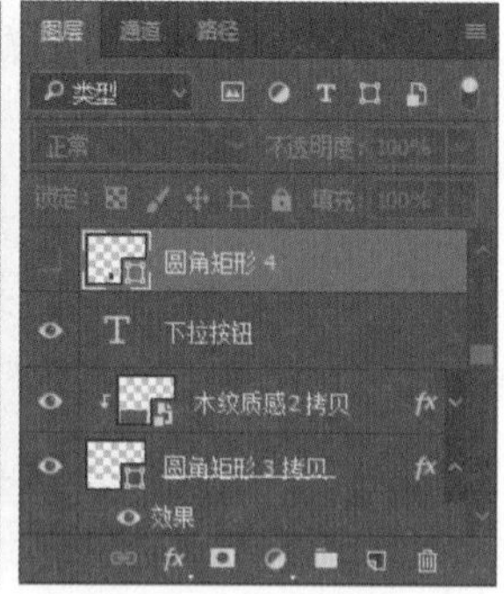

图2-100 绘制圆角矩形

50 添加斜面和浮雕。执行“添加图层样式 fx →斜面和浮雕”命令，设置参数，添加斜面和浮雕效果，如图2-101所示。

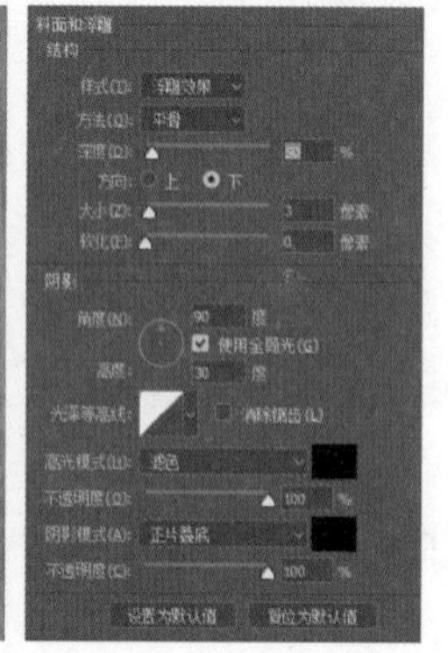

图2-101 添加斜面和浮雕

51 添加内阴影。执行“添加图层样式 fx →内阴影”命令，设置参数，添加内阴影效果，如图2-102所示。

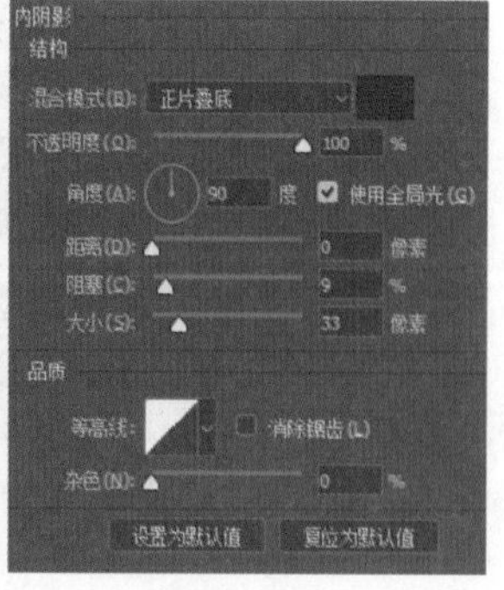

图2-102 添加内阴影

52 绘制三角形。单击工具箱中的“多边形工具”，在选项栏中选择工具模式为“形状”，设置填充色为黑色，如图2-103所示。

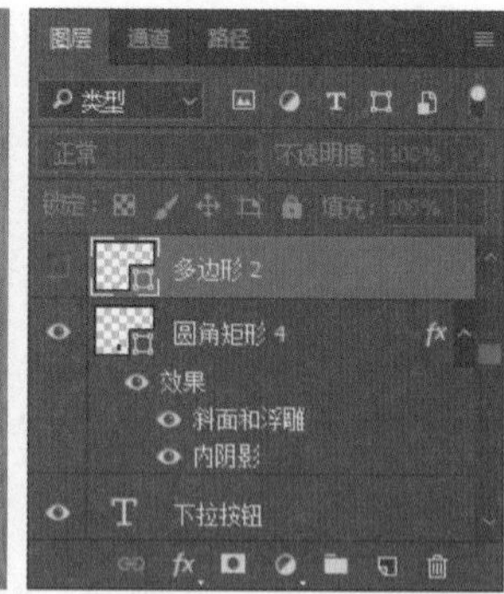

图2-103 绘制三角形

53 添加斜面和浮雕。执行“添加图层样式 fx →斜面和浮雕”命令，设置参数，添加斜面和浮雕效果，如图2-104所示。

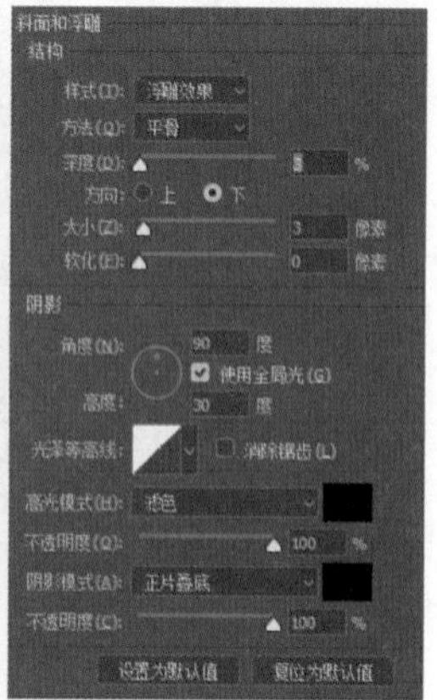

图2-104 添加斜面和浮雕

54 添加投影。执行“添加图层样式 fx →投影”命令，设置参数，添加投影，如图2-105所示。

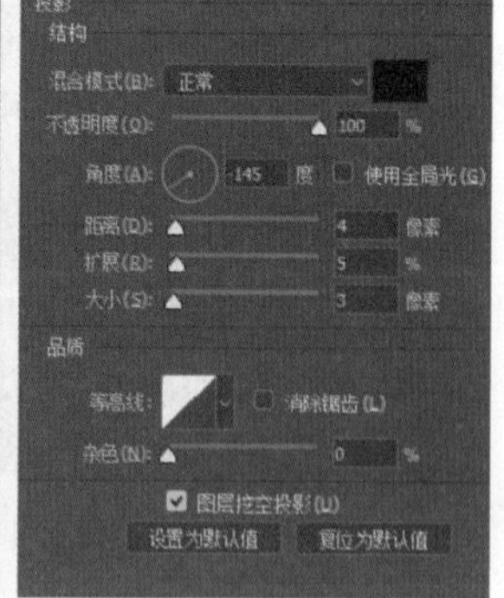

图2-105 添加投影

55 添加三角形。选中“多边形2”，按Ctrl+J组合键，复制图层，移至相应位置，双击图层样式，修改参数，如图2-106所示。

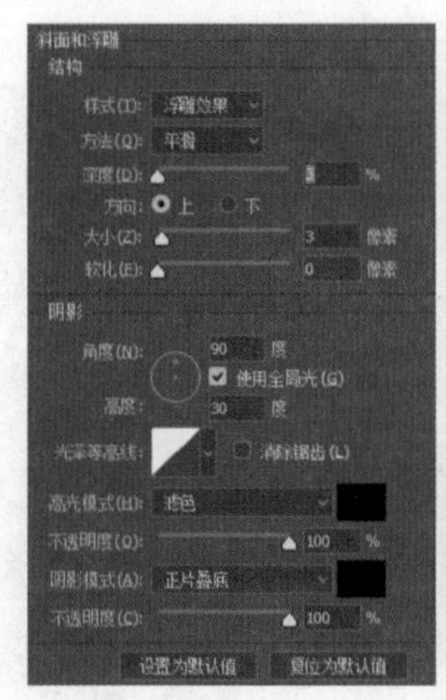

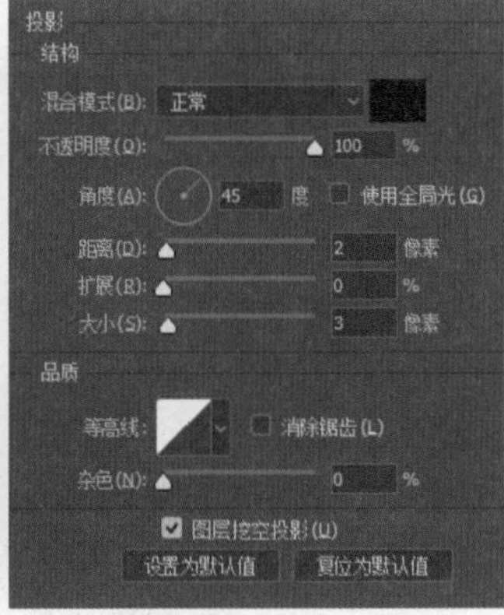

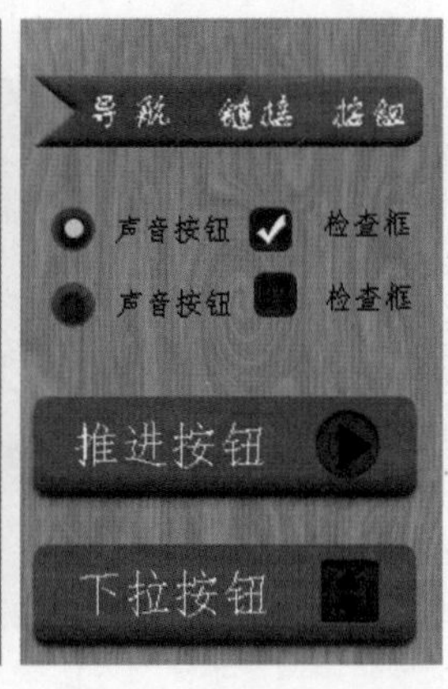

图2-106 添加三角形

56 绘制圆角矩形。单击工具栏中的“圆角矩形工具”按钮，在选项栏中选择工具模式的“形状”，设置参数。接着导入素材，执行“文件→打开”命令，选择木纹质感2素材。将素材拖曳到场景中，调节适合的大小（同步骤**14**），再右击头像图层，选择“创建剪贴蒙版”按钮，为圆角矩形3图层创建剪贴蒙版（同步骤**15**），效果如图2-107所示。

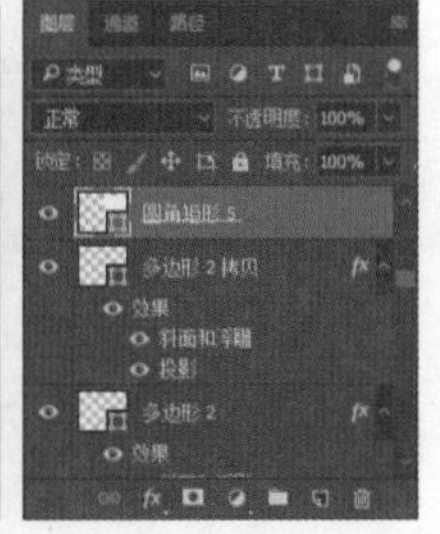

图2-107 绘制圆角矩形

57 添加颜色叠发加。选择圆角矩形5的剪贴蒙版木纹质感2，执行“添加图层样式 fx →颜色叠加”命令，设置参数，添加颜色叠加效果，如图2-108所示。

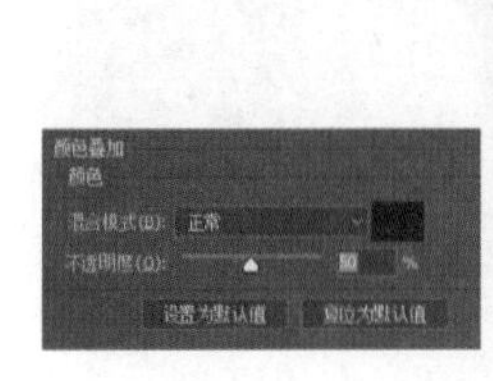

图2-108 添加颜色叠加

58 添加斜面和浮雕。执行“添加图层样式 fx →斜面和浮雕”命令，设置参数，添加斜面和浮雕效果，如图2-109所示。

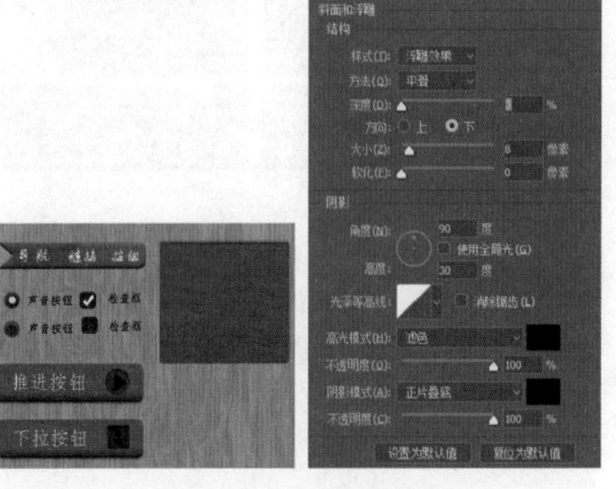

图2-109 添加斜面和浮雕

59 添加描边。执行“添加图层样式 fx →描边”命令，设置参数，添加描边效果，如图2-110所示。

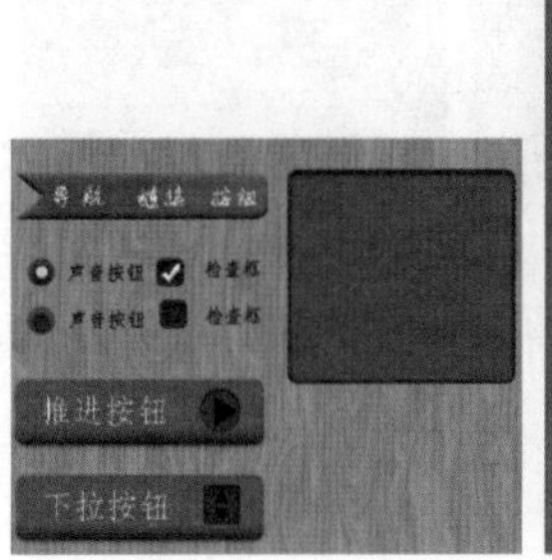
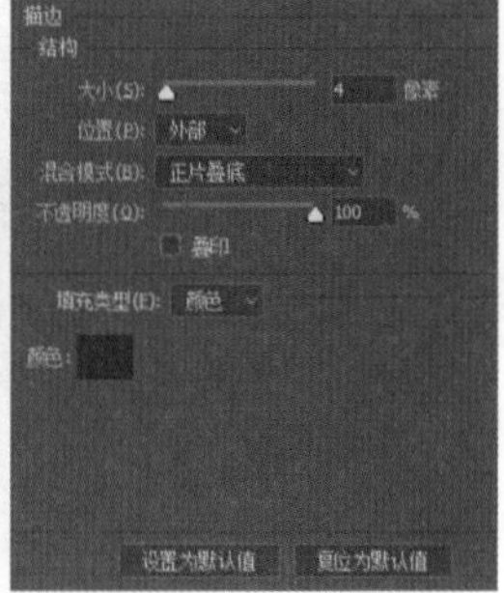

图2-110 添加描边

60 添加内阴影。执行“添加图层样式fx→内阴影”命令，设置参数，添加内阴影效果，如图2-111所示。

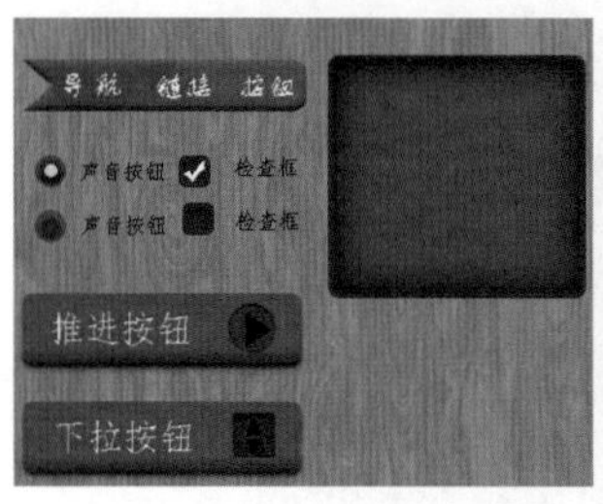

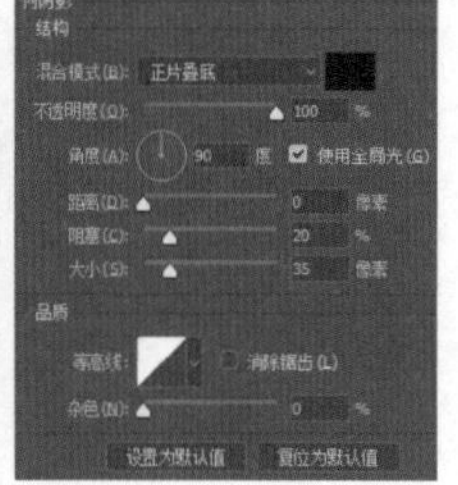

图2-111 添加内阴影

61 添加文字。单击工具栏中的“横版文字工具”按钮，在选项栏中设置字体为“仿宋”，字号为24点，颜色为白色，输入文字，如图2-112所示。

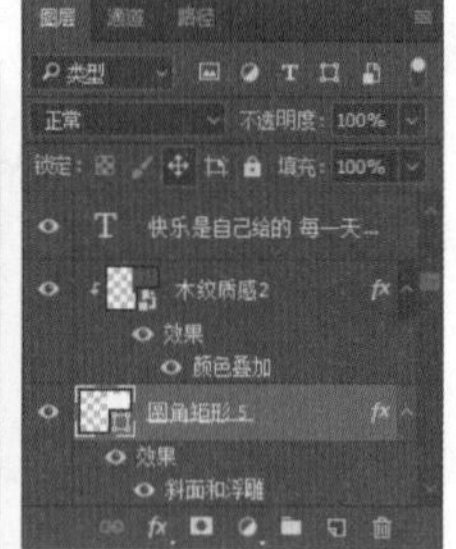

图2-112 添加文字

62 绘制圆角矩形。单击工具栏中的“圆角矩形工具”按钮，在选项栏中选择工具模式的“形状”，设置参数。接着导入素材，执行“文件→打开”命令，选择木纹质感2素材。将素材拖曳到场景中，调节适合的大小（同步骤**14**），再右击头像图层，选择“创建剪贴蒙版”按钮，为圆角矩形3图层创建剪贴蒙版（同步骤**15**），效果图如图2-113所示。

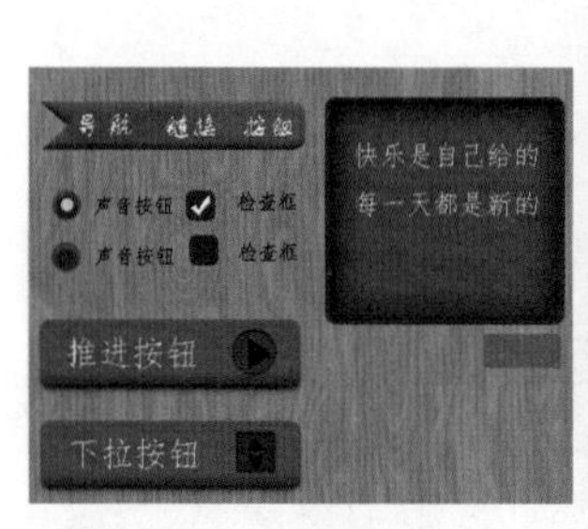

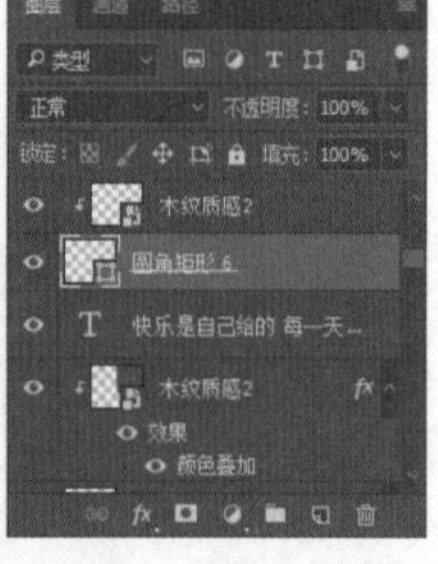

图2-113 绘制圆角矩形

63 添加斜面和浮雕。执行“添加图层样式fx→斜面和浮雕”命令，设置参数，添加斜面和浮雕效果，如图2-114所示。

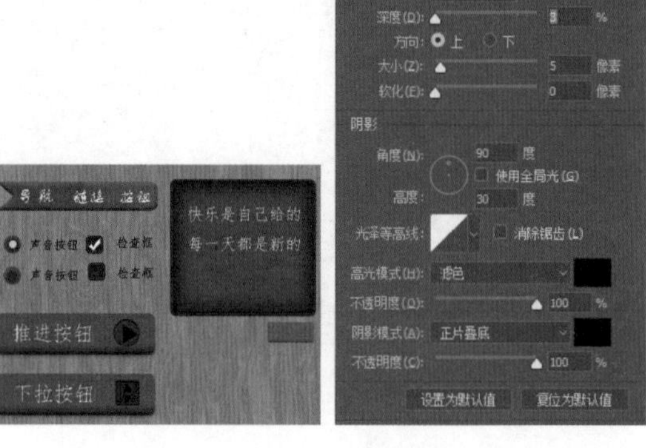

图2-114 添加斜面和浮雕

64 添加内阴影。执行“添加图层样式fx→内阴影”命令，设置参数，添加内阴影效果，如图2-115所示。

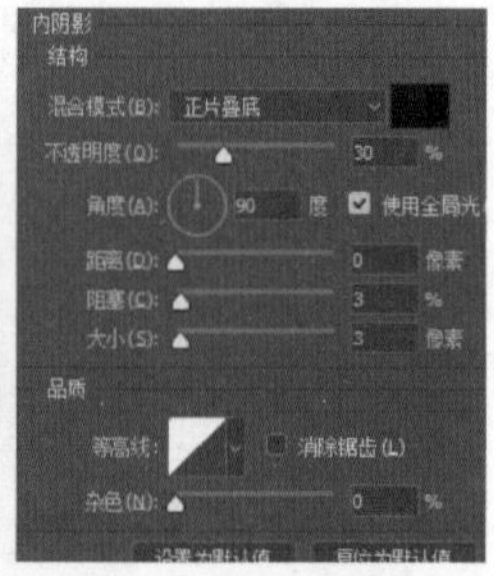

图2-115 添加内阴影

65 添加投影。执行“添加图层样式fx→投影”命令，设置参数，添加投影效果，如图2-116所示。

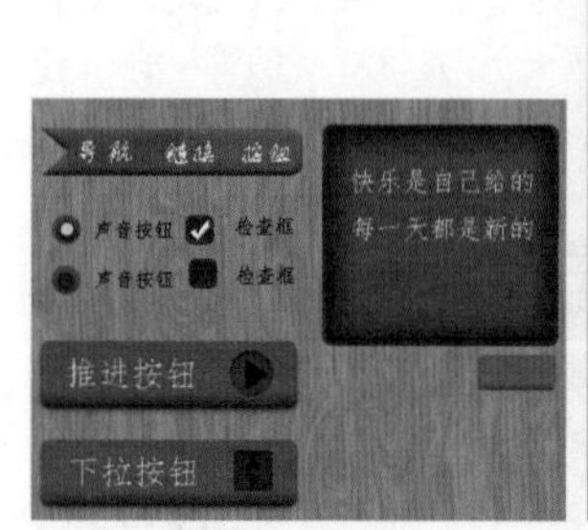

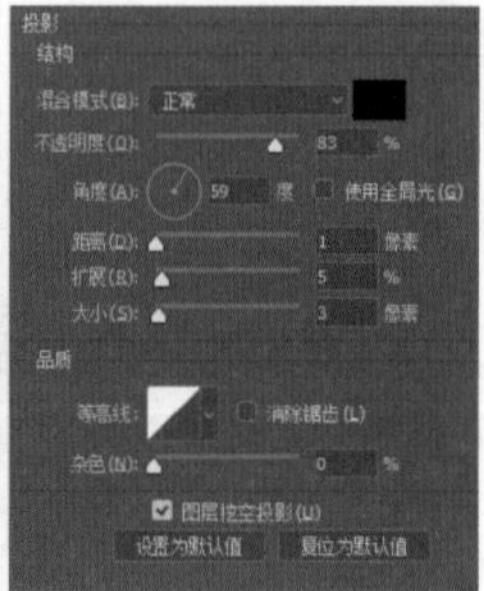

图2-116 添加投影

66 添加文字。单击工具栏中的“横版文字工具”按钮，在选项栏中设置字体为“华文行楷”，字号为24点，输入文字，如图2-117所示。

图2-117 添加文字

67 绘制圆角矩形。单击工具栏中的“圆角矩形工具”按钮，在选项栏中选择工具模式的“形状”，设置参数。接着导入素材，执行“文件→打开”命令，选择木纹质感2素材。将素材拖曳到场景中，调节适合的大小（同步骤**14**），再右击头像图层，选择“创建剪贴蒙版”按钮，为圆角矩形3图层创建剪贴蒙版（同步骤**15**），效果图如图2-118所示。

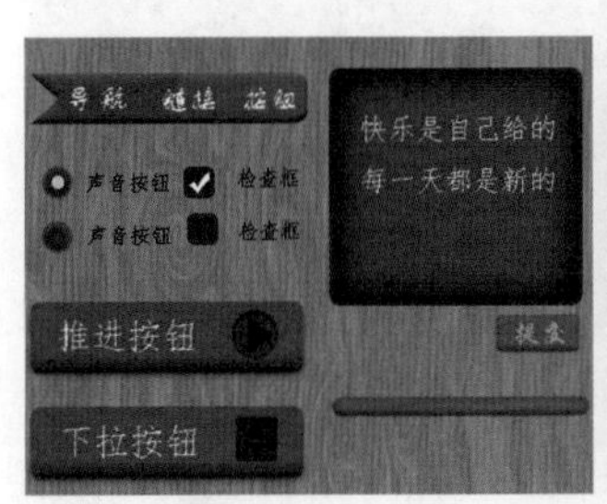

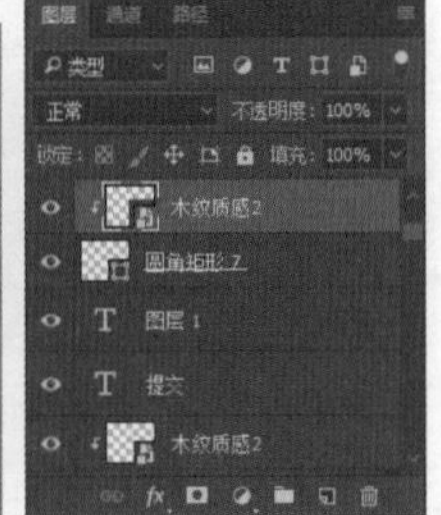

图2-118 绘制圆角矩形

68 添加颜色叠加。选择圆角矩形7的剪贴蒙版木纹质感2，执行“添加图层样式 fx →颜色叠加”命令，设置参数，添加颜色叠加效果，如图2-119所示。

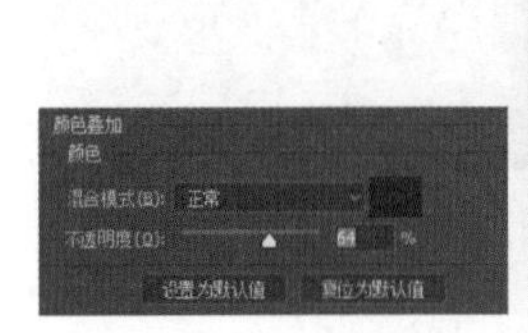

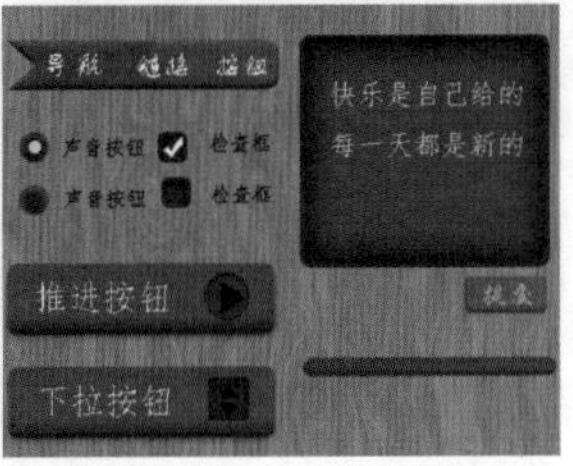

图2-119 添加颜色叠加

69 添加斜面和浮雕。执行“添加图层样式 fx →斜面和浮雕”命令，设置参数，添加斜面与浮雕效果，如图2-120所示。

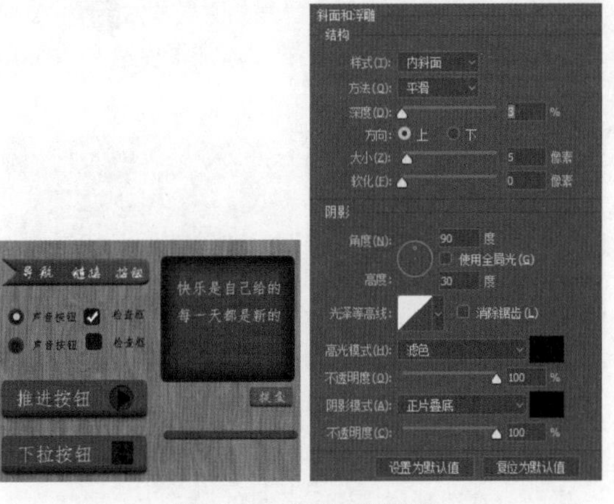

图2-120 添加斜面和浮雕

70 添加内阴影。执行“添加图层样式 fx →内阴影”命令，设置参数，添加内阴影效果，如图2-121所示。

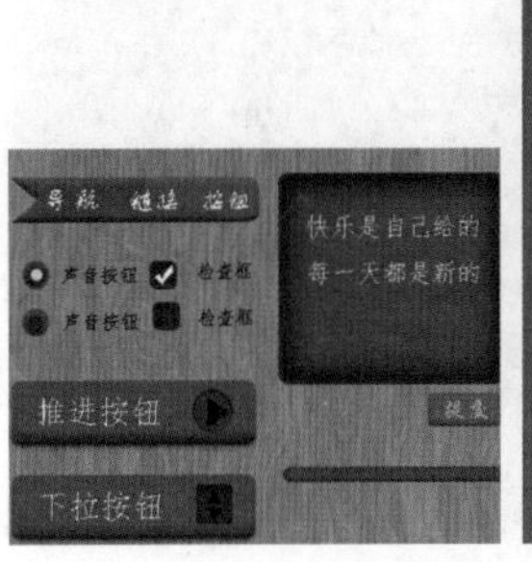

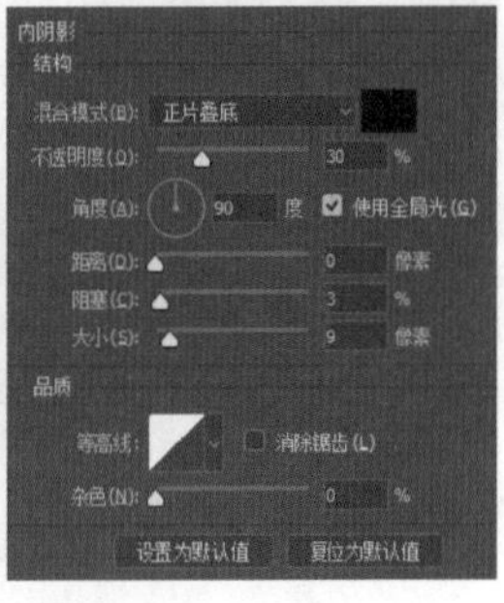

图2-121 添加内阴影

71 添加投影。执行“添加图层样式 fx →投影”命令，设置参数，添加投影效果，如图2-122所示。

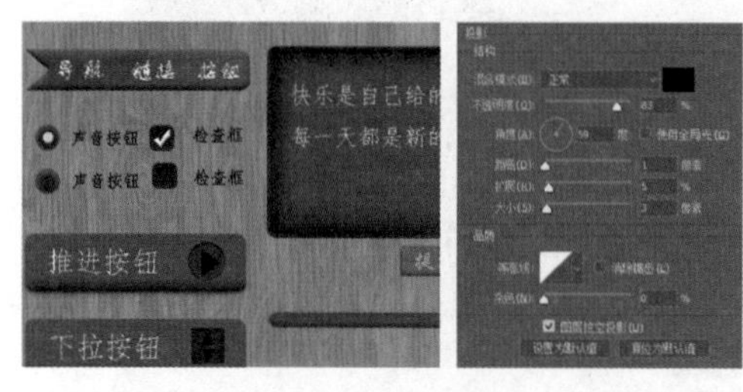

图2-122 添加投影

72 绘制圆角矩形。单击工具栏中的“圆角矩形工具”按钮，在选项栏中选择工具模式的“形状”，设置参数，设置填充颜色为#d5a895，如图2-123所示。

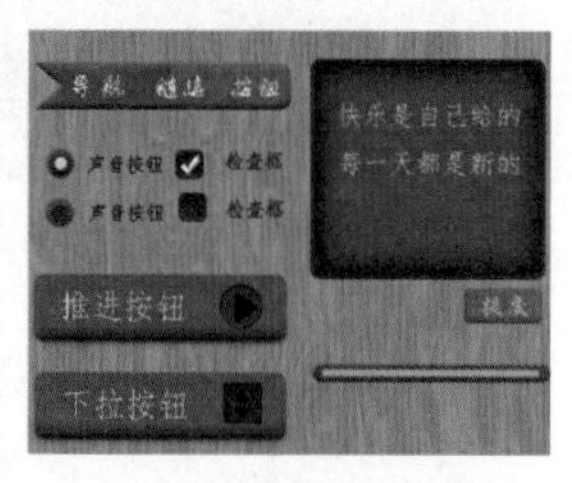

图2-123 绘制圆角矩形

73 添加渐变叠加。执行“添加图层样式 fx →渐变叠加”命令，设置参数，添加渐变叠加效果，如图2-124所示。

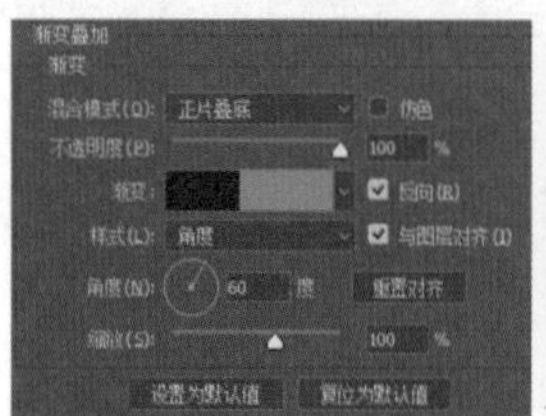

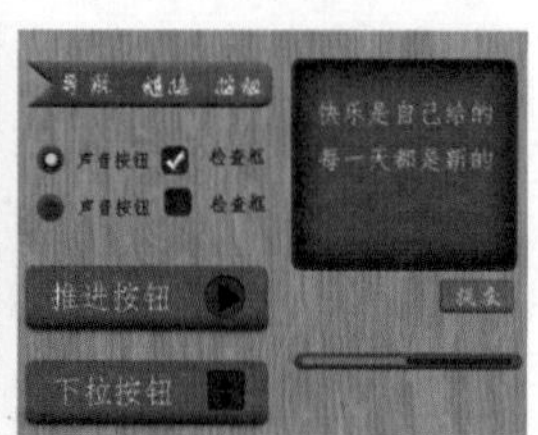

图2-124 添加渐变叠加

74 添加正圆。单击工具栏中的“椭圆工具”按钮，在选项栏中选择工具的模式为“形状”，设置填充颜色为#d5a895，按住Shift键在页面中绘制正圆，如图2-125所示。

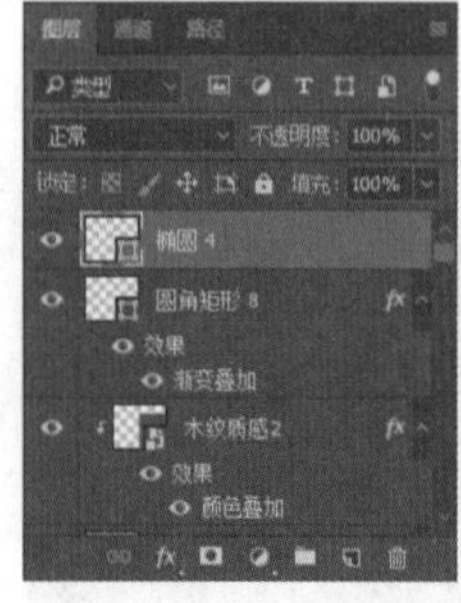

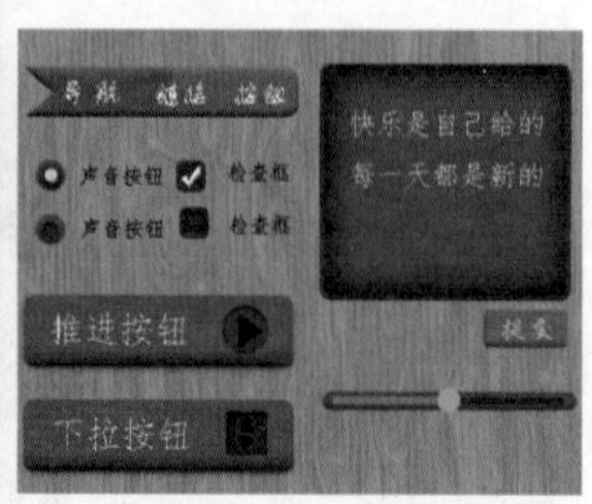

图2-125 添加正圆

75 添加斜面和浮雕。执行“添加图层样式 fx →斜面和浮雕”命令，设置参数，添加斜面和浮雕效果，如图2-126所示。

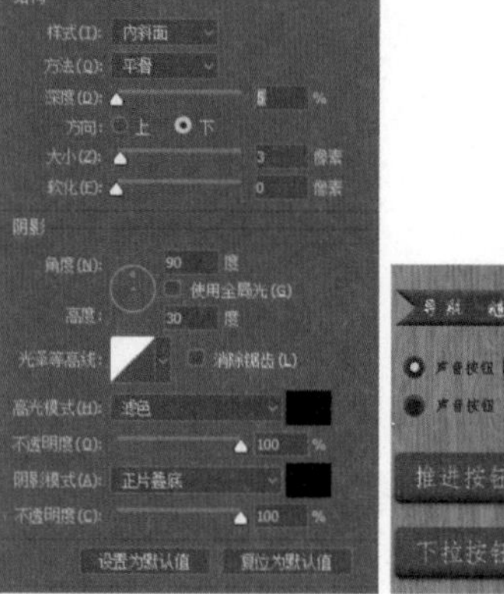

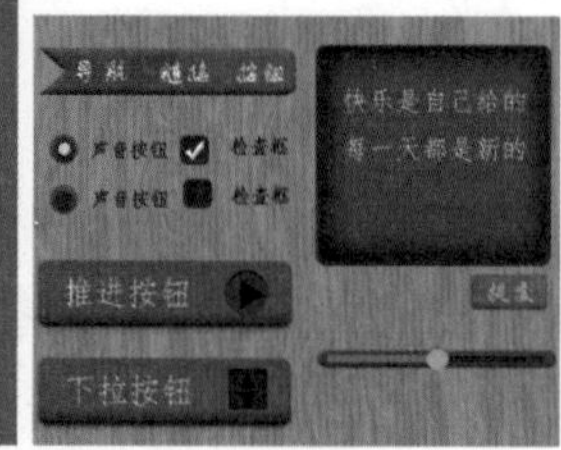

图2-126 添加斜面和浮雕

76 添加描边。执行“添加图层样式 fx →描边”命令，设置参数，添加描边效果，如图2-127所示。

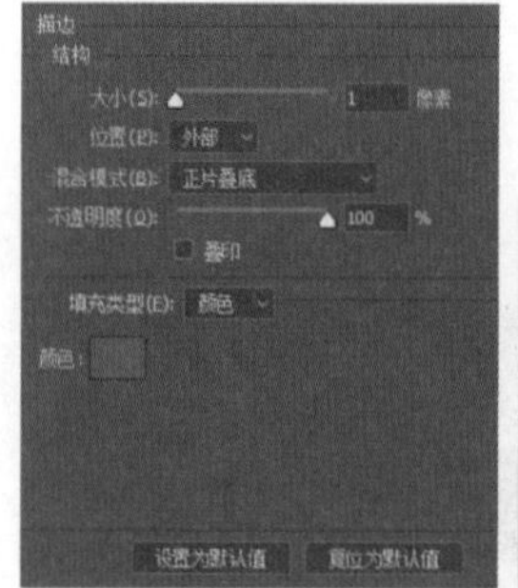

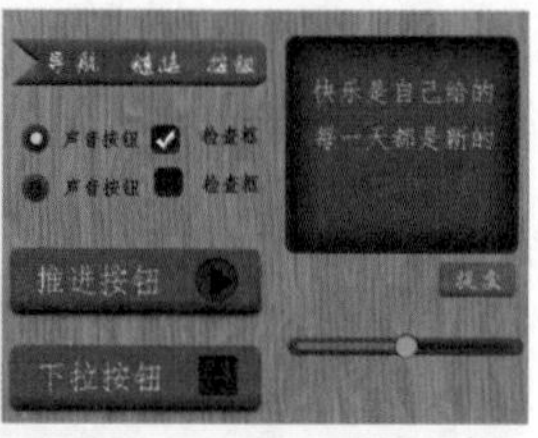

图2-127 添加描边

77 添加内阴影。执行“添加图层样式 fx →内阴影”命令，设置参数，添加内阴影效果，如图2-128所示。

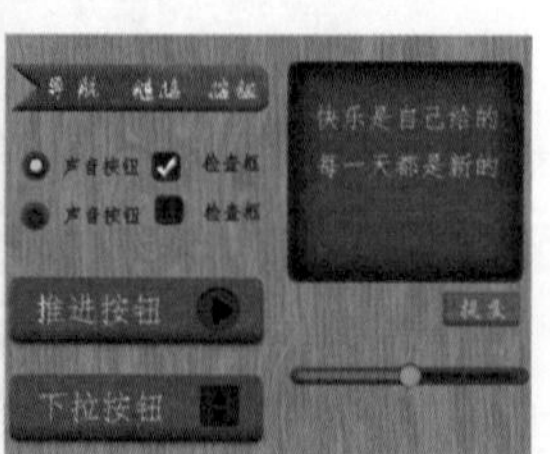

图2-128 添加内阴影

78 添加文字。单击工具栏中的“横版文字工具”按钮，在选项栏中设置字体为“华文新魏”，字号为16点，颜色为白色，输入文字，如图2-129所示。

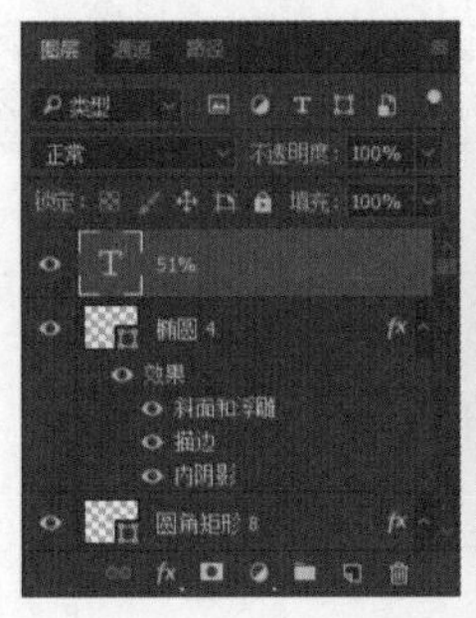

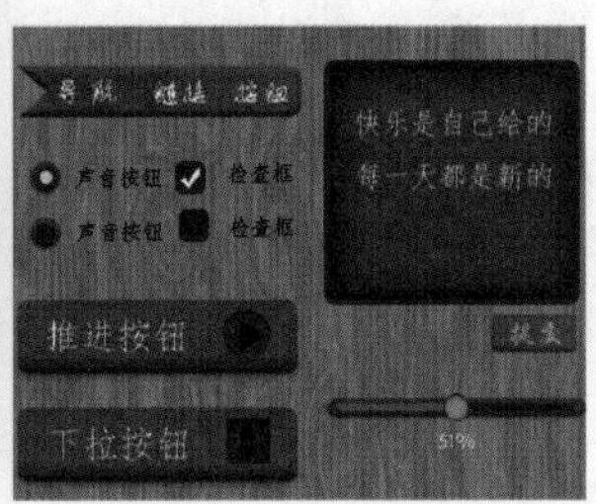

图2-129 添加文字

2.5 案例：绚丽光线界面设计

没有光就没有色彩，世界上的一切都将是漆黑的。对于人类来说，光和空气、水、食物一样，是不可缺少的。各种绚丽的光线在黑暗中吸引人们的眼球，更能表现出活力动感。

2.5.1 设计构思

本案例制作光彩绚丽的线条界面。设计师通过路径绘制出光线，添加渐变色彩，形成绚烂的界面背景，完成本案例的制作，如图2-130所示。

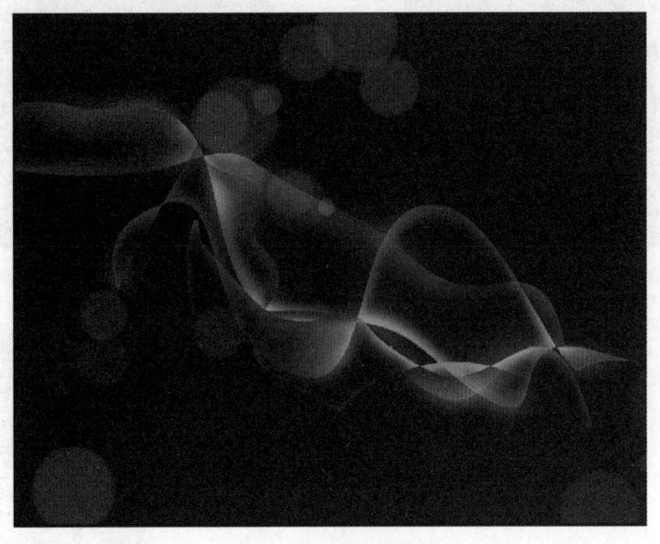

图2-130 界面背景效果

2.5.2 操作步骤

01 新建文档。执行“文件→新建”命令，在弹出的“新建文档”窗口中，尺寸设置为1100px×860px，分辨率选择72像素/英寸，然后单击“确定”按钮，如图2-131所示。

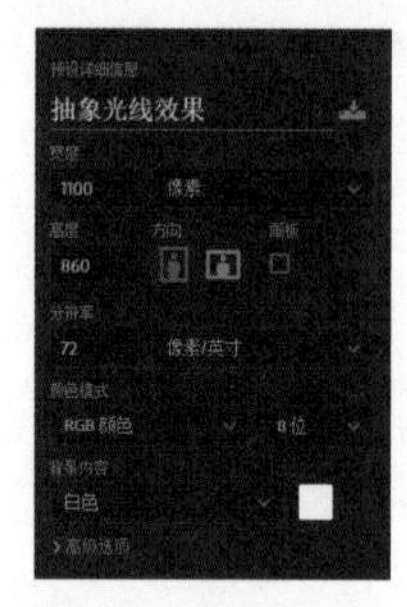

图2-131 新建文档

02 填充背景色。把前景色设置为暗紫色（#38154c），然后选择油漆桶工具，在背景上单击一下填充，如图2-132所示。

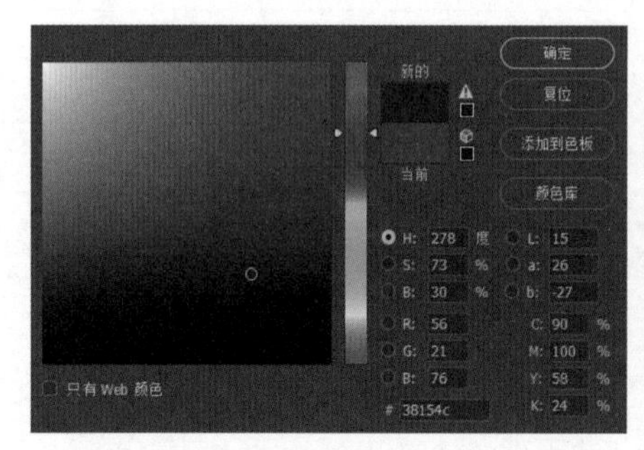

图2-132 填充背景色

03 绘制路径。单击工具栏中的“钢笔工具”按钮，在选项栏中选择工具的模式为“路径”，绘制路径，如图2-133所示。

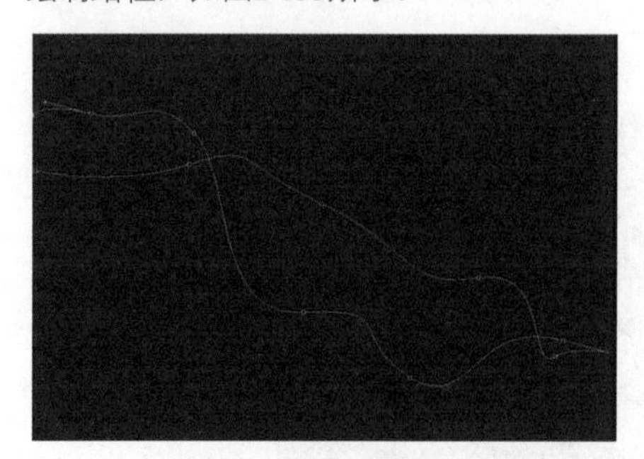

图2-133 绘制路径

04 绘制光带。勾出光带的路径，按Ctrl +回车键转为选区，如图2-134所示。

图2-134 绘制光带

05 添加蒙版。新建一个组，然后单击“蒙版”按钮，添加蒙版，如图2-135所示。

图2-135 添加蒙版

06 设置渐变效果。在组里新建一个图层，在工具栏选择“渐变工具”，然后单击渐变预设，选择彩虹渐变，从左往右填充渐变颜色，如图2-136所示。

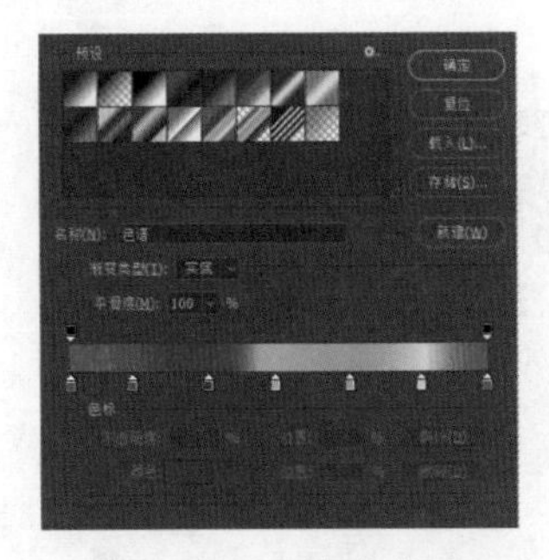

图2-136 设置渐变效果

07 设置羽化效果。用钢笔工具勾出底部边缘选区，按Shift+F6组合键羽化10像素，然后按Ctrl+J组合键复制到新的图层，如图2-137所示。

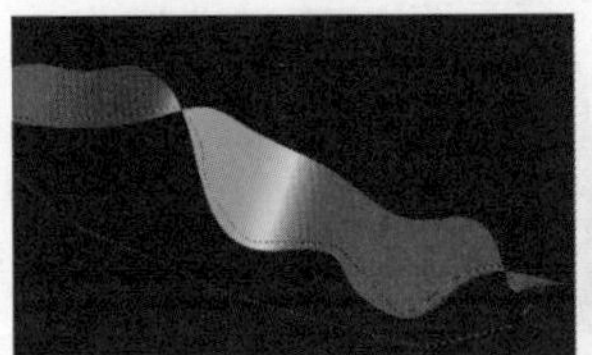

图2-137 设置羽化效果

08 绘制光带。把下面的渐变图层隐藏，就可以看到边缘的高光，如图2-138所示。

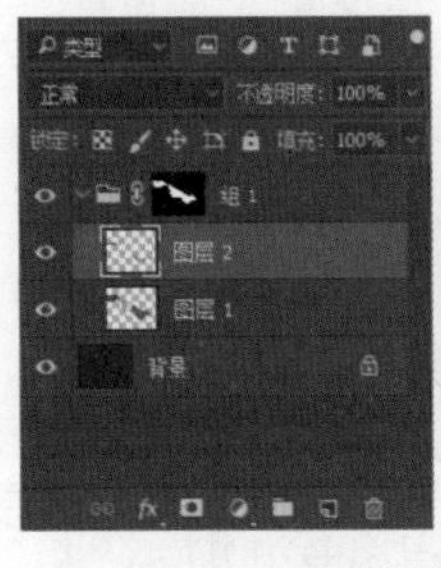

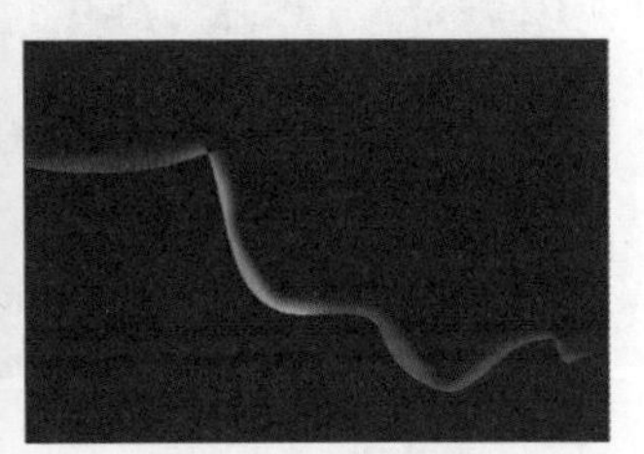

图2-138 隐藏渐变图层可以看到边缘高光效果

09 绘制光带。用钢笔工具勾出顶部边缘的选区，适当羽化后按Ctrl+J组合键复制到新的图层，如图2-139和图2-140所示。

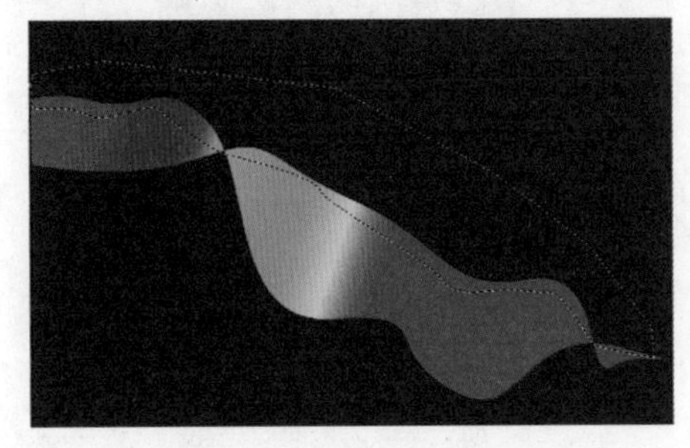

图2-139 勾出顶部边缘选区

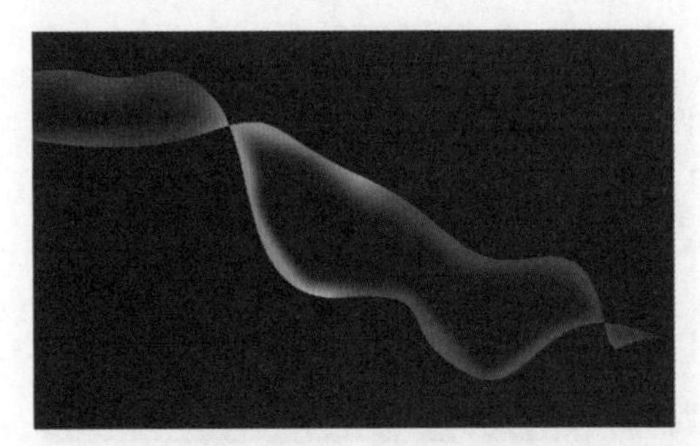

图2-140 复制到新图层的效果

10 添加图层蒙版。如果觉得局部边缘有不自然的区域，可以添加图层蒙版，用硬度为0的黑色画笔涂抹一下，如图2-141所示。

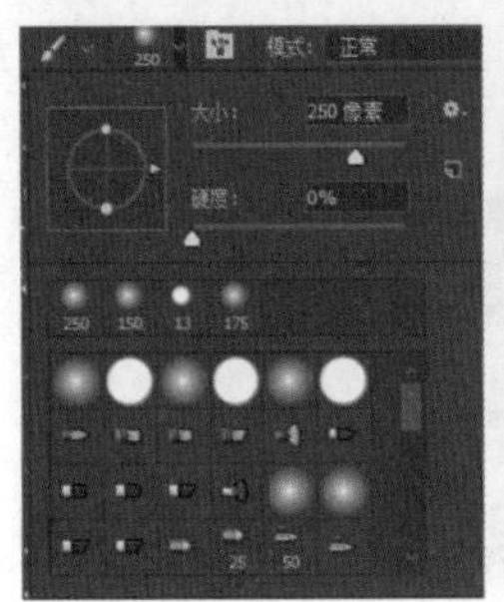

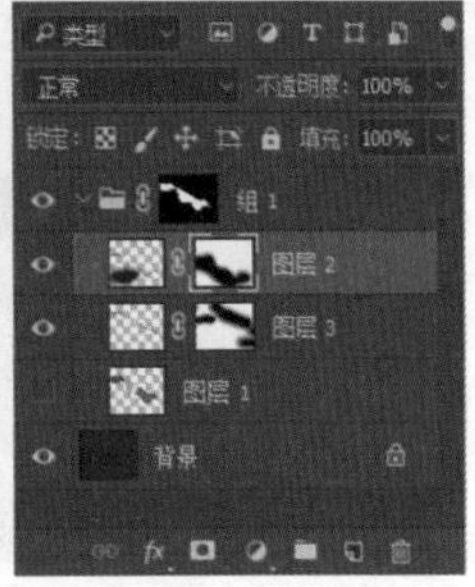

图2-141 添加图层蒙版

11 添加高光。新建一个图层，把前景色设置为白色，用透明度为50%的画笔把局部边缘涂亮一点，如图2-142所示。

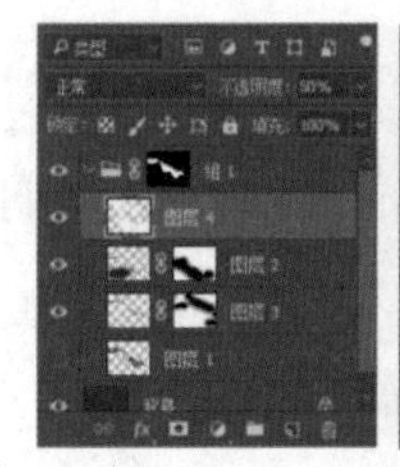
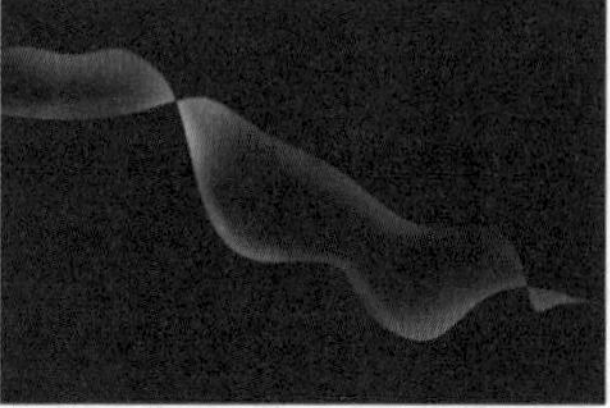

图2-142 添加高光

12 加强局部明暗。用钢笔工具勾出如图2-143所示选区，羽化10像素后选择图层1，按Ctrl+J组合键复制一层，按Ctrl+Shift+]组合键置顶，然后把混合模式改为“颜色减淡”，如图2-144所示。

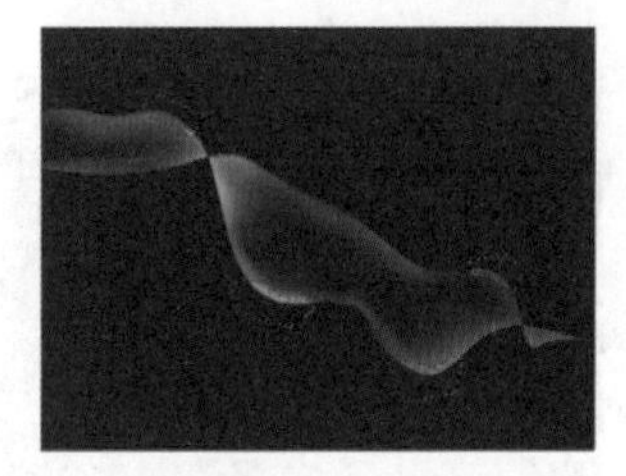

图2-143 勾出选区

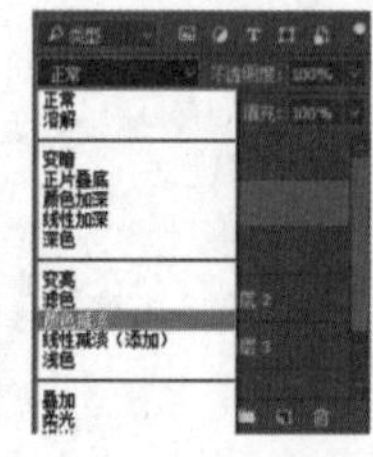

图2-144 加强局部明暗

13 添加外发光。选中组的图层蒙版，按住Ctrl键单击图层调出选区，按Shift+F6组合键羽化15像素，将前背景色设置为白色。按Alt+Delete组合键填充颜色，如图2-145所示。

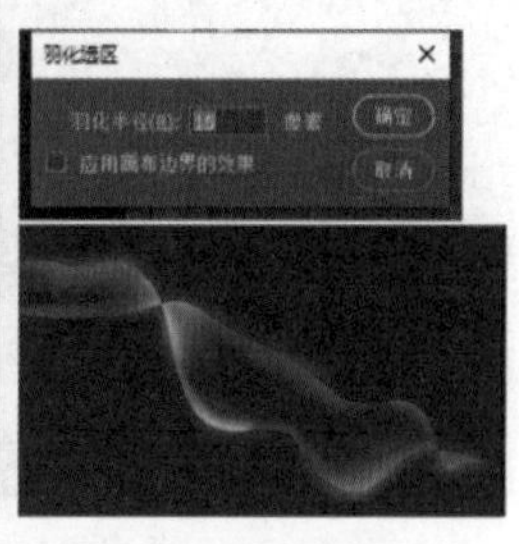

图2-145 添加外发光

14 添加光带。用同样的方法多绘制几条光带，如图2-146所示。

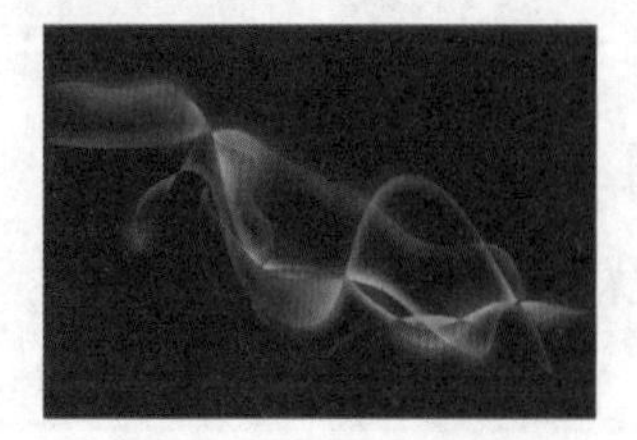

图2-146 绘制更多光带

15 绘制光斑。执行“文件→新建”命令，在弹出的“新建文档”窗口中，尺寸设置为50px×50px，分辨率选择72像素/英寸，然后单击“确定”按钮，如图2-147所示。

图2-147 绘制光斑

16 绘制光斑。单击工具栏中的“椭圆工具”按钮，新建一个50px×50px的椭圆，设置不透明度为50%，如图2-148所示。

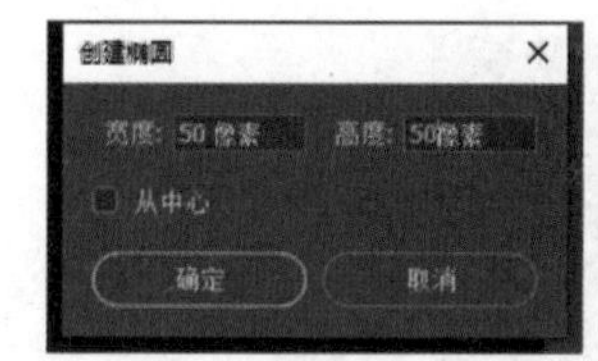

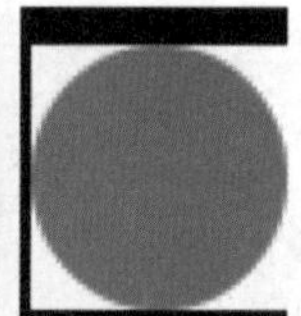

图2-148 绘制光斑

17 添加图层样式。给椭圆添加图层样式，如图2-149所示。

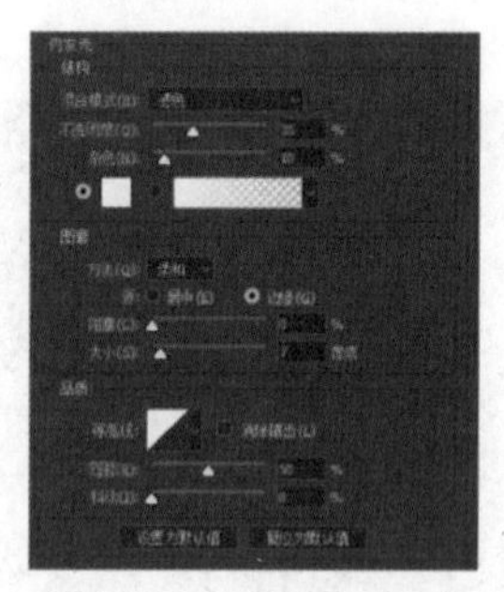

图2-149 添加图层样式

18 预设画笔。将背景图层隐藏，执行“编辑→定义画笔预设”，如图2-150所示。

图2-150 预设画笔

19 绘制光斑。回到抽象光线效果文件中，新建图层，选择画笔工具，单击工具栏中的画笔预设，将画笔设置为我们想要的效果，涂抹画笔，将光斑添加在我们想要的位置，如图2-151所示。

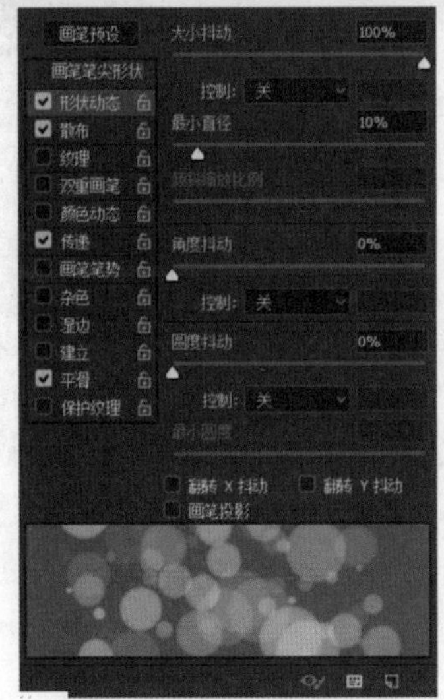

图2-151 绘制光斑

CHAPTER 03

第 3 章

App UI字体设计

在UI设计工作中，无论是网页设计还是App设计，文字内容总是能占到整个版面将近80%的区域。因此，字体设计对UI设计师来说非常关键。无论是海报、画册、折页、网页、UI设计还是Banner，只要是需要视觉传达的设计，都离不开文字这一核心元素。

本章主要介绍3个有特色的文字设计制作练习，包括添加斜面和浮雕、渐变叠加、图案叠加的制作过程，使读者不仅能看到实例中的具体操作过程，还能学到更高级的操作技巧。

关键知识点

- 金属质感文字表现
- 钻石字体表现
- 岩石字体表现

3.1 UI 设计师必备技能之文字设计

字体是界面设计中重要的构成要素之一，它作为文字的外在表现形式，可辅助信息的传递，字体可以通过其独有的艺术魅力表达情感体验，并塑造品牌形象。本节主要介绍字体设计的重要性、界面常用字字号大小的选择，以及如何根据App的性质、风格、定位来确定文字标准。

3.1.1 字号设计

手机客户端的各个页面不可避免涉及字体、字体大小和字体颜色的考虑，其中在手机屏幕这个特殊媒介中，字体大小显得更为重要。为了不违反设计意图，同时考虑到手机显示效果的易看性，必须了解在计算机上作图时采用的字号和开发过程中采用的字号。

我们通过例子看看字体大小对设计效果究竟有多大的影响。如图3-1所示，在利用计算机作图与手机适配的过程中，左图是设计效果，这个页面的设计表达的是一个家教软件的首页，所以在设计中应该突出体现“主页”的视觉效果。我们在手机上适配页面的时候，要达到易看的目的，主标题（主页）和副标题（其他选项）的字号必须有所区别。如图3-1右图所示，主页和其他字号完全一样，问题就出现了，这会导致用户不能一眼看出内容是在哪个版块的，达不到设计意图，体验效果不佳。

想要解决这个问题，可以通过加深首页的字号和底色来加重其分量，突出显示效果。调整后的效果如图3-2所示。

在Photoshop中设计的文字　　在手机中适配的效果

图3-1 文字与手机适配效果

图3-2 调整后的效果

3.1.2 UI文字设计标准

选择字体大小时应根据App的性质、风格、定位来进行，通过文字大小表现出内容的轻重、层级划分，做到层级关系明显。除了对字体进行字号大小的区分外，还可以对文字进行样式（加重字体）和颜色的区分。通常用Photoshop画效果图时，字体大小我们一般直接用“点”做单位，然而在开发中，一般采用sp做单位。如何保证画图时的字号选择和手机适配效果一致呢？下面以几个常用的字体效果来说明在Photoshop中和开发中字号的选择。

1. 列表的主标题

例如腾讯新闻、QQ通讯录首页的列表主标题的字号在Photoshop中应采用23~26号，一行大概容纳16个字，开发程序中对应的字号是18sp，如图3-3所示。

腾讯新闻

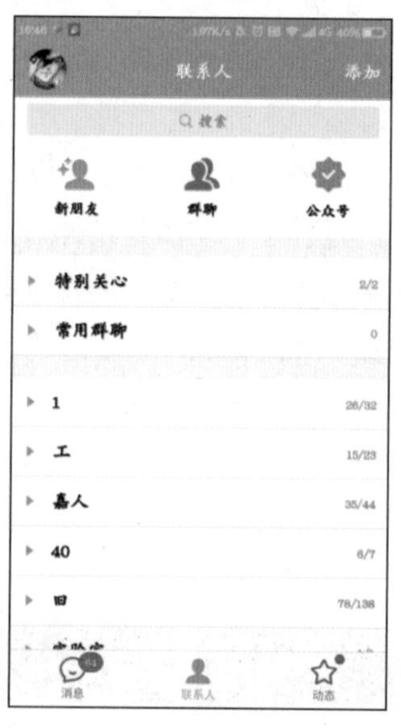

QQ通讯录

图3-3 App上的字号选择

2. 列表的副标题

列表的副标题的字号一般没有太多的要求，基本原则是保证字体颜色和字号小于主标题即可。

3. 正文

正文字号的大小一般需要保证每行不多于22个字，如果过小，就会影响阅读。在计算机中设计时大概保证不小于16号字体，而在开发程序的过程中，字号的设置要大于12号。

最后需要注意的是，同样的字号、不同的字体显示的大小可能不一样。比如，同样是16号字的楷体和黑体，楷体就显得比黑体小一些。

3.2 案例：斜面浮雕字体设计

金属具有特定的色彩和光泽，强度大，棱角分明。金属字体具有微凸状及金属光泽等特征，以达到在视觉上呈现出有立体感及质感的目的。

3.2.1 设计构思

设计师利用图案渐变叠加等为文字制作出金属特有的质感，再利用斜面和浮雕投影制作出厚度和立体感，最后对整体色调进行统一的调整，效果如图3-4所示。

图3-4 斜面和浮雕字效果

3.2.2 操作步骤

01 新建文档。执行“文件→新建”命令，打开“新建文档”对话框，根据需要创建一个800×400像素的文档，单击“创建”按钮，如图3-5所示。

图3-5 新建文档

02 改变背景色。执行“创建新的填充或调整图层→纯色”，打开“拾色器（纯色）”面板，这里我们选择的颜色为#778086，单击“确定”按钮，如图3-6所示。

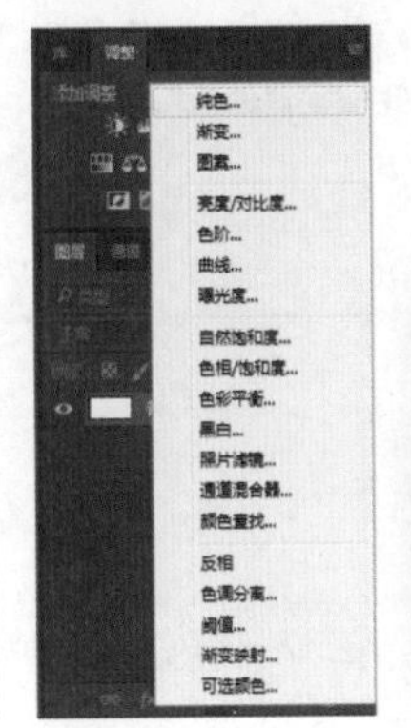

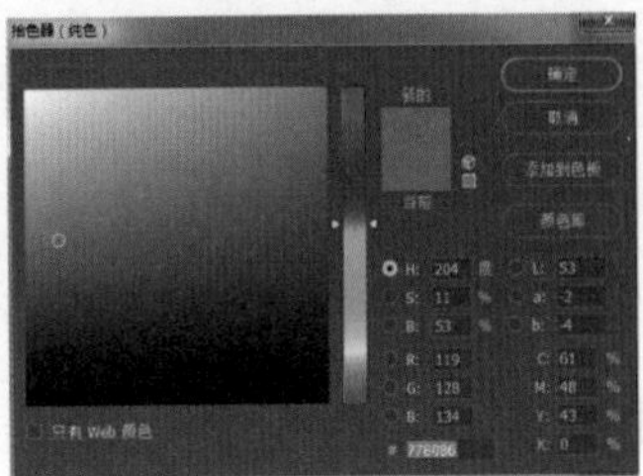

图3-6 改变背景色

03 创建字体。单击工具栏中的“横排文字工具（T）”按钮，或按快捷键T，输入“PHOTOSHOP”，这里用的是Starcraft字体，大小为“88点”，字体颜色为#000000，结果如图3-7所示。

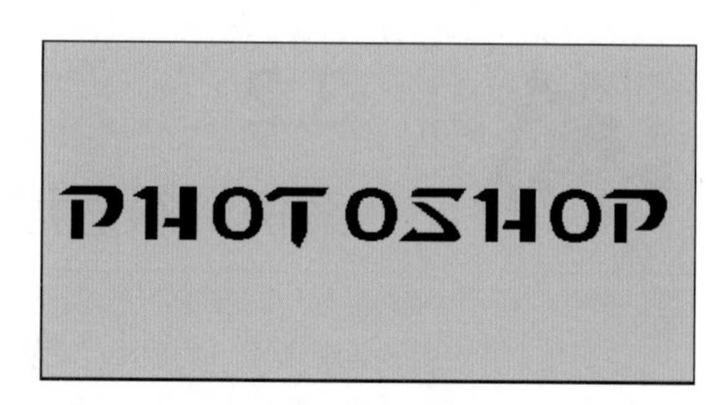

图3-7 创建字体

04 添加斜面和浮雕。在文字图层执行“添加图层样式→斜面和浮雕”，打开“图层样式”面板。调整“结构”参数，样式为“内斜面”，方法为“雕刻清晰”，深度为188，方向为“上”，大小为18像素，软化为0。调整“阴影”参数，角度为－90°，高度为56°，高光模式为“滤色”，颜色为#5b62e2，不透明度为75%，阴影模式为“正片叠底”，颜色为#11082e，不透明度为75%，单击“确定”按钮。如图3-8所示。

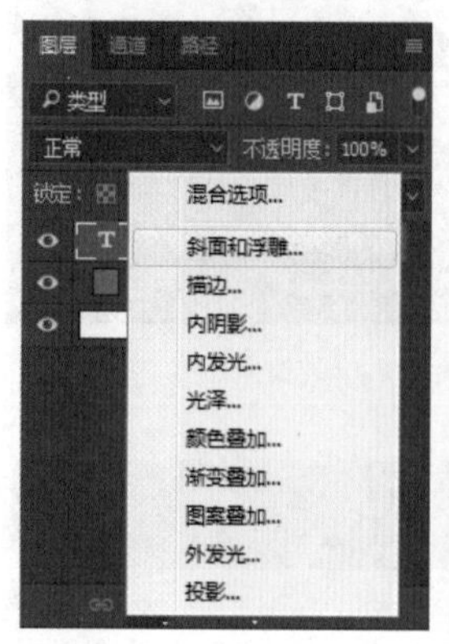

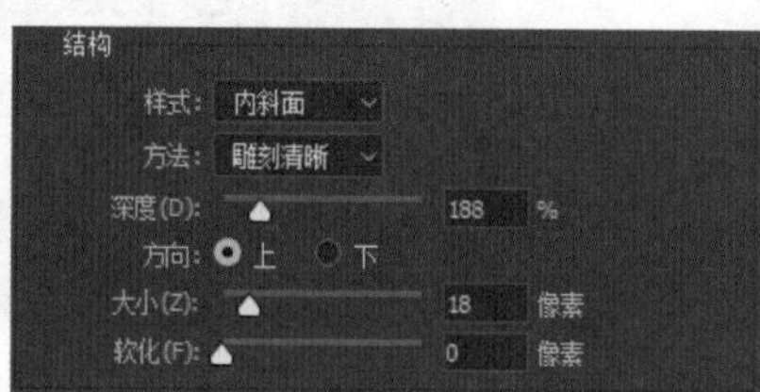

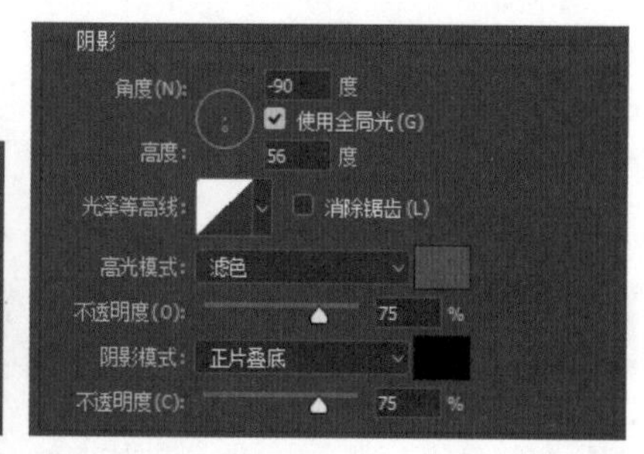

图3-8 添加斜面和浮雕

05 添加颜色叠加效果。在文字图层执行“添加图层样式→颜色叠加…”，打开“图层样式”面板。调整“颜色”参数，混合模式为“正常”，颜色为# 232cef，如图3-9所示，单击“确定”按钮。

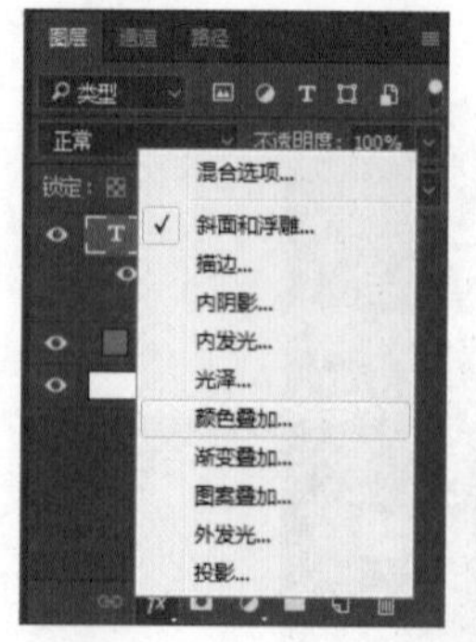

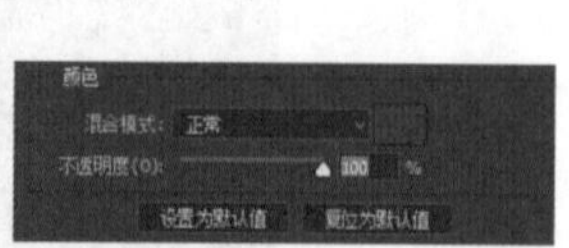

图3-9 添加颜色叠加效果

06 添加投影效果。在文字图层执行“添加图层样式→投影…”，打开“图层样式”面板。调整“结构”参数，混合模式为“正片叠底”，颜色为#000000，不透明度为100%，角度为－90°，距离为5像素，扩展为18%，大小为25像素；调整“品质”参数，选择合适的等高线，杂色设为1，单击“确定”按钮。效果如图3-10所示。

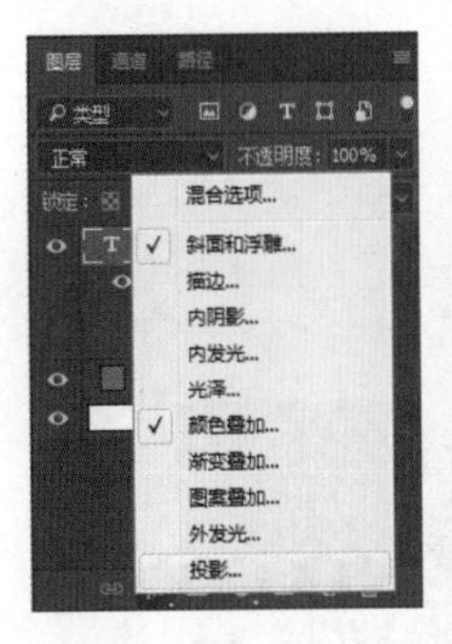
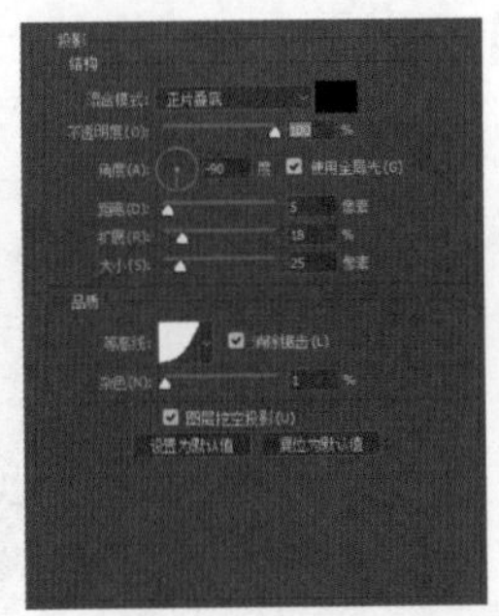

图3-10 添加投影效果

为了使字体的表现形式更加丰富，为其添加更多效果。

07 把文字图层复制一层。右击文字图层，执行“复制图层…”，或按Ctrl+J组合键。删除“拷贝”图层的图层样式，右击拷贝图层的fx图标，执行“清除图层样式”，将图层填充设为0%，如图3-11所示。

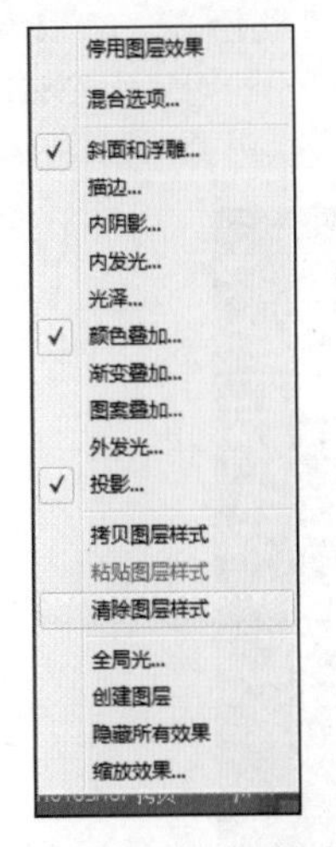

图3-11 设置图层填充

08 为拷贝图层添加斜面和浮雕。在拷贝图层执行“添加图层样式→斜面和浮雕”，打开“图层样式”面板。调整“结构”参数，样式为“内斜面”，方法为“雕刻清晰”，深度为115%，方向为“上”，大小为10像素，软化为0像素，调整“阴影”参数，角度为－90°，高度为56°，高光模式为“颜色减淡”，颜色为#5b62e2，不透明度75%，阴影模式为“颜色加深”，颜色为#11082e，不透明度为75%。添加“纹理”效果，选择合适图案，这里将缩放设为50%，深度设为+2%，如图3-12所示，单击“确定”按钮。

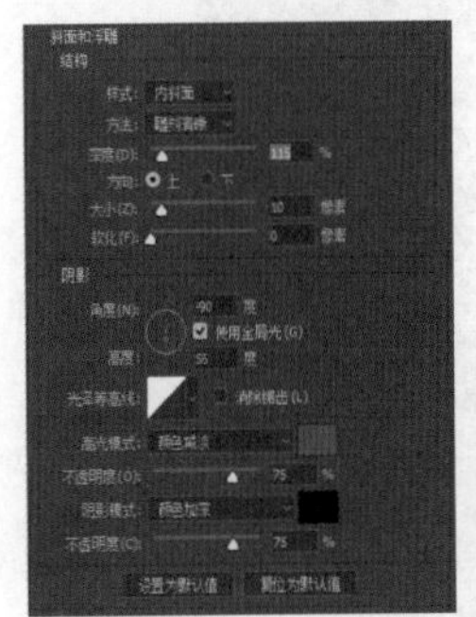

图3-12 添加斜面和浮雕效果

09 图案叠加。在拷贝图层执行“添加图层样式→图案叠加…”，打开“图层样式”面板。调整“图案”参数，混合模式为“正常”，不透明度为39%，缩放为323%，单击“确定”按钮。效果如图3-13所示。

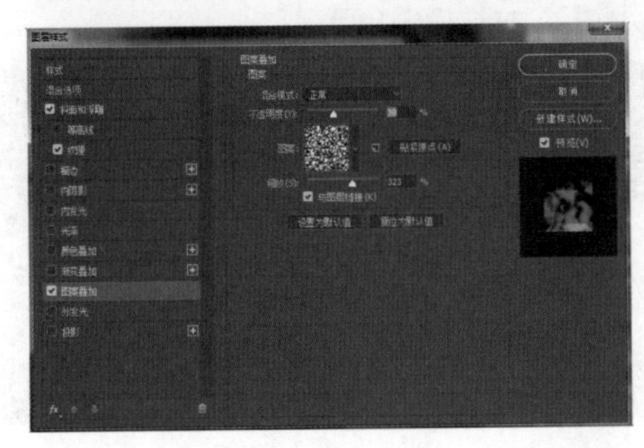

图3-13 图案叠加效果

10 复制拷贝图层。右击“拷贝”图层，执行“复制图层…”，或按Ctrl+J组合键。删除“拷贝2”图层的图层样式，右击拷贝图层的fx图标，执行“清除图层样式”，将图层填充设为0%，如图3-14所示。

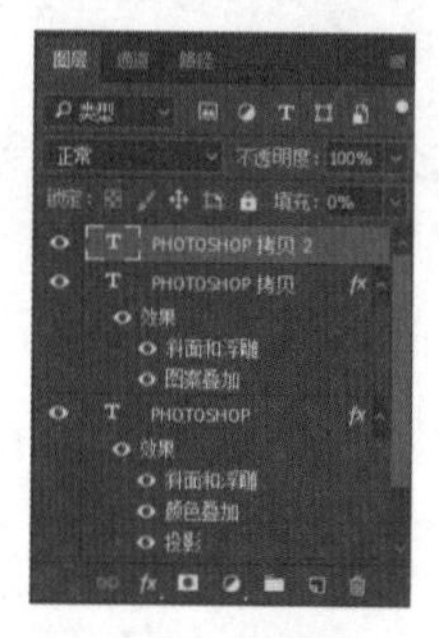

图3-14 复制拷贝图层

11 添加描边。执行“添加图层样式→描边…”，打开“图层样式”面板。调整“结构”参数，大小为1像素，位置为“外部”，混合模式为“正常”，不透明度为49%。填充类型为“颜色”，颜色为#73b3df，单击“确定”按钮，如图3-15所示。

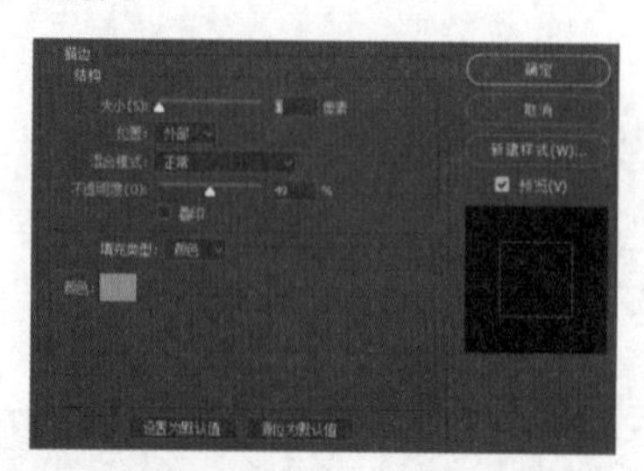

图3-15 添加描边

12 添加内阴影。执行“添加图层样式→内阴影…”，打开“图层样式”面板。调整“结构”参数，混合模式为“正常”，颜色为#73b3df，不透明度为74%，角度为−90度，距离为6像素，阻塞为0%，大小为6像素。“品质”的杂色为1%，如图3-16所示，单击“确定”按钮。

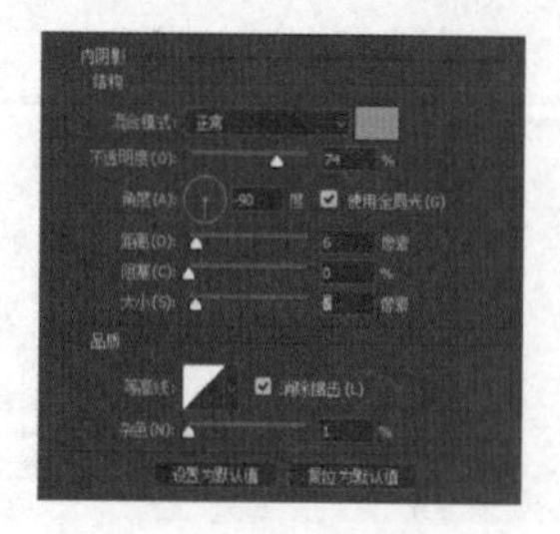

图3-16 添加内阴影

13 添加渐变叠加。执行“添加图层样式→渐变叠加…”，打开“图层样式”面板。调整“渐变”参数，混合模式为“颜色减淡”，不透明度为22%，样式为“对称的”，角度为105度，缩放为82%，如图3-17所示，单击“确定”按钮。

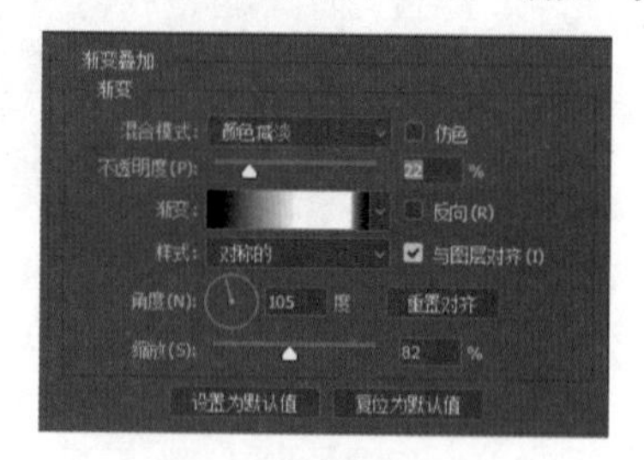

图3-17 添加渐变叠加

14 添加背景图片，执行“文件→打开”命令，在弹出的对话框中选择“漫天繁星.jpg”素材，将其打开并拖入场景中，调整适当的大小，按Enter键确定嵌入背景。将“漫天繁星”图层移动到背景图层前，设置“颜色填充1”图层混合模式为“颜色加深”，不透明度为73%，如图3-18所示。

图3-18 添加背景图片

15 最终效果如图3-19所示。

图3-19 最终效果

3.3 案例：钻石字体设计

钻石是美丽、浪漫、奢华的象征，以钻石为创作灵感设计出的钻石字体是一款带有钻石效果的字体，适用于艺术设计、平面设计等工作。这样的字体完美诠释了钻石闪耀夺目的特点。

3.3.1 设计构思

本例中钻石字体的制作主要利用多种图层样式的叠加方法。设计师先通过斜面和浮雕、投影等让文字具有立体感，再通过描边、渐变叠加等使文字具有金属色泽，最后通过滤镜效果完成闪闪发光的钻石文字效果。效果如图3-20所示。

图3-20 钻石文字效果

3.3.2 操作步骤

01 打开文件。执行“文件→打开”命令，在弹出的对话框中选择“情侣.jpg”素材，将其打开，如图3-21所示。

02 创建字体。单击工具栏中的“横排文字工具（T）”按钮，或按快捷键T，输入“Diamond”，这里用的是“微软雅黑”字体，大小为“150点”，字体颜色为#ffffff，结果如图3-22所示。

图3-21 打开文件

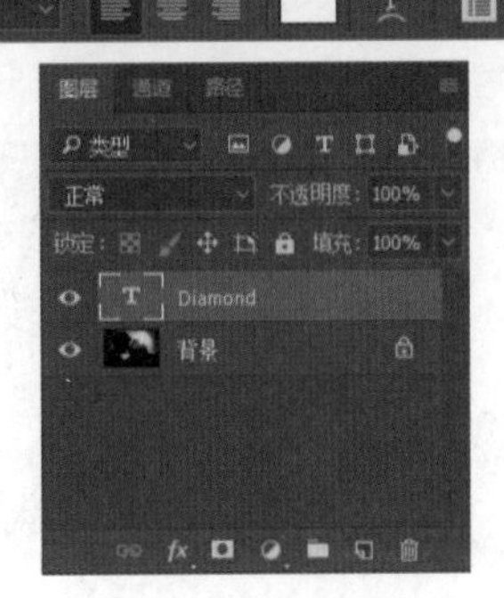

图3-22 创建字体

03 为文字图层添加投影。在文字图层执行“添加图层样式→斜面和浮雕”，打开“图层样式”面板。调整“结构”参数，混合模式为“正片叠底”，颜色为#000000，不透明度为75%，角度为120度，距离为1像素，扩展为0%，大小为16像素，如图3-23所示。

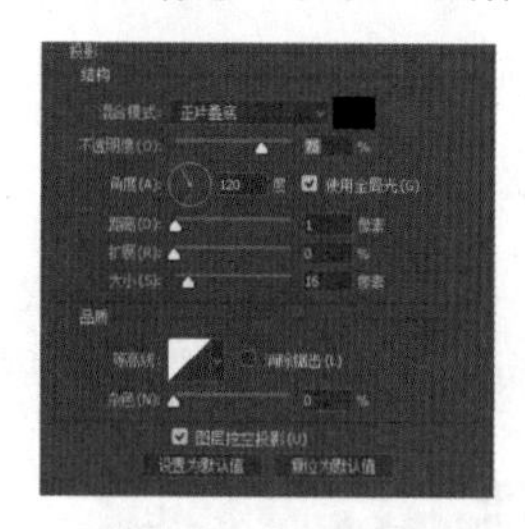
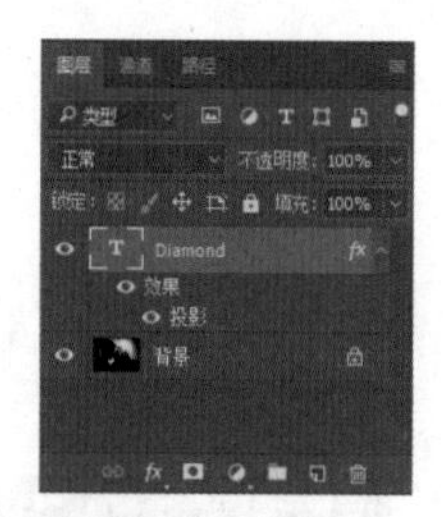

图3-23 为文字图层添加投影

04 复制文字图层。右击“拷贝”图层，执行“复制图层…”，或按Ctrl+J组合键。删除“拷贝”图层的图层样式，右击拷贝图层的fx图标，执行“清除图层样式”，如图3-24所示。

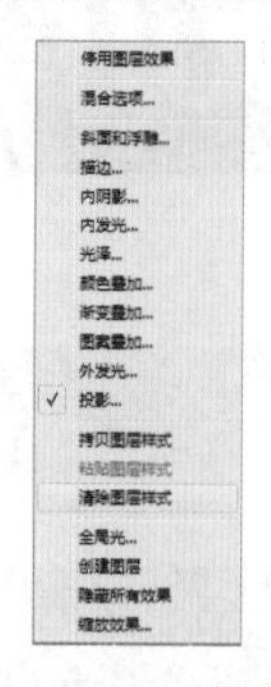
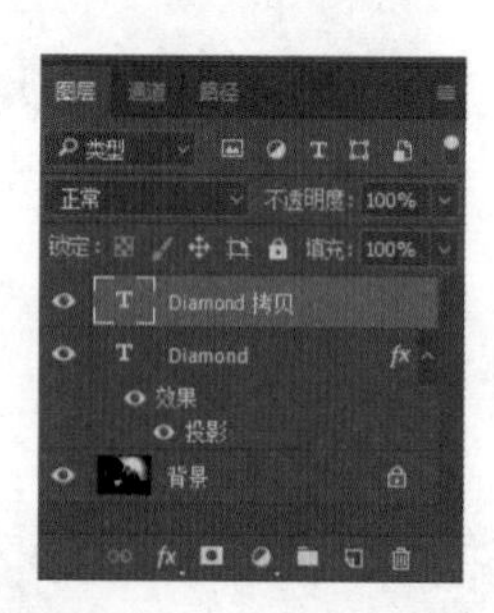

图3-24 复制文字图层

05 添加斜面和浮雕。在文字图层执行“添加图层样式→斜面和浮雕...”，打开“图层样式”面板。调整“结构”参数，样式为“外斜面”，方法为“平滑”，深度为276%，方向为“上”，大小为9像素，软化为2像素；调整“阴影”参数，角度为120度，高度为30度，高光模式为“正常”，不透明度为100%，阴影模式为“亮光”，不透明度为30%，如图3-25所示。

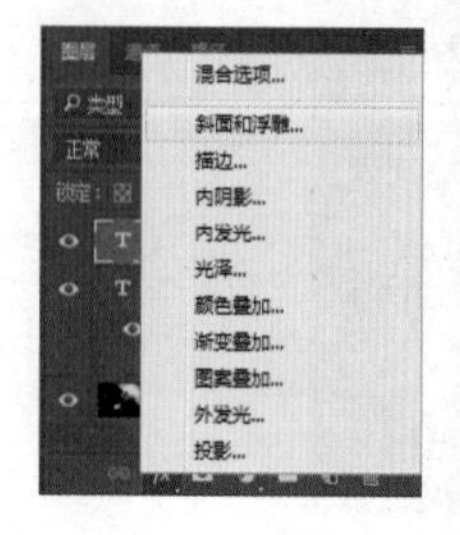
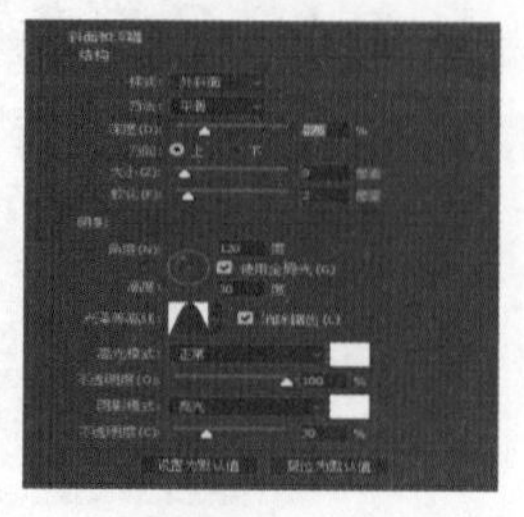

图3-25 添加斜面和浮雕

06 添加描边。继续在“图层样式”对话框中选择“描边”选项。调整“结构”参数，大小为5像素，位置为“居中”，混合模式为“正常”。填充类型为“渐变”，样式为“对称的”，角度为90度，如图3-26所示。

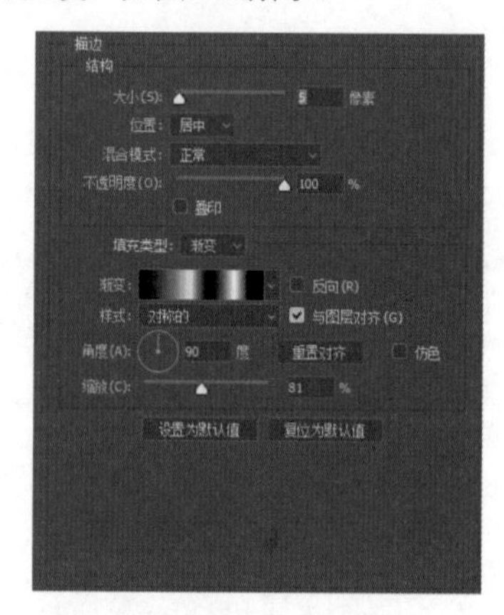

图3-26 添加描边

07 添加渐变叠加。继续在“图层样式”对话框中选择“渐变叠加”选项。调整“渐变”参数，混合模式为“颜色减淡”，不透明度为95%，渐变为蓝黑多层渐变，样式为“线性”，角度为90度，缩放为98%，如图3-27所示。

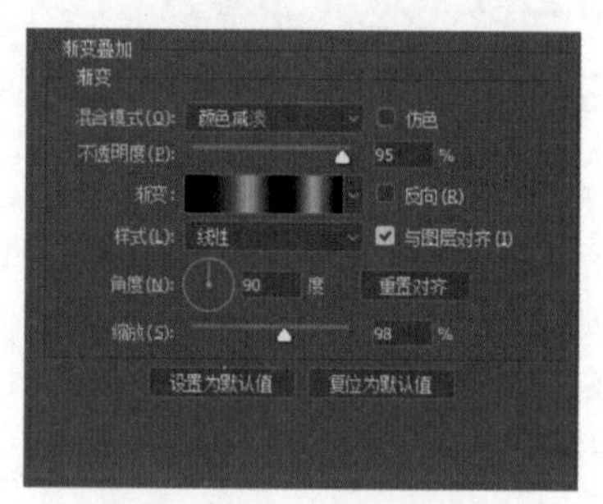

图3-27 添加渐变叠加

08 添加图案叠加。继续在“图层样式”对话框中选择“图案叠加”选项。修改“图案”参数，混合模式为“强光”，不透明度为100%，缩放为787%，如图3-28所示。

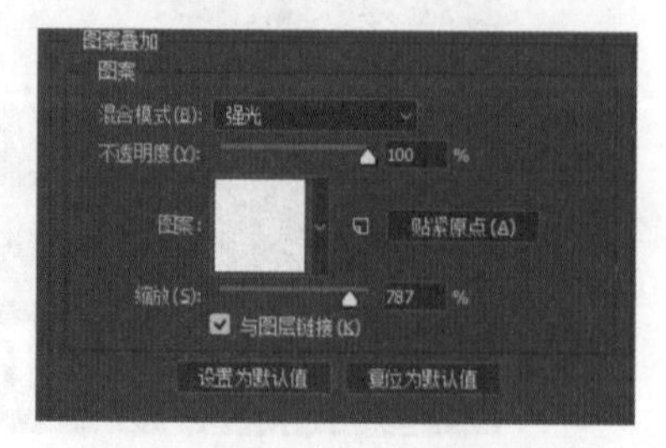

图3-28 添加图案叠加

09 添加投影。继续在“图层样式”对话框中选择“投影”选项。设置“结构”参数，混合模式为“正片叠底”，不透明度为50%，角度为120度，距离为0像素，扩展为26%，大小为16像素，效果如图3-29所示。

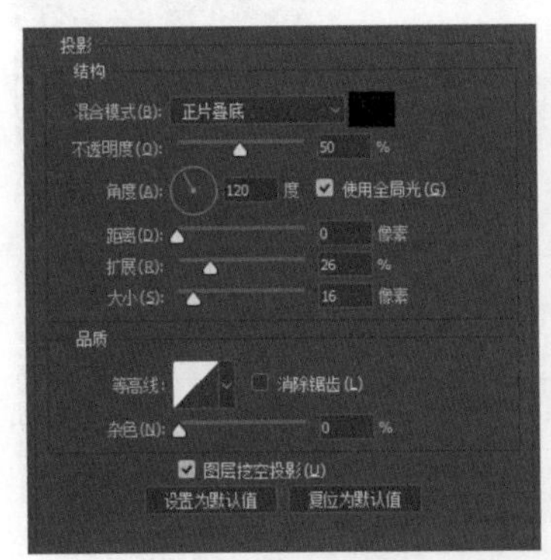

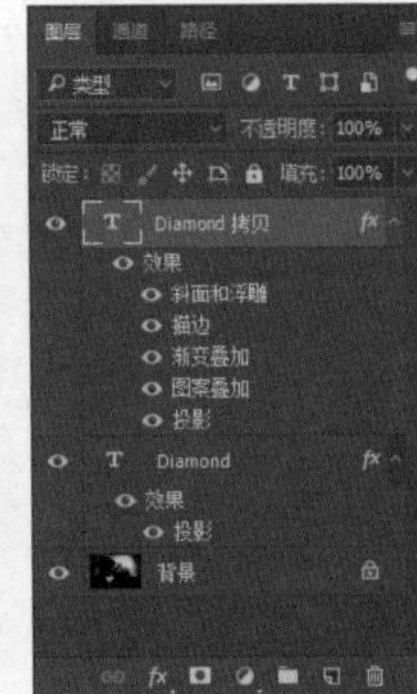

图3-29 添加投影

10 新建文字选区。按住Ctrl键的同时单击图层面板中的文字图层，载入文字选区，保持选中的状态下新建图层，命名为“钻石”，如图3-30所示。

图3-30 新建文字选区

11 制作纹理。按D键重置Photoshop默认的颜色，执行“滤镜→渲染→云彩”，为选中的区域添加云彩纹理。再执行“图像→调整→亮度/对比度”，设置亮度为121，如图3-31所示。

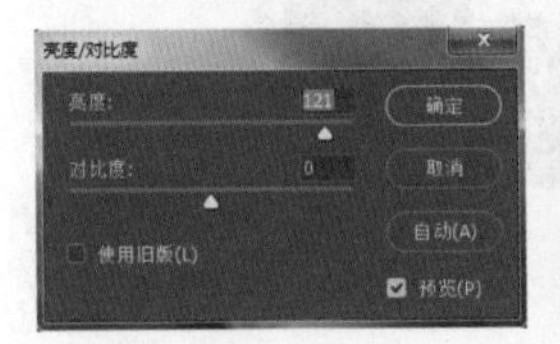

图3-31 制作纹理

12 制作钻石。执行“滤镜→滤镜库→扭曲→玻璃”，设置扭曲度为20，平滑度为1，纹理为“小镜头”，缩放为60%，如图3-32所示。

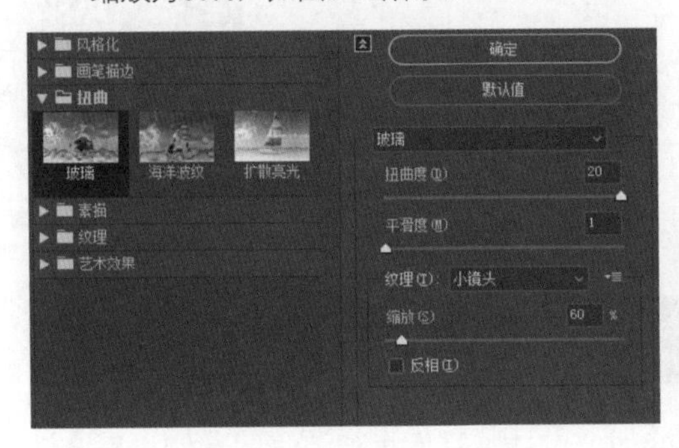

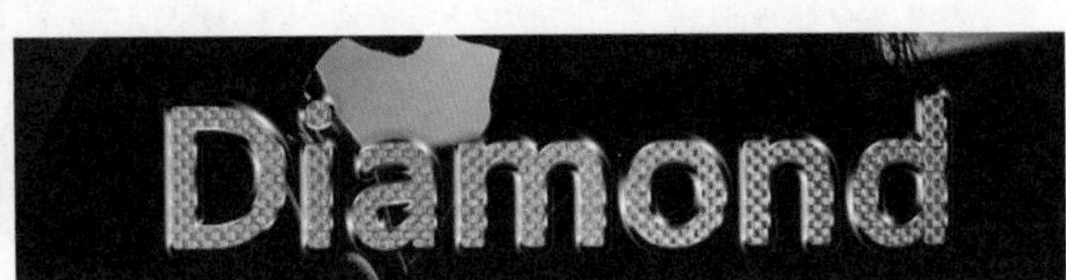

图3-32 制作钻石

13 添加钻石闪光。新建图层，选择画笔工具，选择星星笔刷。选择合适的画笔大小，把前景色设为白色，在合适的位置点出闪耀效果，效果如图3-33所示。

图3-33 添加钻石闪光

14 调整色调。先把背景图层解锁，单击“背景”图层的图标，变为“图层0”。新建图层2，填充黑色，并把“图层2”移动到“图层0”下面，把“图层0”透明度设置为47%，如图3-34所示。

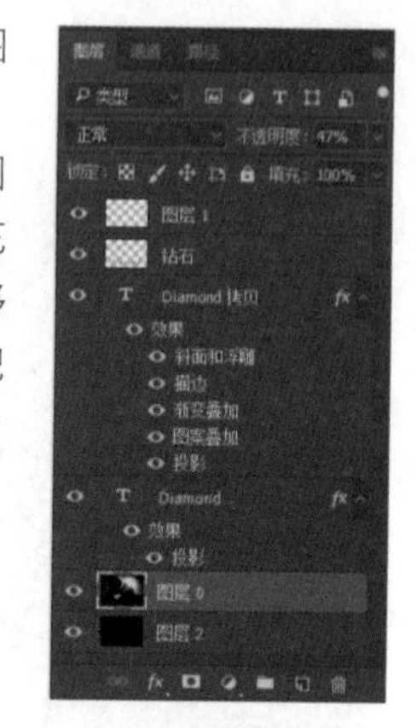

图3-34 调整色调

15 最终效果如图3-35所示。

图3-35 最终的钻石文字效果

3.4 案例：碎裂岩石材质字体设计

碎裂字体效果很有一种鬼斧神工、大气蓬勃的气势，适合运用到海报广告中。

3.4.1 设计构思

本例中岩石材质字体的制作主要利用图层样式的叠加。设计师首先选择适合的素材，再通过图层样式叠加在适合的字体上，再通过斜面和浮雕、投影等让文字具有立体感，最后通过各种元素的叠加和对蒙版的应用等使场景和光影更加自然，如图3-36所示。

图3-36 碎裂岩石字体效果

3.4.2 操作步骤

01 打开背景文件。执行“文件→打开”，在弹出的窗口中选择“太空.jpg”打开背景，如图3-37所示。

图3-37 打开背景文件

02 创建文字。单击工具栏中的“横排文字工具（T）”按钮，或按快捷键T，输入“ROCK”，这里用的是Charlemagne Std字体，大小为“120点”，结果如图3-38所示。

图3-38 创建文字

03 图层样式。双击文字图层，调出图层样式面板。添加斜面与浮雕效果，调整“结构”参数，样式为“浮雕效果”，方法为“平滑”，深度为320%，方向为“上”，大小为7像素，软化为0像素。调整“阴影”参数，角度为30度，高度为30度，高光模式为“滤色”，颜色为#FFF，不透明度为50%，阴影模式为“正片叠底”，颜色为#000000，不透明度为50%，如图3-39所示。

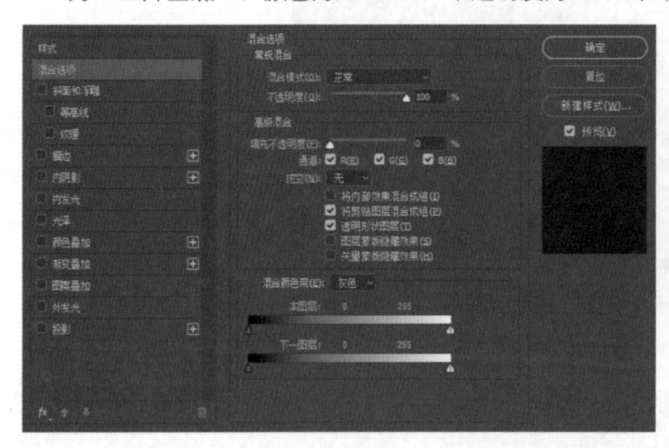

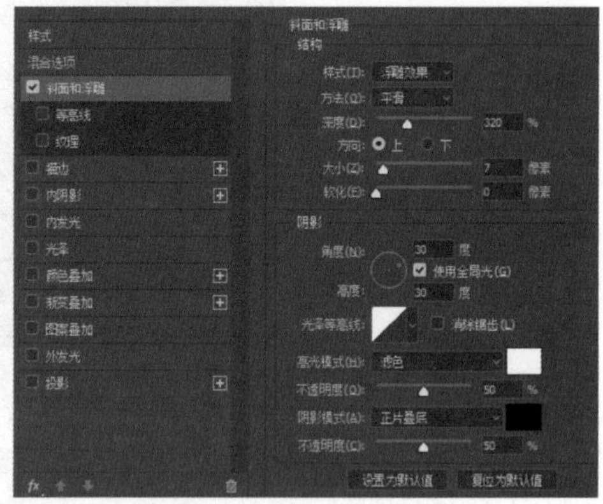

图3-39 设置图层样式

04 切割文字。右击文字图层，选择“栅格化图层样式”。接下来，选择套索工具，可以选择一个面切割。剪切选定的区域为Ctrl+Shift+J组合键，移动鼠标到合适的位置编排，如图3-40所示。

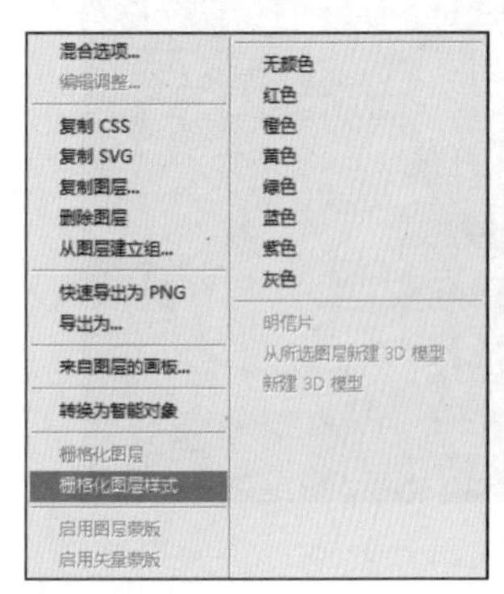

图3-40 切割文字

05 编排文字。使用套索工具切割好文字之后，将文字每一块分别排好，将所有切割出来的位置图层按Ctrl+g归组，如图3-41所示。

图3-41 编排文字

06 添加锤子图片。执行“文件→打开”命令，在弹出的窗口中选择“锤子.jpg”打开图片，并将其拖入场景中，调节合适的位置和大小，如图3-42所示。

图3-42 添加锤子图片

07 添加投影。双击锤子图层，添加投影样式，混合模式为“正片叠底”，不透明度为25%，角度为30度，距离为15像素，扩展为0%，大小为5像素，如图3-43所示。

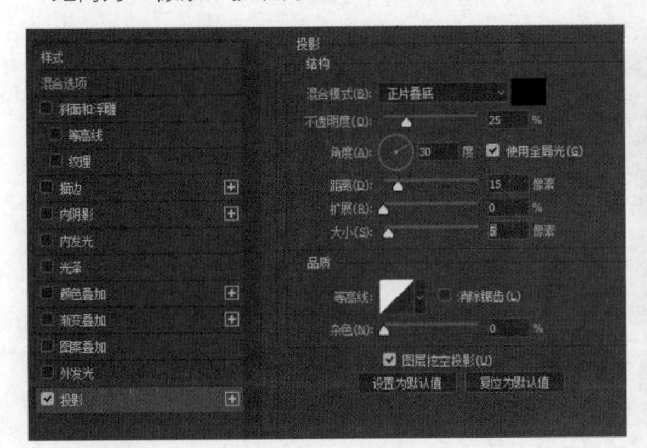

图3-43 添加投影

08 字体添加岩石效果。执行“文件→打开”，在弹出的窗口中选择“岩石.jpg”，打开岩石纹理图片，并将其拖入场景中。给每一块文字碎片都创建剪切蒙版，让图片有岩石效果，如图3-44所示。

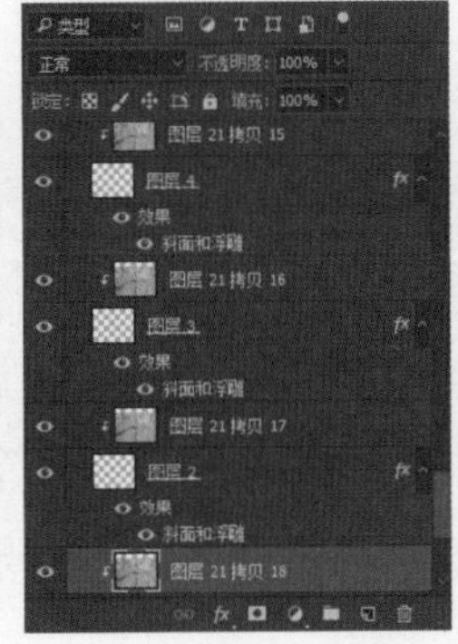

图3-44 添加岩石效果

CHAPTER 04

第 4 章

App UI简约图标设计

本章导读

什么是图标（ICON）？用一句简单的话来说，图标就是一个符号，一个代表某个对象的符号，一个象征性的符号。图标是具有明确指代含义的计算机图形，如桌面图标是软件标识，界面中的图标是功能标识。图标源自生活中的各种图形标识，是计算机应用图形化的重要组成部分。

本章主要介绍4个小图标以及1个整套图标的实战案例。这些图标多为时下非常流行的简约风格，是利用圆角矩形、椭圆、钢笔等多种矢量工具综合绘制而成的形状。通过本章的学习可以使读者掌握使用矢量工具进行App图标设计的相关技术。

关键知识点

- 简约风格表现
- 矢量工具
- 整体风格统一
- 图标尺寸

4.1 UI 设计师必备技能之图标（ICON）设计

App的图标指程序启动图标、底部菜单图标、弹出对话框顶部图标、长列表内部列表项图标以及底部或顶部Tab标签图标。所以图标指的是所有这些图片的集合。

图标同样受到上节介绍的屏幕密度制约，屏幕密度分为IDPI（低）、MDPI（中等）、HDPI（高）、XHDPI（特高）4种，表4-1所示为Android系统屏幕密度标准尺寸。

表4-1 Android系统屏幕密度标准尺寸

ICON类型	屏幕密度标准尺寸			
Android	低密度IDPI	中密度MDPI	高密度HDPI	特高密度XHDPI
Launcher	36px × 36px	48px × 48px	72px × 72px	96px × 96px
Menu	36px × 36px	48px × 48px	72px × 72px	96px × 96px
Status Bar	24px × 24px	32px × 32px	48px × 48px	72px × 72px
List View	24px × 24px	32px × 32px	48px × 48px	72px × 72px
Tab	24px × 24px	32px × 32px	48px × 48px	72px × 72px
Dialog	24px × 24px	32px × 32px	48px × 48px	72px × 72px

注：Launcher：程序主界面；Menu：菜单栏；Status Bar：状态栏；List View：列表显示；Tab：切换、标签；Dialog：对话框。

iPhone的屏幕密度默认为mDPI，没有Android分得那么详细，按照手机、设备版本的类型进行划分就可以，如表4-2所示。

表4-2 iPhone系统屏幕密度标准尺寸

ICON类型	屏幕标准尺寸			
版本	iPhone 3	iPhone 4	iPod Touch	iPad
Launcher	57px × 57px	114px × 114px	57px × 57px	72px × 72px
App Store建议	512px × 512px	512px × 512px	512px × 512px	512px × 512px
设置	29px × 29px	29px × 29px	29px × 29px	29px × 29px
Spotlight搜索	29px × 29px	29px × 29px	29px × 29px	50px × 50px

Windows Phone的图标标准非常简洁和统一，对设计师来说是最容易上手的，如表4-3所示。

表4-3 Windows Phone的图标标准

ICON类型	屏幕标准尺寸
应用工具栏	48px × 48px
主菜单图标	173px × 173px

4.2 案例：特价图标设计

特价图标是很多网购App上必不可少的工具图案，这样的图标可以吸引消费者的眼球，从而达到提高商品的点击率及购买率的效果。

4.2.1 设计构思

本例制作一个特价图标。在设计过程中，首先使用橙色的背景，再叠加不同的圆形，整个图标比较亮眼鲜明，让人一眼就能看到，效果如图4-1所示。

图4-1 特价图标效果

4.2.2 操作步骤

01 新建文件。执行“文件→新建”命令，在弹出的“新建”对话框中创建256×256像素的文档，背景颜色为#08121e，完成后单击“创建”按钮，如图4-2所示。

图4-2 新建文件

02 绘制椭圆。单击工具箱中的“椭圆工具”，在选项栏中选择工具模式为“形状”，设置填充色为#fa5d00，按住Shift键在页面中绘制419px×419px的正圆，将正圆移动到中间位置，如图4-3所示。

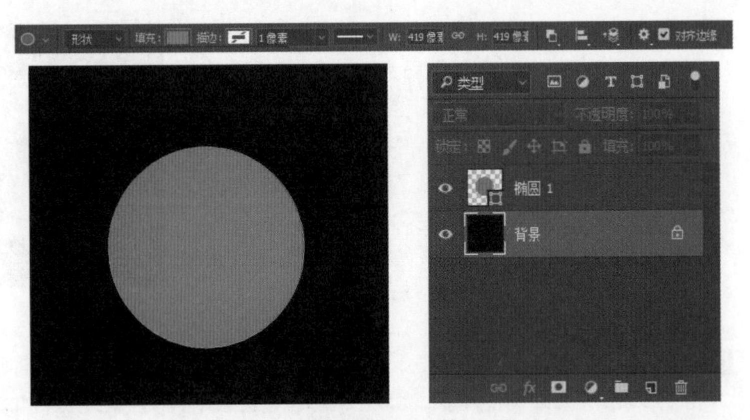

图4-3 绘制椭圆

03 绘制椭圆。单击工具箱中的“椭圆工具”，在选项栏中选择工具模式为“形状”，设置填充色为#bb2502～#e84c00的线性渐变，按住Shift键在页面中绘制317px×317px的正圆，设置填充色为#ff9700～#ffca02的线性渐变，按住Shift键在页面中绘制267px×267px的正圆，如图4-4所示。

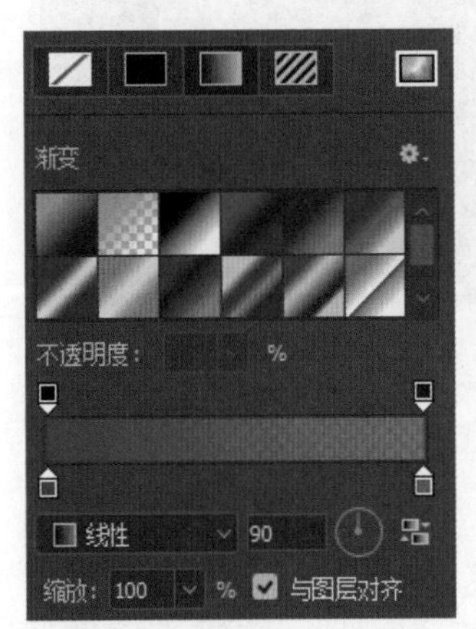

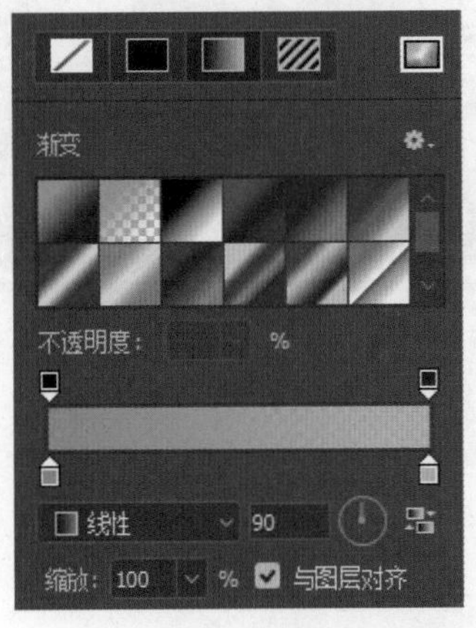

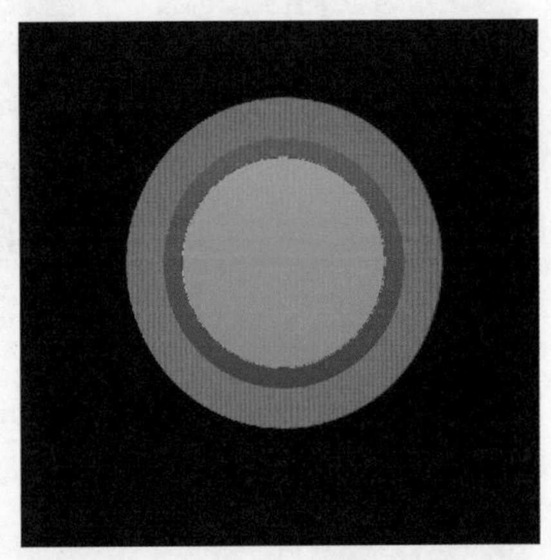

图4-4 设置椭圆的填充色

04 绘制虚线描边圆形。单击工具箱中的“椭圆工具”，在选项栏中选择工具模式为“形状”，设置无填充色、描边为8像素、颜色为白色、大小为225px×225px的正圆，如图4-5所示。

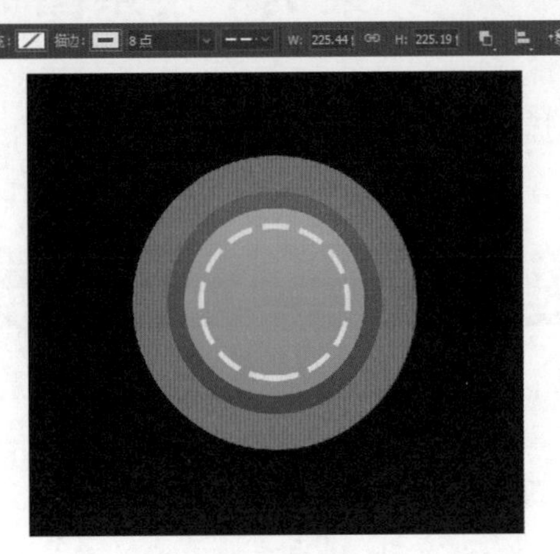

图4-5 虚线描边

05 添加字体。选择文字工具输入“特价”，设置字体颜色为#841d09，字号为65px，字体样式为“黑体”。新建文字图层输入“¥”符号，设置字体颜色为#841d09，字号为30px，字体样式为Microsoft YaHei UI。新建文字图层输入“99.80”，设置字体颜色为#841d09，字号为65px，字体样式为“黑体”。将所有文字在圆形图标内编排好，如图4-6所示。

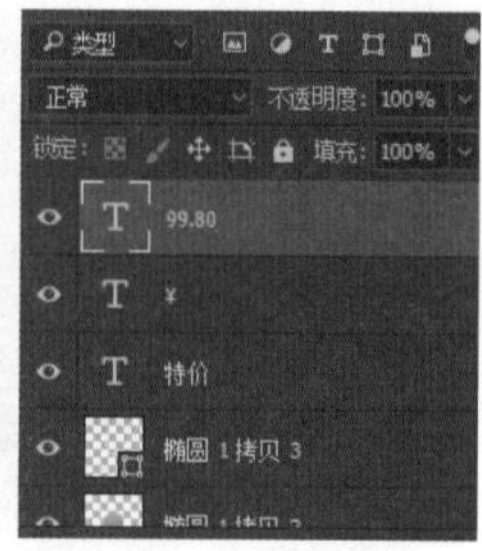

图4-6 添加字体

06 添加图标投影。在背景图层上一层新建图层，选中画笔工具，将画笔硬度调整为0。在画布中单击一下，画出阴影后调整大小，将黑色阴影调整至图标下方，最终效果如图4-7所示。

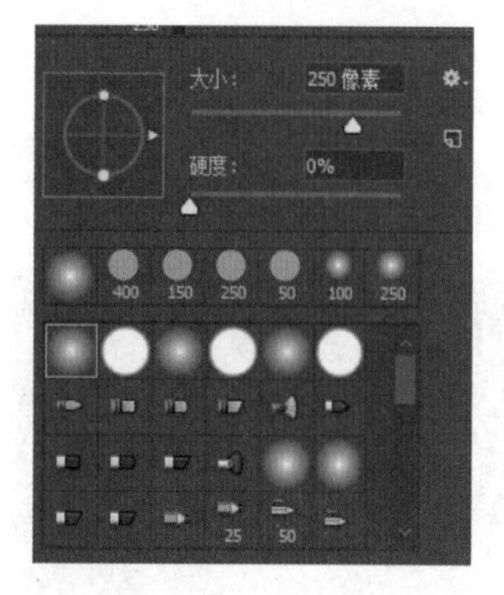

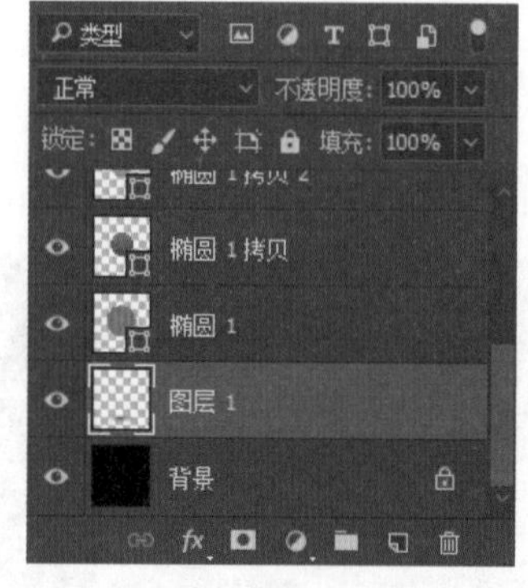

图4-7 添加图标投影后的效果

4.3 案例：搜索图标设计

搜索图标是手机、计算机上经常使用的工具图案，设计时应该让用户看到图标就能感知、想象、理解其含义。带有放大镜形状的搜索图标是当前最基本的、最广为人知的搜索图标。

4.3.1 设计构思

本例制作的是搜索图标。首先设计师选用的是放大镜形状的搜索图标，其次选用椭圆工具绘制出放大镜镜体，再用圆角矩形及剪切图层绘制出放大镜的手柄，最后绘制出高光。这种简单的设计使得搜索图标看起来既清爽又形象生动，效果如图4-8所示。

图4-8 搜索图标效果

4.3.2 操作步骤

01 新建文件。执行“文件→新建”命令，在弹出的“新建”对话框中创建210×210像素的文档，背景内容为#2d2e31，完成后单击“创建”按钮，如图4-9所示。

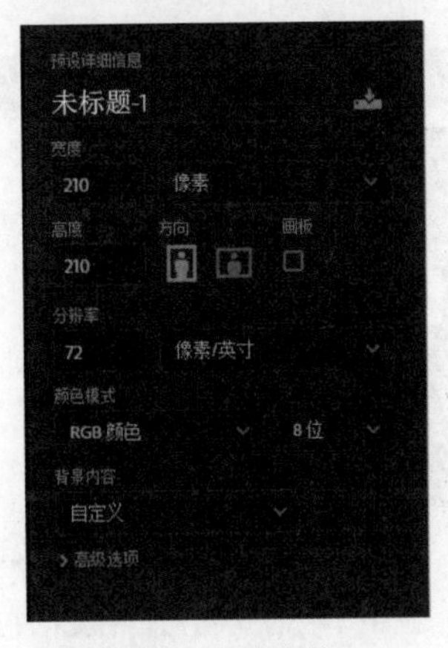

图4-9 新建文件

02 绘制放大镜镜框。单击工具箱中的“椭圆工具”，在选项栏中选择工具模式为“形状”，设置填充色为白色，按住Shift键在页面中绘制正圆，如图4-10所示。

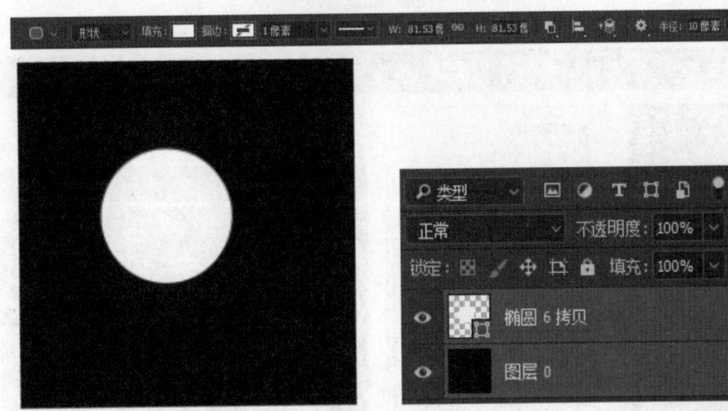

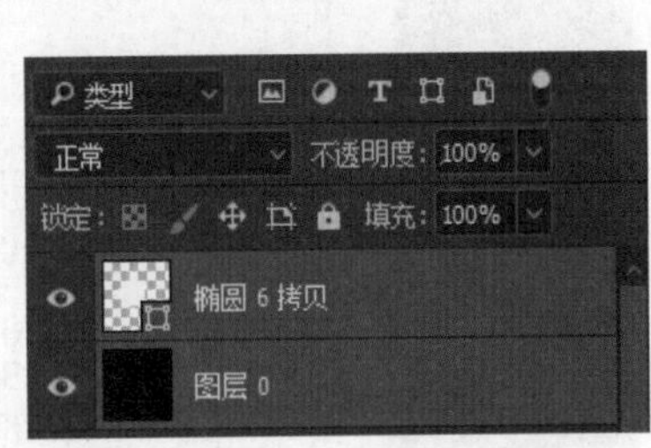

图4-10 绘制放大镜镜框

03 绘制放大镜镜片。执行“图层→新建→图层”，新建图层，单击工具箱中的“椭圆工具”，在选项栏中选择工具模式为“形状”，设置填充色为#f75993，然后按住Shift键在页面中绘制正圆，使两个圆的中心对齐，接着执行“图层→图层样式→内阴影”，使放大镜更有质感，如图4-11所示。

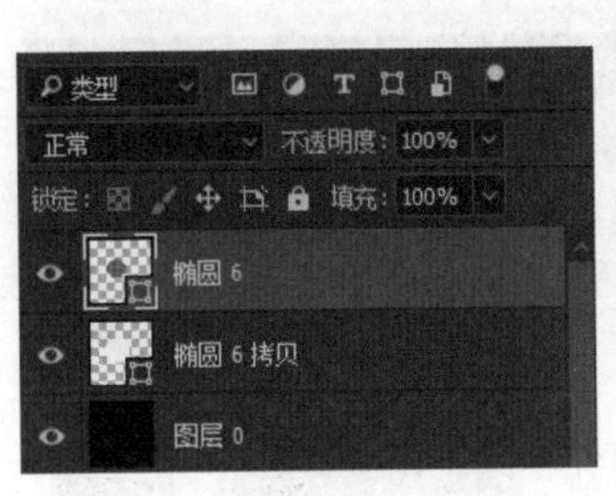

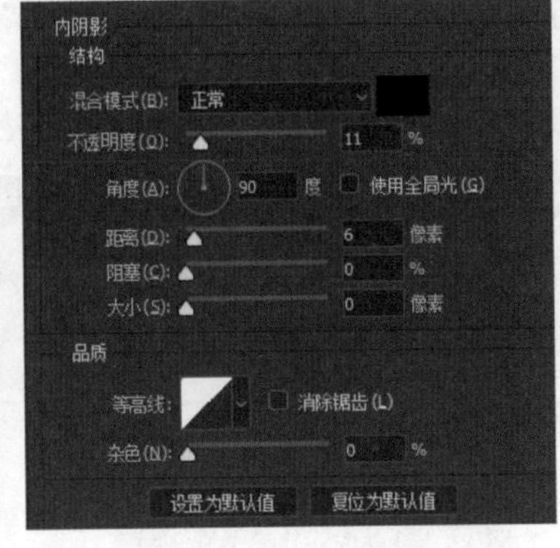

图4-11 绘制放大镜镜片

04 绘制手柄。执行“图层→新建→图层”，新建图层，单击工具箱中的“圆角矩形工具”，在选项栏中选择工具模式为“形状”，填充颜色为#fc676b，然后在页面上绘制手柄形状，将“手柄”旋转至合适的位置，如图4-12所示。

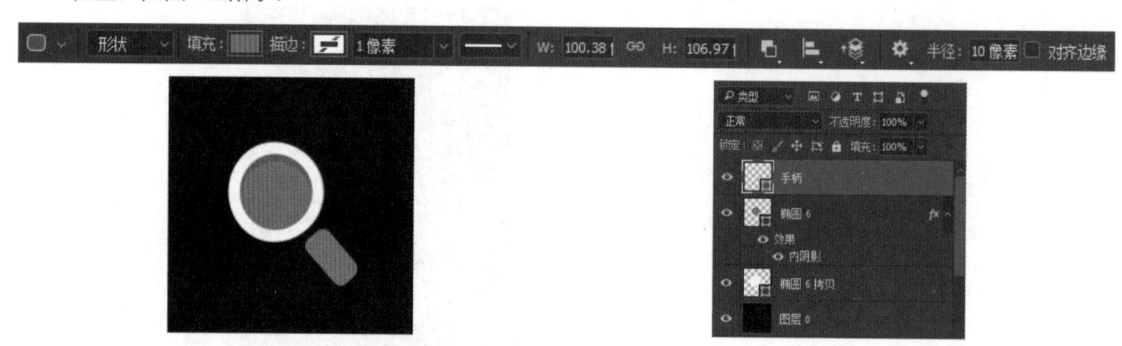

图4-12 绘制手柄

05 绘制手柄阴影。选中“手柄”图层，按Ctrl+J复制图层，为拷贝图层的矩形设置填充颜色为#fb565a，然后放大拷贝图层的矩形，调整位置，选中图层右击创建剪切蒙版，让放大镜手柄有阴影的效果，如图4-13所示。

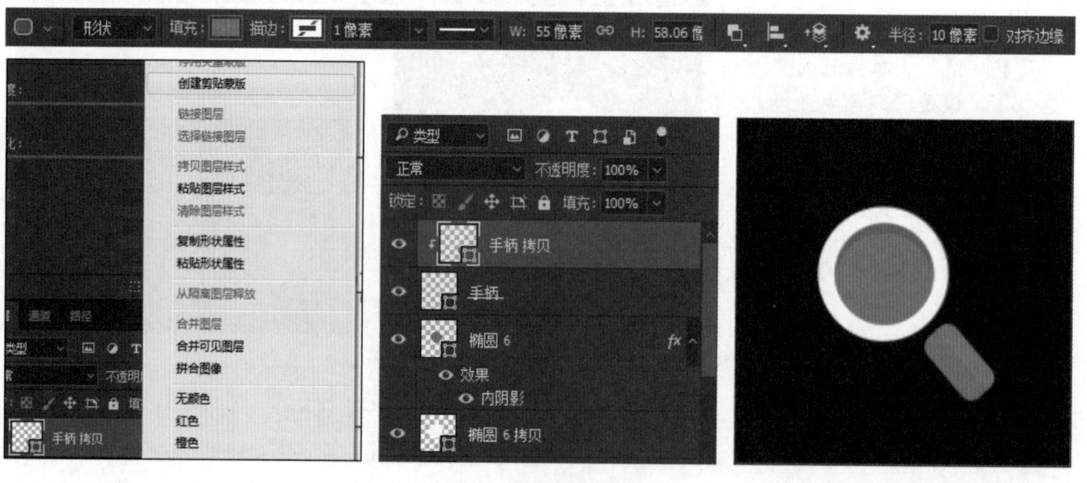

图4-13 绘制手柄阴影

06 绘制手柄连接。执行“图层→新建→图层”，新建图层，单击工具箱中的“矩形工具”，在选项栏中选择工具模式为“形状”，填充颜色为#e5f2fa，然后单击工具箱中的“直接选择工具”，调整矩形的锚点，形成一个梯形的形状，将此形状旋转调整到适合的位置，把此图层放在背景图层上，如图4-14所示。

图4-14 绘制手柄连接

07 绘制高光。执行“图层→新建→图层”，新建图层，单击工具箱中的“椭圆工具”，在选项栏中选择工具模式为“形状”，填充颜色为#f86a9c，然后将椭圆调整到适合的位置，如图4-15所示。

图4-15 绘制高光后的最终效果

4.4 案例：照相机图标设计

照相机简称相机，是一种利用光学成像原理形成影像并使用底片记录影像的设备。照相机图标是手机上经常使用的工具图标，如今该类图标素材千变万化，各种元素都可以拿来作为图标样式。

4.4.1 设计构思

设计师采用摄像头正面角度来表现照相机正对着观众拍摄，给人一种身临其境的感觉。设计时先制作浅色背景，然后通过比较鲜艳的颜色来表现相机机身，最后通过圆圈套圆圈的构图手法来表现摄像头的层次感和镜头感，效果如图4-16所示。

图4-16 照相机图标效果

4.4.2 操作步骤

01 新建文件。执行“文件→新建”命令，在弹出的“新建”对话框中创建800×800像素的文档，背景内容为“白色”，完成后单击“创建”按钮，设置前景色为紫色（#7276bf），按Alt+Delete组合键填充颜色，如图4-17所示。

图4-17 新建文件

02 绘制圆角矩形。单击工具箱中的“圆角矩形工具”，在选项栏中选择工具模式为“形状”，设置填充色为#c4ece4，绘制相机的框体，如图4-18所示。

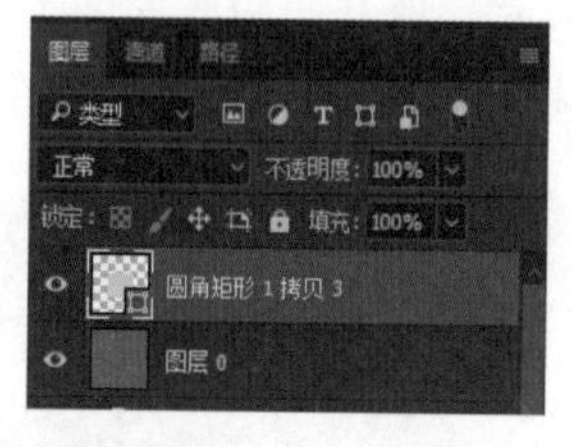

图4-18 绘制圆角矩形

03 绘制中心椭圆。执行“图层→新建→图层”，新建图层，单击工具箱中的“椭圆工具”，在选项栏中选择工具模式为“形状”，设置填充色为白色，绘制一个相机摄像头圆圈，如图4-19所示。

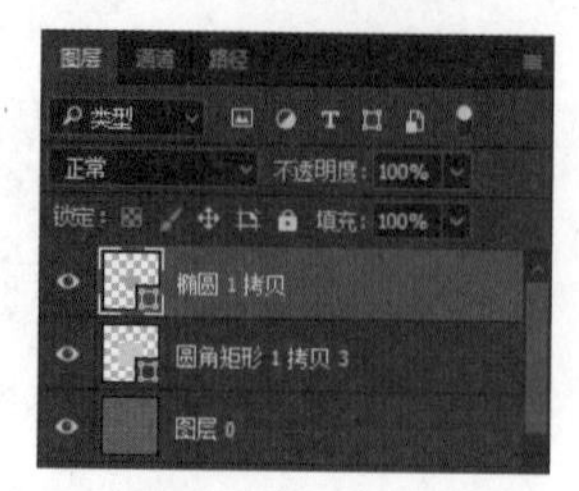

图4-19 绘制中心椭圆

04 绘制椭圆。执行“图层→新建→图层”，新建图层，单击工具箱中的“椭圆工具”，在选项栏中选择工具模式为“形状”，设置填充色为#69c8c0，如图4-20所示。

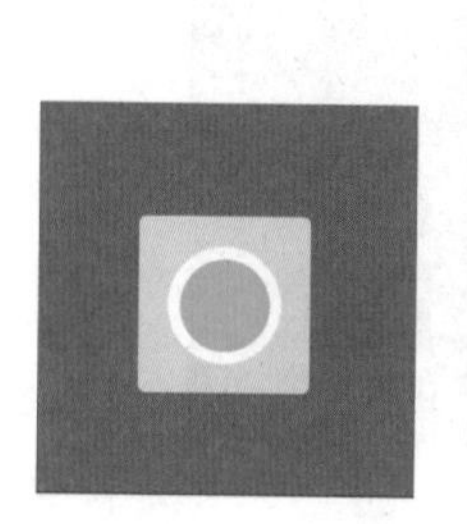
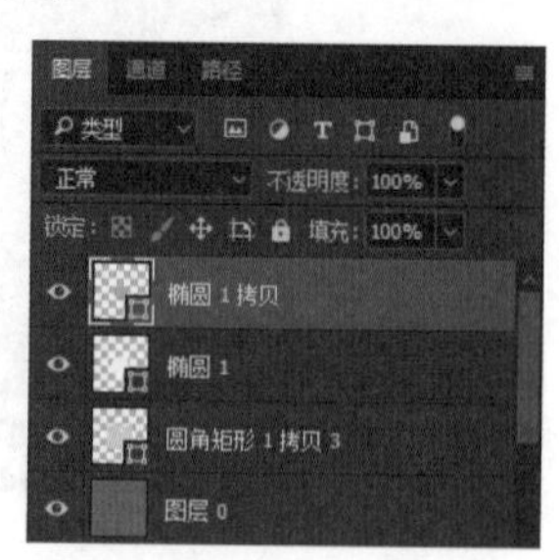

图4-20 绘制椭圆

05 绘制同心椭圆。执行“图层→新建→图层”，新建图层，单击工具箱中的“椭圆工具”，在选项栏中选择工具模式为“形状”，设置填充色为#00a89b，然后按住Shift键在页面中绘制正圆，如图4-21所示。

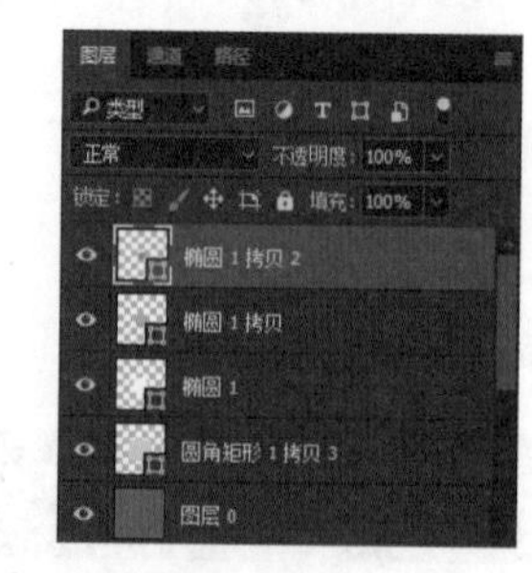

图4-21 绘制同心椭圆

06 绘制椭圆。执行“图层→新建→图层”，新建图层，单击工具箱中的“椭圆工具”，在选项栏中选择工具模式为“形状”，设置填充色为#267675，然后按住Shift键在页面中绘制正圆，如图4-22所示。

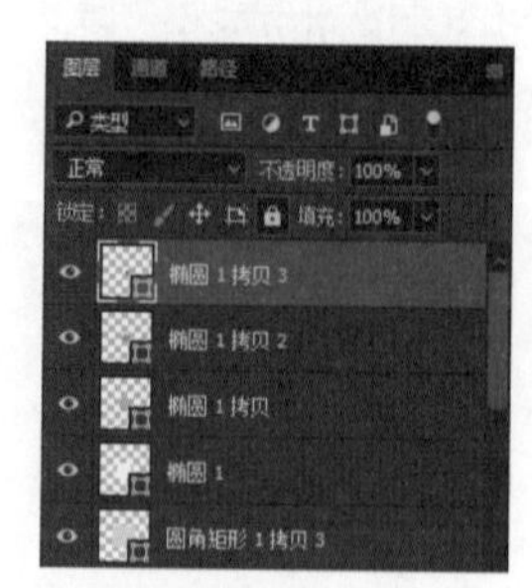

图4-22 新图层上绘制椭圆

07 绘制椭圆。执行“图层→新建→图层”，新建图层，单击工具箱中的“椭圆工具”，在选项栏中选择工具模式为“形状”，设置填充色为深绿色（#105e5e），然后按住Shift键在上一步绘制的椭圆中再绘制一个正圆，如图4-23所示。

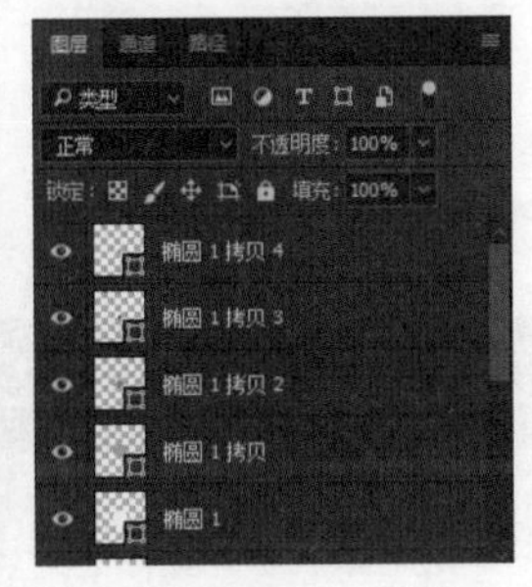

图4-23 在椭圆上绘制一个正圆

08 绘制高光。执行“图层→新建→图层”，新建图层，单击工具箱中的“椭圆工具”，在选项栏中选择工具模式为“形状”，设置填充色为白色，然后按住Shift键在上一步绘制的椭圆中再绘制一个正圆，如图4-24所示。

图4-24 绘制高光

09 绘制椭圆。执行“图层→新建→图层”，新建图层，单击工具箱中的“椭圆工具”，在选项栏中选择工具模式为“形状”，设置填充色为#f26987，按住Shift键绘制一个正圆，然后在对应图层单击fx，添加内阴影效果，接着设置混合模式为正常，不透明度为20%，角度为-45度，距离为2像素，大小为5像素，如图4-25所示。

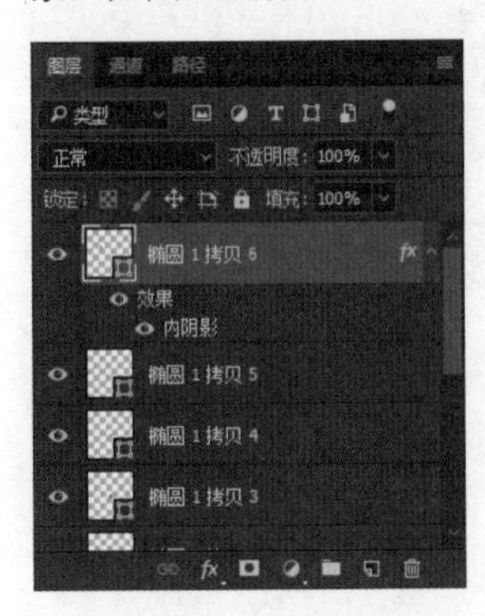

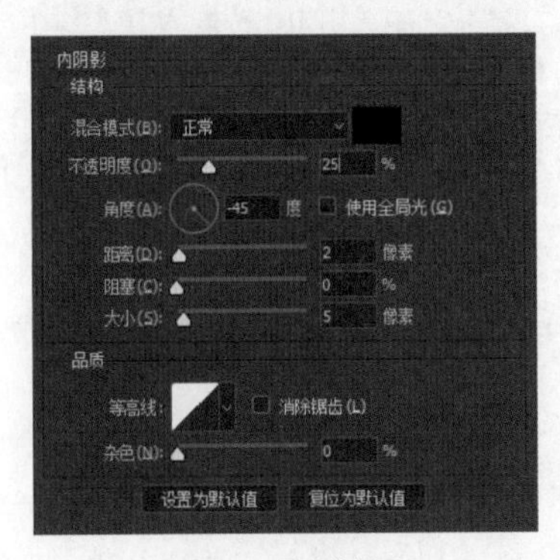

图4-25 绘制椭圆

10 绘制投影。执行“图层→新建→图层”，新建图层，单击工具箱中的“矩形工具”，在选项栏中选择工具模式为“形状”，设置填充色为#91b4ad，透明度为90%，然后单击工具箱中的“直接选择工具”，调整矩形的各个锚点，使其形成一个不规则矩形，调整形状位置，接着将此矩形图层放在最外层的圆角矩形的上层，右击选择剪切蒙版，如图4-26所示。

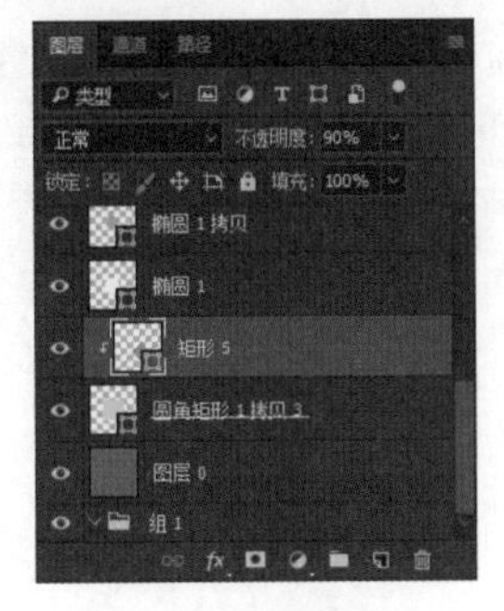

图4-26 绘制投影

4.5 案例：闹钟图标设计

闹钟是带有闹铃装置的钟表，既能显示时间，又能按照人们预定的时刻发出声音提示信号或者其他信号。闹钟是手机上常见的工具，可以用来设置早晨起床的闹铃等。

4.5.1 设计构思

本例是闹钟图标制作。设计师采用渐变叠加和投影来制作闹钟底座，之后用光影表现出闹钟底座的塑料质感，再通过灰白色质感的闹钟圆盘来衬托立体感，最后绘制出刻度和指针，还增加了闹钟指针和反光，营造日常写实的氛围，效果如图4-27所示。

图4-27 闹钟图标效果

4.5.2 操作步骤

01 新建文件。执行“文件→新建”命令，在弹出的“新建”对话框中创建800×800像素的文档，背景内容为“白色”，完成后单击“创建”按钮，然后单击“背景”图层后面的锁头图标，单击工具箱中的“渐变工具”，为“图层0”添加渐变效果，如图4-28所示。

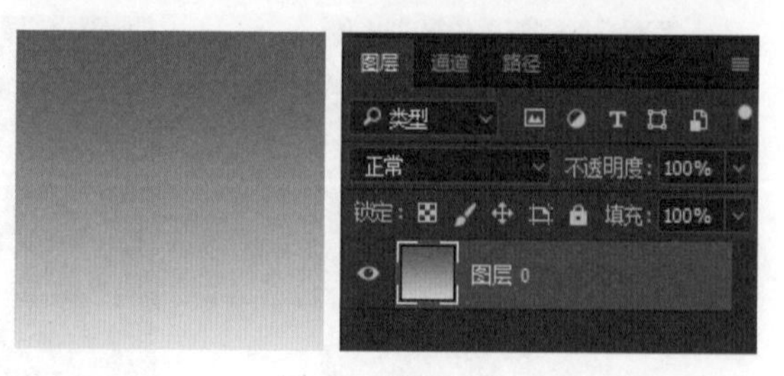

图4-28 新建文件

02 绘制圆角矩形。执行“图层→新建→图层”，新建图层，单击工具箱中的“圆角矩形工具”，在选项栏中选择工具模式为“形状”，设置填充色为#ebebeb，绘制一个矩形框，如图4-29所示。

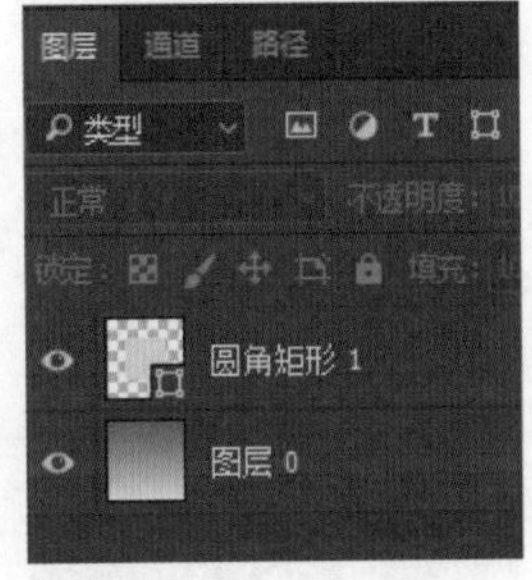

图4-29 绘制圆角矩形

03 添加内阴影。执行“添加图层样式 fx →内阴影”，打开“图层样式”面板，调整“结构”参数，混合模式为“正片叠底”，不透明度为18%，角度为90度，距离为7像素，扩展为0%，大小为0像素，如图4-30所示。

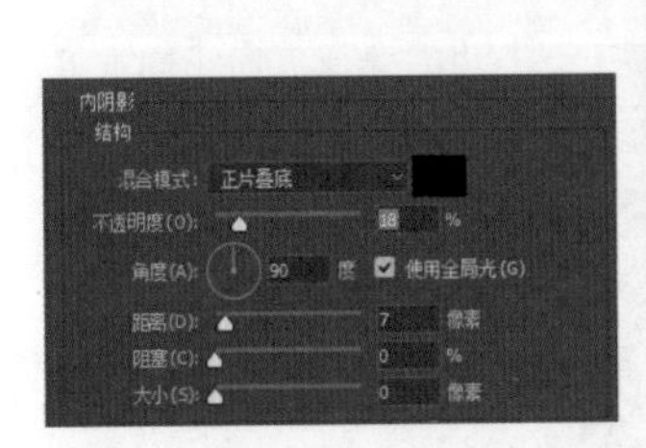

图4-30 添加内阴影

04 添加内发光。在打开的“图层样式”面板选择内发光，调整“结构”参数，设置混合模式为“滤色”，不透明度为34%，杂色为0%，然后调整“图素”参数，方法为“柔和”，阻塞为0%，大小为21像素，接着调整“品质”参数，范围为44%，抖动为0%，如图4-31所示。

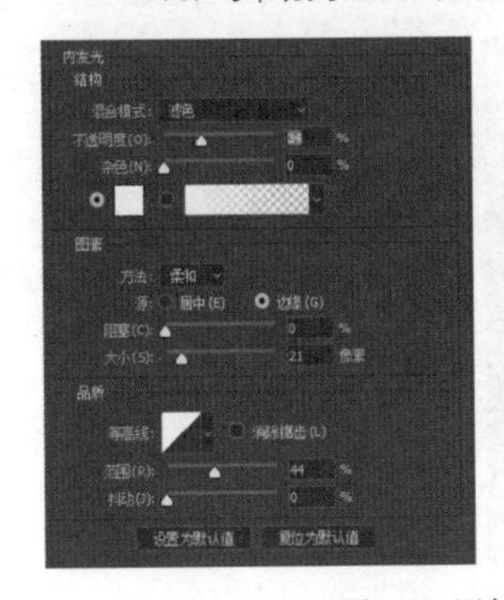

图4-31 添加内发光

05 绘制椭圆。执行“图层→新建→图层”，新建图层，单击工具箱中的“椭圆工具”，在选项栏中选择工具模式为“形状”，设置填充色为#e4e4e4，然后按住Shift键在页面中绘制正圆，如图4-32所示。

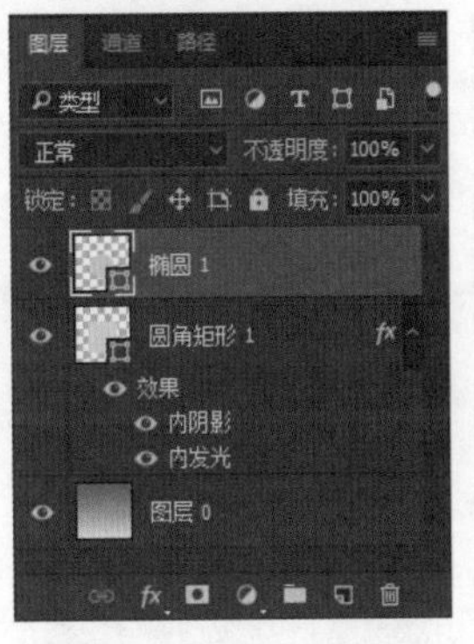

图4-32 绘制椭圆

06 添加描边。执行“添加图层样式 fx →描边”，打开“图层样式”面板，调整“结构”参数，大小为3像素，位置为“外部”，混合模式为“正常”，不透明度为33%，然后调整填充类型为渐变，参数根据效果调节，如图4-33所示。

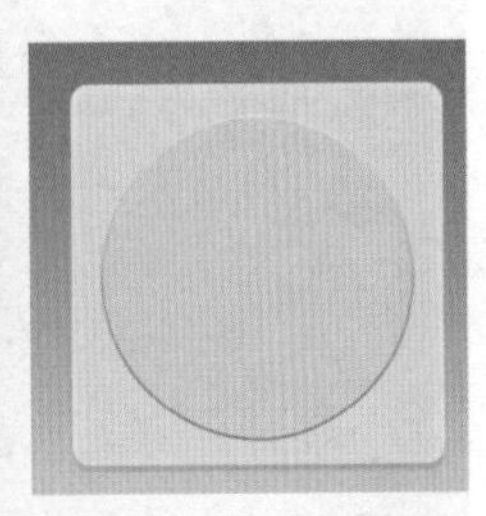

图4-33 添加描边

07 添加投影。在打开的“图层样式”面板中选择投影，调整“结构”参数，混合模式为“正片叠底”，不透明度为31%，角度为90度，距离为6像素，扩展为0%，大小为10像素，如图4-34所示。

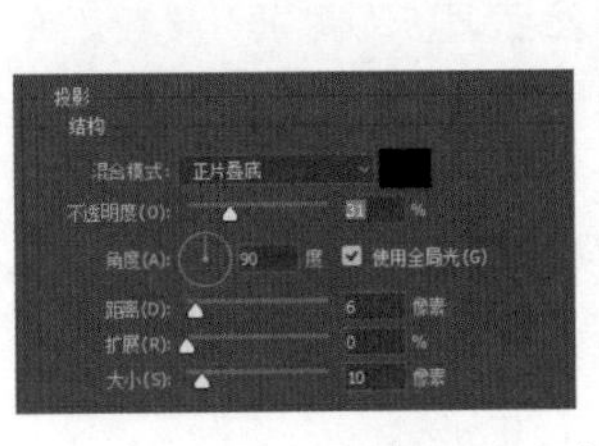

图4-34 添加投影

08 绘制椭圆。执行“图层→新建→图层”，新建图层，单击工具箱中的“椭圆工具”，在选项栏中选择工具模式为“形状”，设置填充色为#d7d7d7，然后按住Shift键在页面中绘制正圆，如图4-35所示。

图4-35 绘制椭圆

09 绘制同心圆。执行“图层→新建→图层”，新建图层，单击工具箱中的“椭圆工具”，在选项栏中选择工具模式为“形状”，设置填充色为#e4e4e4，然后按住Shift键在页面中绘制正圆，如图4-36所示。

图4-36 绘制同心圆

10 添加内发光。执行“添加图层样式 fx →内发光”，打开“图层样式”面板，调整“结构”参数，混合模式为“滤色”，不透明度为75%，杂色为0%，然后调整“图素”参数，方法为“柔和”，阻塞为0%，大小为16像素，接着调整“品质”参数，范围为44%，抖动为0%，如图4-37所示。

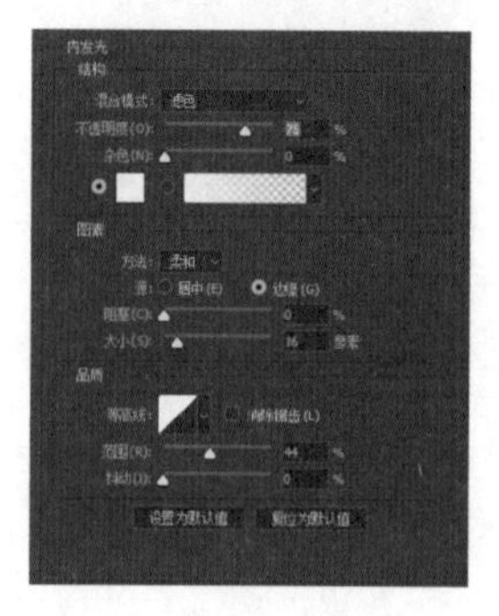

图4-37 添加内发光

11 绘制同心圆。执行“图层→新建→图层”，新建图层，单击工具箱中的“椭圆工具”，在选项栏中选择工具模式为“形状”，设置填充色为#f5f5f5，然后按住Shift键在页面中绘制正圆，如图4-38所示。

图4-38 绘制同心圆

12 添加内发光。执行“添加图层样式 fx →内发光”，打开“图层样式”面板，调整“结构”参数，混合模式为“正常”，不透明度为15%，杂色为0%，然后调整“图素”参数，方法为“柔和”，阻塞为18%，大小为21像素，接着调整“品质”参数，范围为43%，抖动为0%，如图4-39所示。

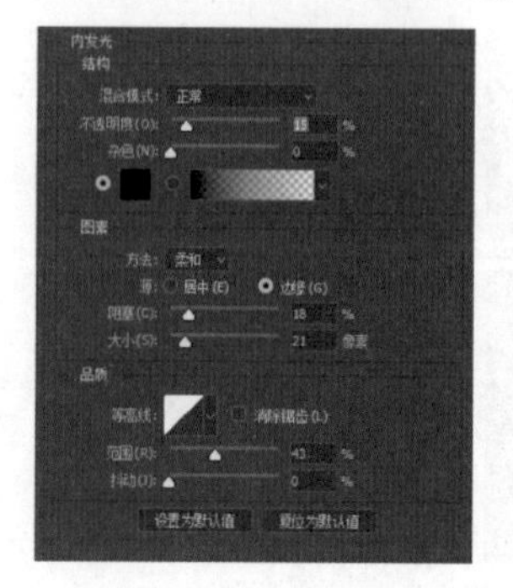

图4-39 添加内发光

13 绘制圆角矩形。新建一个名为“表盘”的组，执行“图层→新建→图层”，新建图层，单击工具箱中的“圆角矩形工具”，在选项栏中选择工具模式为“形状”，设置填充色为#5f5959，绘制一个矩形框，不透明度设为90%，如图4-40所示。

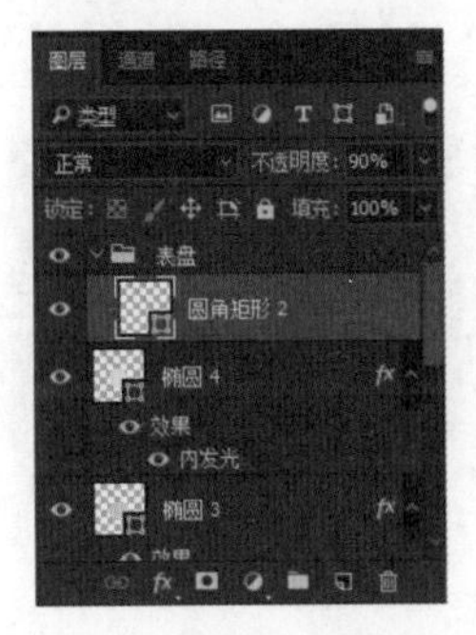

图4-40 绘制圆角矩形

14 绘制刻度。按Ctrl+J组合键复制圆角矩形，再按Ctrl+T组合键旋转圆角矩形，之后按Enter键结束操作。按Shift+Ctrl+Alt+T组合键旋转并复制圆角矩形，以同样的方法绘制其他刻度，如图4-41所示。

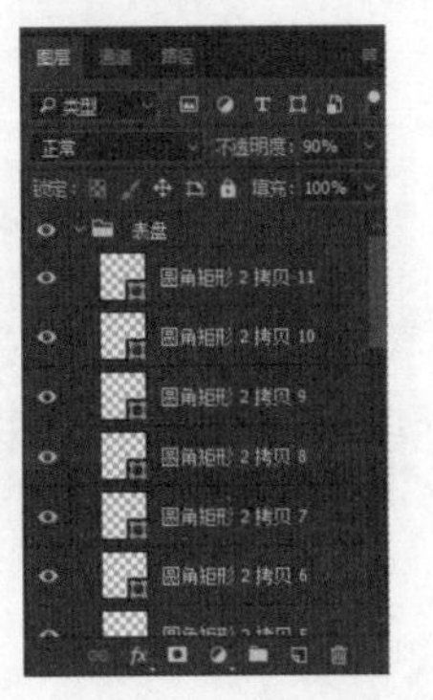

图4-41 绘制刻度

15 绘制时针。单击工具栏中的“钢笔工具”按钮，在选项栏中选择工具的模式为“形状”，设置填充为渐变，绘制时针形状，如图4-42所示。

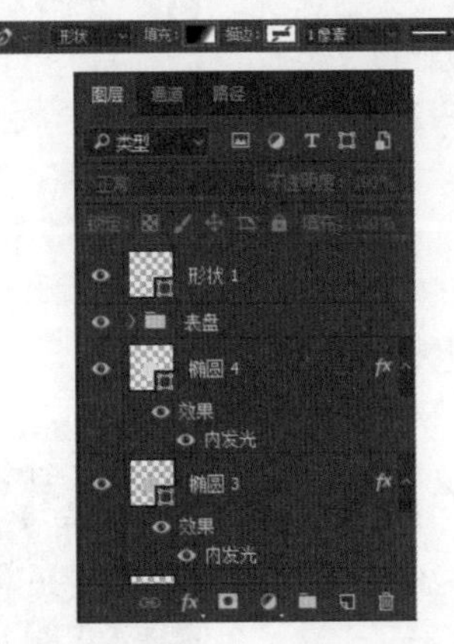

图4-42 绘制时针

16 为时针添加投影。执行“添加图层样式fx→投影”，打开“图层样式”面板，调整“结构”参数，混合模式为“正片叠底”，不透明度为31%，角度为90度，距离为6像素，扩展为0%，大小为10像素，如图4-43所示。

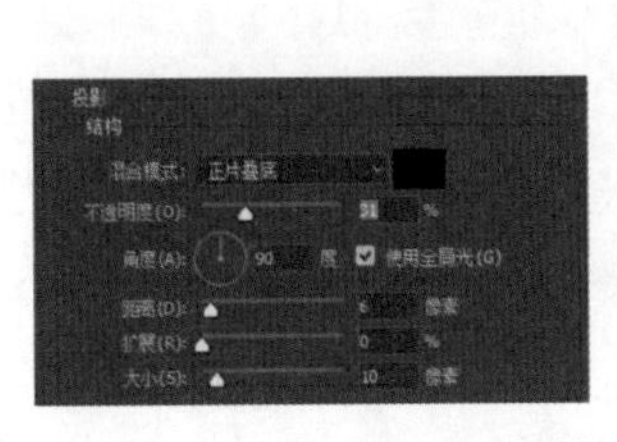

图4-43 为时针添加投影

17 绘制秒针和分针形状。单击工具栏中的“钢笔工具”按钮，在选项栏中选择工具的模式为“形状”，设置填充为渐变，绘制分针形状，然后在图层样式中为分针添加投影，以同样的方法绘制秒针形状，如图4-44所示。

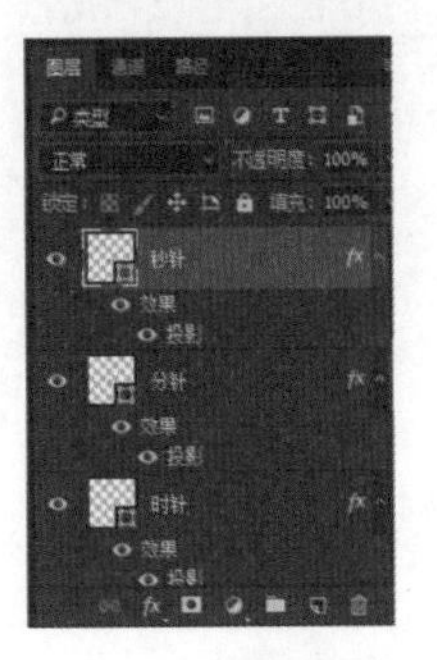

图4-44 绘制秒针和分针形状

18 绘制椭圆。执行“图层→新建→图层”，新建图层，单击工具箱中的“椭圆工具”，在选项栏中选择工具模式为“形状”，设置填充色为#3a3737，然后按住Shift键在页面中绘制正圆，如图4-45所示。

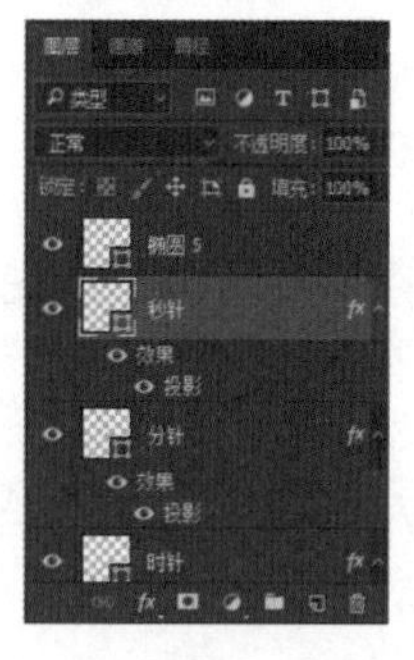

图4-45 绘制椭圆

19 绘制椭圆。执行“图层→新建→图层”，新建图层，单击工具箱中的“椭圆工具”，在选项栏中选择工具模式为“形状”，设置填充色为#f9e43f，然后按住Shift键在页面中绘制正圆，如图4-46所示。

图4-46 设置椭圆属性

20 绘制闹钟针。单击工具栏中的“钢笔工具”按钮，在选项栏中选择工具模式为“形状”，设置填充色 为#f9e43f，绘制闹钟针形状，如图4-47所示。

图4-47 绘制闹钟针

21 添加投影。执行“添加图层样式fx→投影”，打开“图层样式”面板，调整“结构”参数，混合模式为“正片叠底”，不透明度为35%，角度为90度，距离为8像素，扩展为0%，大小为4像素，用同样的方法为第18步和第19步绘制的椭圆添加投影，如图4-48所示。

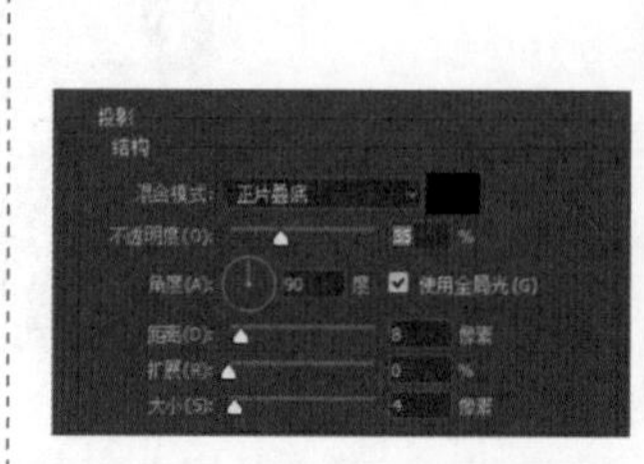

图4-48 添加投影

22 添加数字。单击工具箱中的“横版文字工具”，在选项栏中设置字体为“微软雅黑”，字号为6，颜色为#3a3737，输入文字“12”，用相同的方法创建其他文字，如图4-49所示。

图4-49 添加数字

23 添加反光。单击工具箱中的“钢笔工具”按钮，在选项栏中选择工具的模式为“形状”，设置填充为白色，绘制适合的反光形状，按Enter键确定编辑，然后把不透明度改为35%，如图4-50所示。

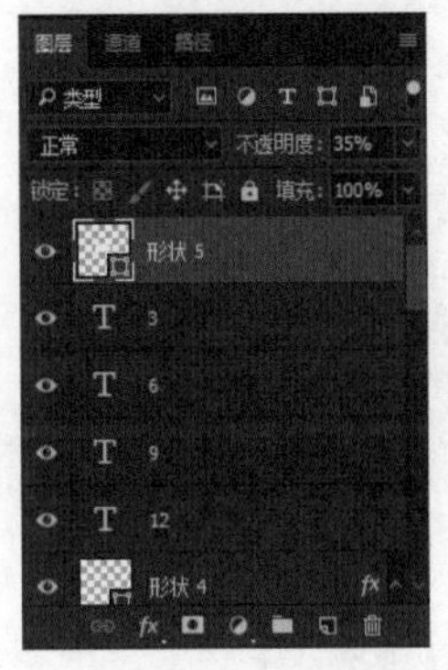

图4-50 添加反光

24 添加投影。在底座图层执行“添加图层样式 fx →投影”，打开“图层样式”面板，调整“结构”参数，混合模式为“正片叠底”，不透明度为42%，角度为90度，距离为6像素，扩展为0%，大小为18像素，如图4-51所示。

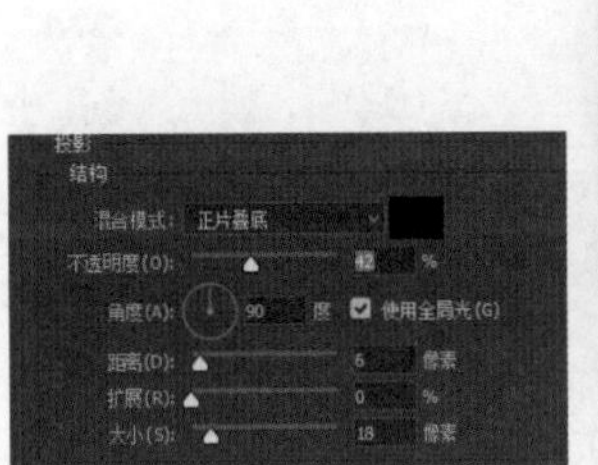

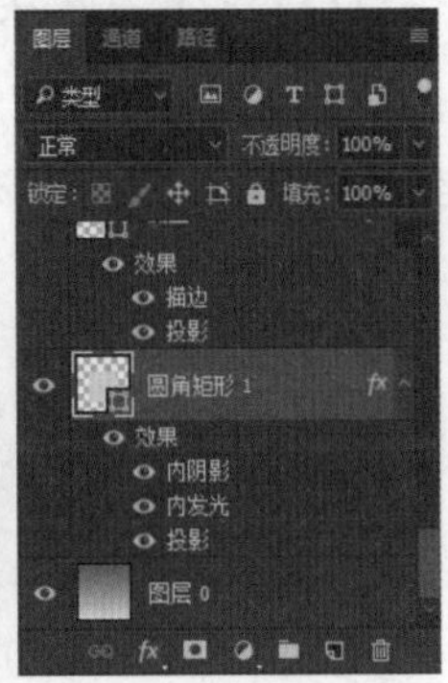

图4-51 添加投影

25 添加阴影。单击工具栏中的“加深工具”，在“图层0”的适当位置涂抹出阴影，使光影效果更加明显，如图4-52所示。

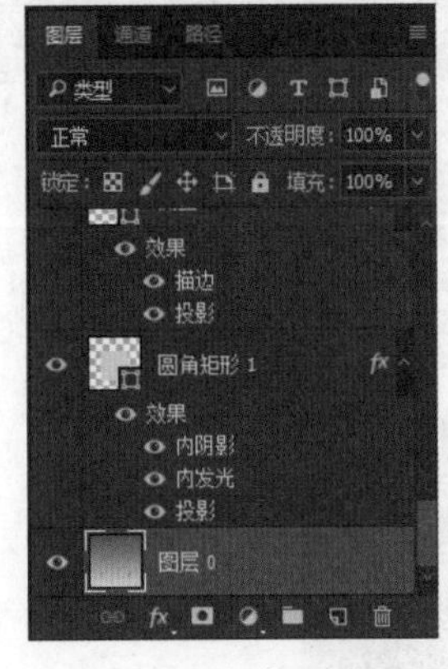

图4-52 添加阴影

4.6 案例：简约平面图标整套设计

就一个手机界面来说，图标设计即它的名片，更是它的灵魂所在，即所谓的“点睛”之处。整套图标设计需要保证风格统一，追求视觉效果时，一定要在保证差异性、可识别性、统一性、协调性原则的基础上进行操作。

4.6.1 设计构思

本例是制作简约平面图标的整套设计。因为整套图标设计需要保证风格统一，所以本例中设计师选择的风格是简约二维效果。本例中的图标主要以图层的不同堆积技巧完成设计，同时每个图标的色彩风格也保持高度统一，效果如图4-53所示。

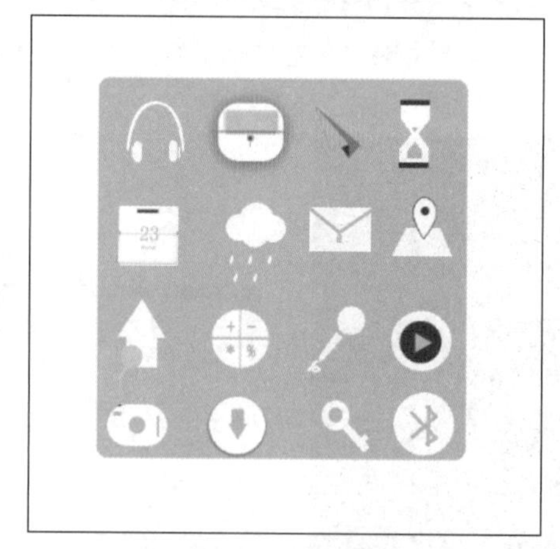

图4-53 平面图标整套设计

4.6.2 操作步骤

01 新建文件。执行“文件→新建”命令，在弹出的“新建”对话框中创建800×800像素的文档，背景内容为“白色”，完成后单击“创建”按钮，如图4-54所示。

图4-54 新建文件

02 绘制圆角矩形。单击工具箱中的“圆角矩形工具”，在选项栏中选择工具模式为“形状”，设置填充色为# 7fdce6，如图4-55所示。

图4-55 绘制圆角矩形（1）

03 绘制圆角矩形2。执行“图层→新建→图层”，新建图层，单击工具箱中的“圆角矩形工具”，在选项栏中选择工具模式为“形状”，设置填充色为白色，绘制圆角矩形2，如图4-56所示。

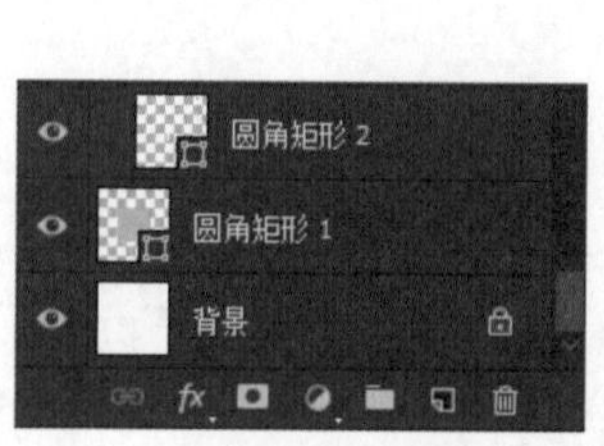

图4-56 绘制圆角矩形（2）

04 绘制圆角矩形3。执行“图层→新建→图层”，新建图层，单击工具箱中的“圆角矩形工具”，在选项栏中选择工具模式为“形状”，设置填充色为白色，绘制圆角矩形3，如图4-57所示。

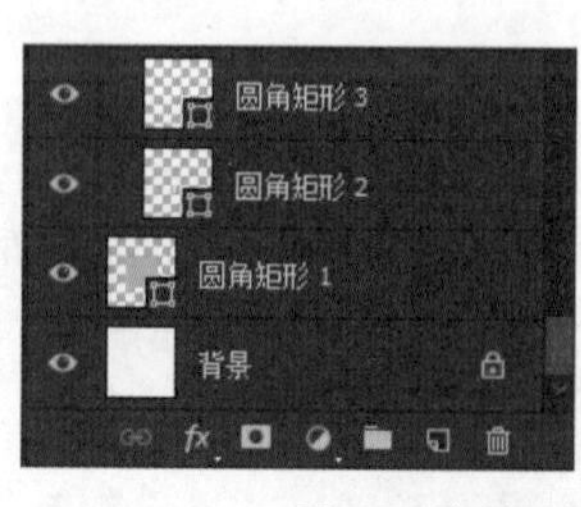

图4-57 绘制圆角矩形（3）

05 绘制圆角矩形4。执行“图层→新建→图层”，新建图层，单击工具箱中的“圆角矩形工具”，在选项栏中选择工具模式为“形状”，设置填充色为白色，绘制圆角矩形4，如图4-58所示。

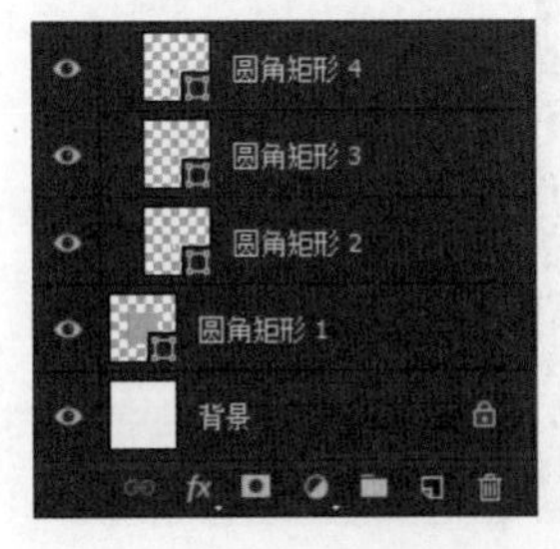

图4-58 绘制圆角矩形（4）

06 绘制圆角矩形5。执行“图层→新建→图层”，新建图层，单击工具箱中的“圆角矩形工具”，在选项栏中选择工具模式为“形状”，设置填充色为白色，绘制圆角矩形5，如图4-59所示。

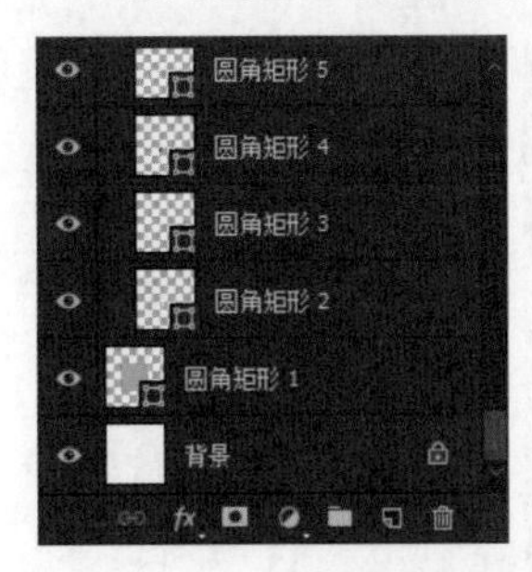

图4-59 绘制圆角矩形（5）

07 绘制形状1。执行“图层→新建→图层”，新建图层，单击工具箱中的“钢笔工具”按钮，在选项栏中选择工具的模式为“形状”，设置填充为白色，绘制形状1，从而完成本图标的制作，效果图如图4-60所示。

图4-60 绘制形状

08 绘制圆角矩形。下面绘制一个新的图标，执行“图层→新建→图层”，新建图层，单击工具箱中的“圆角矩形工具”，在选项栏中选择工具模式为“形状”，设置填充色为白色，绘制圆角矩形，如图4-61所示。

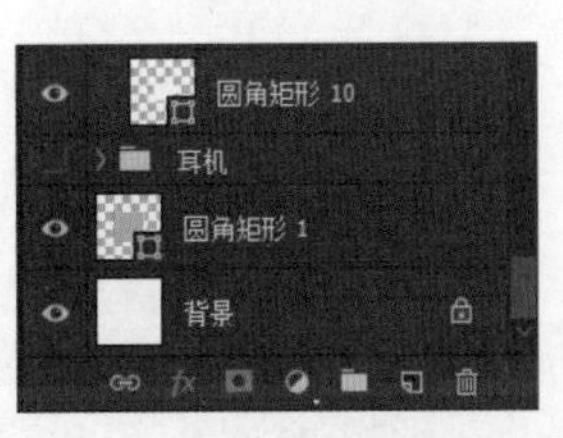

图4-61 绘制圆角矩形

09 创建文字图层。单击工具箱中的“横版文字工具”，在选项栏中设置字体为“宋体”，颜色为#7fdce6，字号为72，输入文字“23”，换行，字号改为18，输入文字“Monday”，如图4-62所示。

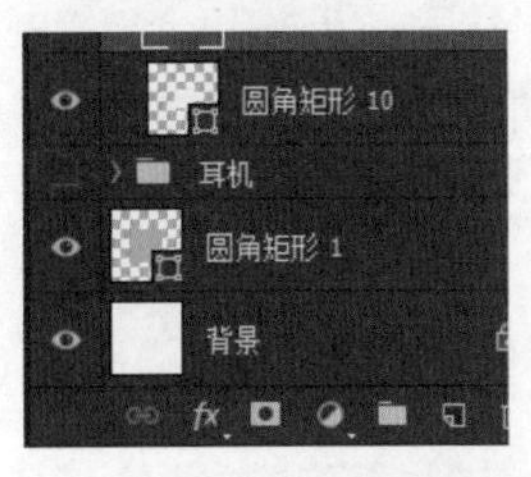

图4-62 创建文字图层

10 绘制矩形。执行“图层→新建→图层”，新建图层，单击工具箱中的“矩形工具”，在选项栏中选择工具模式为“形状”，设置填充色为#7fdce6，绘制矩形，然后按Ctrl+J组合键复制矩形，移动到对应位置，如图4-63所示。

图4-63 绘制矩形

11 绘制矩形。执行“图层→新建→图层”，新建图层，单击工具箱中的“矩形工具”，在选项栏中选择工具模式为“形状”，设置填充色为#565759，绘制矩形，如图4-64所示。

图4-64 绘制矩形

12 绘制椭圆。执行“图层→新建→图层”，新建图层，单击工具箱中的“椭圆工具”，在选项栏中选择工具模式为“形状”，设置填充色为#565759，绘制椭圆，然后按Ctrl+J组合键复制矩形，移动到对应位置，如图4-65所示。

图4-65 绘制椭圆

13 盖印图层。关掉背景图层，把图层前面的眼睛图标隐藏。按Ctrl+Shift+Alt +E组合键盖印日历，形成图层1，如图4-66所示。

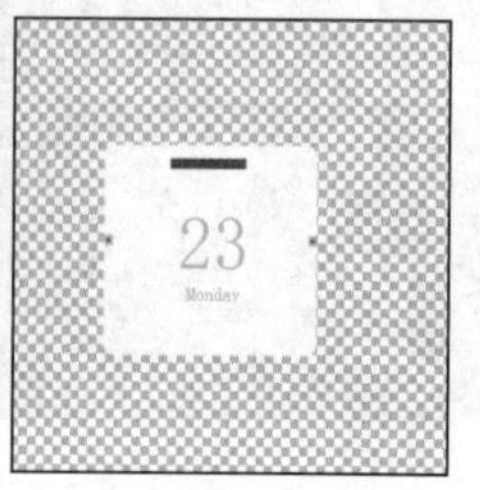

图4-66 盖印图层

14 变形。在图层1中，单击工具箱中的“矩形选框工具”，选择日历的下半部分，按Ctrl+T组合键，右击选择“变形”，对日历进行变形，如图4-67所示。

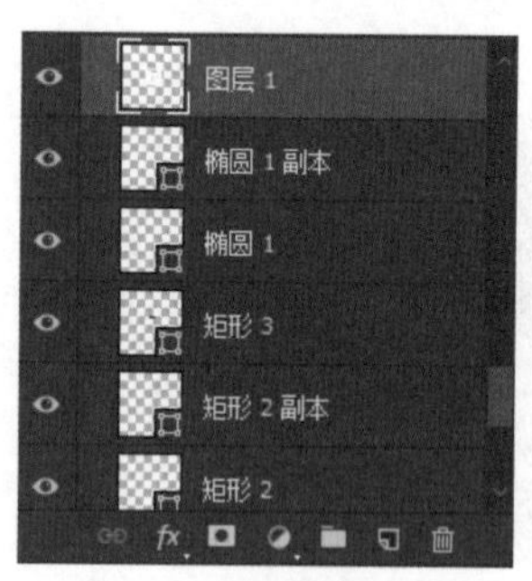

图4-67 对日历进行变形

15 复制变形后的图层。单击工具箱中的“矩形选框工具”，选择日历的下半部分，按Ctrl+J组合键，复制已变形的日历下半部分，如图4-68所示。

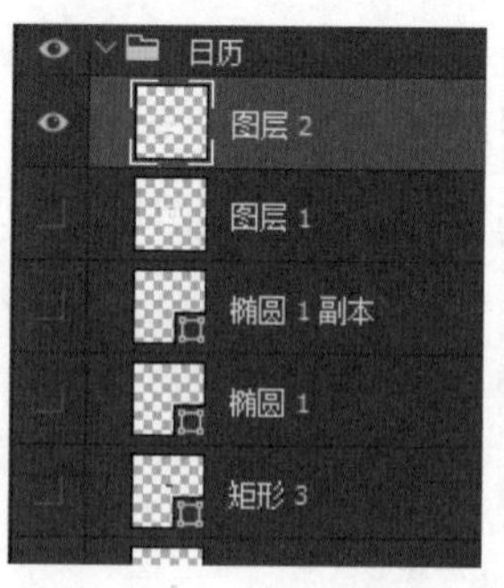

图4-68 复制变形后的图层

16 添加描边。执行“添加图层样式fx→描边”，打开“图层样式”面板，调整“结构”参数，大小为1像素，位置为“外部”，混合模式为“正常”，不透明度为16%，然后填充类型设置为渐变，参数根据效果调节，如图4-69所示。

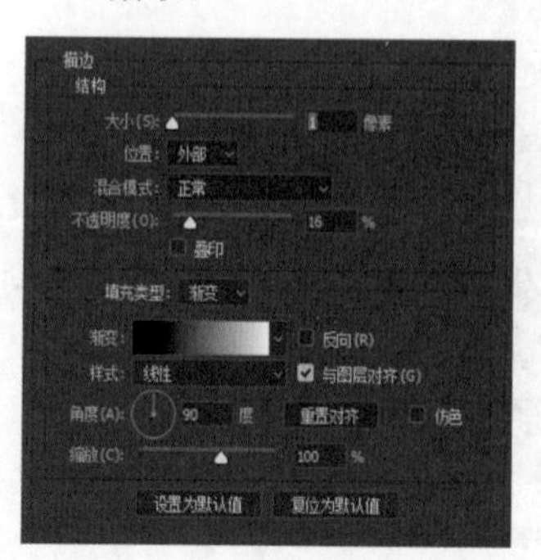

图4-69 添加描边

17 添加内发光。在“图层样式”面板，选择“内发光”选项，调整“结构”参数，混合模式为“正常”，不透明度为5%，然后调整“图素”参数，方法为“柔和”，阻塞为0%，大小为5像素，接着调整“品质”参数，范围为50%，抖动为0%，单击“确定”按钮，完成这个图标，如图4-70所示。

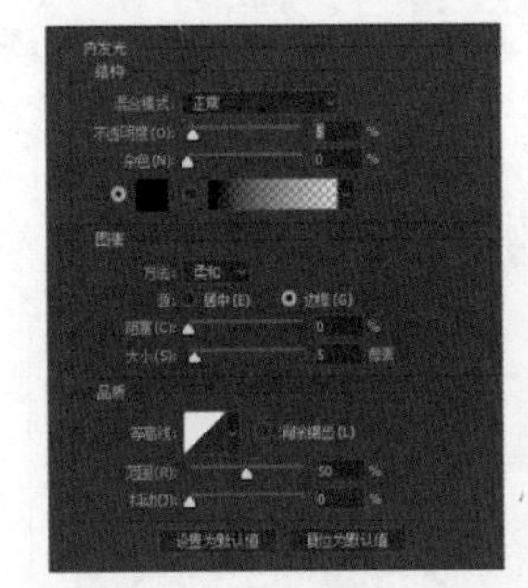

图4-70 添加内发光

18 绘制一个新的图标。执行“图层→新建→图层”，新建图层，单击工具箱中的“圆角矩形工具”，在选项栏中选择工具模式为“形状”，设置填充色为白色，绘制圆角矩形，如图4-71所示。

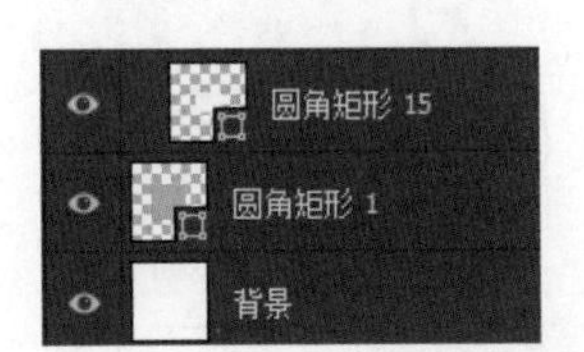

图4-71 绘制新图标

19 添加投影。执行“添加图层样式fx.→投影”，打开“图层样式”面板，调整“结构”参数，混合模式为“正片叠底”，不透明度为42%，角度为90度，距离为1像素，扩展为0%，大小为24像素，如图4-72所示。

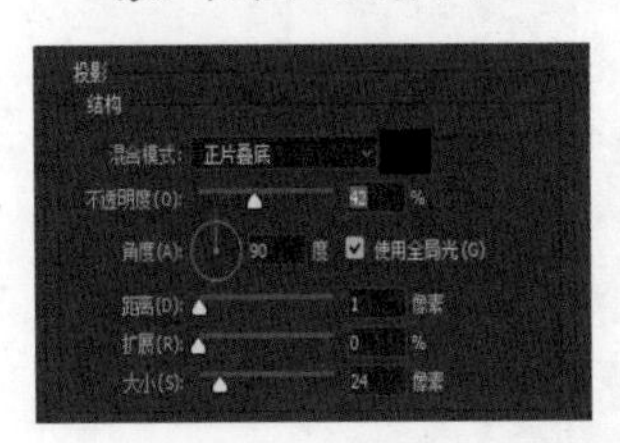

图4-72 添加投影

20 执行“图层→新建→图层”，新建图层。单击工具箱中的“矩形工具”，在选项栏中选择工具模式为“形状”，设置填充色为#7fdce6，绘制矩形，如图4-73所示。

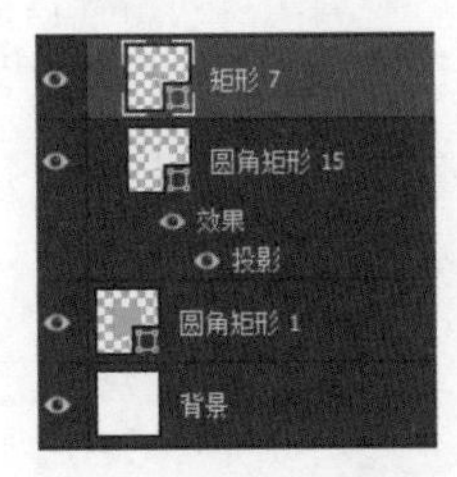

图4-73 绘制矩形

21 添加投影。执行“添加图层样式fx.→投影”，打开“图层样式”面板，调整“结构”参数，混合模式为“正片叠底”，不透明度为53%，角度为90度，距离为1像素，扩展为0%，大小为4像素，如图4-74所示。

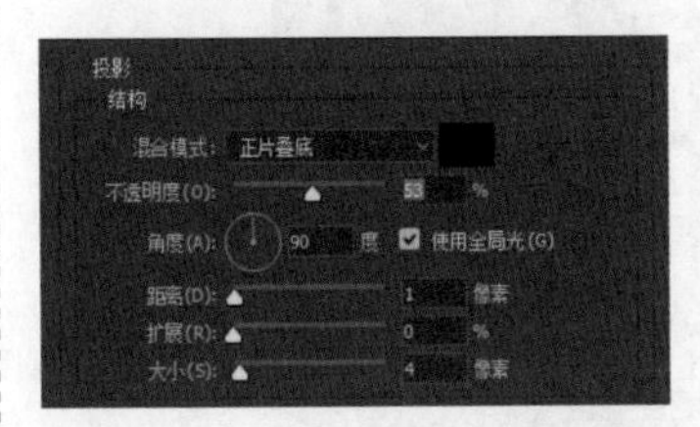

图4-74 添加投影

22 绘制形状。单击工具箱中的“钢笔工具”，填充设为空，描边像素为1，绘制一条直线，将不透明度改为81%，如图4-75所示。

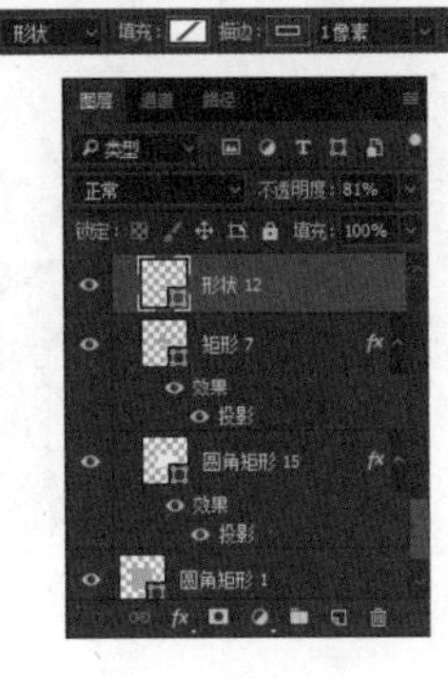

图4-75 绘制形状

23 绘制椭圆。执行“图层→新建→图层”，新建图层，单击工具箱中的“椭圆工具”，在选项栏中选择工具模式为“形状”，设置填充色为#7fdce6，绘制椭圆形状，如图4-76所示。

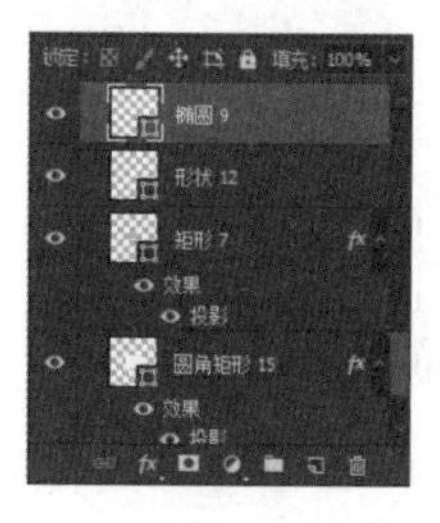

图4-76 绘制椭圆

24 绘制椭圆。执行“图层→新建→图层”，新建图层，单击工具箱中的“椭圆工具”，在选项栏中选择工具模式为“形状”，设置填充色为#64add5，绘制椭圆形状，如图4-77所示。

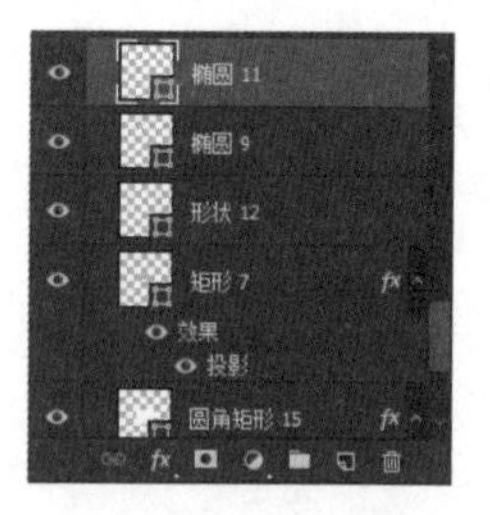

图4-77 绘制椭圆

25 绘制椭圆。执行“图层→新建→图层”，新建图层，单击工具箱中的“椭圆工具”，在选项栏中选择工具模式为“形状”，设置填充色为#5f5959，绘制椭圆形状，如图4-78所示。

图4-78 绘制椭圆

26 绘制形状1。单击工具箱中的“钢笔工具”，填充设为空，描边像素为1，颜色为#7fdce6，绘制形状，从而完成本图标的绘制工作，如图4-79所示。

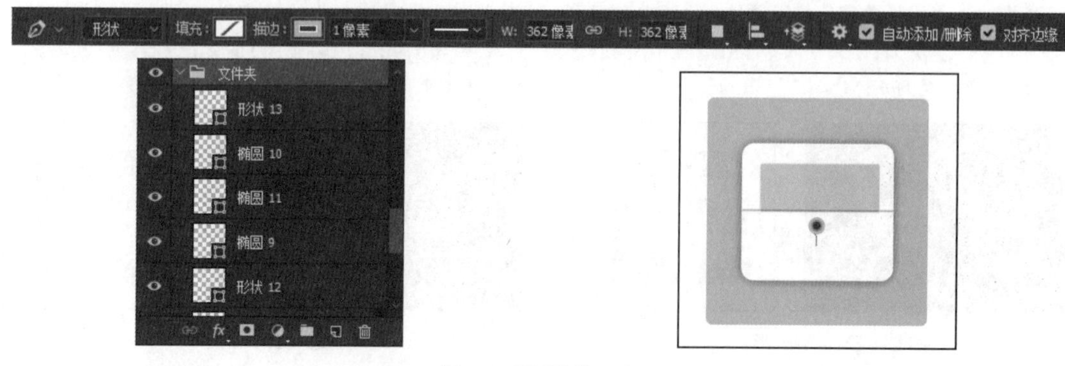

图4-79 绘制形状（1）

27 绘制形状2。执行“图层→新建→图层”，新建图层，单击工具栏中的“钢笔工具”按钮，在选项栏中选择工具的模式为“形状”，设置填充色为#a2a099，绘制形状，如图4-80所示。

图4-80 绘制形状（2）

28 绘制形状3。执行“图层→新建→图层”，新建图层，单击工具栏中的“钢笔工具”按钮，在选项栏中选择工具的模式为“形状”，设置填充色为#595a5c，绘制形状，如图4-81所示。

图4-81 绘制形状（3）

29 绘制形状4。执行“图层→新建→图层”，新建图层，单击工具栏中的“钢笔工具”按钮，在选项栏中选择工具的模式为“形状”，设置填充色为#d9d7c7，绘制形状，如图4-82所示。

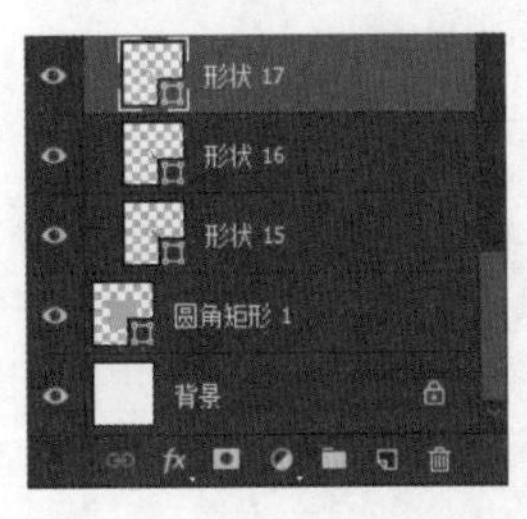

图4-82 绘制形状（4）

30 绘制形状5。执行“图层→新建→图层”，新建图层，单击工具栏中的“钢笔工具”按钮，在选项栏中选择工具的模式为“形状”，设置填充色为#d9d7c7，绘制形状，从而完成本图标的绘制工作，如图4-83所示。

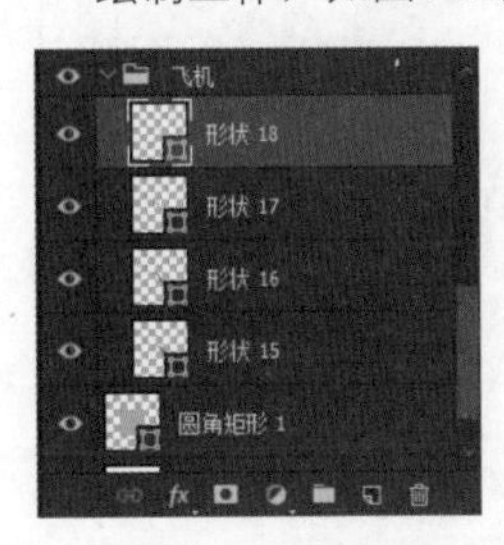

图4-83 绘制形状（5）

31 绘制矩形。下面再设计一款新图标，执行“图层→新建→图层”，新建图层，单击工具箱中的“矩形工具”，在选项栏中选择工具模式为“形状”，设置填充色为白色，绘制矩形，如图4-84所示。

图4-84 绘制矩形

32 绘制多边形。执行“图层→新建→图层”，新建图层，单击工具箱中的“多边形工具”，在选项栏中选择工具模式为“形状”，设置填充色为白色，边数为3，绘制多边形，如图4-85所示。

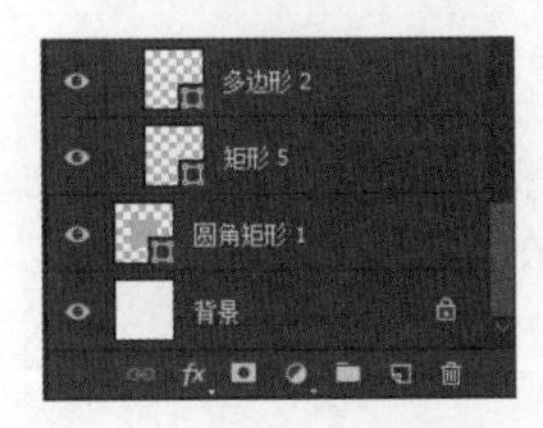

图4-85 绘制多边形

33 复制图层。按住Shift键选择“矩形5”图层和“多边形2”图层，按Ctrl+J组合键复制这两个图层，然后执行Ctrl+T组合键对这两个图层进行转换和移动，如图4-86所示。

图4-86 复制图层

34 复制图层。按住Shift键，选择两个复制图层，按Ctrl+J组合键复制这两个图层，然后右击选择“合并图层”，将前景色设为浅蓝色（#7fdce6），按住Ctrl键单击合并图层，调出选区，接着执行Alt+Delete组合键填充前景色，执行Ctrl+T组合键进行转换和移动，如图4-87所示。

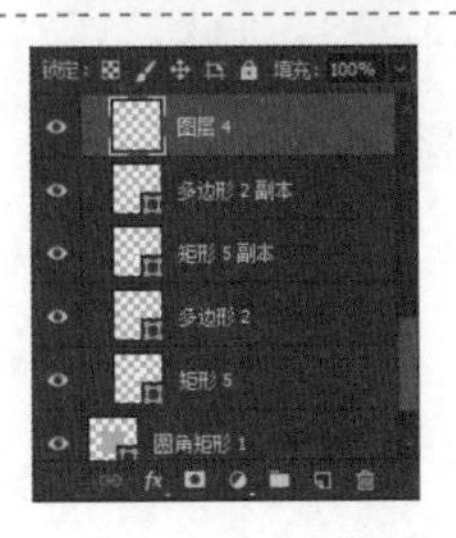

图4-87 复制图层

35 绘制形状。执行“图层→新建→图层”，新建图层，单击工具箱中的“钢笔工具”按钮，在选项栏中选择工具的模式为“形状”，设置填充色为#7fdce6，绘制形状，如图4-88所示。

图4-88 绘制形状

36 绘制矩形。执行“图层→新建→图层”，新建图层，单击工具箱中的“矩形工具”，在选项栏中选择工具模式为“形状”，设置填充色为#565759，绘制矩形，然后按Ctrl+J组合键复制图层，将图形移动到相应位置，从而完成本款图标的设计工作，如图4-89所示。

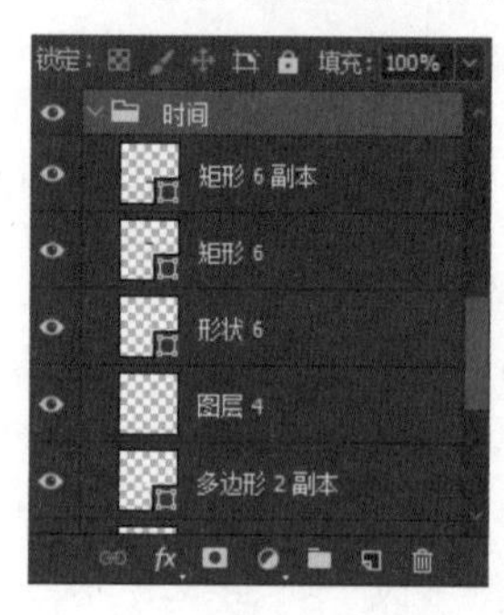

图4-89 绘制矩形

37 更多效果。浏览已绘制完成的图标，记住并总结所用的方法，之后利用相似的方法绘制更多的图标，如图4-90所示。

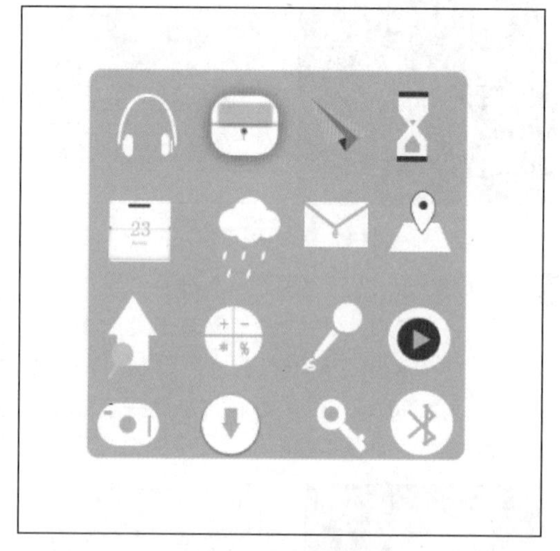

图4-90 绘制更多图标

CHAPTER 05

第 5 章

App UI三维图标设计

本章导读

本章主要介绍5个三维图标的实战案例，包括简约风和复古风，主要利用图层样式的叠加来表现立体三维效果。通过本章的学习，可以使读者更加熟练地运用各种图层样式。

关键知识点

- 三维图标的表现
- 图层样式的应用
- 各种材质的表现
- 图标设计的过程

5.1 UI设计师必备技能之三维图标设计

程序图标的主要作用是使程序更加具象及更容易理解，除了上述的作用外，有更好的视觉效果的图标可以提高产品的整体体验，引起用户的关注和下载，激发用户点击的欲望。

5.1.1 表现形态

在有限的空间里表达出相对应的信息，在图标设计中，直观是第一个解决的问题，不应该出现太多烦琐的修饰，当然还要有很好的视觉表现力，使用户可以更容易地理解此应用的实际作用，更轻松地辨识此应用。下面来介绍几种表现形态。

1. 图形表现

只用图形表现应用程序的用途。图形可以很好地吸引用户的眼球，更具象地表现出信息，如图5-1所示。

图5-1 图形表现

2. 文字表现

文字表现是一种非常直观的表现方法。文字应该简洁明了，不烦琐，如图5-2所示。

图5-2 文字表现

3. 图形和文字结合

此形式有很好的表现力之余，还可以直接把信息告知用户，因为会有一定的内容，所以在空间布局上要注意疏密，避免烦琐拥挤，如图5-3所示。

图5-3 图形和文字结合表现

5.1.2 图标特性

同一主体的图标有很好的整体性，良好的整体性可以减少用户体验上的冲突，所以我们需要保持其中的一些特点，以便程序可以更好地融入系统中，带给用户更好的应用体验，如图5-4所示。

图5-4 图标的整体性

5.1.3 图标设计的构思

为了表达应用程序的作用，我们可以将应用程序的图标进行很多不同视觉效果的处理，以达到更好的视觉享受。不同类型的应用要注意表现的效果，如新闻资讯类的应用应该简洁一点，游戏类应用可以设计得活跃一些，日常类应用我们很多时候会将其拟物化，使用户更直观地感受其作用。

在这里着重讲一下拟物化程序图标，这是非常具象地表现程序用途的方法，但有时候要表现的元素有多个时，在狭小的空间中不一定能放得下，所以要分析重要程度，不太重要的可以减少占据位置的比例或者将其去除，重要的要多加强调，同时要找到多样元素中的共性。

5.2 案例：立体日历图标设计

日历图标是手机上必不可少的工具图案。图标在手机首页上显示，可以让人更直观地看到当前日期。

5.2.1 设计构思

本例中我们要制作的日历图标外观简单、布局清晰，给人以简单快捷、复古舒适的感觉，营造出一种古典的氛围。设计师首先选择高雅的黑色，制造出一种舒适的图标底座；其次选择复古木纹做底，营造出一种复古的感觉；再搭配上标准的翻页日历，进一步突出主题；最后配以简单的文字营造轻松愉快的氛围。效果如图5-5所示。

图5-5 立体日历图标效果

5.2.2 操作步骤

01 新建文件。执行“文件→新建”命令，在弹出的“新建”对话框中创建800×800像素的文档，背景颜色为#2d2824，完成后单击“创建”按钮，如图5-6所示。

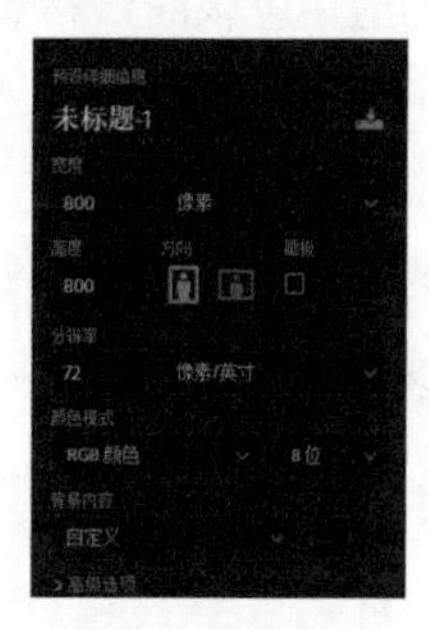

图5-6 新建文件

02 制作日历底座。单击工具箱中的“圆角矩形工具”，在选项栏中选择工具模式为“形状”，设置填充色为渐变，过渡颜色为#4f1d02>#a75500，样式为“线性”，如图5-7所示。

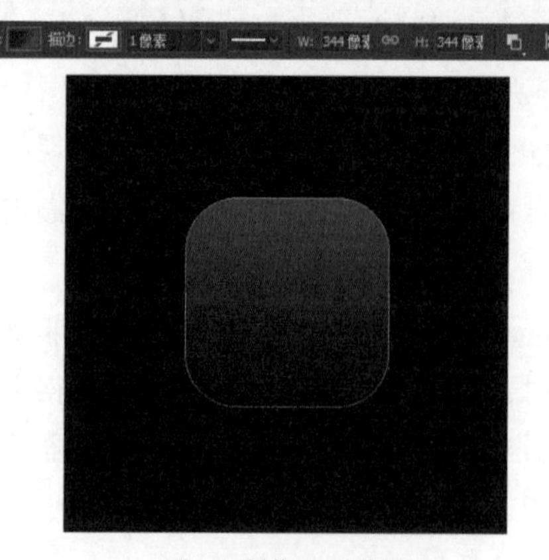

图5-7 制作日历底座

03 插入木纹图片。执行“文件→打开”，导入木纹图片，将木纹图片图层设置为“叠加”效果，使用Ctrl+Alt+G组合键创建剪切蒙版，如图5-8所示。

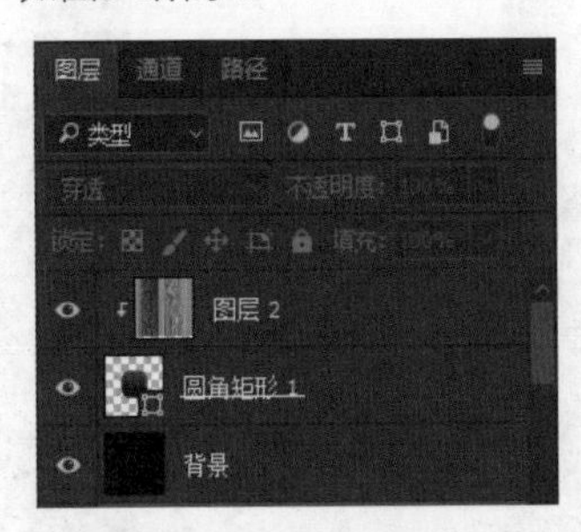

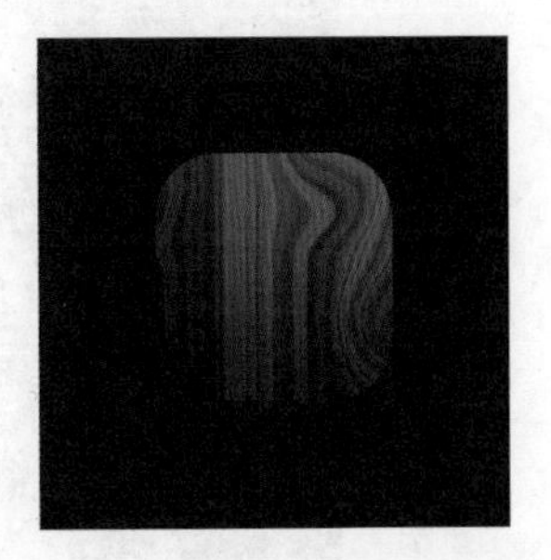

图5-8 插入木纹图片

04 实现凹陷效果。单击工具箱中的“圆角矩形工具”，在选项栏中选择工具模式为“形状”，设置填充色为黑色，形状填充为23%，然后执行“添加图层样式 fx →内阴影和投影”，打开“图层样式”面板，调整参数，如图5-9所示。

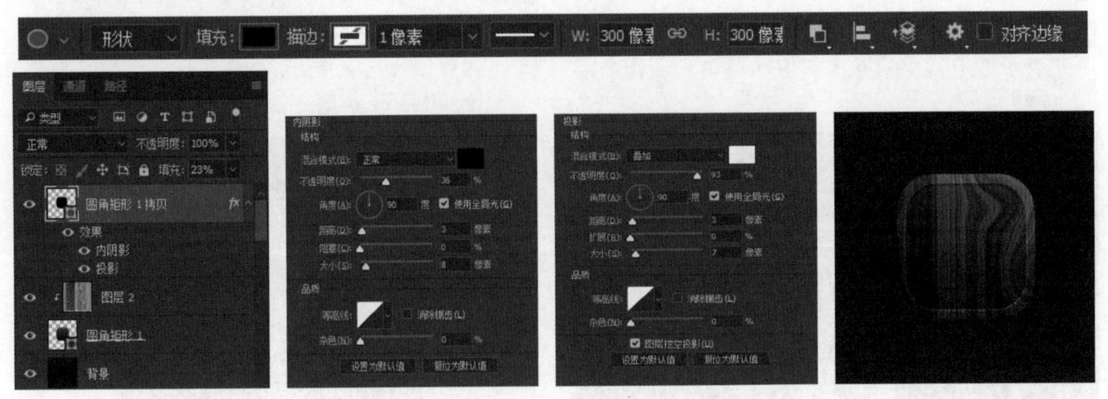

图5-9 实现凹陷效果（1）

05 实现凹陷效果。单击工具箱中的“圆角矩形工具”，在选项栏中选择工具模式为“形状”，设置填充色为黑色，形状填充为0%，然后执行“添加图层样式 fx →内阴影和投影”，打开“图层样式”面板，调整参数，如图5-10所示。

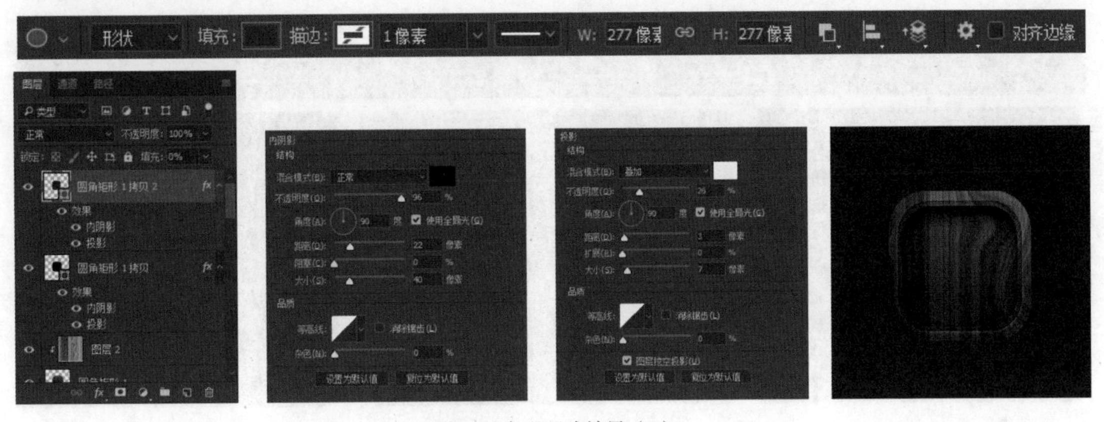

图5-10 实现凹陷效果（2）

06 绘制圆角矩形。单击工具箱中的“圆角矩形工具”，在选项栏中选择工具模式为“形状”，设置填充色为渐变，然后执行“添加图层样式 fx →投影”，添加投影效果，如图5-11所示。

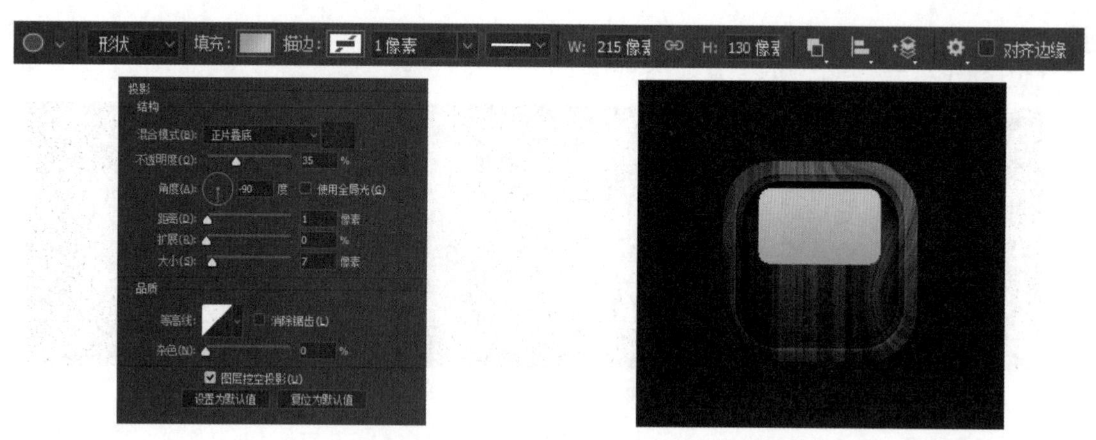

图5-11 绘制圆角矩形

07 复制图层。按Ctrl+J组合键新建圆角矩形图层，然后多复制几层，实现多层分页的效果，下面一半的翻页效果也如此执行，如图5-12所示。

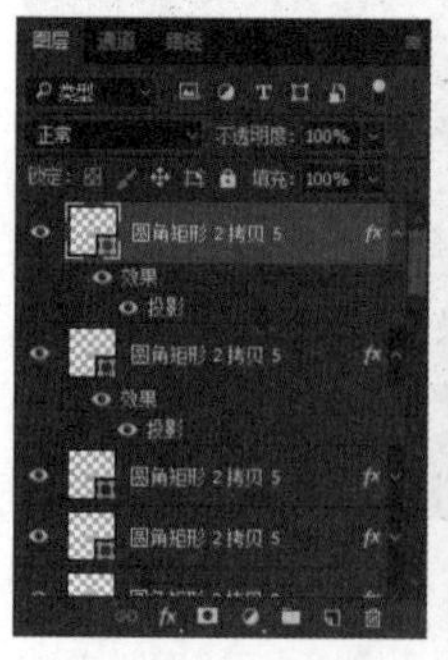

图5-12 复制图层

08 绘制矩形。按Ctrl+J组合键新建圆角矩形图层，然后按Ctrl+T组合键操控形状变形，右击选择透视，调整矩形，使矩形有透视效果，如图5-13所示。

图5-13 绘制矩形

09 绘制矩形。单击工具箱中的“矩形工具”，在选项栏中选择工具模式为“形状”，执行“添加图层样式fx→描边和渐变叠加”，然后按Ctrl+J组合键多复制一个矩形，调整位置，如图5-14所示。

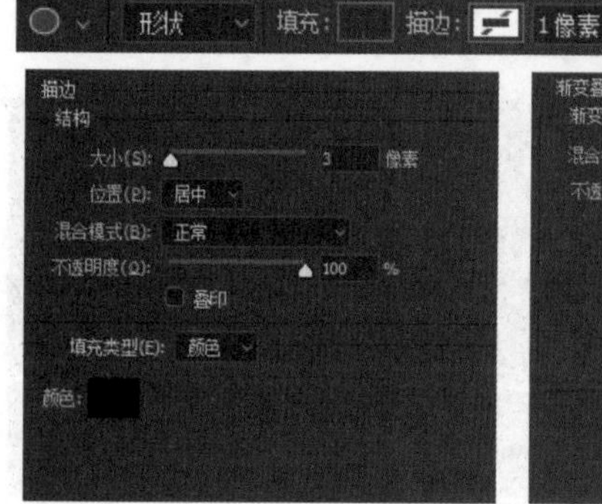

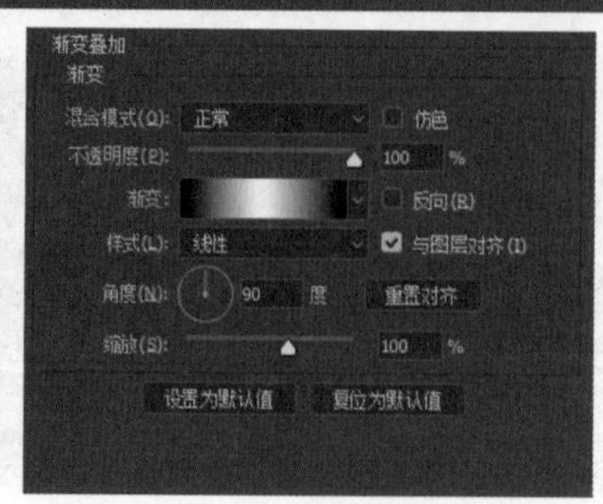

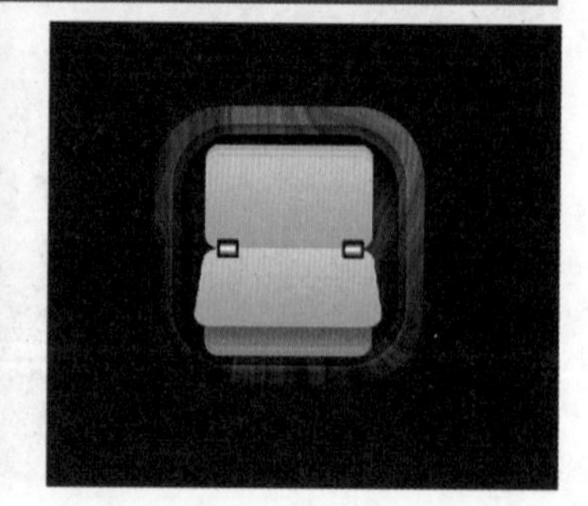

图5-14 绘制矩形

10 添加文字。在工具栏中选择“横排文字工具”，输入所需要的文字，设置字体为黑体，字体颜色为#6e0009，字体大小为22px，如图5-15所示。

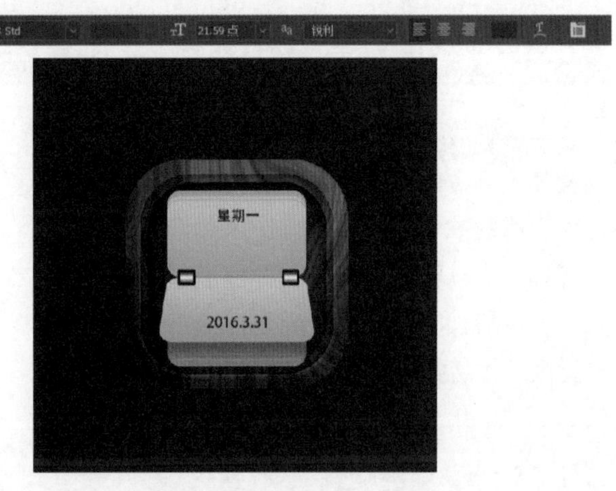

图5-15 添加文字

11 新建文字。在工具栏中选择“横排文字工具”，输入所需要的文字，设置字体为黑体，字体颜色为#6e0009，字体大小为120px，右击图层“栅格化文字”，利用选取工具调整文字下半部分颜色为#590007并变形，如图5-16所示。

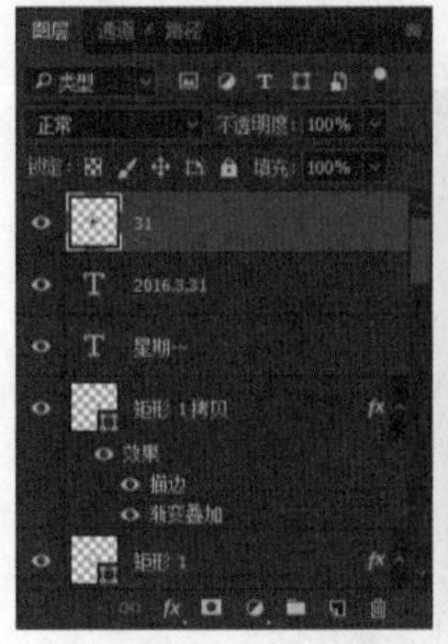

图5-16 新建文字

12 添加投影。执行“新建→新建图层”，在工具箱中选择“画笔工具”，前背景色调整为黑色，画笔硬度为0，在画布中绘制出阴影效果，调整图层不透明度为60%，将投影效果放在图标下方，如图5-17所示。

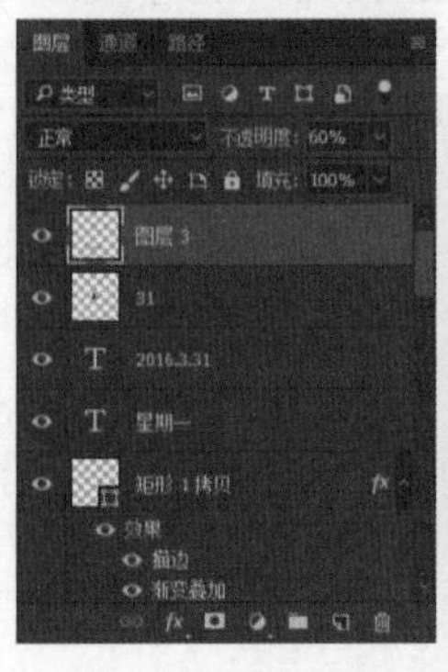

图5-17 添加投影后的效果

5.3 案例：立体录音器图标设计

录音图标是手机上经常遇到的工具图案，录音图标应该简洁明了、注重细节，让用户一眼就能找出这个图片。

5.3.1 设计构思

本例中的录音图标以复古为主体，大红的帷幔加上复古的话筒让人如置身于20世纪30年代大上海的歌舞厅，轻松营造出热情的氛围。设计师以大红帷幔做背景，再加上很有感觉的灯光，最后加上画龙点睛的复古话筒，一幅创意无限的作品就完成了，效果如图5-18所示。

图5-18 立体录音器图标效果

5.3.2 操作步骤

01 新建文件。执行“文件→新建”命令，在弹出的“新建”对话框中创建800×800像素的文档，背景内容为“白色”，完成后单击“创建”按钮，如图5-19所示。

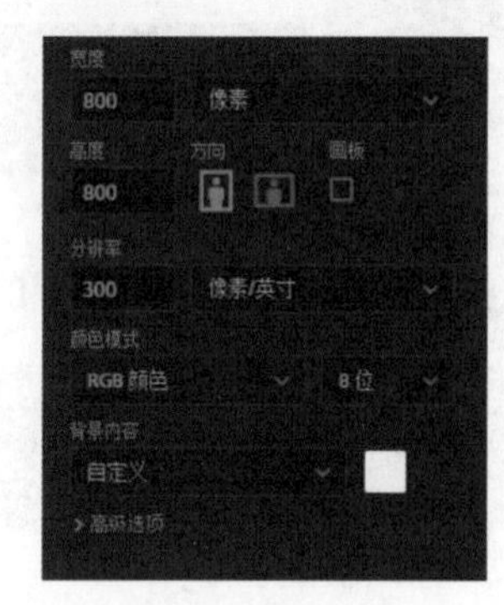

图5-19 新建文件

02 添加渐变叠加。单击背景图层后面的锁头图标，解锁当前图层，执行“添加图层样式→渐变叠加”，打开“图层样式”面板，调整“渐变”参数，混合模式为“正常”，样式为“线性”，如图5-20所示。

图5-20 添加渐变叠加

03 绘制圆角矩形。单击工具箱中的“圆角矩形工具”，在选项栏中选择工具模式为“形状”，设置填充色为#ffffff，绘制400×400像素的圆角矩形，如图5-21所示。

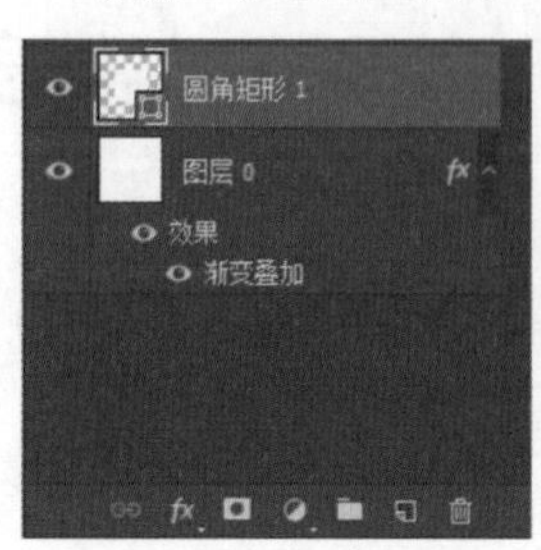

图5-21 绘制圆角矩形

04 打开文件。执行“文件→打开”，打开“帷幔.jpg”图片，执行“图像→图像大小”，将宽度和高度修改为400像素，单击“确定”按钮，如图5-22所示。

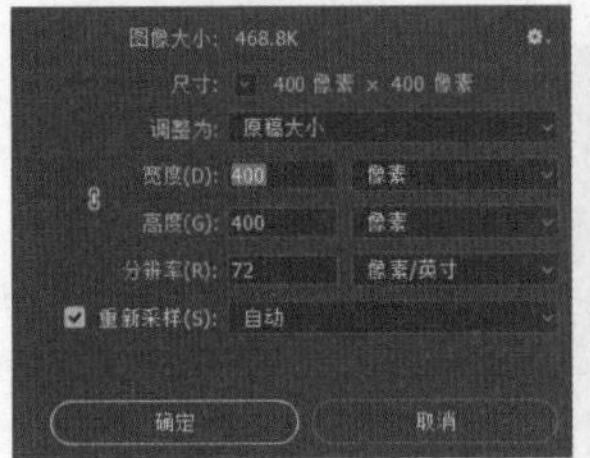

图5-22 打开文件

05 导入素材。将帷幔素材拖拽至场景文件中，移动到合适的位置，右击图层，选择“创建剪贴蒙版”选项，如图5-23所示。

图5-23 导入素材

06 绘制形状。将前景色设为白色，单击工具箱中的“钢笔工具”， 在选项栏中选择工具的模式为“形状”，设置填充为#ffffff，绘制出舞台灯光的形状，如图5-24所示。

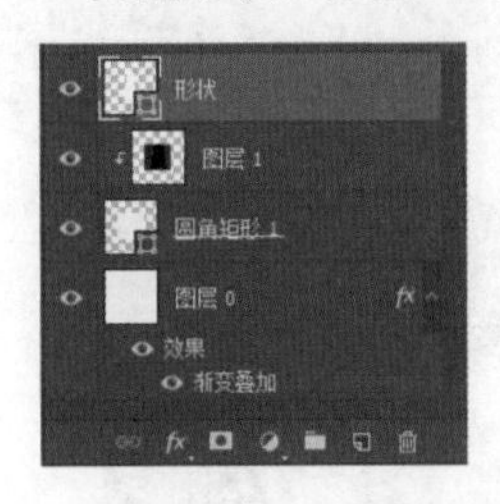

图5-24 绘制形状

07 修饰灯光。单击形状图层下面的“添加图层蒙版”按钮，为图层添加图层蒙版，然后选择工具栏中的“渐变工具”，将前景色设为黑色，为图层蒙版添加渐变，接着右击图层，选择“创建剪贴蒙版”选项，如图5-25所示。

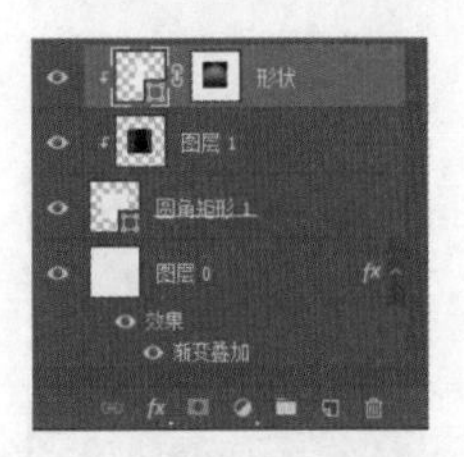

图5-25 修饰灯光

08 执行“文件→打开”命令，在弹出的对话框中选择素材并打开，将其拖拽至场景文件中，自由变换大小，移动到合适的位置，如图5-26所示。

图5-26 使用素材

09 添加投影。执行“添加图层样式→渐变叠加”，打开“图层样式”面板，调整“结构”参数，混合模式为“正常”，距离为10像素，扩展为0，大小为8像素，如图5-27所示。

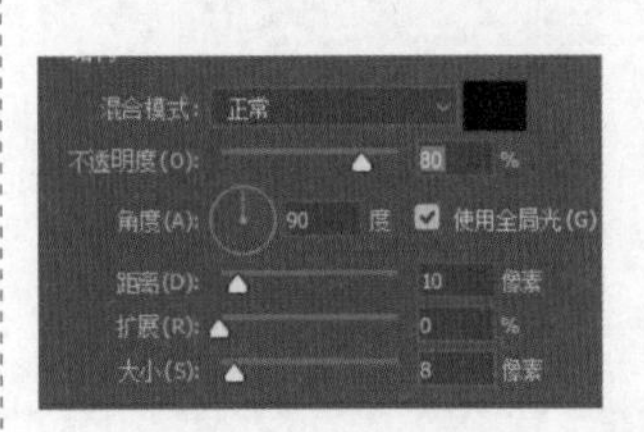

图5-27 添加投影

10 复制图层。执行“图层→复制图层”，复制麦克风，按Ctrl+T组合键，把图层转换到麦克风的倒影位置，如图5-28所示。

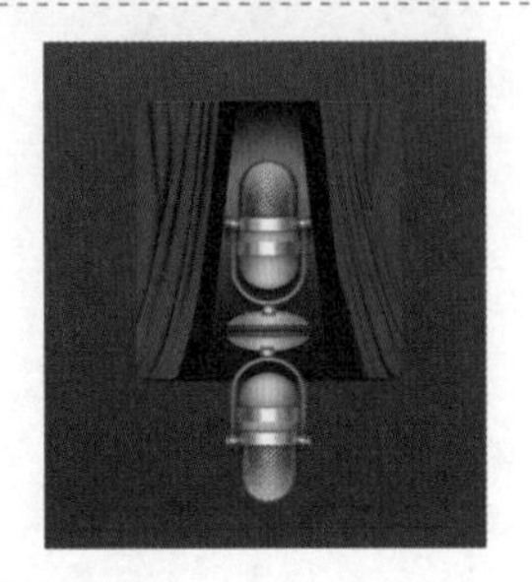

图5-28 复制图层

11 制作倒影。将图层的不透明度设为20%，单击图层下面的“添加图层蒙版■”按钮，为图层添加图层蒙版，然后选择工具栏中的“渐变工具”，将前景色设为黑色，为图层蒙版添加渐变，如图5-29所示。

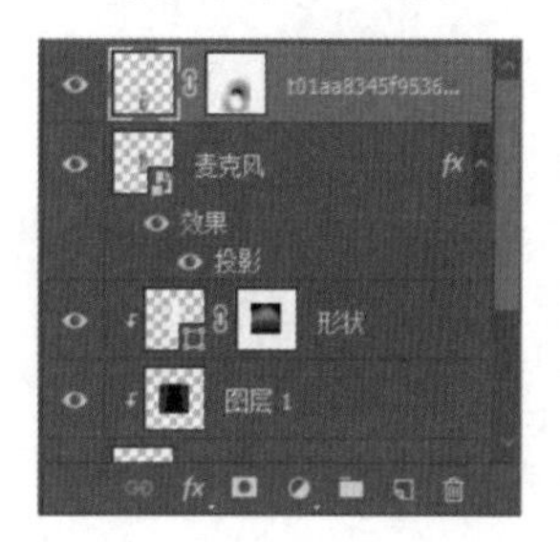

图5-29 制作倒影

12 画笔工具。在图层蒙版中，将前景色设为黑色，单击工具栏中的画笔工具，把超出帷幔部分的麦克风倒影擦掉，如图5-30所示。

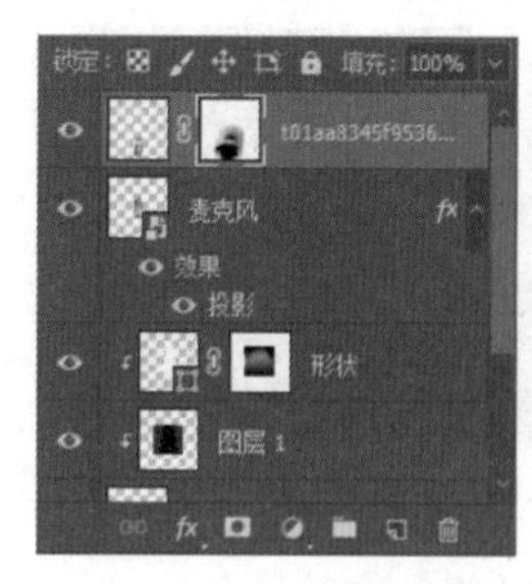

图5-30 使用画笔工具

5.4 案例：立体时钟图标设计

时钟图标是手机上必不可少的工具图案，它是人们用来时刻提醒自己要珍惜时间的工具，其作为手机的基本功能之一，每天都被我们频繁地使用着。时钟图标设计应该向个性化、人性化的方向发展。

5.4.1 设计构思

本例我们将制作一个时钟图标，为该图标设计投影和内阴影效果，背景使用白色渐变，使图标造型简洁明了，营造出大方、简洁的氛围，效果如图5-31所示。

图5-31 立体时钟图标效果

5.4.2 操作步骤

01 新建文件。执行“文件→新建”命令，在弹出的“新建”对话框中创建500×500像素的文档，背景内容为#2d2d2d，完成后单击“创建”按钮，如图5-32所示。

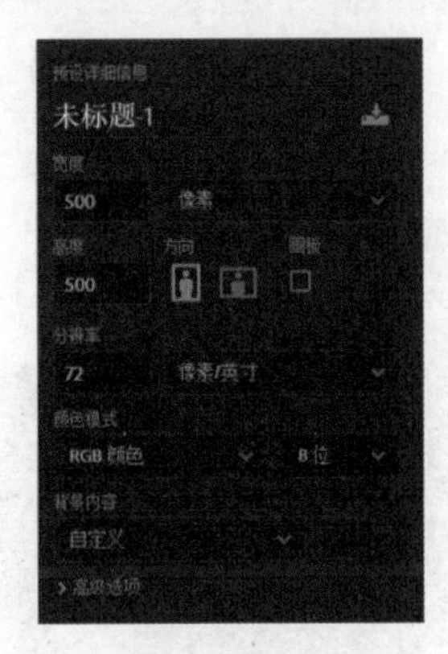

图5-32 新建文件

02 绘制矩形。单击工具箱中的“圆角矩形工具”，在选项栏中选择工具模式为“形状”，设置填充色为线性渐变，描边为1像素，颜色为黑色，然后添加“图层样式”内阴影和投影，如图5-33所示。

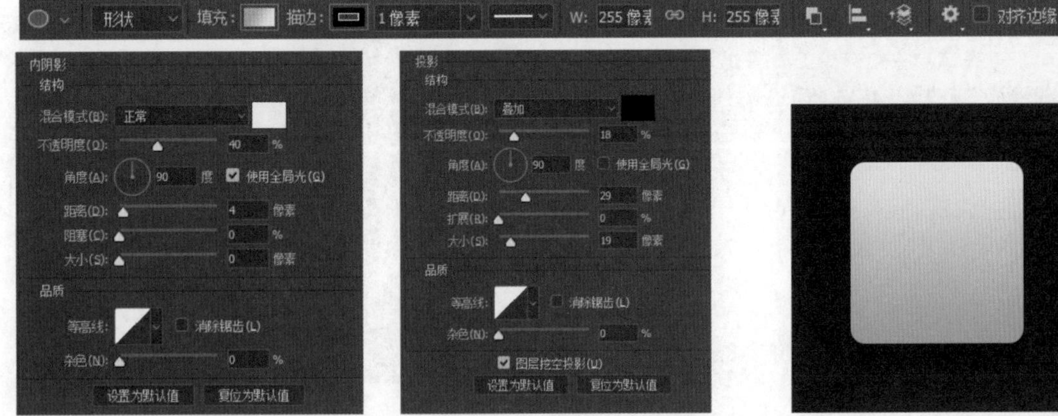

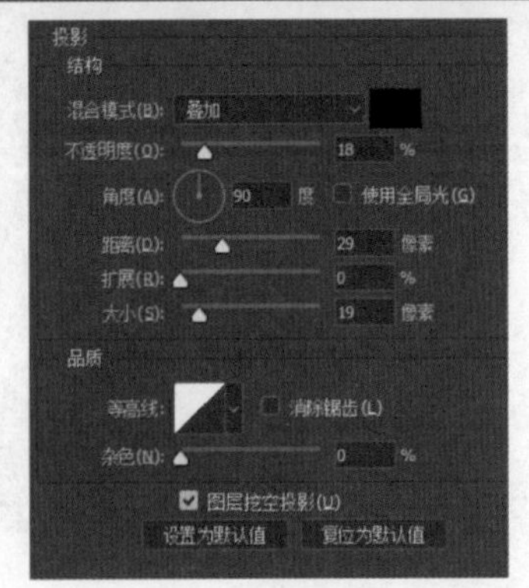

图5-33 绘制矩形

03 绘制圆形。单击工具箱中的“圆形工具”， 在选项栏中选择工具模式为“形状”，设置填充色为径向渐变，然后添加“图层样式”斜面和浮雕，结构样式为“内斜面”，方法为“平滑”，深度为511%，方向为“下”，大小为5像素，接着添加“图层样式”内阴影，混合模式为“正常”，不透明度为6%，距离为2像素，如图5-34所示。

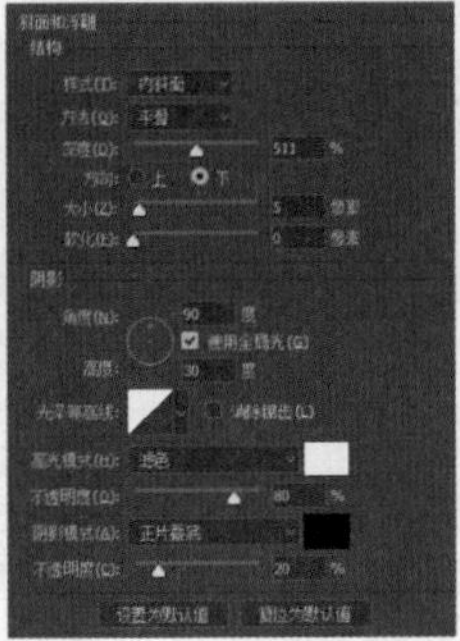
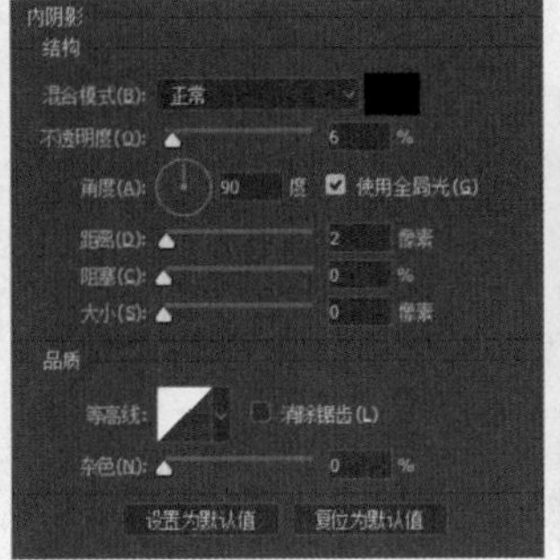

图5-34 绘制圆形

04 绘制秒针。单击工具箱中的“圆角矩形工具”，在选项栏中选择工具模式为“形状”，设置填充色为#ff5400，然后单击工具箱中的“直接选择工具”，调整矩形的锚点，使矩形端点变尖，如图5-35所示。

图5-35 绘制秒针

05 绘制分针。单击工具箱中的“圆角矩形工具”，在选项栏中选择工具模式为“形状”，设置填充色为#464646，如图5-36所示。

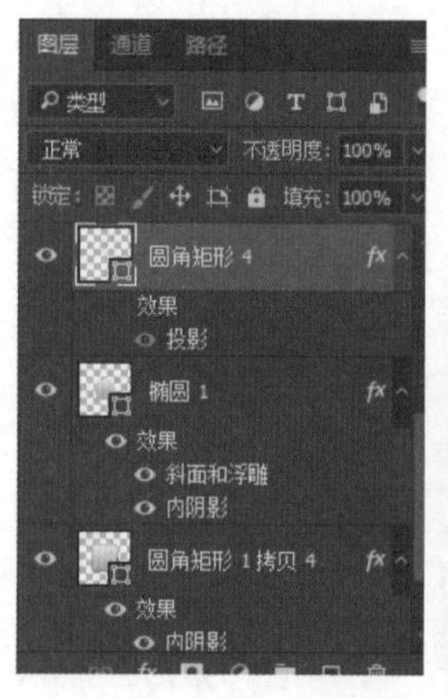

图5-36 绘制分针

06 绘制时针。单击工具箱中的“圆角矩形工具”，在选项栏中选择工具模式为“形状”，设置填充色为#464646，如图5-37所示。

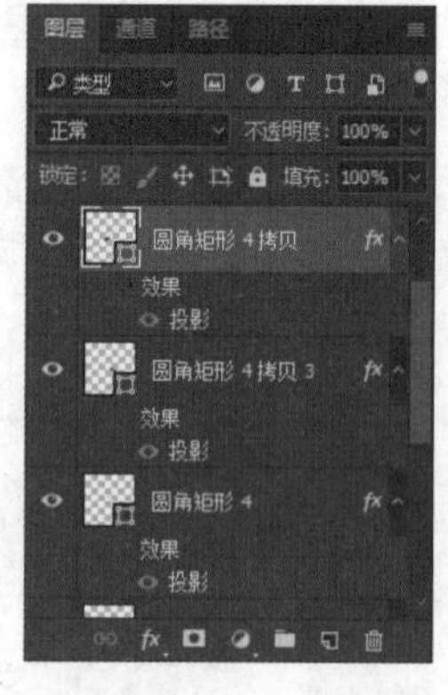

图5-37 绘制时针

07 添加投影。选择秒针图层，执行“添加图层样式→投影”，混合模式为正常；不透明度为40%，角度为90度，距离为6像素，大小为12像素，然后将此图层样式应用到分针和时针图层，如图5-38所示。

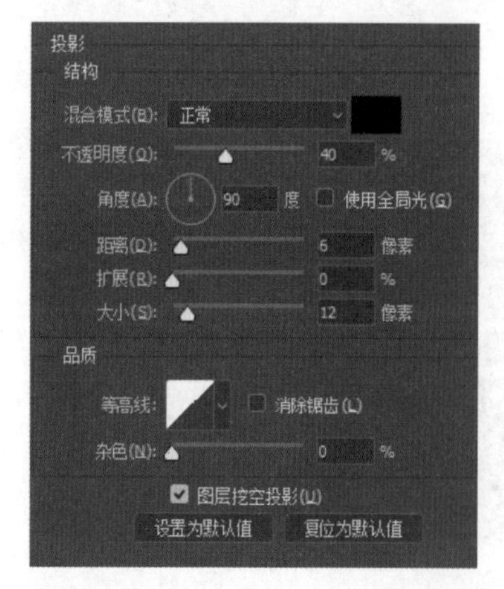

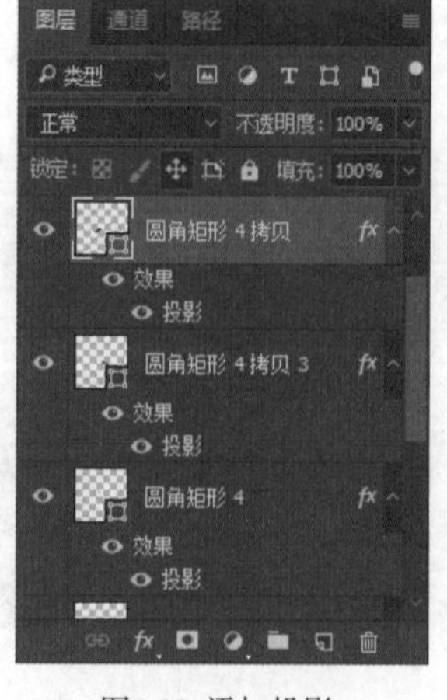

图5-38 添加投影

08 绘制圆形。单击工具箱中的“椭圆工具”，在选项栏中选择工具模式为“形状”，设置填充色为#ff5400，绘制圆形，如图5-39所示。

图5-39 绘制圆形

09 绘制同心圆形。单击工具箱中的“椭圆工具”， 在选项栏中选择工具模式为“形状”，设置填充色为白色，绘制椭圆，如图5-40所示。

图5-40 绘制同心圆形

5.5 案例：立体勾选框图标设计

立体勾选框图标是手机上经常遇到的工具图案，干净利落的线条和形状是该类图标设计的固有套路。在设计时要遵循线条干净利落、颜色简洁单一等事项，以便让用户看到图标能够感知、想象、理解图标的意思。

5.5.1 设计构思

本例中制作的是立体勾选框，设计师以侧面的视角来设计图标，首先以白色的边框打造出干净利落的立体边框效果，之后添加光影使其更加逼真完美，再搭配以红色的立体对勾图标，使画面看起来主体明确、简洁明了，效果如图5-41所示。

图5-41 立体勾选框图标效果

5.5.2 操作步骤

01 新建文件。执行“文件→新建”命令，在弹出的“新建”对话框中创建3×2英寸的文档，背景内容为“白色”，完成后单击“创建”按钮，如图5-42所示。

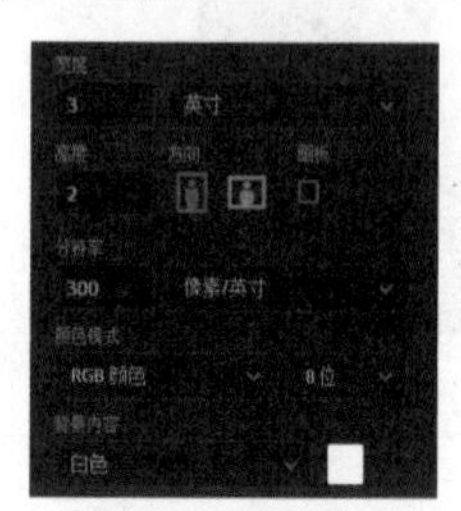

图5-42 新建文件

02 填充渐变颜色。将前景色设为灰色（#e1e1e1），单击工具栏中的“渐变工具”按钮，在背景图层填充渐变，如图5-43所示。

图5-43 填充渐变颜色

03 绘制矩形。单击工具栏中的“矩形工具”按钮，在选项栏中选择工具的模式为“形状”，设置填充色为白色（#ffffff），绘制形状，如图5-44所示。

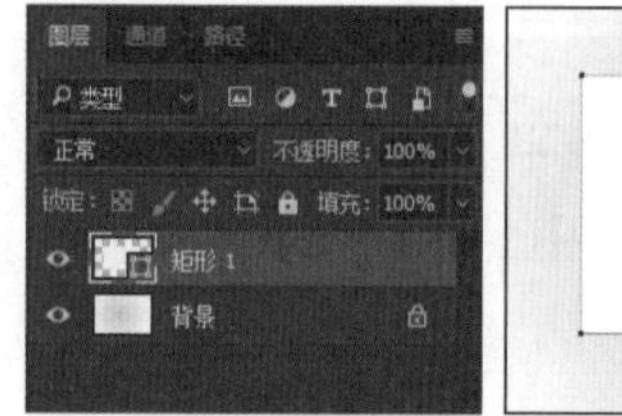

图5-44 绘制矩形（1）

04 绘制矩形。再次单击工具栏中的“矩形工具”按钮，在选项栏中选择工具的模式为“形状”，设置填充色为白色（#ffffff），绘制形状，选中矩形1 和 矩形2 图层，按Ctrl+E组合键合并形状，如图5-45所示。

图5-45 绘制矩形（2）

05 绘制边框。单击工具栏中的“直接选择工具”，选择内边框，在选项栏中选择“减去顶层形状”按钮，得到边框图层，然后按Ctrl+T组合键，右击选择“扭曲”工具，对边框进行变形，如图5-46所示。

图5-46 绘制边框

06 绘制形状。新建图层，单击工具栏中的“钢笔工具”按钮，在选项栏中选择工具的模式为“形状”，设置填充色为#a99d9f，绘制形状，如图5-47所示。

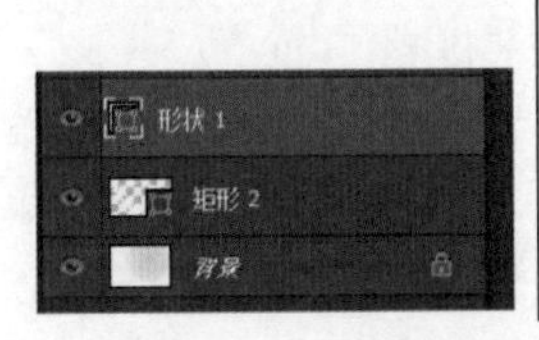

图5-47 绘制形状（1）

07 绘制形状。新建图层，单击工具栏中的“钢笔工具”按钮，在选项栏中选择工具的模式为“形状”，设置填充色为渐变，渐变色为#bfbfbf~#e1e1e1，绘制形状，如图5-48所示。

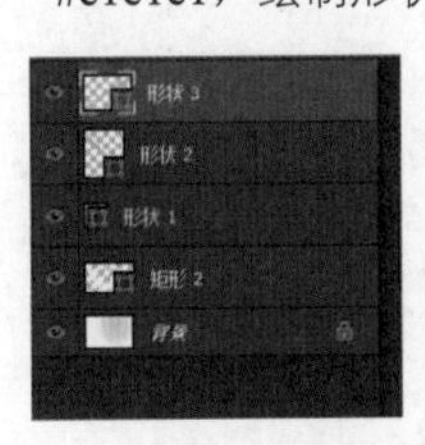

图5-48 绘制形状（2）

08 绘制阴影。选择“背景”图层，单击“创建新图层”按钮新建图层，单击工具箱中的“画笔工具”按钮，在选项栏中选择“柔角画笔”，不透明度为10%，绘制阴影，如图5-49所示。

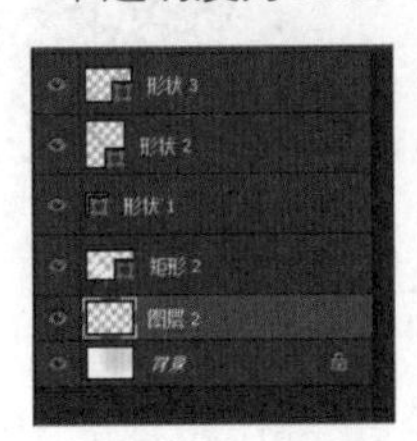

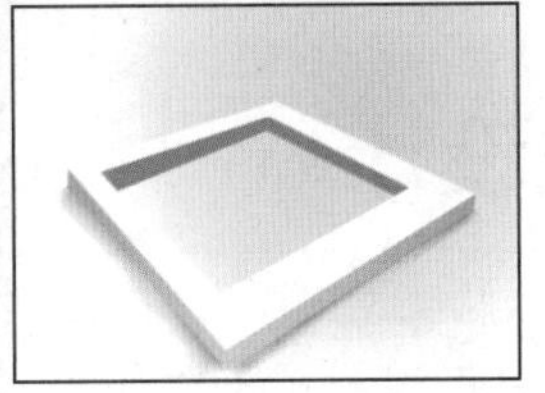

图5-49 绘制阴影

09 绘制对勾。新建图层，单击工具栏中的“钢笔工具”按钮，在选项栏中选择工具的模式为“形状”，设置填充色为#a41e29，绘制形状，得到“形状4”图层，如图5-50所示。

图5-50 绘制对勾

10 添加斜面和浮雕。在形状图层执行“添加图层样式→斜面和浮雕”，打开“图层样式”面板，调整“结构”参数，样式为“内斜面”，方法为“平滑”，深度为388%，方向为“上”，大小为18像素，软化为0像素，然后调整“阴影”参数，角度为90度，高度为42度，高光模式为“滤色”，不透明度为75%，阴影模式为“正片叠底”，不透明度为75%，如图5-51所示。

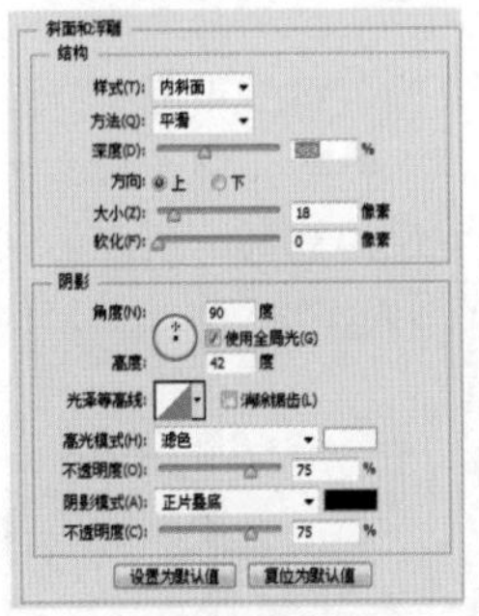

图5-51 添加斜面和浮雕

11 添加内阴影。在打开的“图层样式”面板选择“内阴影”，调整“结构”参数，混合模式为“正片叠底”，颜色为#f66b6b，不透明度为75%，角度为90度，距离为36像素，阻塞为24%，大小为98像素，如图5-52所示。

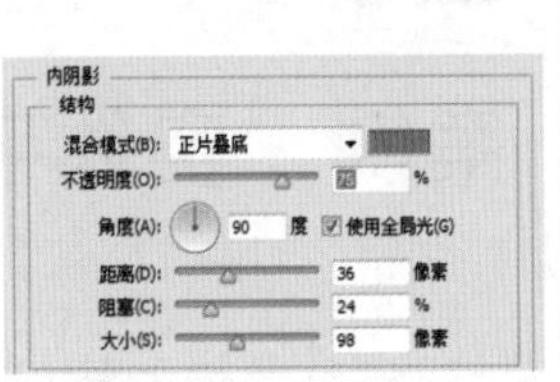

图5-52 添加内阴影

12 添加渐变叠加。在打开的“图层样式”面板选择“渐变叠加”，调整“渐变”参数，混合模式为“正常”，样式为“线性”，角度为90度，如图5-53所示。

图5-53 添加渐变叠加

13 添加外发光。在打开的“图层样式”面板选择“外发光”，调整“结构”参数，混合模式为“滤色”，不透明度为100%，颜色为#e8e8e8，方法为“柔和”，扩展为0%，大小为5像素，如图5-54所示。

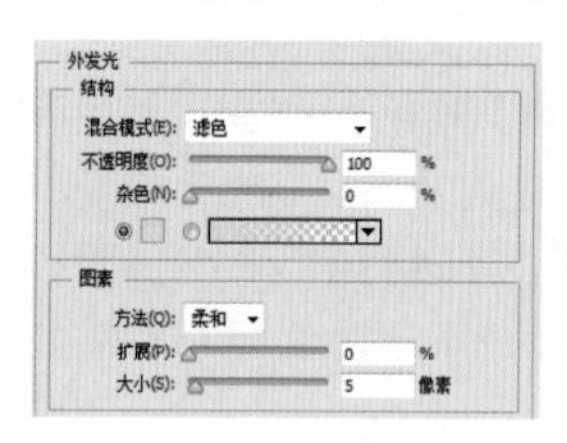

图5-54 添加外发光

14 添加投影。在打开的“图层样式”面板选择“投影”，调整“结构”参数，混合模式为“正片叠底”，不透明度为30%，角度为90度，距离为17像素，扩展为16%，大小为35像素，如图5-55所示。

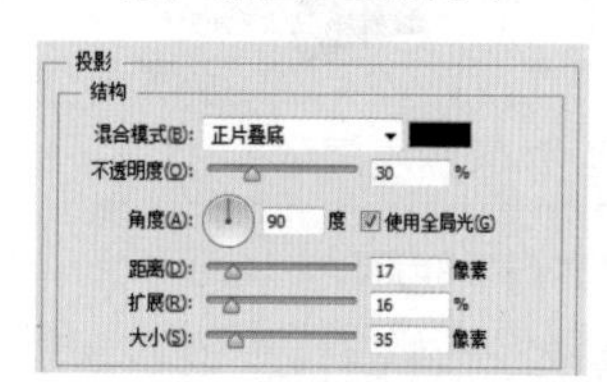

图5-55 添加投影

15 绘制形状。新建图层，单击工具栏中的“钢笔工具”按钮，在选项栏中选择工具的模式为“形状”，设置填充色为#96101b，绘制形状，得到“形状5”图层，如图5-56所示。

图5-56 绘制形状

16 盖印图层。关闭背景图层前的眼睛图标，选中最上方图层，按Shift+Alt+Ctrl+E组合键盖印所有图层，按Ctrl+T组合键自由变化图标大小，移动到右上方，之后打开背景图层前的眼睛图标，如图5-57所示。

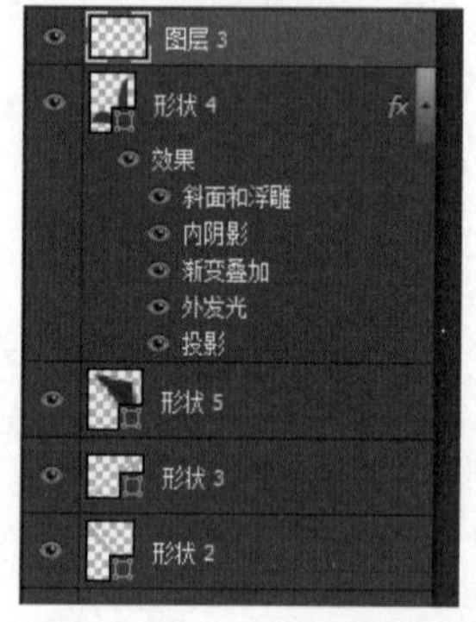

图5-57 盖印图层

5.6 案例：实体手机设计

一个界面的首页美观与否往往是初次来访的用户是否深入浏览的关键，一套制作精良的图标

可以传达丰富的产品信息，一般要求简单醒目，在少量的方寸之地，除了表达出一定的形象与信息外，还要兼顾美观与协调。

5.6.1 设计构思

设计师通过手机上的按钮、音响等细节来表现手机的黑色塑料质感，然后通过高光和过渡色来表现玻璃质感，最后通过屏幕的制作使手机更加逼真和生动，效果如图5-58所示。

图5-58 实体手机设计

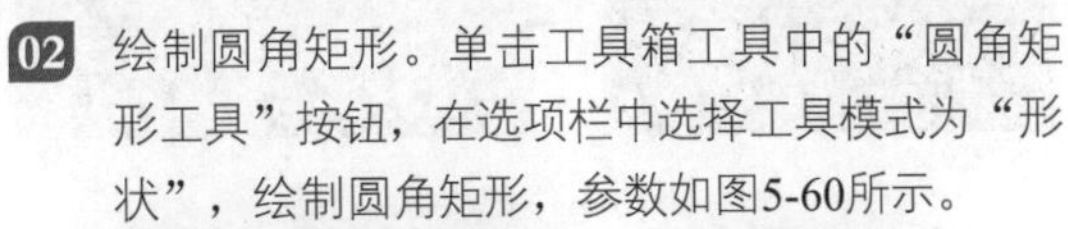

5.6.2 操作步骤

01 新建文件。执行“文件→新建”命令，在弹出的“新建”对话框中创建2×3英寸的文档，背景内容为“白色”，完成后单击“创建”按钮，如图5-59所示。

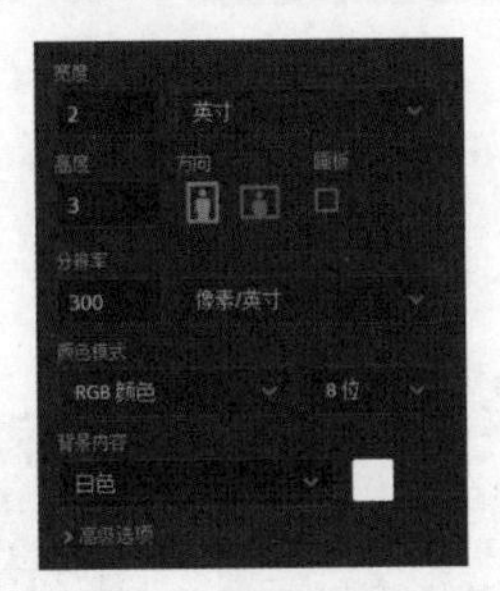

图5-59 新建文件

02 绘制圆角矩形。单击工具箱工具中的“圆角矩形工具”按钮，在选项栏中选择工具模式为“形状”，绘制圆角矩形，参数如图5-60所示。

图5-60 绘制圆角矩形

03 添加外发光。在形状图层执行“添加图层样式→外发光”命令，打开“图层样式”面板。调整“结构”参数，混合模式为“正常”，不透明度为71%，杂色为0，填充为渐变，渐变色为#716f6d～#8a8987，方法为“柔和”，扩展为43%，大小为4像素，如图5-61所示。

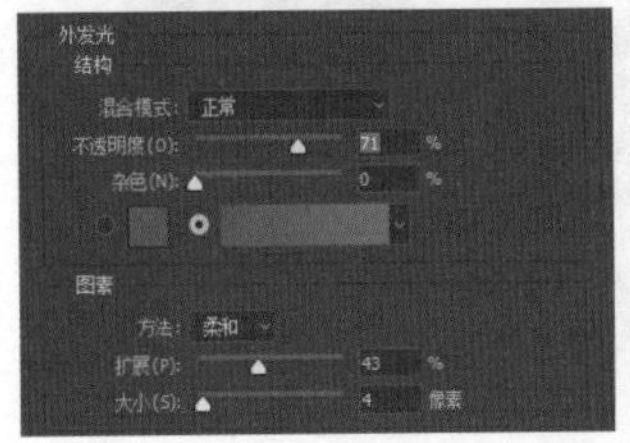

图5-61 添加外发光

04 添加描边。在打开的“图层样式”面板选择“描边”选项，设置“结构”参数，大小为2像素，位置为“外部”，混合模式为“正常”，不透明度为100%，填充为白色，如图5-62所示。

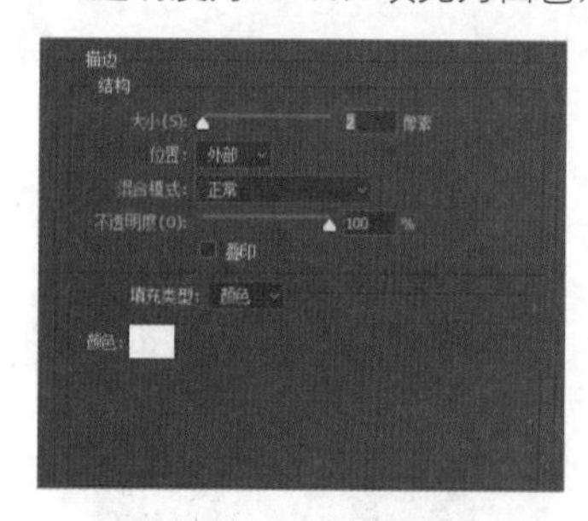

图5-62 添加描边

05 绘制矩形。新建图层，单击工具箱工具中的“矩形工具”，在选项栏中选择工具模式为“形状”，绘制矩形，填充颜色为#52524e，参数如图5-63所示。

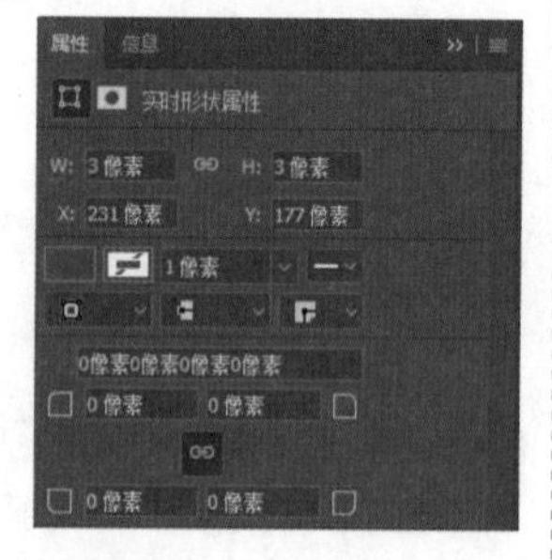

图5-63 绘制矩形

06 绘制矩形。新建图层，单击工具箱工具中的“矩形工具”按钮，在选项栏中选择工具模式为“形状”，绘制矩形，填充颜色为#52524e，参数如图5-64所示。

图5-64 绘制矩形

07 绘制圆角矩形。单击工具箱工具中的“圆角矩形工具”按钮，在选项栏中选择工具模式为“形状”，绘制圆角矩形，参数如图5-65所示。

图5-65 绘制圆角矩形

08 添加描边。在图层执行“添加图层样式→描边”按钮，打开“图层样式”面板。调整“结构”参数，大小为1像素，位置为“外部”，混合模式为“正常”，不透明度为100%。填充为渐变，渐变色为#d4cbcb～#747070～#cec8c8，样式为“线性”，如图5-66所示。

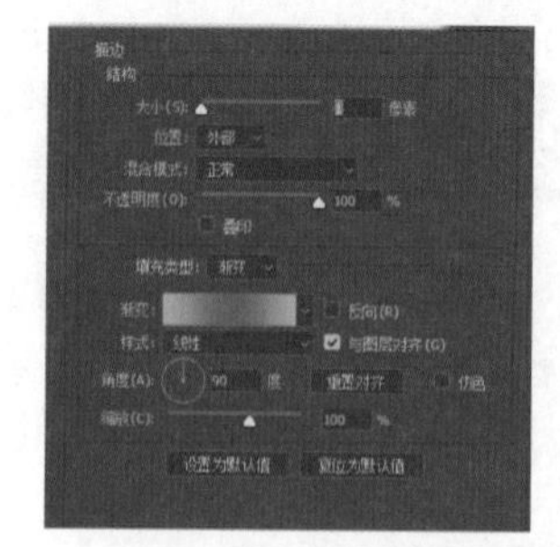

图5-66 添加描边

09 绘制圆角矩形。单击工具箱工具中的“圆角矩形工具”按钮，在选项栏中选择工具模式为“形状”，绘制圆角矩形，参数如图5-67所示。

图5-67 绘制圆角矩形

10 添加渐变叠加。在图层执行“添加图层样式→渐变叠加”命令，打开“图层样式”面板。调整“渐变”参数，混合模式为“正常”，不透明度为100%，颜色为#d1cdc8～#595755～#e8e4de～#6c6a67～#e1deda，样式为“线性”，角度为90度，如图5-68所示。

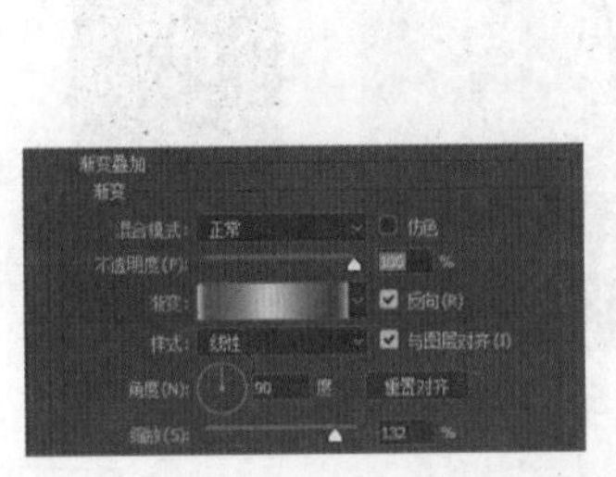
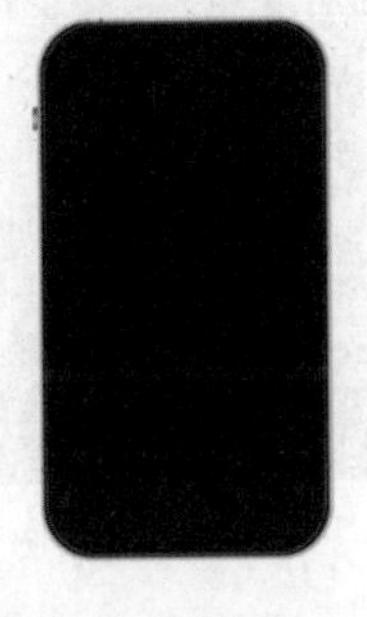

图5-68 添加渐变叠加

11 添加描边。在打开的“图层样式”面板选择“描边”，设置“结构”参数，大小为1像素，位置为“外部”，混合模式为“正常”，不透明度为100%，填充颜色为#7c7a76，然后将图层移动到“背景”图层上方，如图5-69所示。

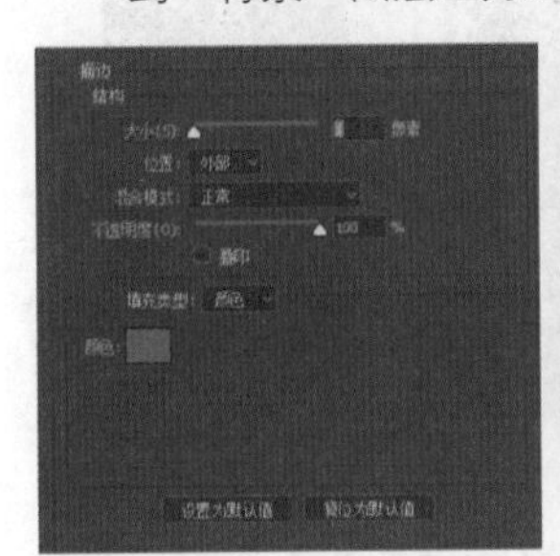
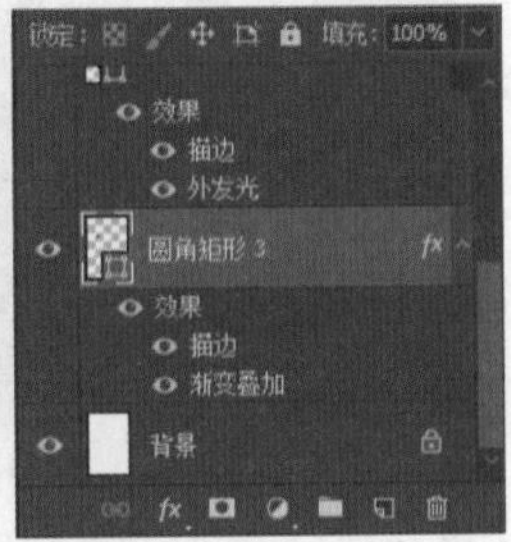

图5-69 添加描边

12 绘制圆角矩形。单击工具箱工具中的“圆角矩形工具”按钮，在选项栏中选择工具模式为“形状”，绘制圆角矩形，参数如图5-70所示。

图5-70 绘制圆角矩形

13 添加渐变叠加。在图层执行“添加图层样式→渐变叠加”命令，打开“图层样式”面板，调整“渐变”参数，混合模式为“正常”，不透明度为100%，颜色为#d1cdc8～#595755～#e8e4de～#6c6a67～#e1deda，样式为“线性”，角度为90度，如图5-71所示。

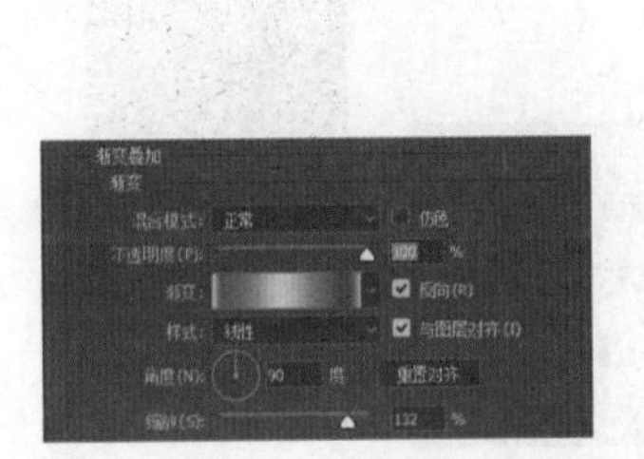

图5-71 添加渐变叠加

14 添加描边。在打开的“图层样式”面板选择“描边”，设置“结构”参数，大小为1像素，位置为“外部”，混合模式为“正常”，不透明度为100%，填充颜色为#7c7a76，如图5-72所示。

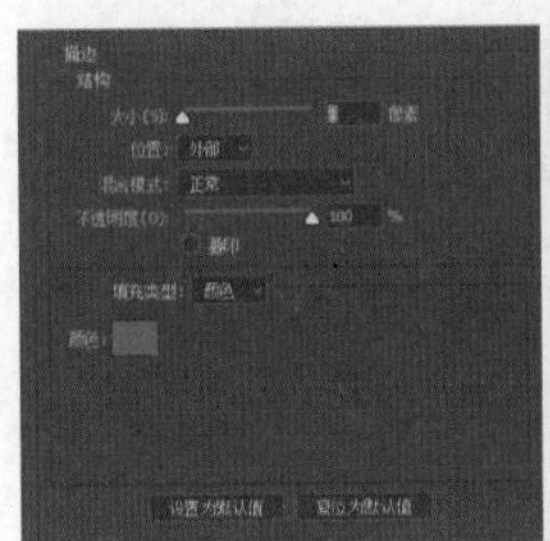
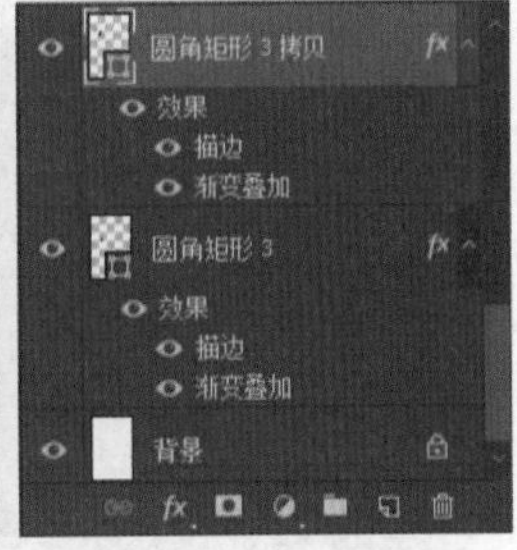

图5-72 添加描边

15 绘制圆角矩形。单击工具箱工具中的“圆角矩形工具”按钮，在选项栏中选择工具模式为“形状”，绘制圆角矩形，参数如图5-73所示。

图5-73 绘制圆角矩形

16 添加渐变叠加。在图层执行“添加图层样式→渐变叠加”命令，打开“图层样式”面板，调整“渐变”参数，混合模式为“正常”，不透明度为100%，颜色为#d1cdc8～#595755～#e8e4de～#6c6a67～#e1deda，样式为“线性”，角度为90度，如图5-74所示。

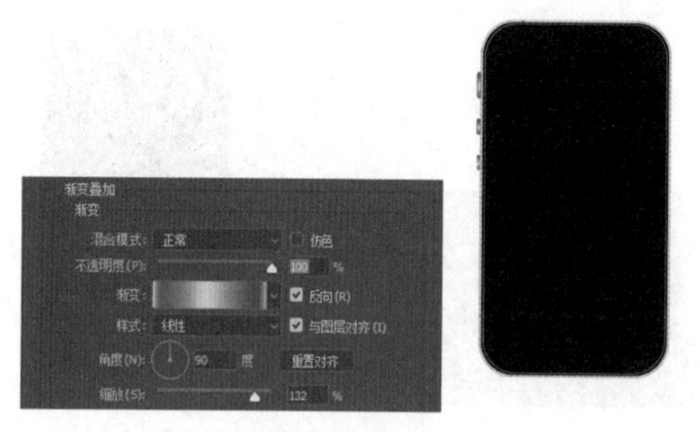

图5-74 添加渐变叠加

17 添加描边。在打开的“图层样式”面板选择“描边”，设置“结构”参数，大小为1像素，位置为“外部”，混合模式为“正常”，不透明度为100%，填充颜色为#7c7a76，如图5-75所示。

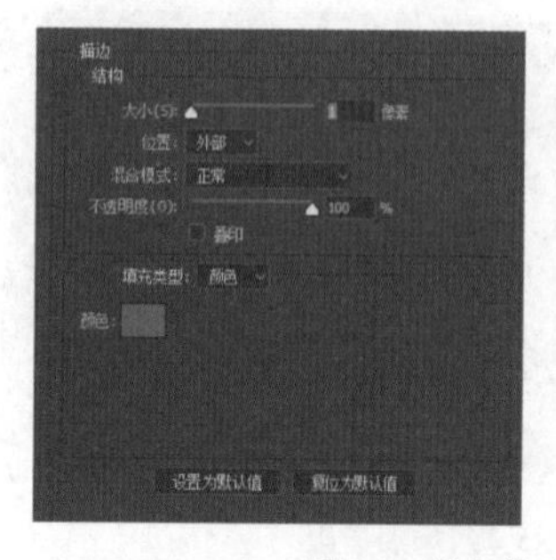

图5-75 添加描边

18 绘制圆角矩形。单击工具箱工具中的“圆角矩形工具”按钮，在选项栏中选择工具模式为“形状”，绘制圆角矩形，参数如图5-76所示。

图5-76 绘制圆角矩形

19 添加渐变叠加。在图层执行“添加图层样式→渐变叠加”命令，打开“图层样式”面板，调整“渐变”参数，混合模式为“正常”，不透明度为100%，颜色为#d1cdc8～#595755～#e8e4de～#6c6a67～#e1deda，样式为“线性”，角度为0度，如图5-77所示。

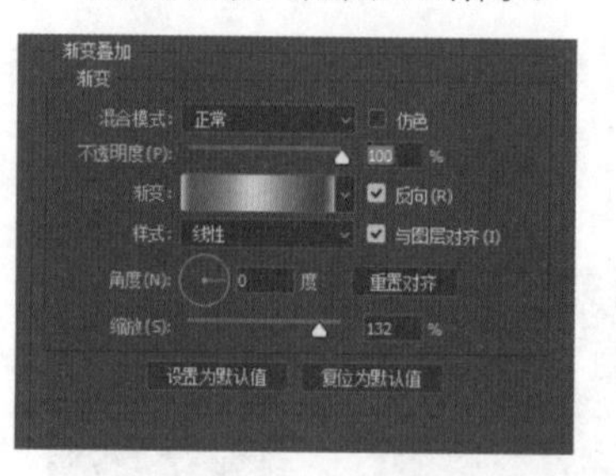

图5-77 添加渐变叠加

20 添加描边。在打开的“图层样式”面板选择“描边”，设置“结构”参数，大小为1像素，位置为“外部”，混合模式为“正常”，不透明度为100%，填充颜色为#7c7a76，如图5-78所示。

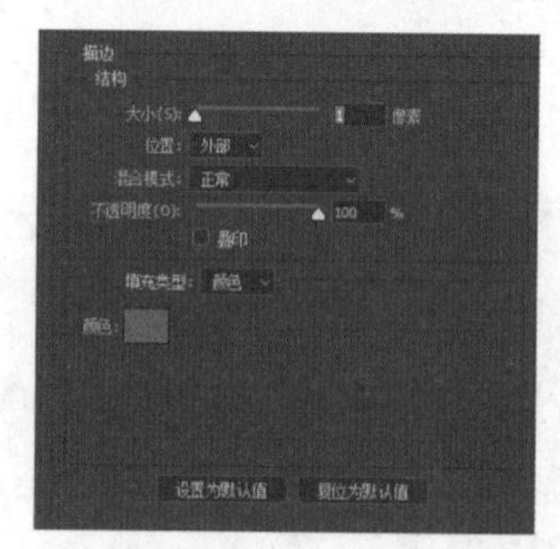

图5-78 添加描边

21 绘制高光区域。按住Ctrl键单击“圆角矩形2”图层的缩略图，建立选区。执行“选择→修改→收缩”命令，将选区收缩3像素。单击工具箱中的“多边形套索工具”按钮，按住Alt键将左半部分选区减去，剩下类三角区域，如图5-79所示。

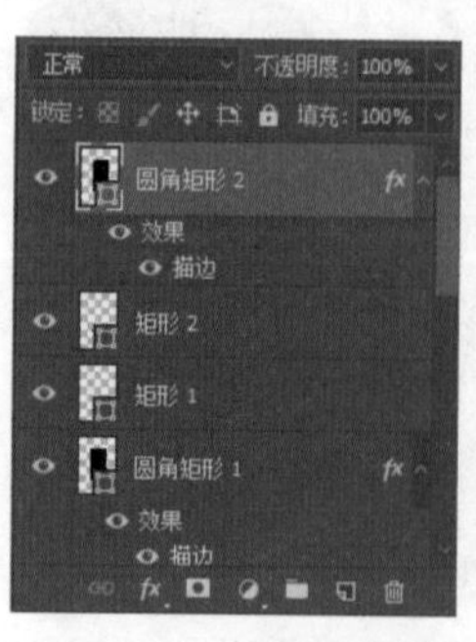

图5-79 绘制高光区域

22 制作高光。新建图层，填充背景色，将图层填充设为0%。在图层执行“添加图层样式→渐变叠加”命令，打开“图层样式”面板。调整“渐变”参数，混合模式为“正常”，不透明度为55%，颜色为透明到白色，样式为“线性”，角度为92度，如图5-80所示。

图5-80 制作高光

23 绘制椭圆。新建图层，单击工具箱工具中的“椭圆工具”按钮，在选项栏中选择工具模式为“形状”，按住Shift键绘制椭圆，如图5-81所示。

图5-81 绘制椭圆

24 渐变叠加。在图层执行“添加图层样式→渐变叠加”命令，打开“图层样式”面板。调整“渐变”参数，混合模式为“正常”，不透明度为100%，渐变填充色为#070d0e～#3a4444，样式为“线性”，角度为-55度，如图5-82所示。

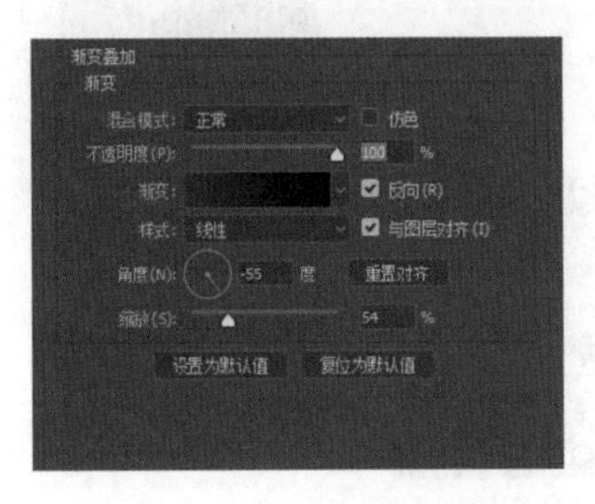

图5-82 渐变叠加

25 绘制椭圆。新建图层，单击工具箱工具中的“椭圆工具”按钮，在选项栏中选择工具模式为“形状”，按住Shift键绘制椭圆，如图5-83所示。

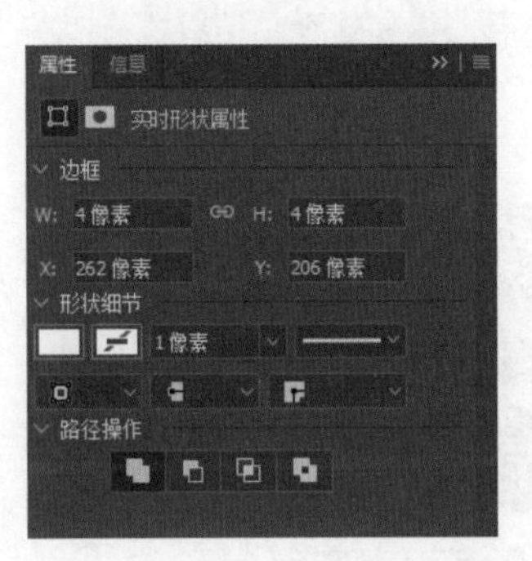

图5-83 绘制椭圆

26 渐变叠加。在图层执行“添加图层样式→渐变叠加”按钮，打开“图层样式”面板。调整“渐变”参数，混合模式为“正常”，不透明度为100%，渐变填充色为#050505～#1d619a，样式为“径向”，角度为90度，如图5-84所示。

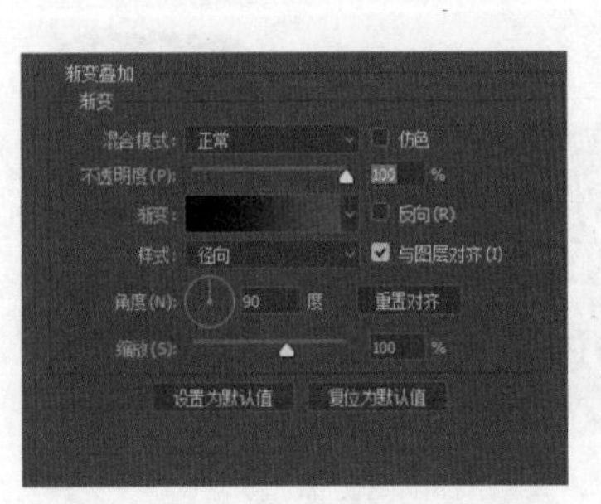

图5-84 渐变叠加

27 绘制圆角矩形。单击工具箱工具中的“圆角矩形工具”按钮，在选项栏中选择工具模式为“形状”，绘制圆角矩形，参数如图5-85所示。

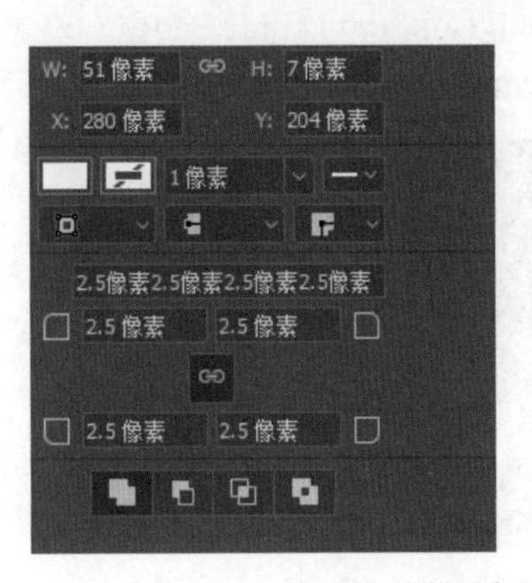

图5-85 绘制圆角矩形

28 自定义图案。按Ctrl+N组合键新建一个50×50像素的画布，建立水平、垂直的居中参考线，单击工具栏中的“矩形工具”按钮，按住Shift键在左上角与右下角创建黑色方块。然后按住Alt键双击背景图层，将其删除。接着执行“编辑→自定义图案”命令，将图案保存起来，如图5-86所示。

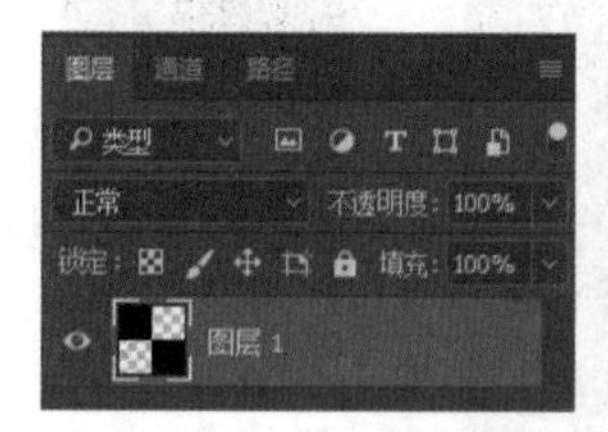

图5-86 自定义图案

29 添加渐变叠加。返回场景，在图层执行“添加图层样式→渐变叠加”命令，打开“图层样式”面板。调整“渐变”参数，混合模式为“正常”，不透明度为100%，渐变填充色为#404040～#a7a7a7，样式为“线性”，角度为0度，如图5-87所示。

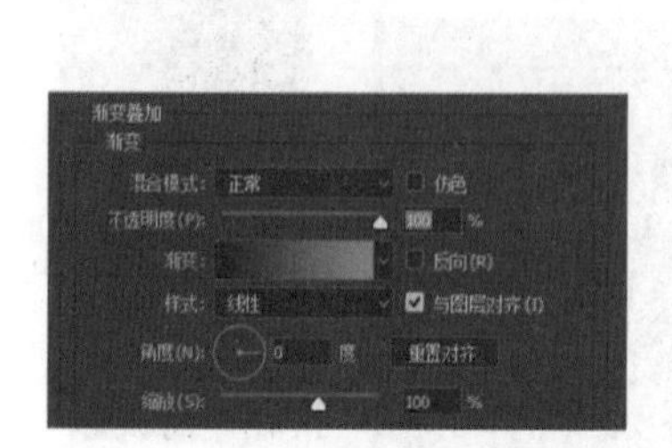
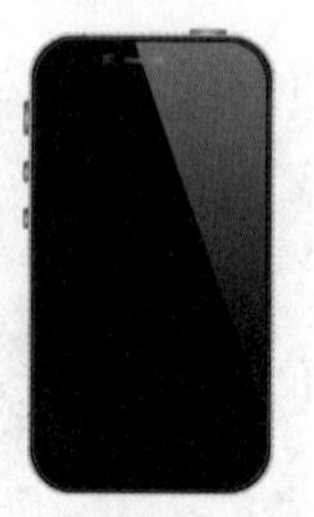

图5-87 添加渐变叠加

30 添加描边。在打开的“图层样式”面板选择“描边”面板。设置“结构”参数，大小为4像素，位置为“外部”，混合模式为“正常”，不透明度为100%，填充颜色为渐变，渐变色由#020204～#969696～#232323，样式为“线性”，角度为-90度，如图5-88所示。

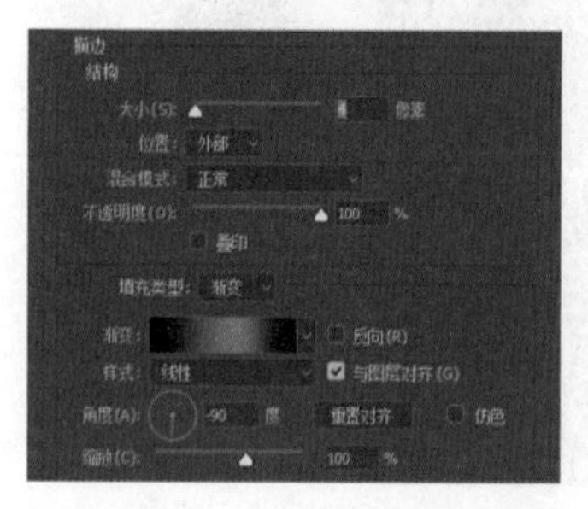

图5-88 添加描边

31 添加图案叠加。在打开的“图层样式”面板选择“图案叠加”面板。把图案设置为刚才设置的图案，缩放为2%，如图5-89所示。

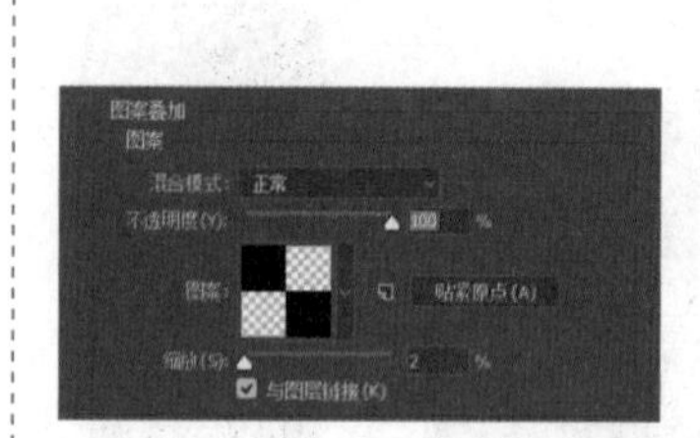

图5-89 添加图案叠加

32 绘制椭圆。新建图层，单击工具箱工具中的“椭圆工具”按钮，在选项栏中选择工具模式为“形状”，按住Shift键绘制椭圆，将填充设为0%，如图5-90所示。

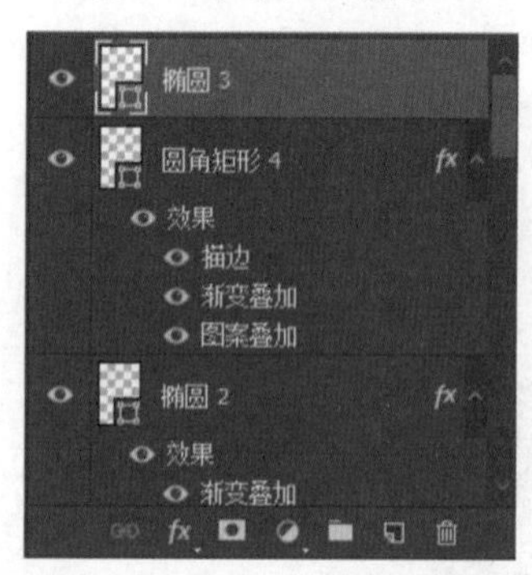

图5-90 绘制椭圆

33 添加渐变叠加。在图层执行“添加图层样式→渐变叠加”命令，打开“图层样式”面板。调整“渐变”参数，混合模式为“正常”，不透明度为80%，渐变填充色为#4d4e4e～#000003，样式为“线性”，角度为0度，如图5-91所示。

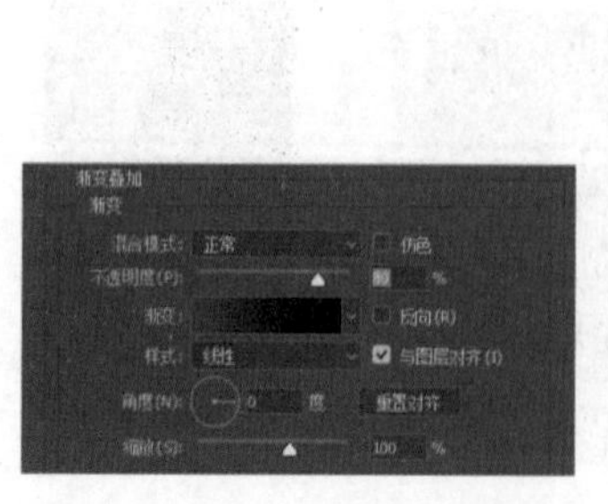

图5-91 添加渐变叠加

34 绘制圆角矩形。新建图层，单击工具箱工具中的“圆角矩形工具”按钮，在选项栏中选择工具模式为“形状”，按住Shift键绘制椭圆，将填充设为0%，如图5-92所示。

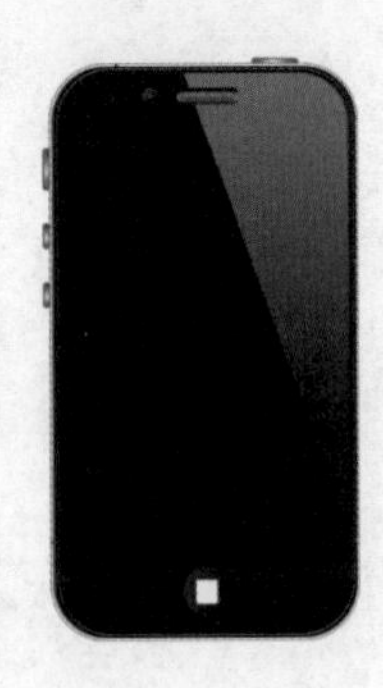

图5-92 绘制圆角矩形

35 添加描边。在图层执行“添加图层样式→描边”命令，打开“图层样式”面板。调整“结构”参数，大小为2像素，位置为“内部”，混合模式为“正常”，不透明度为100%，填充颜色为#7c7a76，如图5-93所示。

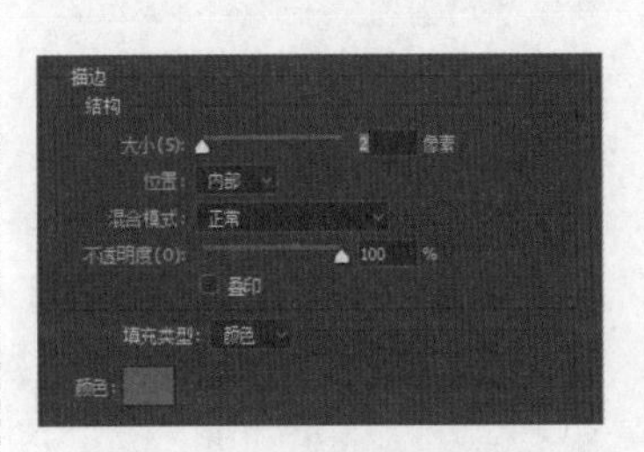

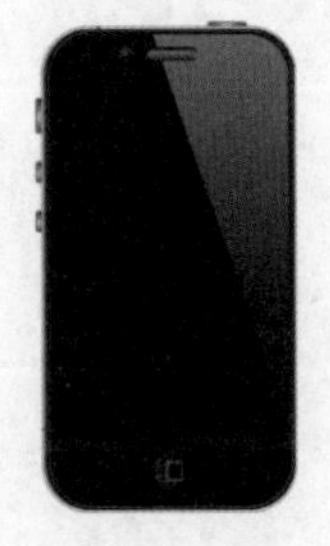

图5-93 添加描边

36 打开文件。执行“文件→打开”命令打开“屏幕.jpg”素材，拖曳到场景中。按Ctrl+T组合键，将文件放入合适的位置，将填充设为85%，如图5-94所示。

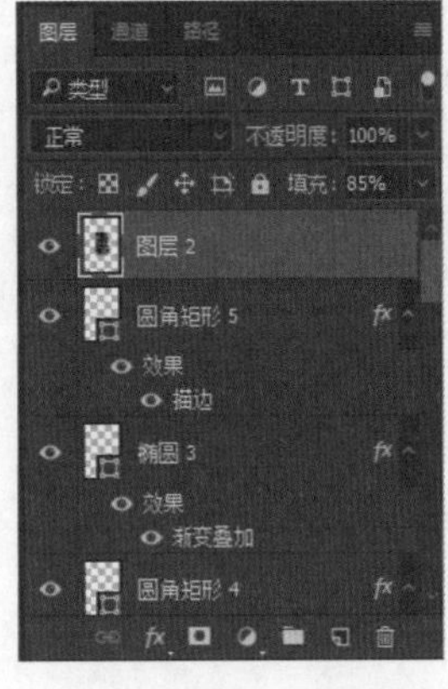

图5-94 打开文件

CHAPTER 06

第 6 章

App UI多样图形设计

本章导读

本章主要介绍4个图形设计制作的案例，涉及色彩范围、色阶、阈值、图层样式、混合模式等相关设计技术。通过本章的学习，读者可以掌握更高级的图形编辑技巧，从而使自己设计的App作品更加生动、逼真。

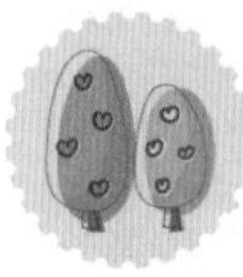

关键知识点

- 滤镜的应用
- 图层样式的应用
- 混合模式的应用
- 图形编辑技巧
- 尺寸指南

6.1 UI 设计师必备技能之构图技巧

对于构图技巧，除了需要掌握色彩运用的对比技巧以外，还需要考虑几种对比关系，如构图技巧的粗细对比、构图技巧的远近对比、构图技巧的疏密对比、构图技巧的静动对比、构图技巧的中西对比、构图技巧的古今对比等。

6.1.1 粗细对比

所谓粗细对比，是指在构图的过程中使用色彩以及由色彩组成图案而形成的一种风格。在书画作品中，我们知道有工笔和写意之说，或工笔与写意同出现在一个画面上，这种风格在包装构图中是常使用的表现手法。对于这种粗细对比，有些是主体图案与陪衬图案对比；有些是中心图案与背景图案对比；有些是一边粗犷如风卷残云，而另一边则精美得细若游丝；有些以狂草的书法取代图案，这在一些酒类和食品类包装中都能随时随地见到，如图6-1所示。

图6-1 粗细对比

6.1.2 远近对比

在国画山水的构图中讲究近景、中景、远景，以同样的原理，设计App也应分为近、中、远几种画面的构图层次。所谓近，就是一个画面中最抢眼的那部分图案，也叫第一视觉冲击力，最抢眼的图案也是该包装图案中要表达的最重要的内容，如双汇最早使用过的方便面包装，第一闯进人们视线中的是空白背景中的双汇商标和深红色方块背景中托出硕大的白色双汇二字（近景），依次才是小一点的“红烧牛肉面”几个主体字（第二视线，也叫中景），再次是表述包装内容物的产品照片（第三视线，也叫远景），再往后的便是辅助性的企业吉祥物广告语、性能说明、企业标志等，这种明显的层次感也叫视觉的三步法则，它在兼顾人们审视一个静物画面从上至下、从右至左的习惯的同时，依次凸显出了其中想要表达的主题部分。

作为设计人在创作画面之始，就应该弄明白所诉求的主题，营造一个众星托月、鹤立鸡群的氛围，从而使画面拥有强大的磁力，把用户的视线吸引过来，如图6-2所示。

图6-2 远近对比

6.1.3 疏密对比

构图技巧的疏密对比和色彩使用的繁简对比很相似，也和国画中的飞白很相似，即图案中集中的地方就要有扩散的陪衬，不宜都集中或都扩散，体现出疏密协调、节奏分明、有张有弛、显示空灵的效果，同时保证主题突出，如图6-3所示。

图6-3 疏密对比

6.1.4 静动对比

在一种图案中，我们往往会发现这种现象，就是在一种海报主题名称处的背景或周边表现出爆炸性图案，或者看上去漫不经心，实则是故意涂抹的疯狂的粗线条，或飘带形的英文或图案，等等，表现出一种“动态”的感觉，而主题名称则端庄稳重，大背景轻淡平静，这种场面便是静和动的对比。这种对比，避免了太过花哨或太过死板。所以视觉效果就很舒服，符合人们的正常审美心理，如图6-4所示。

图6-4 静动对比

6.1.5 中西对比

中西对比往往在海报设计的画面中利用西洋画的卡通手法和中国传统手法结合或中国汉学艺术和英文结合。图6-5中利用西洋的餐具融合了中国类似于象形文字的风格，并且这种形式不会让人觉得突兀。

图6-5 中西对比

6.1.6 古今对比

古今对比是人们为了体现文化品位，在海报设计构图时把古代精典的纹饰、书法、人物、图案用在当前的海报上，从古典文化中寻找嫁接手法，这样能给人一种古色古香、典雅内蕴的感觉，如图6-6所示。

图6-6 古今对比

6.2 案例：个性二维码扫描图形设计

二维码是现代生活中经常见到和使用的，它是用某种特定的几何图形按一定的规律在平面上（二维方向）分布的黑白相间的图形，主要用来记录数据符号信息。由于二维码能够在横向和纵向两个方向同时表达信息，因此可以在很小的面积内表达大量的信息。

6.2.1 设计构思

本例制作一个咖啡特色的二维码图标，添加动静对比，咖啡上的两条热蒸汽图案使整个图形有一种动态感觉。首先通过色彩范围获取二维码中的信息部分，再利用矩形工具在画面上绘制二维码特色的三个角，最后配上背景颜色和图片，一个二维码就绘制完成了，效果如图6-7所示。

图6-7 二维码效果

6.2.2 操作步骤

01 新建文件。执行“文件→新建”命令，在弹出的“新建”对话框中创建600×800像素的文档，背景内容为“白色”，完成后单击“创建”按钮，如图6-8所示。

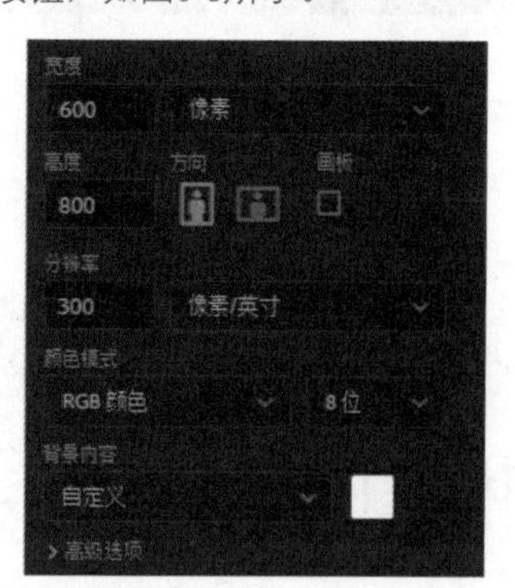

图6-8 新建文件

02 打开文件。执行“文件→打开”，打开“二维码.jpg”图片，将图片拖曳到场景中，如图6-9所示。

图6-9 打开二维码图片

03 色彩范围。执行“选择→色彩范围”，打开“色彩范围”面板，取样颜色选择二维码中的黑色，颜色容差设为200，单击“确定”按钮，然后按Ctrl+J组合键复制选区范围，如图6-10所示。

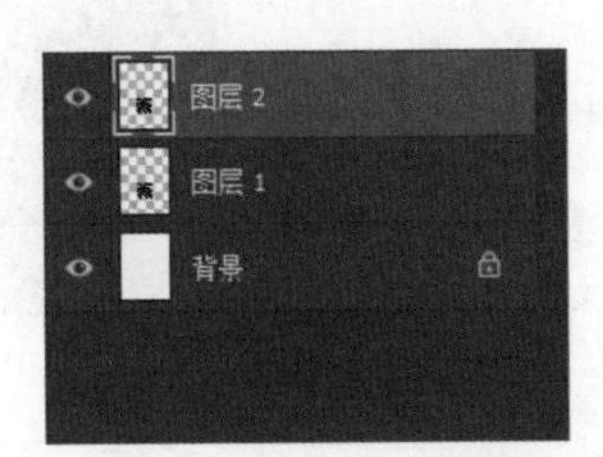

图6-10 设置色彩范围

04 打开网格。执行“编辑→首选项→参考线、网格和切片”，编辑“网格”参数，网格线间隔设为8像素，子网格设为1，单击“确定”按钮，然后执行“视图→显示→网格”，勾选“网格”选项，打开网格，如图6-11所示。

图6-11 打开网格

05 矩形选框工具。新建图层，将前景色设为深咖啡色（#502a25），单击工具栏中的“矩形选框工具”，选择左上角的标志符号后，按Shift键加选右上角和左下角的标志符号，按Alt+Delete组合键填充前景色，如图6-12所示。

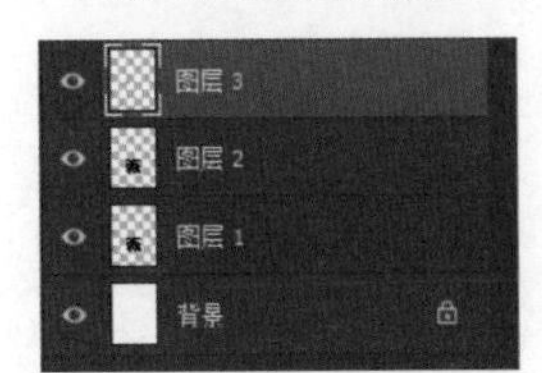

图6-12 使用矩形选框工具

06 删除填充色。按住Ctrl键单击图层2的缩略图，调出选区，然后按Ctrl+Shift+I组合键选择反选，按Delete键删除选区，接着执行“视图→显示→网格”，取消勾选“网格”，如图6-13所示。

图6-13 删除填充色

07 添加蛋糕剪影。选中图层3，使用魔棒工具选择三个角标志符号里的小正方形区域后按Delete键，然后选中图层2，重复以上操作，最后三个方框内都变成镂空的了。打开“蛋糕.png”图片，将图片拖曳到场景中，调整到合适大小，然后按Ctrl+J组合键将图片复制两次后，分别放入三个角落的方框图形内，如图6-14所示。

图6-14 添加蛋糕剪影

08 修改背景色。选择“背景”图层，将前景色设为浅咖啡色（#ead3b4），按Ctrl+Delete组合键设置背景颜色，如图6-15所示。

09 导入咖啡剪影图片。打开“咖啡杯.png”图片，将图片拖曳到场景中，将图片调整到合适大小放到二维码的正上方，如图6-16所示。

图6-15 修改背景色

图6-16 导入咖啡剪影图片

10 输入文字。单击工具栏中的“横排文字工具”，设置字体为Arial，样式为Bold，字号为40点，颜色为#502a25，输入文字“COFFEE”，如图6-17所示。

图6-17 输入文字

6.3 案例：徽标图形设计

徽标图形是生活中常见的图形，它的设计一般要求主体突出、寓意深刻、简约大气。本案例设计的徽标突出了形体简洁、形象明朗、引人注目以及易于识别、理解和记忆等特点。

6.3.1 设计构思

本例绘制一个不规则的徽标。首先以一个暗深色的金属感框做底，远近对比，再利用光与影的结合绘制一个闪亮的徽标，动静对比，最后通过添加文字来表达我们的意图，使徽标易于识别和理解，如图6-18所示。

图6-18 徽标图形设计

6.3.2 操作步骤

01 新建文件。执行“文件→新建”命令，在弹出的“新建”对话框中创建600×800像素的文档，背景内容为“白色”，完成后单击“创建”按钮，如图6-19所示。

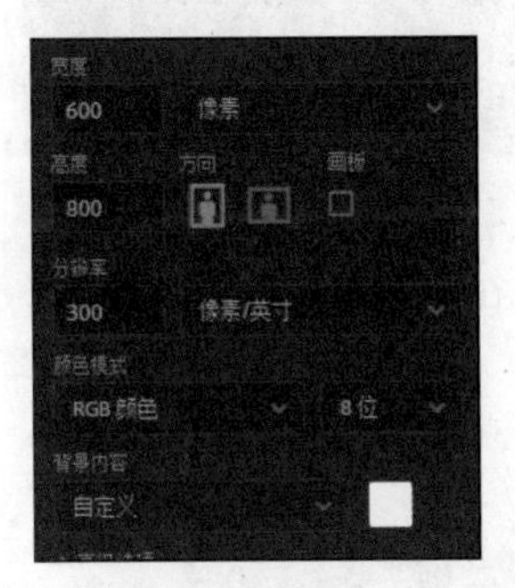

图6-19 新建文件

02 填充渐变。单击工具栏中的“渐变工具”，为“背景”图层添加渐变，如图6-20所示。

图6-20 填充渐变

03 绘制形状。单击工具栏中的“多边形工具”，在选项栏中选择工具的模式为“形状”，设置填充色为#3c3c3c，借助“添加描点工具”绘制出形状，如图6-21所示。

图6-21 绘制形状

04 新建图层，按住Ctrl键单击“多边形 1”图层缩略图，调出选区，执行“选择→修改→收缩”，收缩16像素，填充颜色为#474747，如图6-22所示。

图6-22 新建图层

05 添加描边。选择“多边形1”图层，在图层执行“添加图层样式→描边”，打开“图层样式”面板，调整“结构”参数，大小为3像素，位置为“外部”，混合模式为“正常”，不透明度为100%，然后填充类型为“渐变”，样式为“线性”，角度为90度，如图6-23所示。

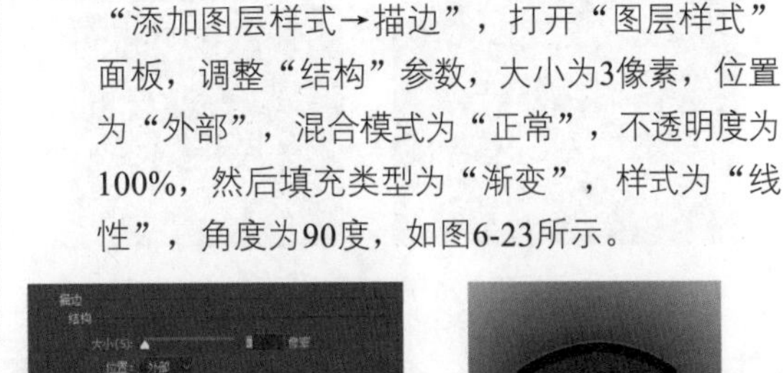

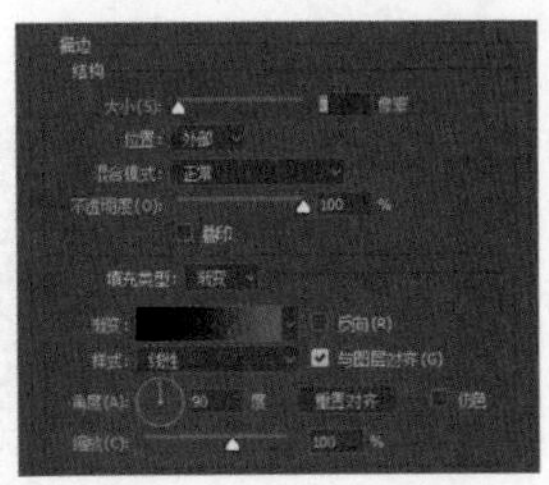

图6-23 添加描边

06 添加颜色叠加。在打开的“图层样式”面板选择“颜色叠加”，将混合模式设置为“正常”，颜色为1c1a1a，不透明度为100%，如图6-24所示。

图6-24 添加颜色叠加

07 添加外发光。在打开的“图层样式”面板选择“外发光”，修改“结构”参数，混合模式设置为“正常”，不透明度为43%，杂色为0，颜色为#e7f4e8，然后修改“图素”参数，方法为“柔和”，扩展为29%，大小为24像素，如图6-25所示。

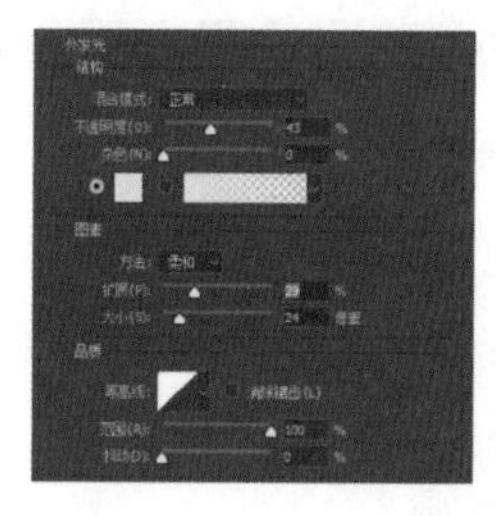
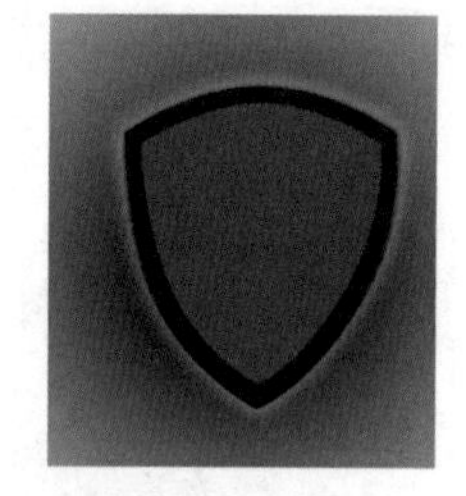

图6-25 添加外发光

08 添加描边。选择“图层 1”， 在图层执行“添加图层样式→描边”，打开“图层样式”面板，调整“结构”参数，大小为5像素，位置为“外部”，混合模式为“正常”，不透明度为100%，然后填充类型为“渐变”，样式为“线性”，角度为-90度，如图6-26所示。

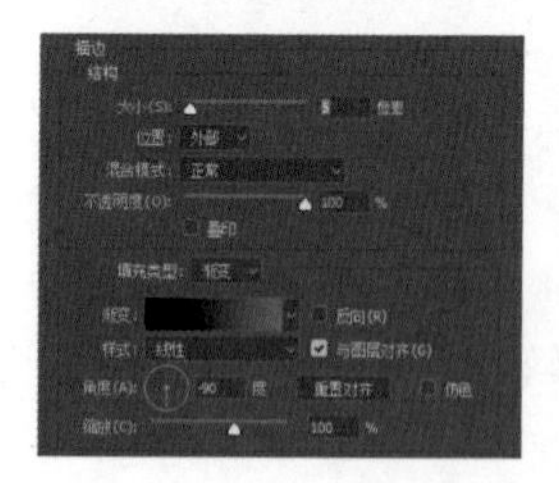

图6-26 添加描边

09 添加内阴影。在打开的“图层样式”面板选择“内阴影”，调整“结构”参数，混合模式为“正常”，填充颜色为黑色，不透明度为100%，角度为-90度，距离为4像素，阻塞为0，大小为0像素，如图6-27所示。

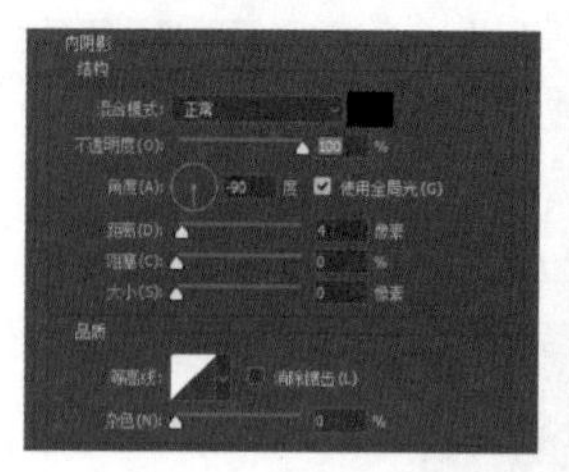
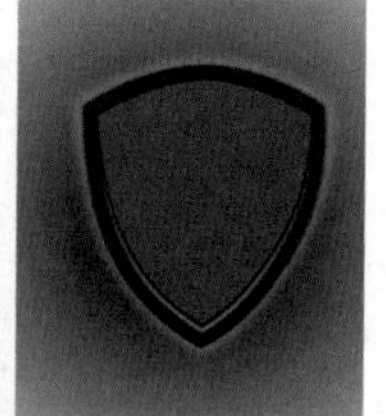

图6-27 添加内阴影

10 添加颜色叠加。在打开的“图层样式”面板选择“颜色叠加”，设置混合模式为“线性加深”，颜色为#2a2727，不透明度为15%，如图6-28所示。

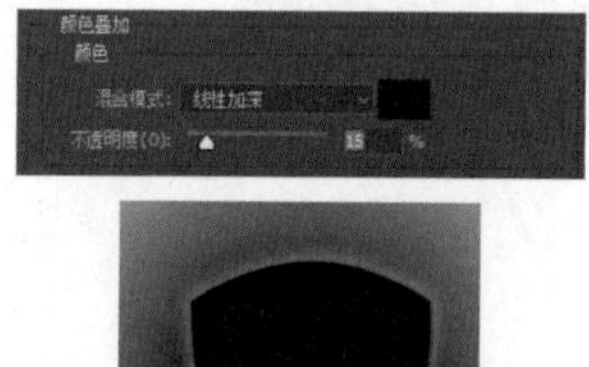

图6-28 添加颜色叠加

11 绘制高光。按住Ctrl键单击“图层1”图层的缩略图，建立选区，然后单击工具箱中的“多边形套索工具”，按住Alt键将下部分选区减去，剩下高光区域，接着新建图层，填充白色，如图6-29所示。

图6-29 绘制高光

12 制作高光。单击图层面板下的“添加矢量蒙版”图标，为“图层2”添加图层蒙版，然后单击工具栏中的“渐变工具”，在蒙版中改变图层的不透明度，如图6-30所示。

图6-30 制作高光

13 绘制横幅。单击工具栏中的“钢笔工具”按钮，在选项栏中选择工具的模式为“路径”，绘制形状，按Ctrl+Enter组合键将路径转换为选区，并填充黑色，如图6-31所示。

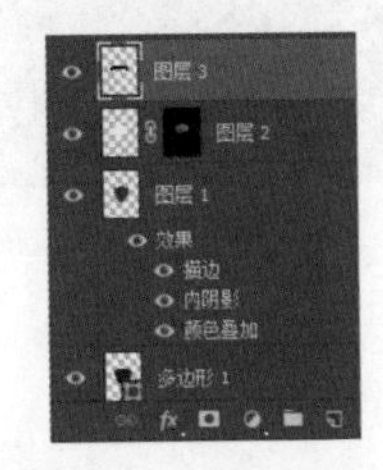

图6-31 绘制横幅

14 添加描边。在图层执行“添加图层样式→描边”，打开“图层样式”面板，调整“结构”参数，大小为2像素，位置为“外部”，混合模式为“正常”，不透明度为100%，然后设置填充类型为“渐变”，样式为“线性”，角度为90度，如图6-32所示。

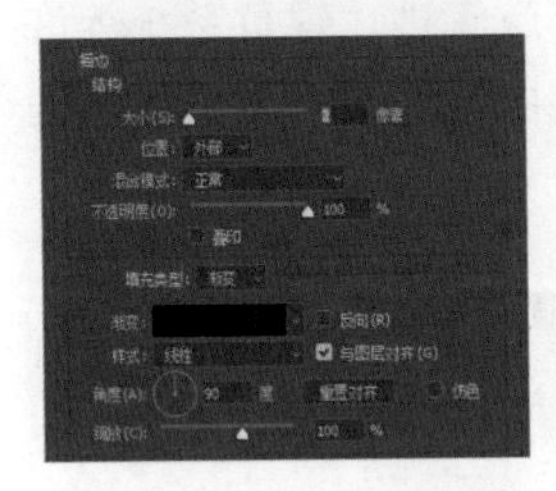

图6-32 添加描边

15 颜色叠加。在打开的“图层样式”面板选择“颜色叠加”，设置混合模式为“正常”，颜色为#262626，不透明度为55%，如图6-33所示。

图6-33 颜色叠加

16 添加渐变叠加。在打开“图层样式”面板选择“渐变叠加”，设置混合模式为“正常”，不透明度为91%，样式为“线性”，角度为0度，如图6-34所示。

图6-34 添加渐变叠加

17 绘制暗部。在背景图层上新建图层，单击工具栏中的“钢笔工具”按钮，在选项栏中选择工具的模式为“路径”，绘制形状，按Ctrl+Enter组合键将路径转换为选区，并填充颜色#2f322f，如图6-35所示。

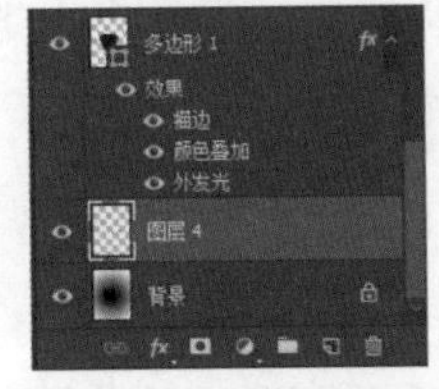

图6-35 绘制暗部

18 添加路径文字。单击工具栏中的“钢笔工具”，绘制字体路径，然后单击工具栏中的“横排文字工具”，在路径上添加文字“GUARANTEE”，字体为“Calibri”，字号为8点，颜色为#e6dcdc，如图6-36所示。

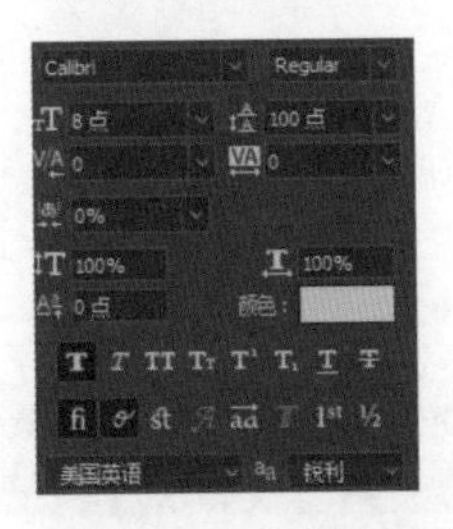

图6-36 添加路径文字

19 添加说明文字。单击工具栏中的“横排文字工具”，在路径上添加文字“100% PROTECTION”，字体为“Calibri”，字号为6点，颜色为#e6dcdc，如图6-37所示。

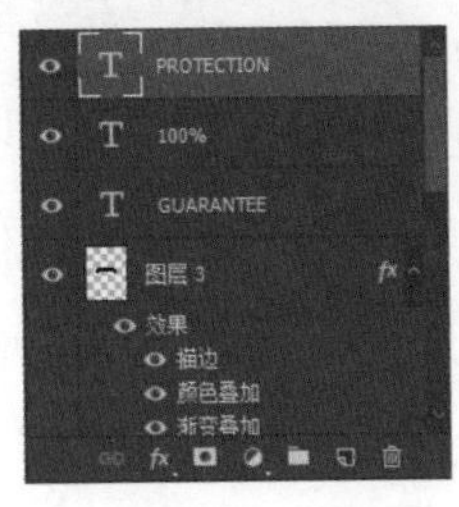

图6-37 添加说明文字

20 添加闪光。单击工具栏中的“画笔工具”，选择星星笔刷，调到合适的大小，新建图层，在图层上画出闪光点，如图6-38所示。

图6-38 添加闪光

6.4 案例：个性条形码设计

条形码也称条码，是将宽度不等的多个黑条（使条形码有粗细对比）按照一定的编码规则排列，用以表达一种信息的图形标识符。条形码在商品流通、图书管理、邮政管理、银行系统等许多领域都得到了广泛的应用。例如超市中的商品包装上都会有相应的条形码，通过扫码可以了解商品信息。

6.4.1 设计构思

本例制作的是条形码图标。首先通过杂色、动感模糊和色阶使画面中形成宽度不等的多个黑条，再利用“钢笔工具”绘制个性图案，最后加上编码来生成我们需要的条形码，如图6-39所示。

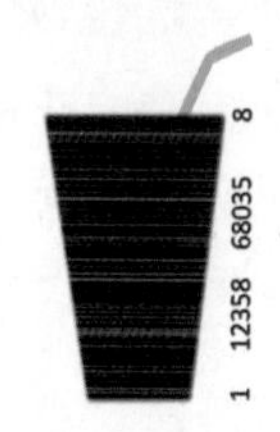

图6-39 个性条形码效果

6.4.2 操作步骤

01 新建文件。执行“文件→新建”命令，在弹出的“新建”对话框中创建400×260像素的文档，背景内容为“白色”，完成后单击“创建”按钮，如图6-40所示。

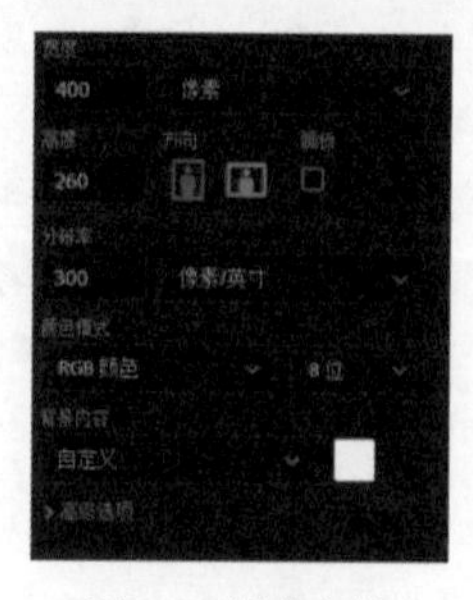

图6-40 新建文件

02 添加杂色。执行“滤镜→杂色→添加杂色”，然后设置参数，数量为150%，分布为“平均分布”，如图6-41所示。

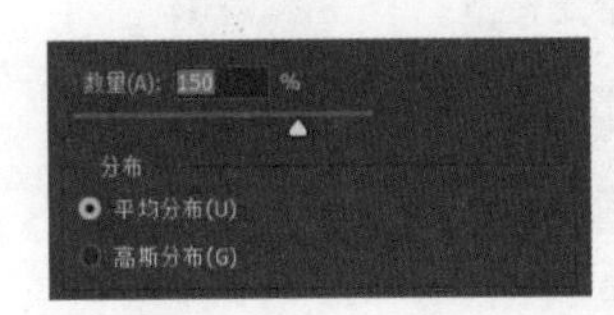

图6-41 添加杂色

03 动感模糊。执行“滤镜→模糊→动感模糊”，设置角度为90度，距离为1542像素，如图6-42所示。

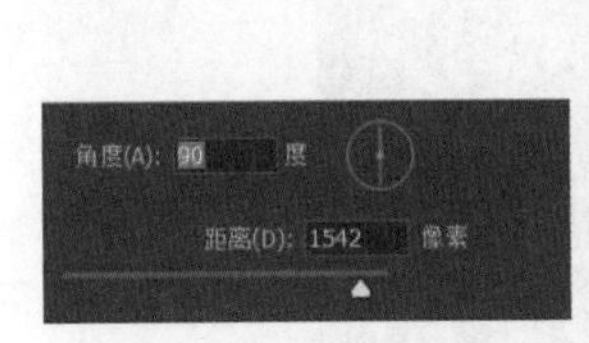

图6-42 动感模糊

04 调整亮度和对比度。单击图层缩略图下的“创建新的调整或填充图层→亮度/对比度”，设置参数亮度为-69，对比度为100，如图6-43所示。

图6-43 调整亮度和对比度

05 调整亮度和对比度。单击图层缩略图下的“创建新的调整或填充图层→色阶”，设置参数，如图6-44所示。

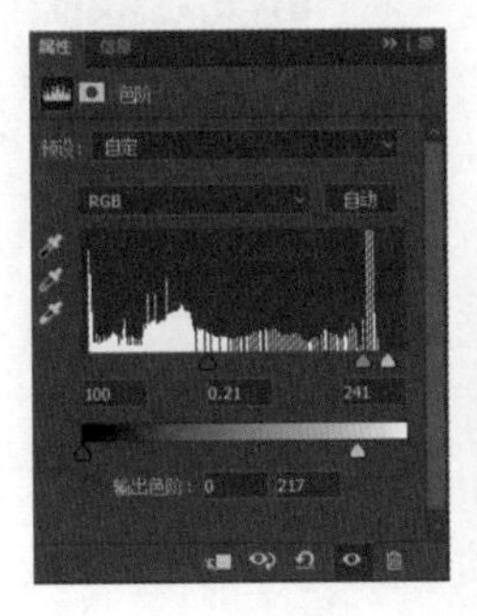

图6-44 调整亮度和对比度

06 盖印图层。按Ctrl+Shitf+Alt+E组合键盖印当前图层，并将图层命名为“条形码”，如图6-45所示。

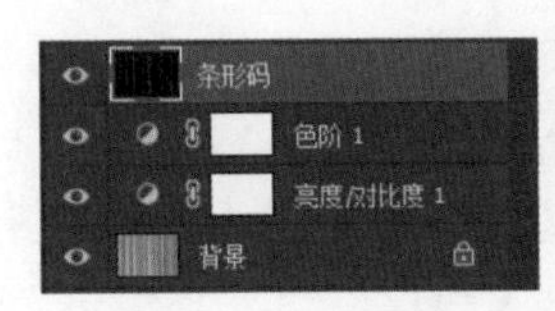

图6-45 盖印图层

07 新建文件。执行“文件→新建”命令，在弹出的“新建”对话框中创建600×800像素的文档，背景内容为“白色”，完成后单击“创建”按钮，将上个文件中的“条形码”图层拖曳到当前文件中，如图6-46所示。

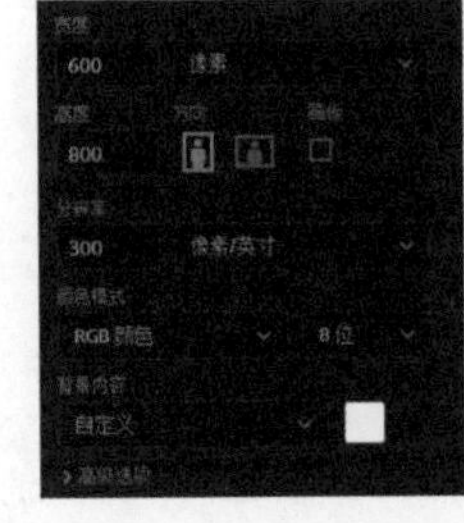

图6-46 新建文件

08 执行“编辑→变换→顺时针选择90度”，将条形码图层旋转方向，如图6-47所示。

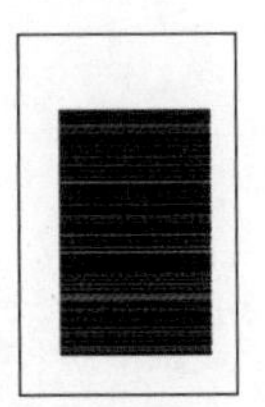

图6-47 旋转方向

09 在背景图层上方新建图层，单击工具栏中的“多边形套索工具”，绘制选区，填充黑色，如图6-48所示。

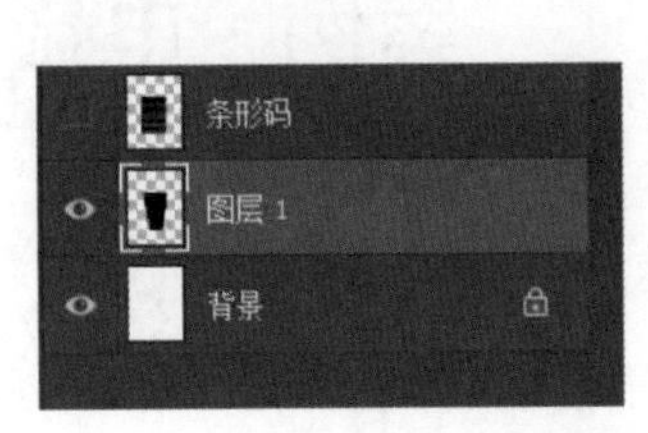

图6-48 新建图层

10 在“条形码”图层右击选择“创建剪贴蒙版”，单击工具栏中的“竖排文字工具”，输入数字，如图6-49所示。

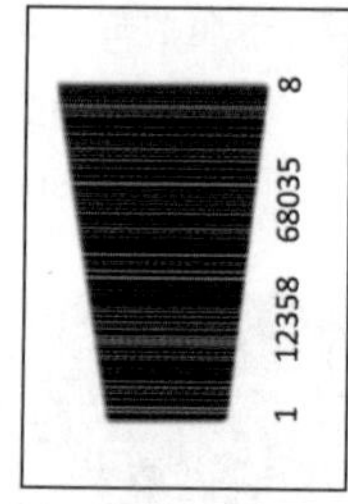

图6-49 输入数字

11 绘制形状。单击工具栏中的“钢笔工具”，在选项栏中选择工具的模式为“形状”，设置填充为#28c6d1，绘制吸管形状，如图6-50所示。

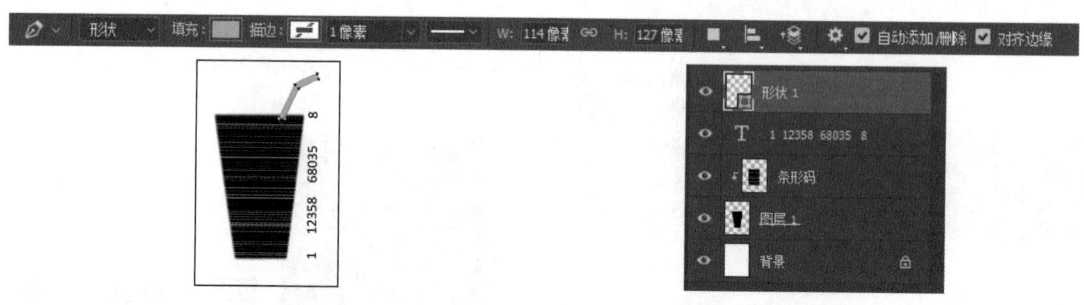

图6-50 绘制形状

12 将形状图层移动到“背景”图层上方，这样就绘制了个性的条形码，如图6-51所示。

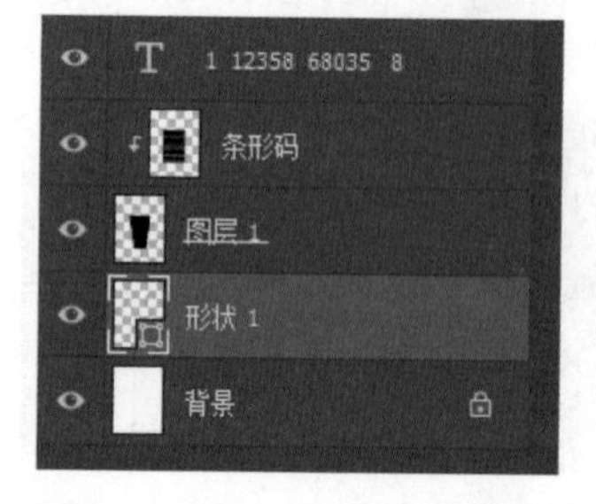

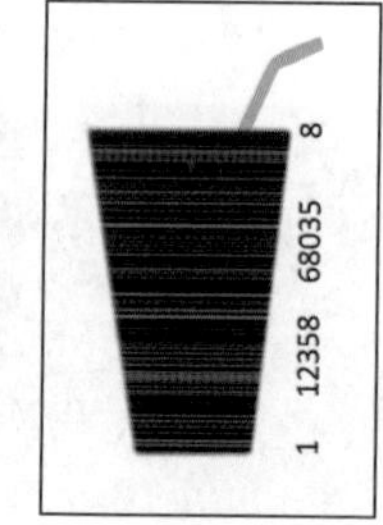

图6-51 最终效果

6.5 案例：电影宣传海报设计

宣传海报设计必须遵循一定的要求才能达到相应的宣传目的：应该紧扣主题，其中的说明文字要简洁明了，篇幅要短小精悍，特别是一些活动类的海报一定要写明活动的地点、时间及主要内容。在线上购物的App中，我们可以看到很多商品宣传海报，或者一些直播带货的海报，效果如图6-52所示。

图6-52 宣传海报示例

6.5.1 设计构思

本例制作的是一个电影的宣传海报，主题为蜘蛛侠，背景为城市，还有一些碎片玻璃作为海报特色的元素来点缀，文字添加为金属质感，令整个海报看起来更有画面感，效果如图6-53所示。

图6-53 电影宣传海报效果

6.5.2 操作步骤

01 打开文件。首先新建一个600×800像素的空白文件，然后执行“文件→打开”，在弹出的窗口中选择“城市.jpg”图片，单击“确定”按钮关闭文件选择窗口，打开背景图片，将背景图拉入新建好的PSD文档中，接着将背景图片拉到适合的大小，并且将画面拉至需要显示的部分，如图6-54所示。

图6-54 打开文件

02 添加主题人物。执行“文件→打开”，在弹出的窗口中选择“蜘蛛侠.png”图片，单击“确定”按钮关闭文件选择窗口，将蜘蛛侠拉入海报的正中央，如图6-55所示。

图6-55 添加主题人物

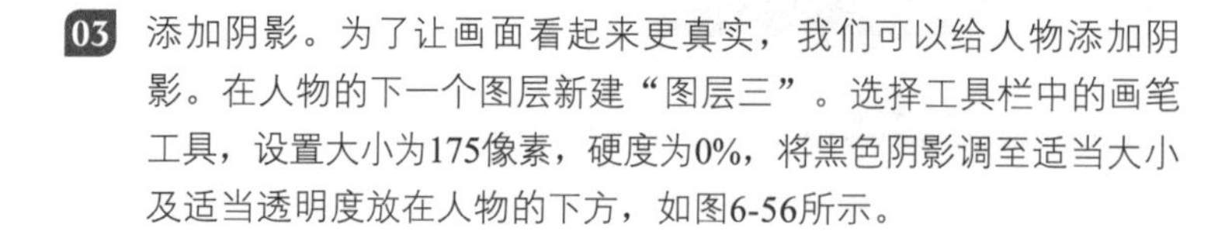

03 添加阴影。为了让画面看起来更真实，我们可以给人物添加阴影。在人物的下一个图层新建“图层三”。选择工具栏中的画笔工具，设置大小为175像素，硬度为0%，将黑色阴影调至适当大小及适当透明度放在人物的下方，如图6-56所示。

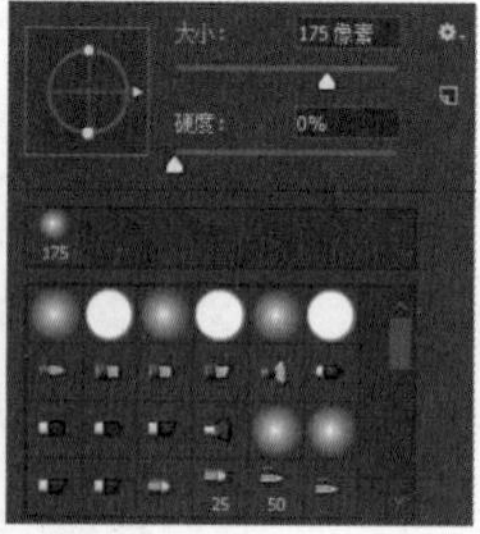

图6-56 添加阴影

04 添加玻璃碎片元素。执行“文件→打开”，在弹出的窗口中选择“蜘蛛侠.png”图片，单击“确定”按钮关闭文件选择窗口，将图片拉入海报中，选择正片叠底，调整到适合的位置，如图6-57所示。

图6-57 添加玻璃碎片元素

05 调整背景色调。选中背景图层，按Ctrl+U组合键调整背景的色调，突出主题人物，使整体画面更和谐，如图6-58所示。

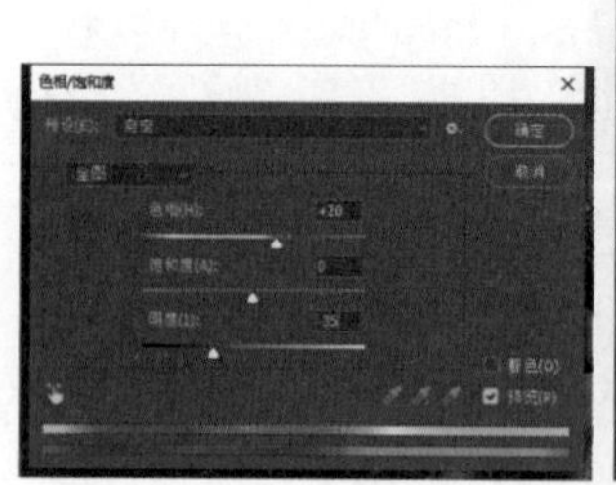

图6-58 调整背景色调

06 添加文字。选择文字工具，添加文字“spider man”，设置字体大小为60像素，字体类型为ARIAL，粗细为Regular，颜色为白色，如图6-59所示。

图6-59 添加文字

07 添加金属效果。打开“金属.jpg”，将金属图片移到文字图层的上一层，选中金属图层，按Ctrl+Alt+G组合键创建剪切蒙版，如图6-60所示。

图6-60 添加金属效果

CHAPTER 07

第 7 章

App UI按钮设计

本章导读

开关是App操控的重要部件，App控件包含按钮、开关、点击图标等。本章主要收录了5个开关、按钮的实战案例，涉及图形的绘制、质感的表现等实用设计方法。通过这些练习，可以帮助读者制作出各类完美的控件效果。

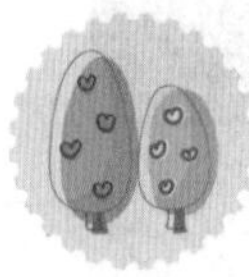

关键知识点

- 控件制作
- 如何设计按钮
- 金属质感的体现
- 半透明质感的体现
- 立体质感的体现

7.1 UI 设计师必备技能之按钮设计

一个完整的App包括四大类：各种“栏”、内容视图、控制元素以及临时视图。内容视图中又包括列表视图、卡片视图、集合视图、图片视图以及文本视图。卡片是列表的一种，主要的特点是，普通列表的内容更单一简洁，而卡片呈现的内容更丰富，比如有封面、标题、简介、链接、操作按钮（评论、点赞等），内容与内容之间模块化，每个卡片更独立清晰。设计按钮的方法有很多，但是基本准则只有那么几种。设计按钮时，除了考虑美观感方面的视觉效果外，还要根据它们的用途来进行一些人性化的设计，比如分组、醒目、用词等。下面简单给出按钮设计的几点重要建议。

7.1.1 关系分组按钮

可以把有关联的按钮放在一起，这样画面有统一的感觉。图7-1红框内是并联按钮的效果。

图7-1 并联按钮的效果

7.1.2 层级关系

把没有关联的按钮拉开一定距离，这样既好区分，又可以体现出层级关系，如图7-2所示的Messages和Calendar按钮就是这样。

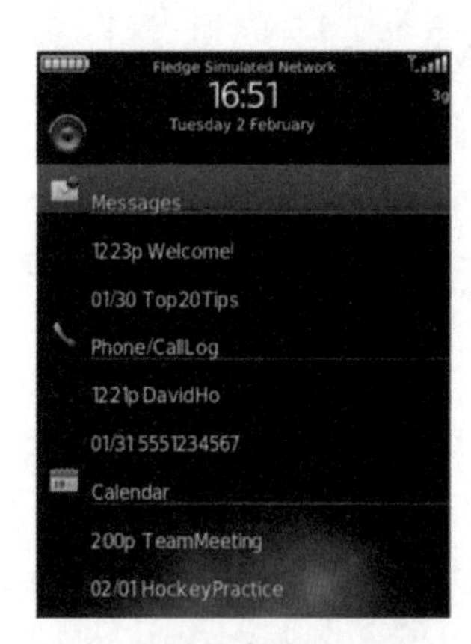

图7-2 Messages和Calendar按钮

7.1.3 善用阴影

阴影能产生视觉对比，可以引导用户看更加明亮的地方，如图7-3所示。

图7-3 阴影效果

7.1.4 圆角边界

用圆角来定义边界不仅清晰，还很明显，而直角通常被用来“分割”内容，如图7-4所示。

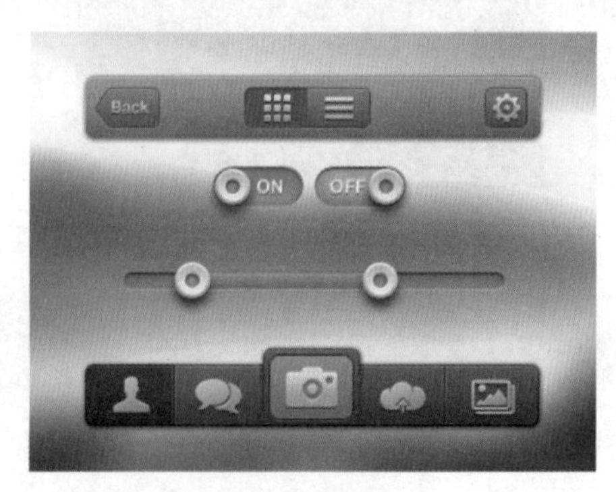

图7-4 圆角效果

7.1.5 强调重点

同一级别的按钮，我们要突出设计最重要的那个，例如图7-5下面最左边的按钮。

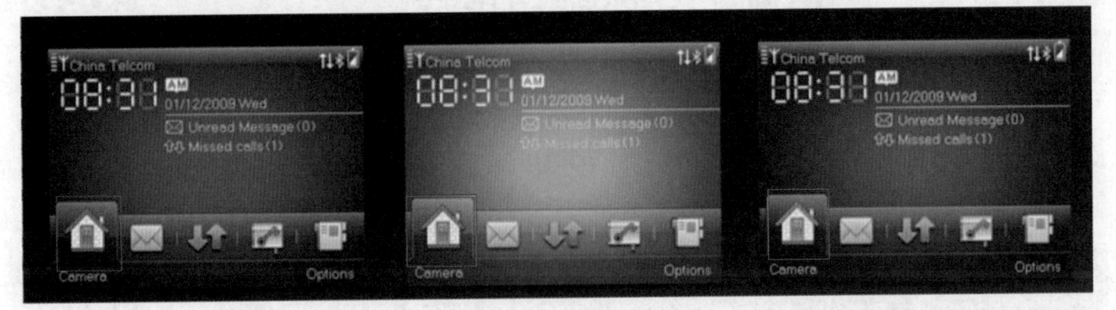

图7-5 空出重要按钮

7.1.6 按钮尺寸

设计时尽量加大触摸点击面积，因为块状按钮的触摸面积相对较大，会让用户点击变得更加容易，如图7-6所示。

图7-6 调整触摸点击面积

7.1.7 表述必须明确

当用户看到“确定”“取消”以及“是”“否”等提示按钮的时候，需要思考两次才能确认；如果看到“保存”“付款”“提交”等提示按钮，则可以直接拿定主意进行操作。所以，按钮表述必须明确，如图7-7所示。

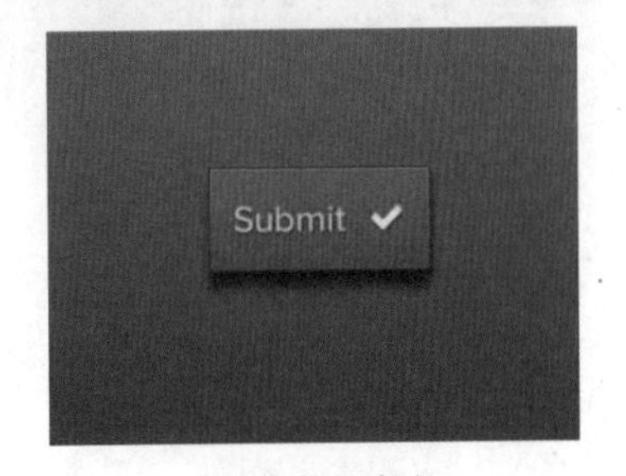

图7-7 按钮表述

7.2 案例：立体旋钮设计

旋钮是边缘刻有一个或一系列标号的普通圆形突出物、圆盘或标度盘，可将其旋转或推进推出，以此启动并操纵或控制某物。旋钮在生活中随处可见，以旋钮为设计主题的作品大多是写实的、逼真的。在很多音乐App中常见的音量条件按钮有很多就是以立体旋钮设计的。

7.2.1 设计构思

本例中这个立体感十足的黑色旋钮的灵感来自于生活中随处可见的旋钮开关。设计师采用写真的方法绘制旋钮，首先绘制整个按钮的形状整体为原型，再通过绘制小的圆形作为旋钮的刻度，最后添加各图形的图层样式完成旋钮的设计，如图7-8所示。

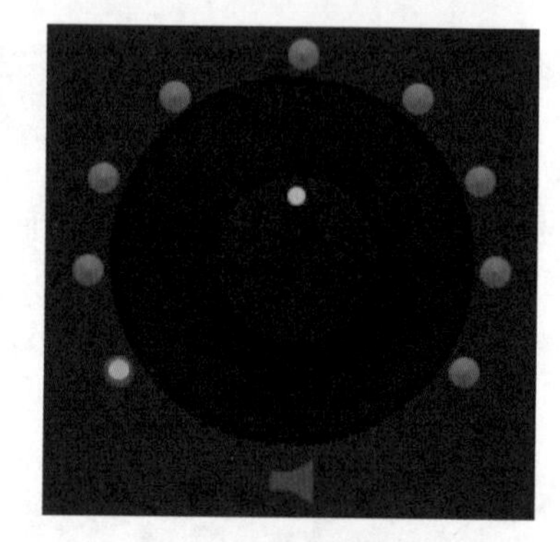

图7-8 立体旋钮效果

7.2.2 操作步骤

01 新建文件。执行“文件→新建”命令，在弹出的“新建”对话框中，创建400px×300px、背景色为#2b2a2f的空白文档，完成后单击“创建”按钮结束操作，如图7-9所示。

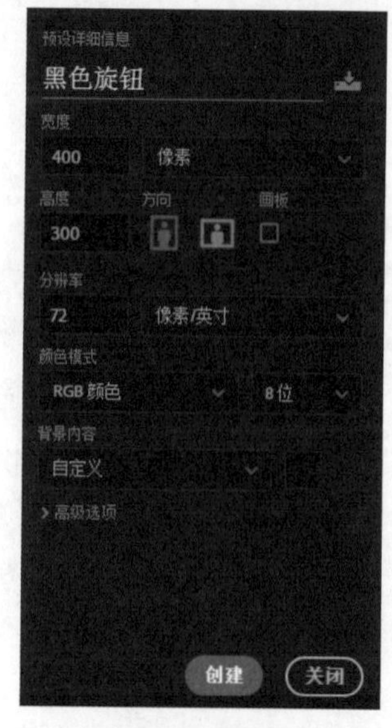

图7-9 新建文件

02 添加杂色。执行“滤镜→杂色→添加杂色”命令，设置参数，添加杂色效果，如图7-10所示。

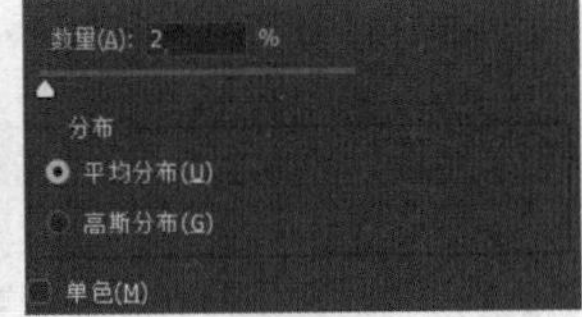

图7-10 添加杂色

03 添加正圆。单击工具栏中的“椭圆工具”按钮，在选项栏中选择工具的模式为“形状”，设置填充为白色，按住Shift键在页面中绘制正圆，如图7-11所示。

图7-11 添加正圆

04 添加描边。执行“添加图层样式fx→描边”，设置参数，添加描边效果，如图7-12所示。

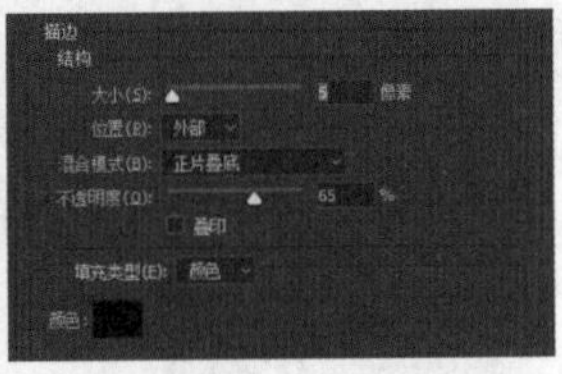

图7-12 添加描边

05 添加正圆。单击工具栏中的“椭圆工具”按钮，在选项栏中选择工具的模式为“形状”，设置填充为白色，按住Shift键在页面中绘制正圆，如图7-13所示。

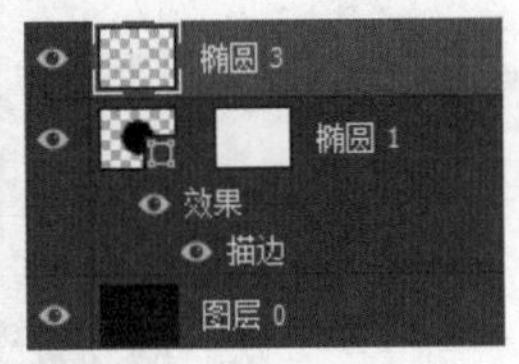

图7-13 添加正圆

06 添加渐变叠加。执行“添加图层样式fx→渐变叠加”，设置参数，添加渐变叠加效果，如图7-14所示。

图7-14 添加渐变叠加

07 添加描边。执行“添加图层样式fx→描边”，设置参数，添加描边效果，如图7-15所示。

图7-15 添加描边

08 添加外发光。执行“添加图层样式fx→外发光”，设置参数，添加外发光效果，如图7-16所示。

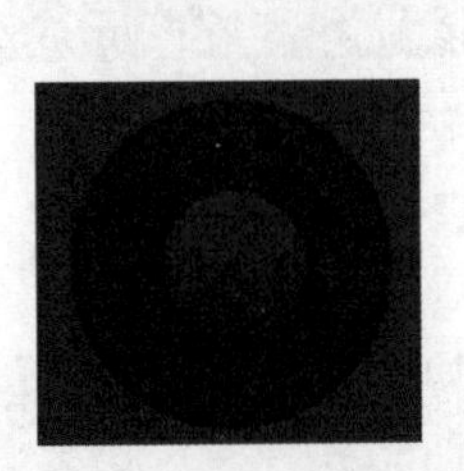
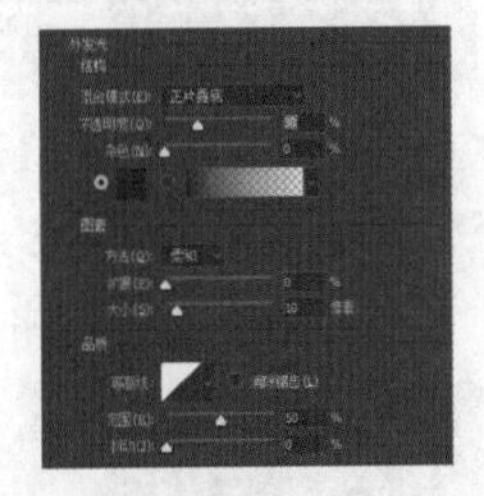

图7-16 添加外发光

09 添加内阴影。执行“添加图层样式fx→内阴影”，设置参数，添加内阴影效果，如图7-17所示。

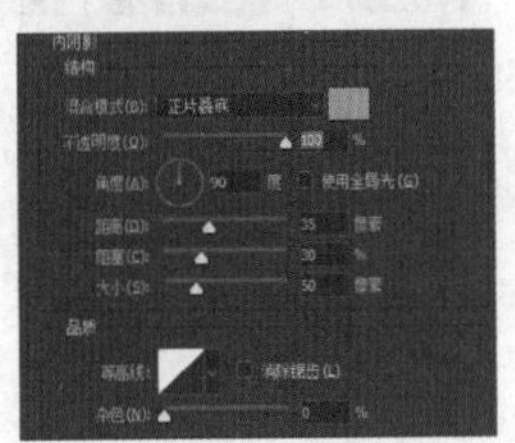

图7-17 添加内阴影

10 添加投影。执行“添加图层样式fx→投影”，设置参数，添加投影效果，如图7-18所示。

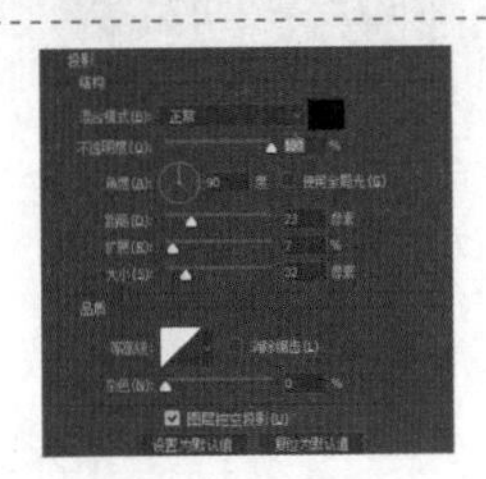

图7-18 添加投影

11 添加正圆。单击工具栏中的“椭圆工具”按钮，在选项栏中选择工具的模式为“形状”，设置填充为白色，按住Shift键在页面中绘制正圆，如图7-19所示。

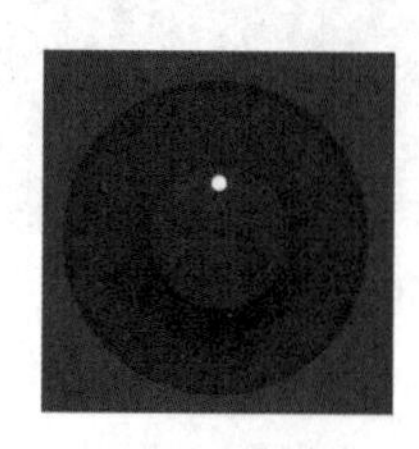
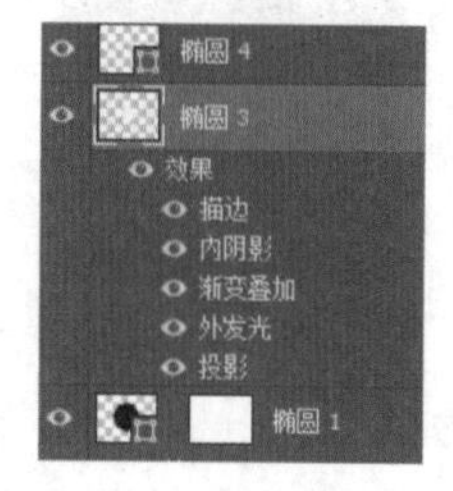

图7-19 添加正圆

12 添加投影。执行“添加图层样式 fx →投影”，设置参数，添加投影效果，如图7-20所示。

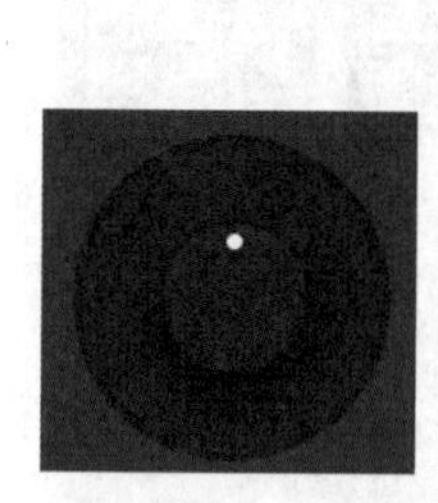
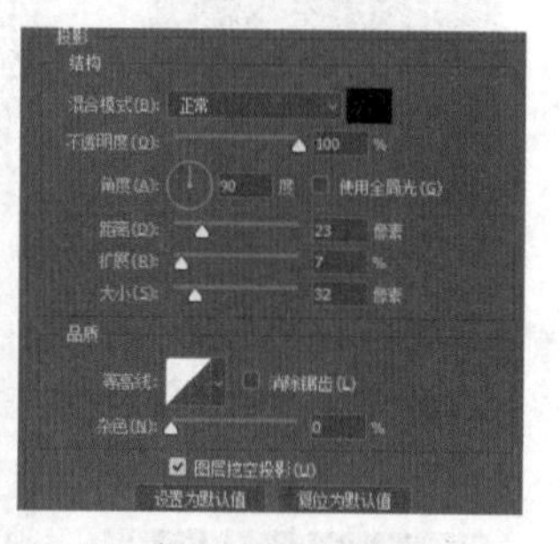

图7-20 添加投影

13 添加描边。执行“添加图层样式 fx →描边”，设置参数，添加描边效果，如图7-21所示。

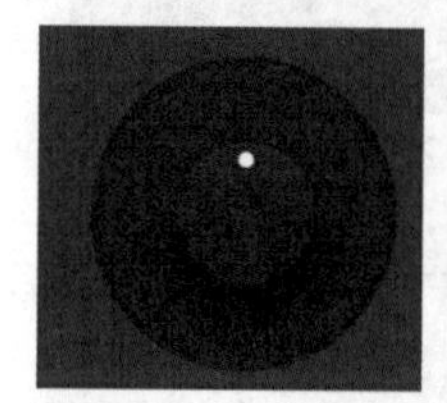
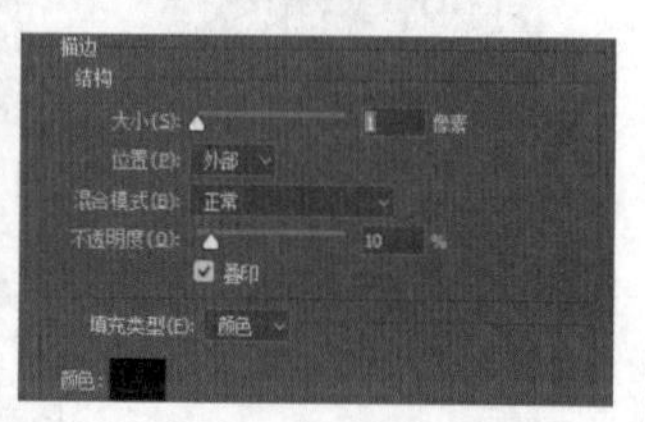

图7-21 添加描边

14 添加外发光。执行“添加图层样式 fx →外发光”，设置参数，添加外发光效果，如图7-22所示。

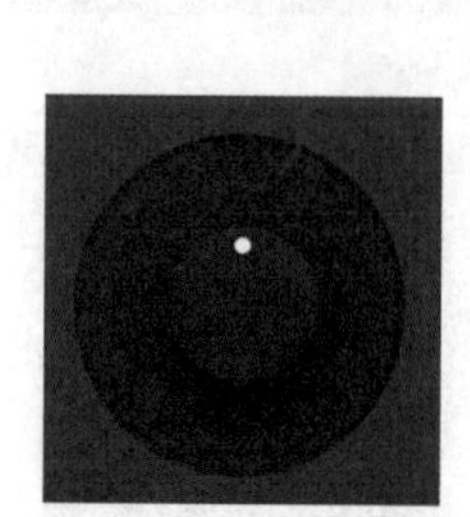
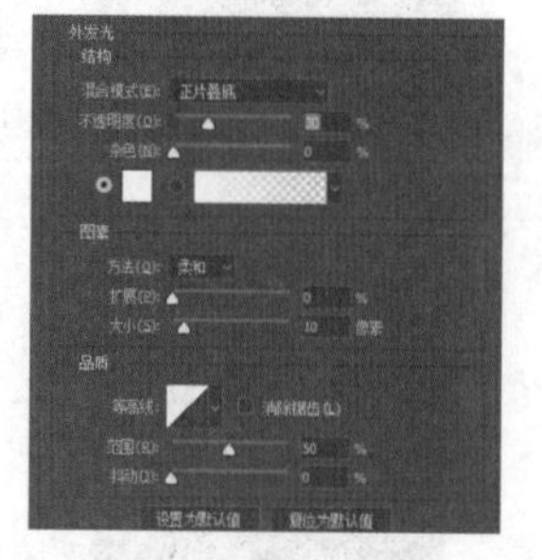

图7-22 添加外发光

15 添加光泽。执行“添加图层样式 fx →光泽”，设置参数，添加光泽效果，如图7-23所示。

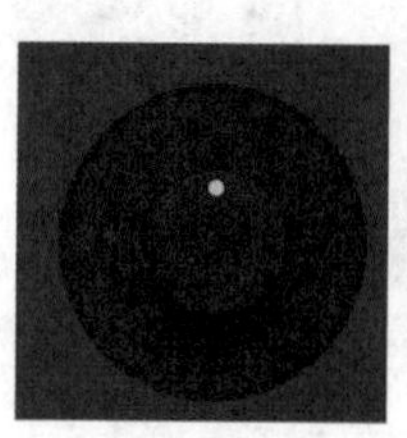
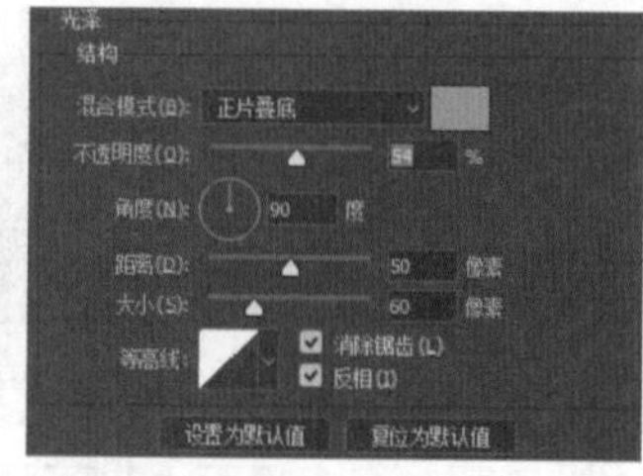

图7-23 添加光泽

16 绘制矩形。单击工具栏中的“矩形工具”，在选项栏中选择工具模式的“形状”，设置填充颜色为#555555，如图7-24所示。

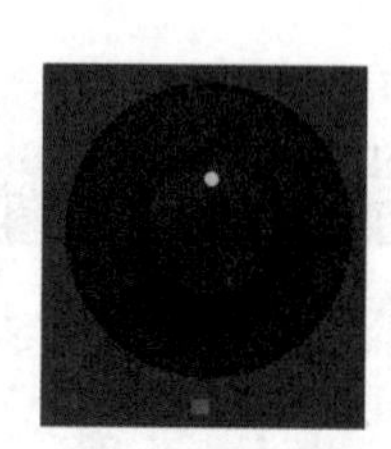
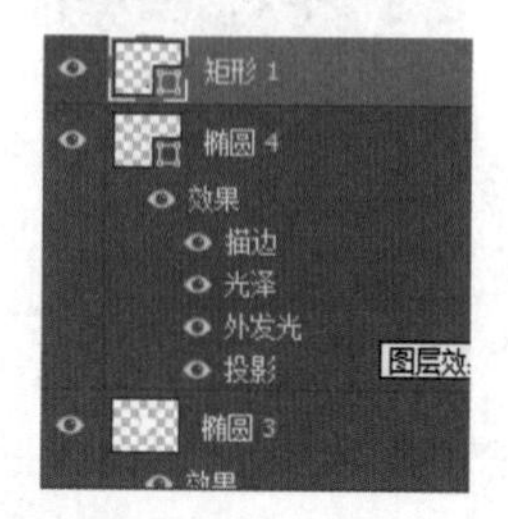

图7-24 绘制矩形

17 绘制三角形。单击工具箱中的“多边形工具”，在选项栏中选择工具模式为“形状”，设置填充色为#555555，如图7-25所示。

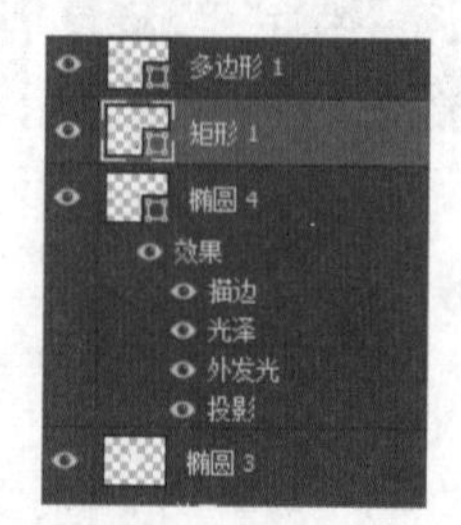

图7-25 绘制三角形

18 合并图形。按住Ctrl键，选中矩形和多边形图层，右击，选择合并图形，将两个图形合并，如图7-26所示。

图7-26 合并图形

19 添加正圆。单击工具栏中的“椭圆工具”按钮，在选项栏中选择工具的模式为“形状”，设置填充为白色，按住Shift键在页面中绘制正圆，如图7-27所示。

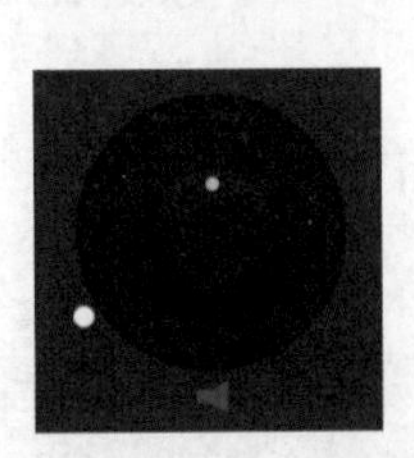

图7-27 添加正圆

20 添加渐变叠加。执行“添加图层样式 fx →渐变叠加”，设置参数，添加渐变叠加效果，如图7-28所示。

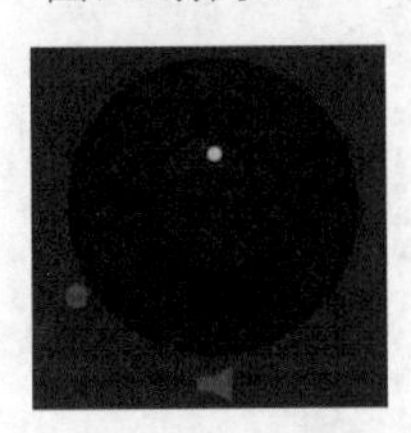
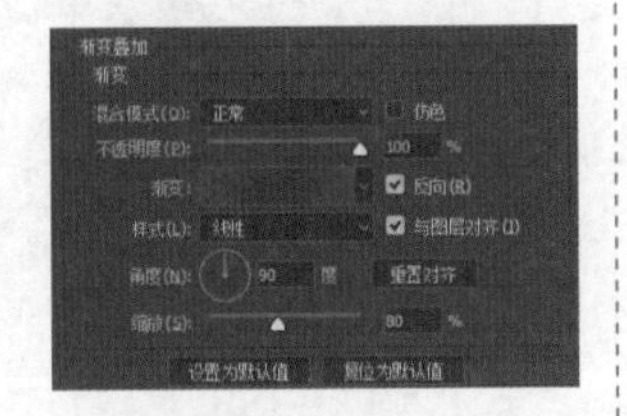

图7-28 添加渐变叠加

21 添加投影。执行“添加图层样式 fx →投影”，设置参数，添加投影效果，如图7-29所示。

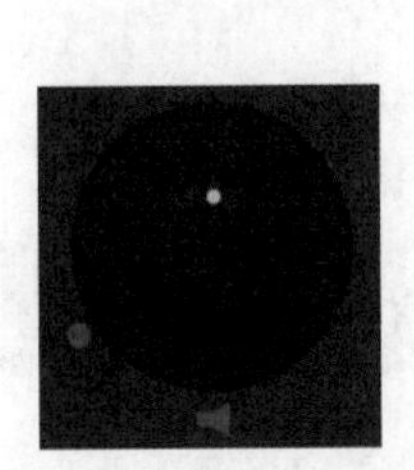
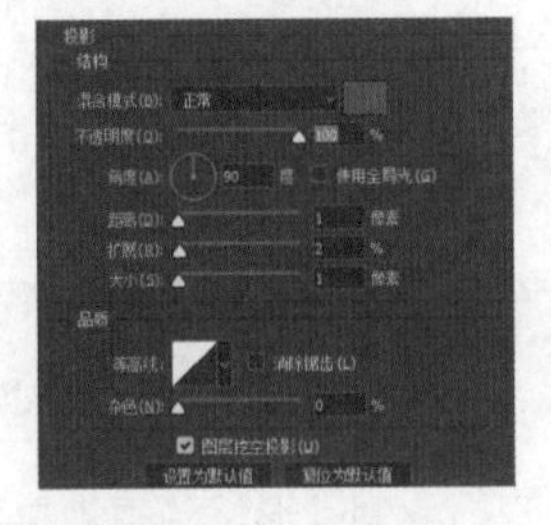

图7-29 添加投影

22 添加正圆。单击工具栏中的“椭圆工具”按钮，在选项栏中选择工具的模式为“形状”，设置填充为白色，按住Shift键在页面中绘制正圆，如图7-30所示。

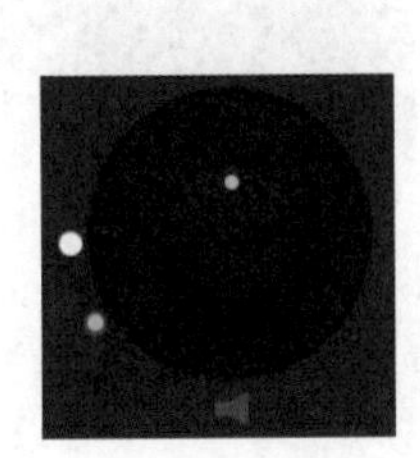
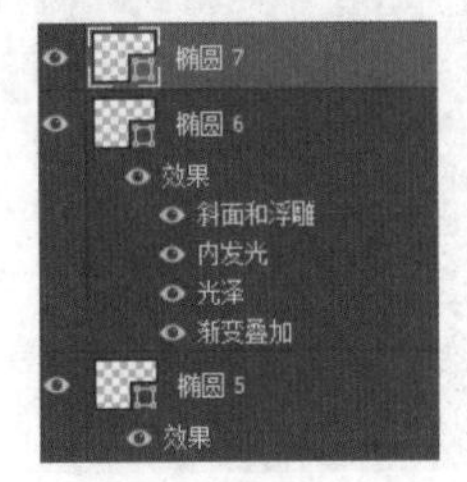

图7-30 添加正圆

23 添加渐变叠加。执行“添加图层样式 fx →渐变叠加”，设置参数，添加渐变叠加效果，如图7-31所示。

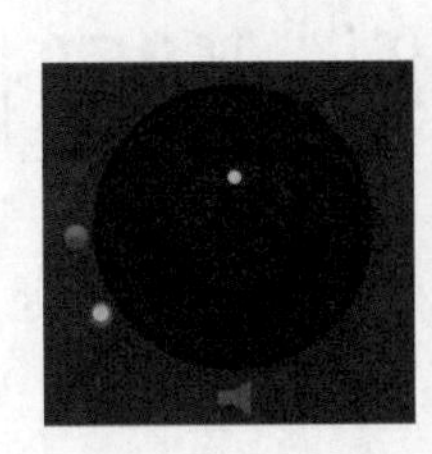
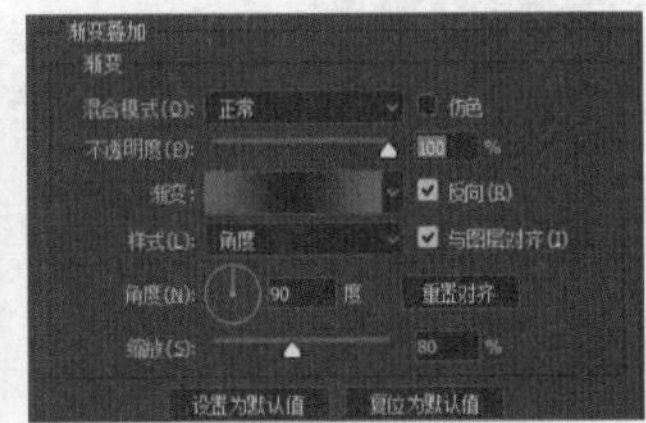

图7-31 添加渐变叠加

24 添加光泽。执行“添加图层样式 fx →光泽”，设置参数，添加光泽效果，如图7-32所示。

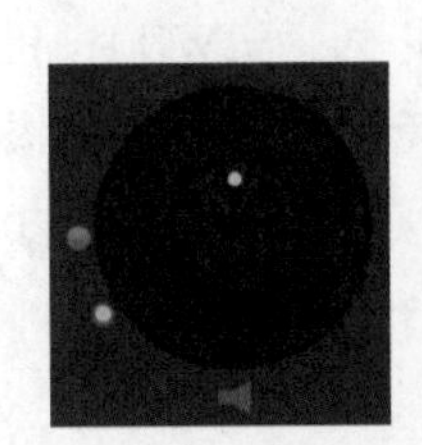
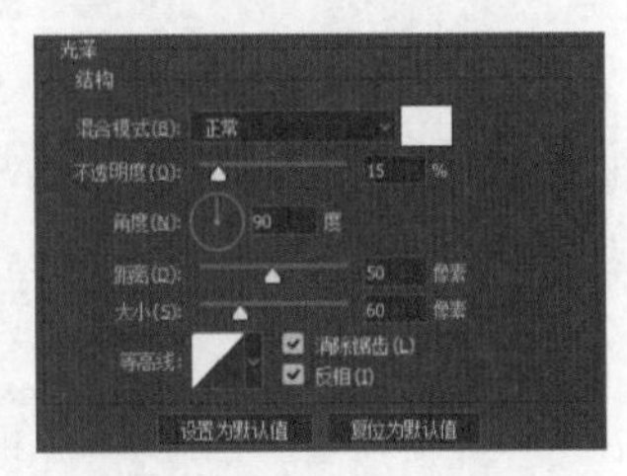

图7-32 添加光泽

25 复制图层。单击“椭圆7”，按Ctrl+J组合键复制图层，并将其移动到相应的位置，如图7-33所示。

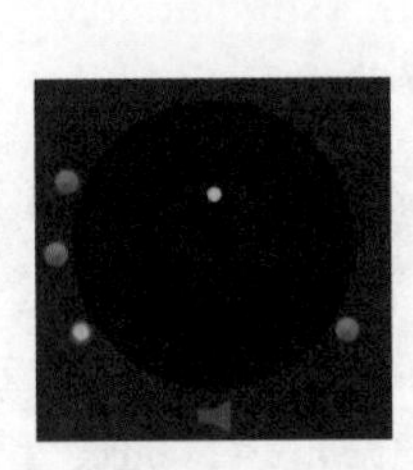
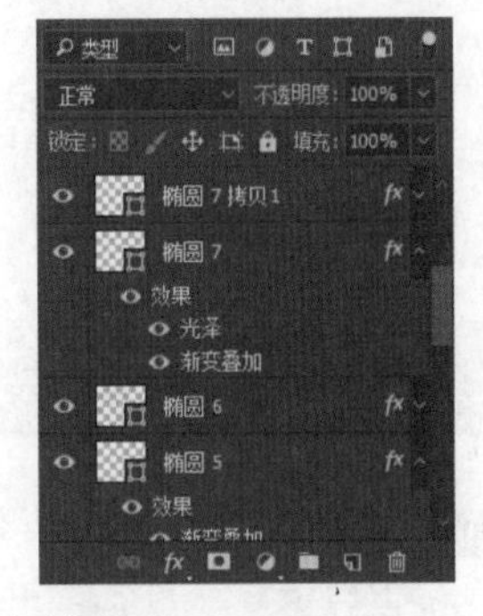

图7-33 复制图层

26 重复以上操作，最终效果如图7-34所示。

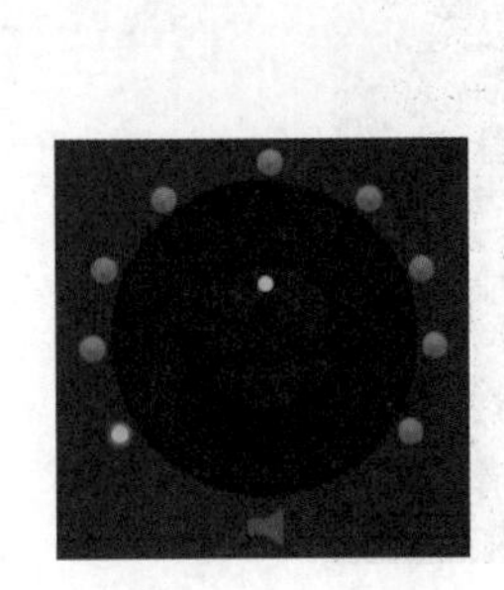

图7-34 最终效果

7.3 案例：WIFI 按钮设计

WIFI与我们的生活息息相关，在生活随处可见。以开关为设计灵感，需要先观察开关的构造，再加上自己的创意。

7.3.1 设计构思

本例是一个采用简约风格的手机WIFI按钮设计。设计师以WIFI按钮为创作灵感，其中添加渐变颜色，具备很好的视觉效果，让整个颜色图标更丰富，效果如图7-35所示。

图7-35 WIFI按钮效果

7.3.2 操作步骤

01 新建文件。执行“文件→新建”命令，在弹出的“新建”对话框中创建500px×500px、背景色为#cdffe3的文档，完成后单击“创建”按钮结束操作，如图7-36所示。

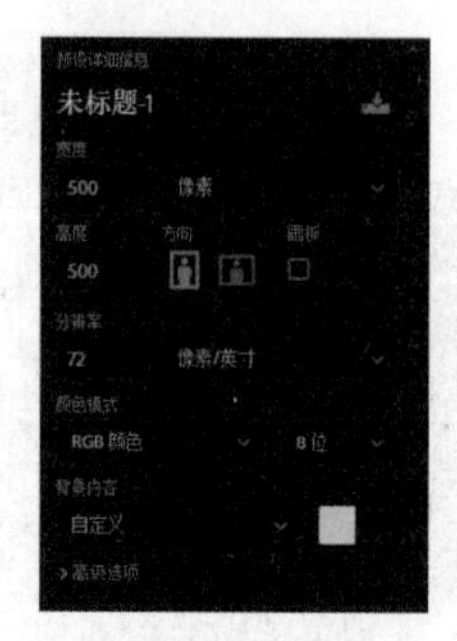

图7-36 新建文件

02 绘制圆形。单击工具栏中的“椭圆工具”，在选项栏中选择工具模式的“形状”，设置填充颜色为#969696，如图7-37所示。

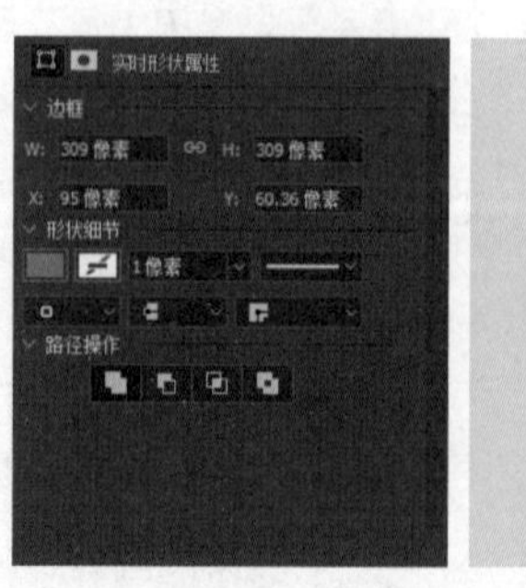

图7-37 绘制圆形

03 添加投影和内发光。执行“添加图层样式 fx →投影”，设置参数，添加投影效果，然后执行“添加图层样式 fx →内发光”，设置参数，添加内发光效果，如图7-38所示。

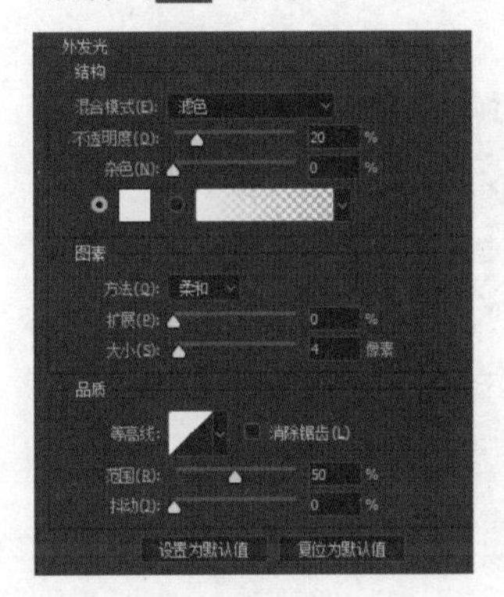

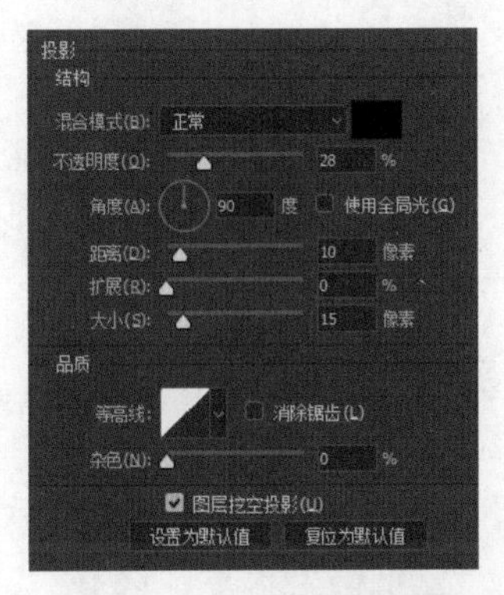

图7-38 添加投影和内发光

04 绘制同心椭圆。单击工具栏中的“椭圆工具”，在选项栏中选择工具模式为“形状”，设置填充颜色为#efefef，如图7-39所示。

图7-39 绘制同心椭圆

05 添加内阴影和内发光。执行“添加图层样式 fx →内阴影”，设置参数，添加内阴影效果，然后执行“添加图层样式 fx →内发光”，设置参数，添加内发光效果，如图7-40所示。

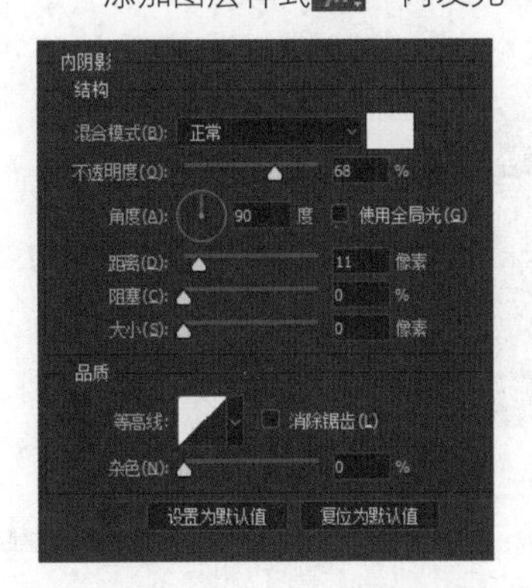

图7-40 添加内阴影和内发光

06 绘制椭圆。单击工具栏中的“椭圆工具”，在选项栏中选择工具模式为“形状”，设置填充颜色为#dfdad6，如图7-41所示。

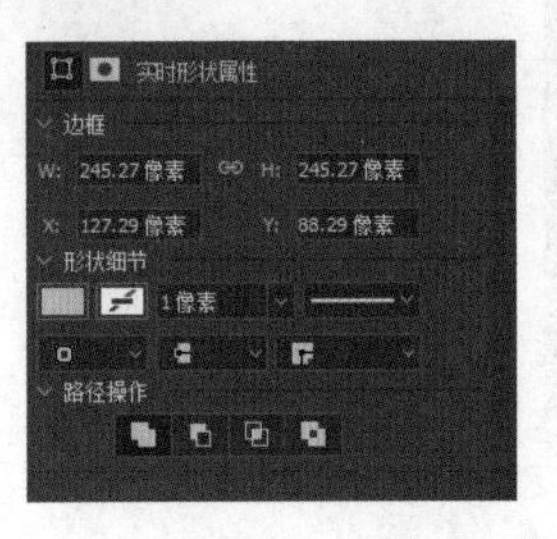

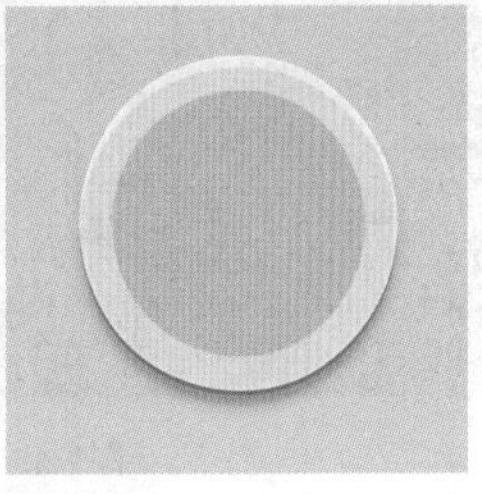

图7-41 绘制椭圆

07 添加内阴影。执行“添加图层样式 fx →内阴影”，设置参数，添加内阴影效果，如图7-42所示。

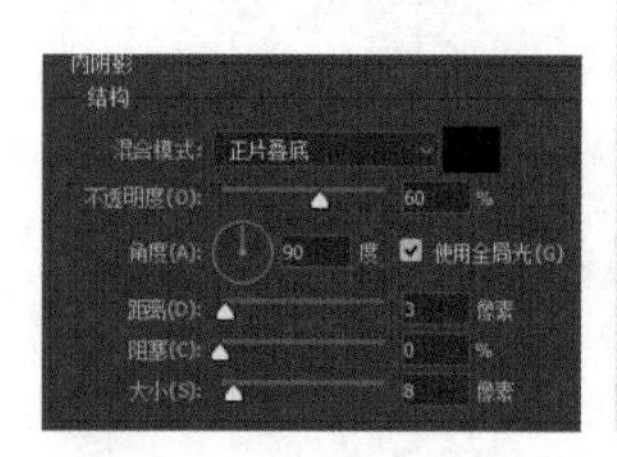

图7-42 添加内阴影

08 添加渐变叠加。执行“添加图层样式 fx →渐变叠加”，设置参数，添加渐变叠加效果，如图7-43所示。

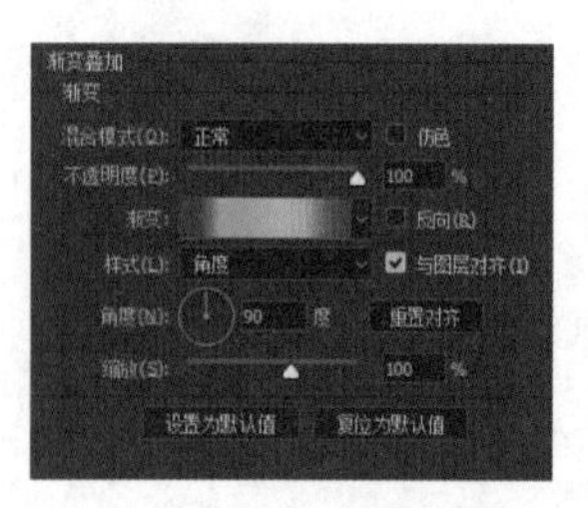

图7-43 添加渐变叠加

09 添加投影。执行“添加图层样式 fx →投影”，设置参数，添加投影效果，如图7-44所示。

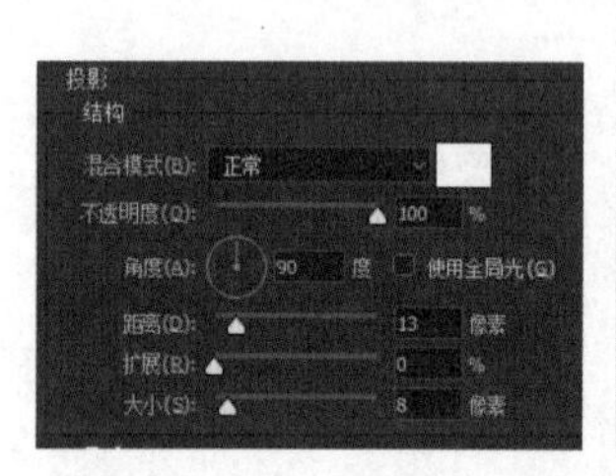

图7-44 添加投影

10 添加圆形。单击工具栏中的“椭圆工具”，在选项栏中选择工具模式为“形状”，设置填充颜色为渐变，如图7-45所示。

图7-45 添加圆形

11 添加外发光效果。执行“添加图层样式 fx →渐变叠加”，设置参数，添加渐变叠加效果，如图7-46所示。

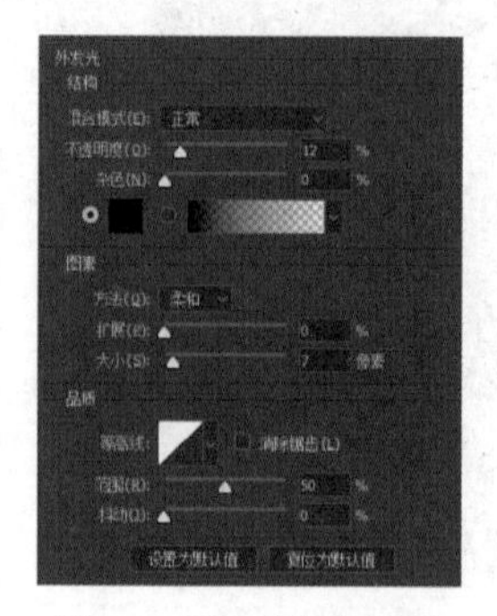

图7-46 添加外发光效果

12 添加投影。执行“添加图层样式 fx →投影”，设置参数，添加投影效果，如图7-47所示。

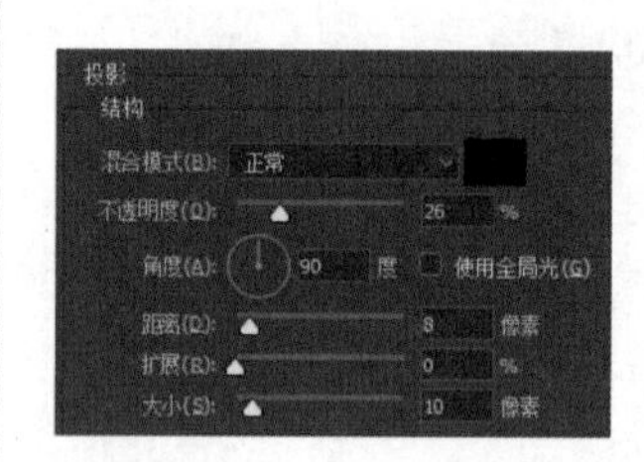

图7-47 添加投影

13 绘制圆形。单击工具栏中的“椭圆工具”，在选项栏中选择工具模式为“形状”，设置填充颜色为#f2f1ef，如图7-48所示。

图7-48 绘制圆形

14 添加渐变叠加。执行“添加图层样式 fx →渐变叠加”，设置参数，如图7-49所示。

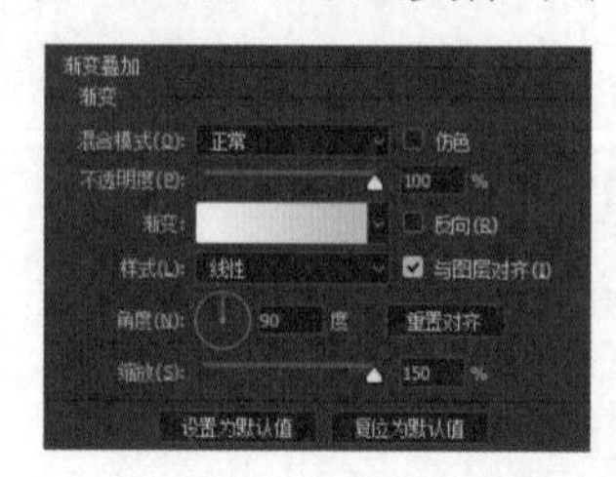

图7-49 添加渐变叠加

15 添加内阴影。执行“添加图层样式 fx →内阴影”，设置参数，添加内阴影效果，如图7-50所示。

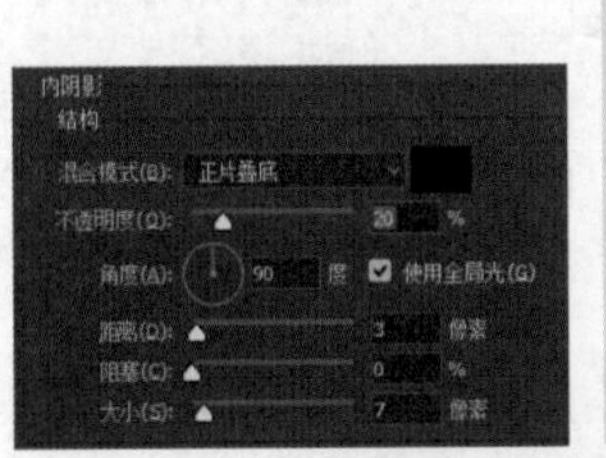

图7-50 添加内阴影

16 绘制WiFi形状。单击工具栏中的“椭圆工具”按钮，在选项栏中选择工具的模式为“形状”，设置填充色为#cbc7c4，然后使用形状之间的相减功能绘制一个WiFi形状，如图7-51所示。

图7-51 绘制WiFi形状

17 添加内阴影和投影效果。执行“添加图层样式 fx →内阴影”，设置参数，添加内阴影效果，然后执行“添加图层样式 fx →投影”，设置参数，添加投影效果，如图7-52所示。

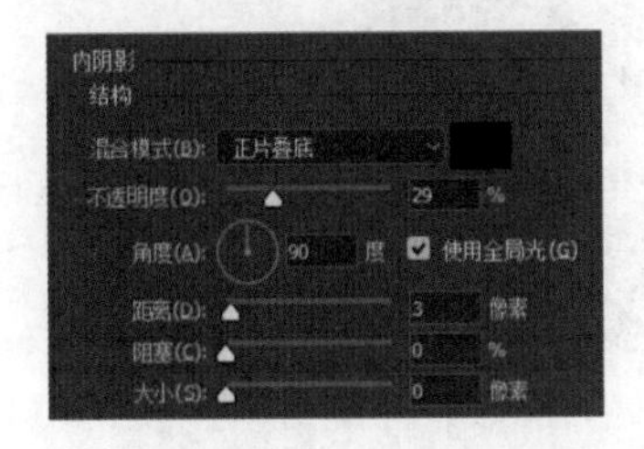

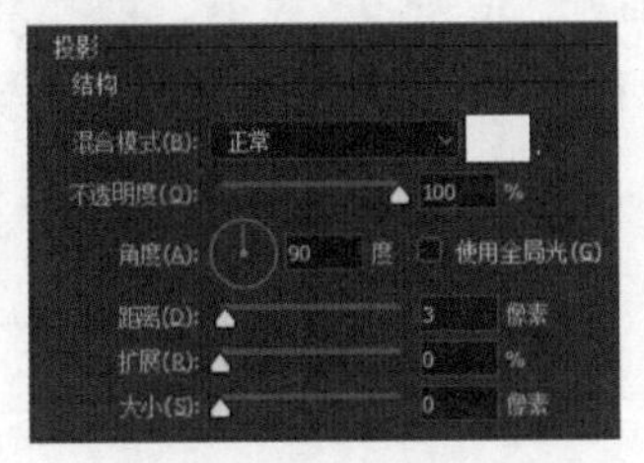

图7-52 添加内阴影和投影效果

18 添加渐变叠加。按Ctrl+J组合键复制WiFi形状图层，执行“添加图层样式 fx →渐变”，设置参数，添加渐变叠加，如图7-53所示。

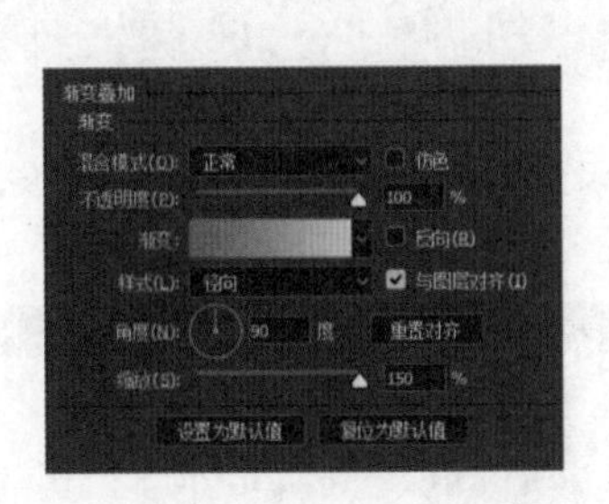
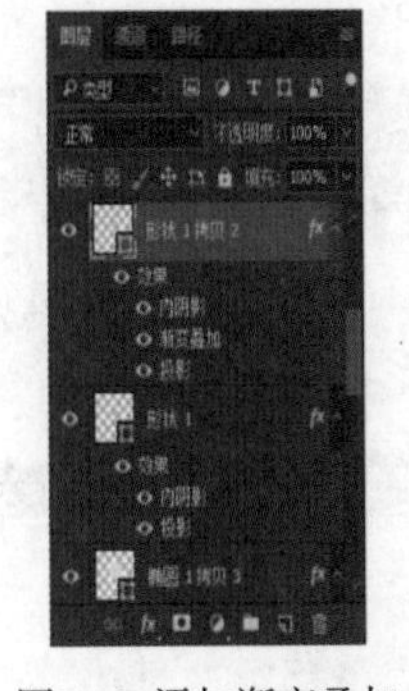

图7-53 添加渐变叠加

19 添加图层蒙版。创建“图层蒙版”，通过画笔擦掉形状的一部分，如图7-54所示。

图7-54 最终效果

7.4 案例：金属质感按钮设计

金属质感的按钮很常见，比如金立手机的WIFI按钮，这种图标给人一种高贵、大气的感觉。设计金属图标大多以简洁风格为主，可以说，越简单越受欢迎。本节主要介绍金属质感按钮的设计技巧。

7.4.1 设计构思

本例制作的是金属质感旋钮，利用渐变叠加使其具有金属色泽，并使其具有旋钮拉丝的金属效果，最后绘制按钮的其他细节，使按钮看起来更有质感，效果如图7-55所示。

图7-55 金属质感按钮

7.4.2 操作步骤

01 新建文件。执行“文件→新建”命令，在弹出的“新建”对话框中创建500px×500px、背景色为白色的空白文档，完成后单击“创建”按钮结束操作，如图7-56所示。

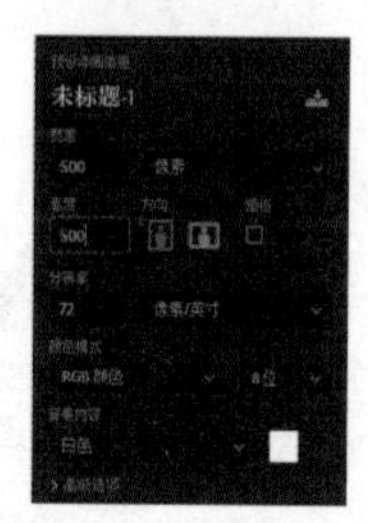

图7-56 新建文件

02 添加渐变。单击工具栏中的“渐变工具”按钮，将背景图层设置为两个角落为灰色、中间为白色的径向渐变，如图7-57所示。

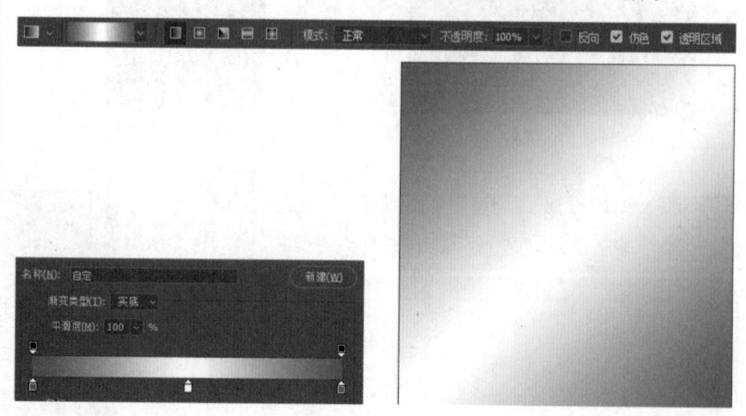

图7-57 添加渐变

03 添加杂色。按Ctrl+Alt+Shift+N组合键新建图层，将图层颜色填充为白色，然后执行“滤镜→杂色→添加杂色”，调整数值，选择“高斯分布”，勾选“单色”，单击“确定”按钮，如图7-58所示。

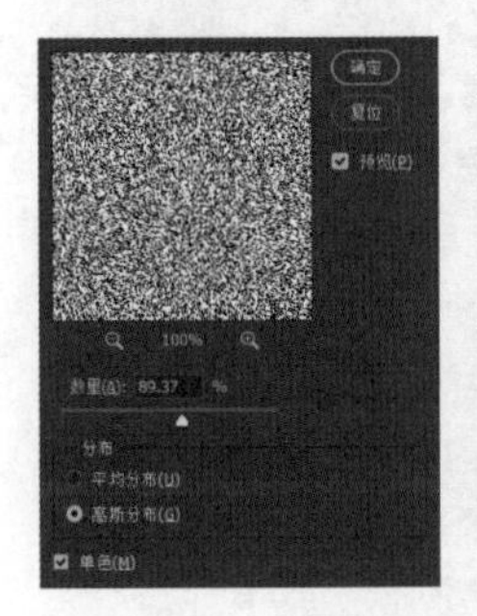

图7-58 添加杂色

04 添加动感模糊。执行“滤镜→模糊→动感模糊”，角度调为90度，距离拉到最大，单击“确定”按钮，然后设置图层透明度为40%，叠加效果，如图7-59所示。

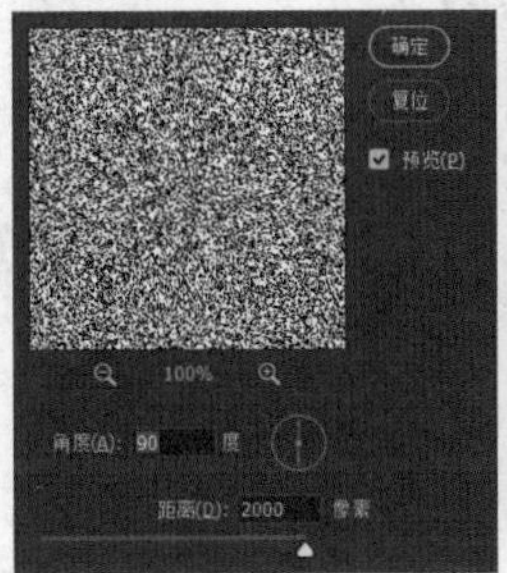
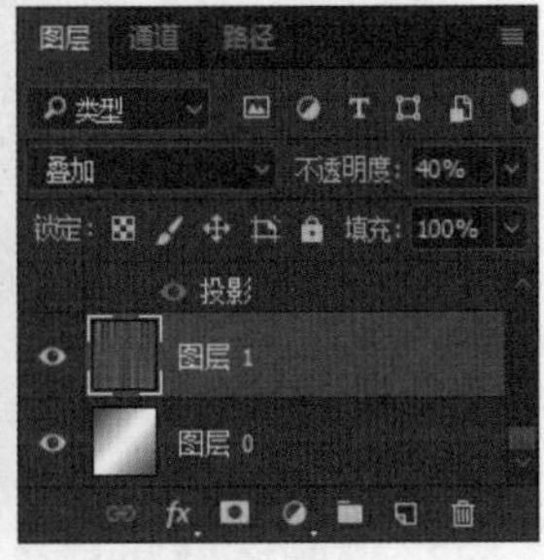

图7-59 添加动感模糊

05 添加圆形。单击工具栏中的“椭圆工具”按钮，选择“形状”，填充角度渐变颜色，按住Shift键在画布中央绘制正圆，如图7-60所示。

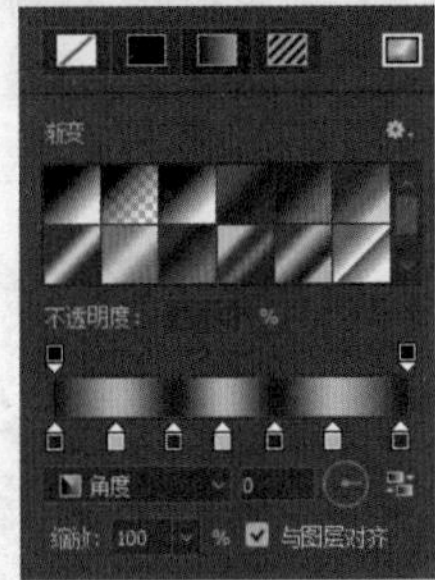
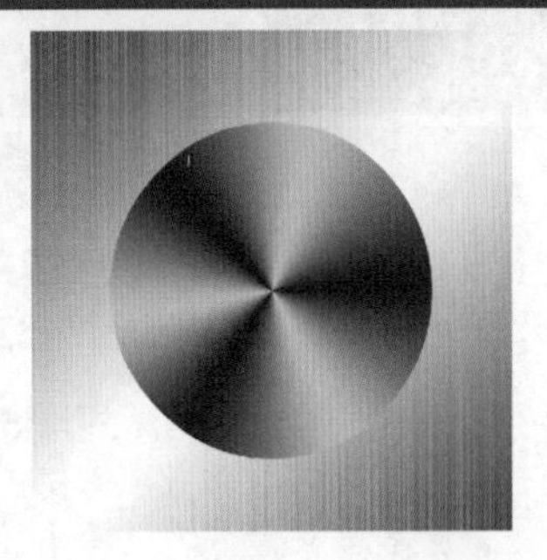

图7-60 添加圆形

06 添加投影。执行“添加图层样式 fx →投影”，设置参数，添加投影效果，如图7-61所示。

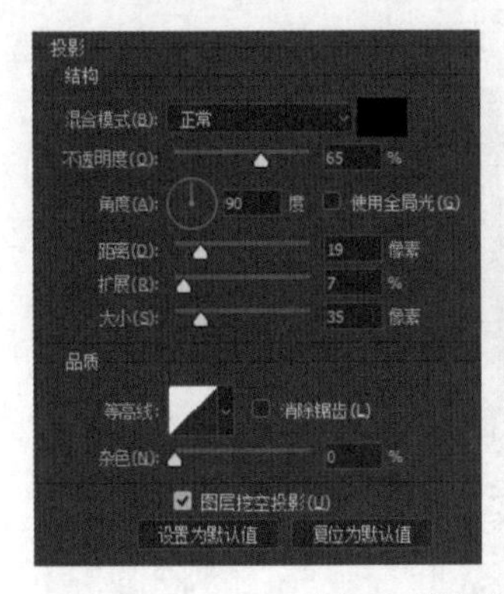
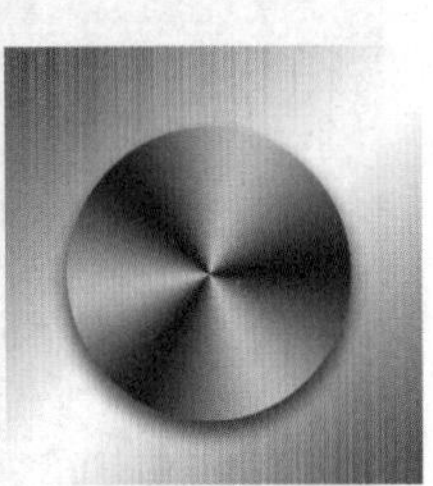

图7-61 添加投影

07 添加杂色。按Ctrl+Alt+Shift+N组合键新建图层，将图层颜色填充为白色，然后执行“滤镜→杂色→添加杂色”，调整数值，选择“高斯分布”，勾选“单色”，单击“确定”按钮，如图7-62所示。

图7-62 添加杂色

08 添加径向模糊。执行“滤镜→模糊→径向模糊”，设置参数，单击“确定”按钮，然后设置图层效果为“叠加”，按Ctrl+Alt+G组合键创建剪贴蒙版，让圆形有径向拉丝的效果，如图7-63所示。

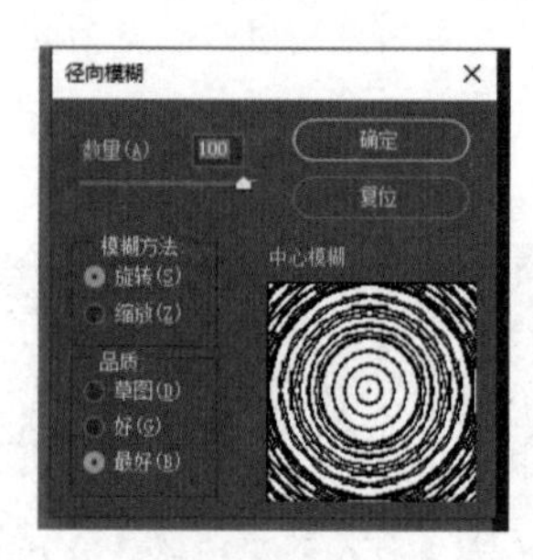

图7-63 添加径向模糊

09 复制椭圆。按Ctrl+J组合键复制圆形，调整大小和渐变颜色，如图7-64所示。

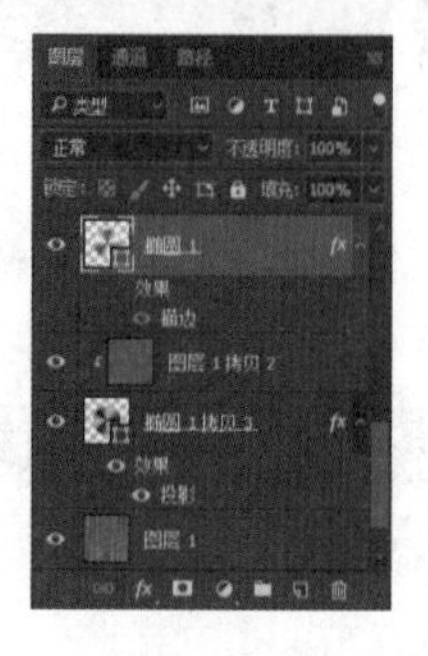

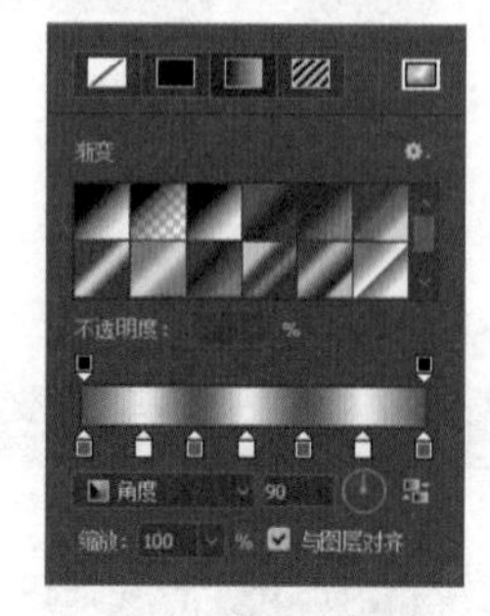

图7-64 复制椭圆

10 添加描边。执行“添加图层样式fx→描边”，设置参数，添加描边效果，如图7-65所示。

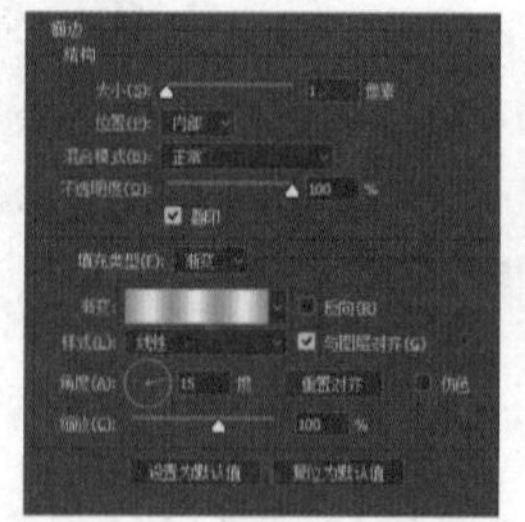

图7-65 添加描边

11 复制图层。按Ctrl+J组合键复制上一个圆形中的剪贴蒙版，然后多复制两层，将图层移动到较小圆形的上一层，设置图层为叠加效果，如图7-66所示。

图7-66 复制图层

12 添加剪贴蒙版。按Ctrl+Alt+G组合键创建剪贴蒙版，如图7-67所示。

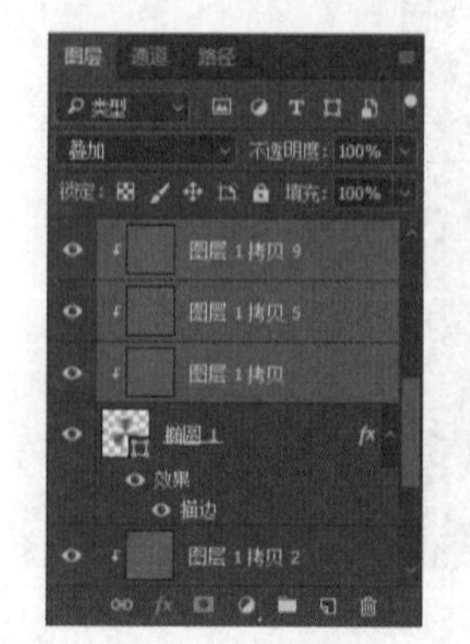

图7-67 添加剪贴蒙版

13 复制图层。按Ctrl+J组合键复制两个椭圆图层，删除图层样式，填充颜色设置为黑色，然后调整大小，使两个圆形直径大小不一样，如图7-68所示。

图7-68 复制图层并调整

14 减去重叠形状。选中两个圆形图层，按Ctrl+E组合键合并图层，单击工具栏中的“路径选择工具”，选中圆形路径，然后单击导航栏中的“排除重叠形状”，得到圆环，如图7-69所示。

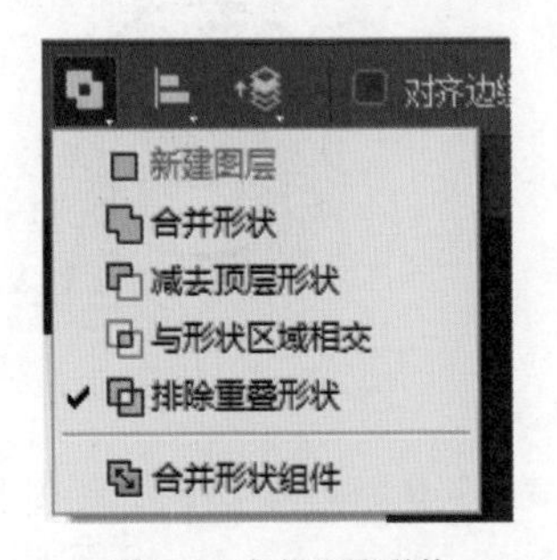

图7-69 减去重叠形状

15 添加内发光。执行“添加图层样式 fx →内发光”，设置参数，添加内发光效果，如图7-70所示。

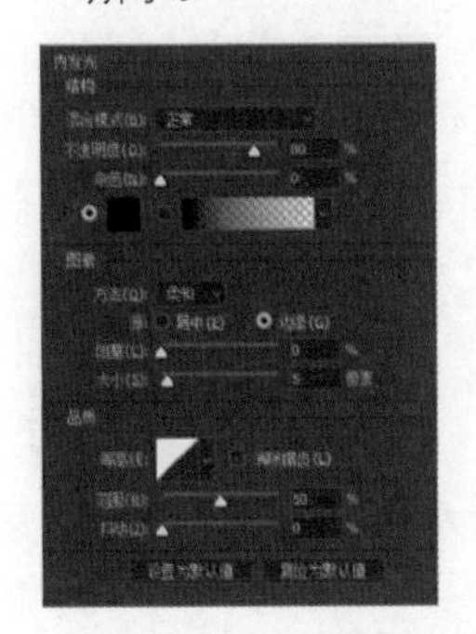

图7-70 添加内发光

16 添加外发光。执行“添加图层样式 fx →外发光”，设置参数，添加外发光效果，如图7-71所示。

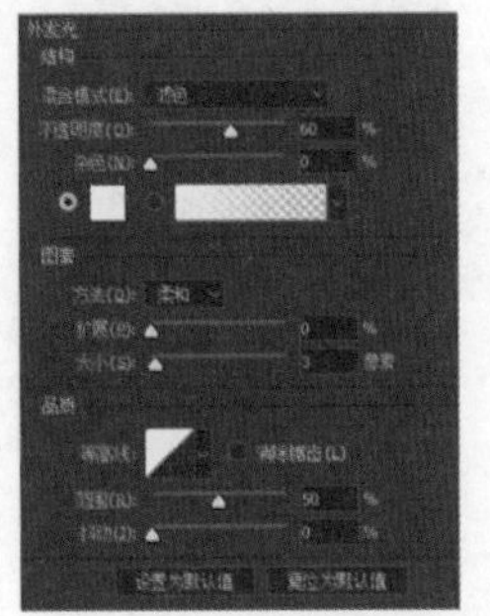

图7-71 添加外发光

17 新建椭圆。单击工具栏中的“椭圆工具”按钮，在选项栏中选择工具的模式为“形状”，设置填充为角度渐变，按住Shift键在页面中绘制正圆，如图7-72所示。

图7-72 新建椭圆

18 添加圆角矩形。单击工具栏中的“圆角矩形工具”按钮，在选项栏中选择工具的模式为“形状”，设置填充为黑色，如图7-73所示。

图7-73 添加圆角矩形

19 添加圆角矩形。按Ctrl+T组合键，将圆角矩形中心点与圆形中心点对齐，调整旋转角度，然后按Ctrl+Alt+Shift+T组合键就可以得到多个围绕着圆形中心点旋转的圆角矩形，如图7-74所示。

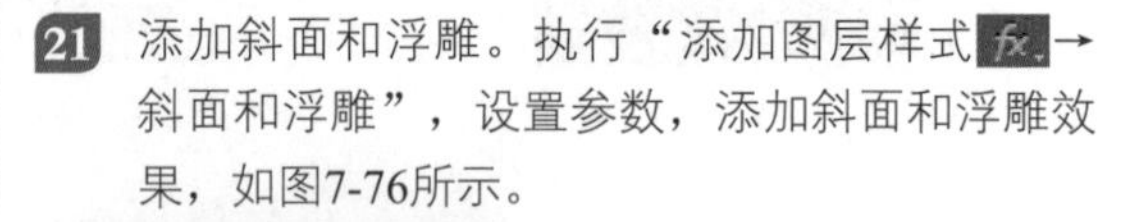

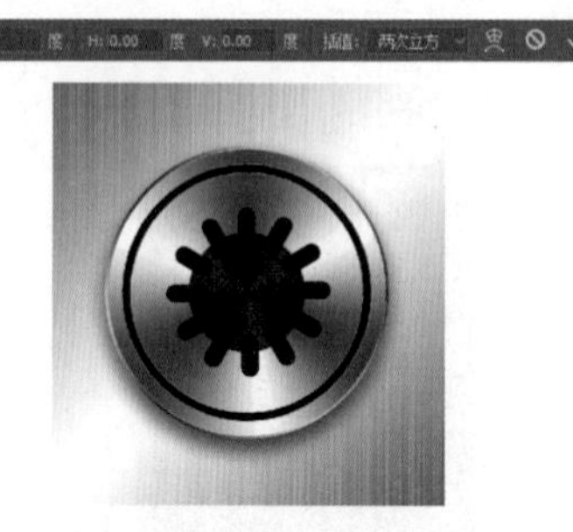

图7-74 添加圆角矩形

20 合并图层。选中所有圆角矩形图层及黑色渐变椭圆图层，按Ctrl+E组合键，合并形状图层，如图7-75所示。

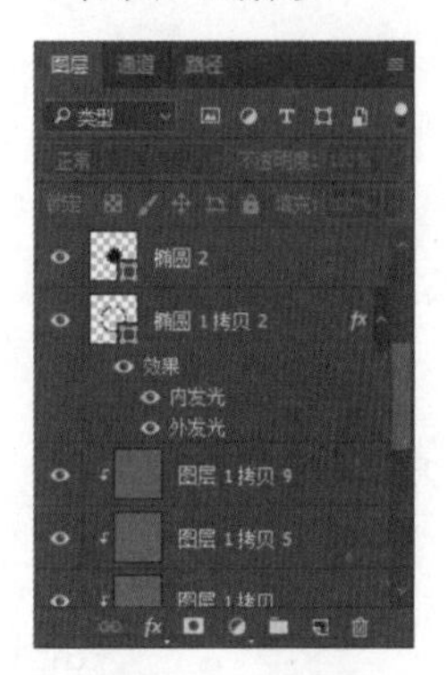

图7-75 合并图层

21 添加斜面和浮雕。执行“添加图层样式 fx →斜面和浮雕”，设置参数，添加斜面和浮雕效果，如图7-76所示。

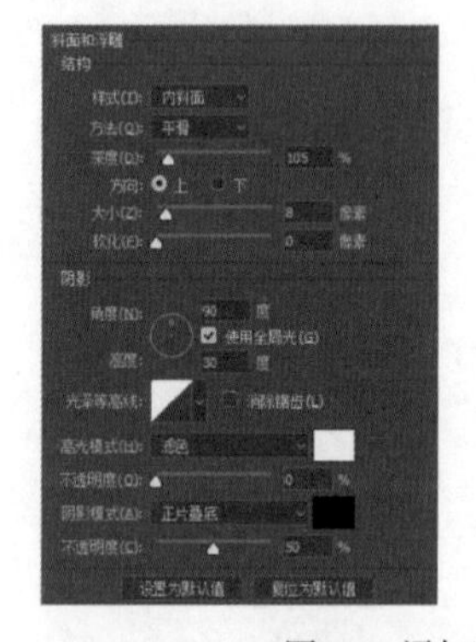

图7-76 添加斜面和浮雕

22 添加内阴影。执行“添加图层样式 fx →内阴影”，设置参数，添加内阴影效果，如图7-77所示。

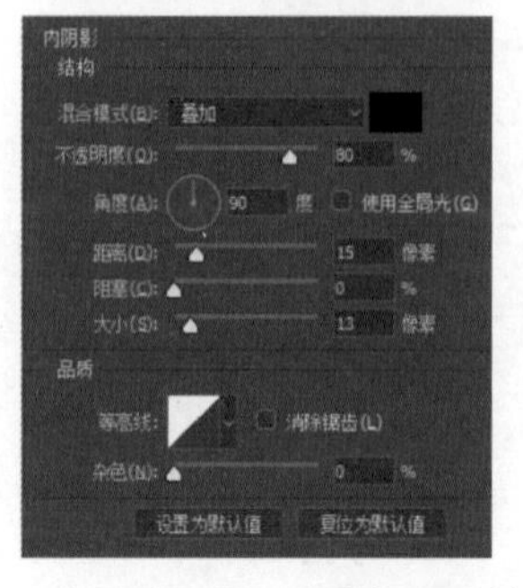

图7-77 添加内阴影

23 添加外发光。执行“添加图层样式 fx →外发光”，设置参数，添加外发光效果，如图7-78所示。

图7-78 添加外发光

24 复制椭圆。按Ctrl+J组合键复制椭圆形状，调整形状大小及渐变颜色，如图7-79所示。

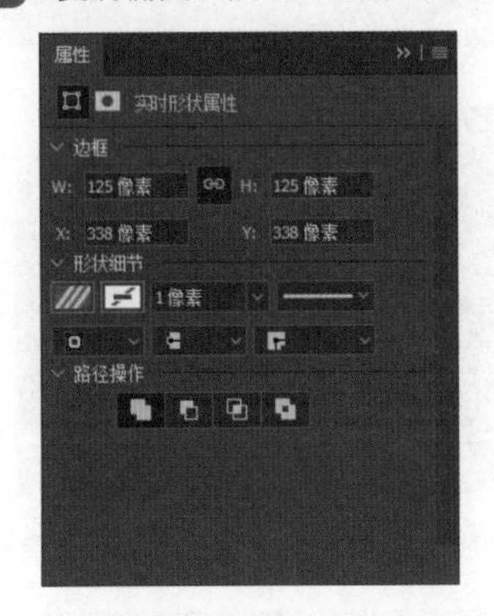
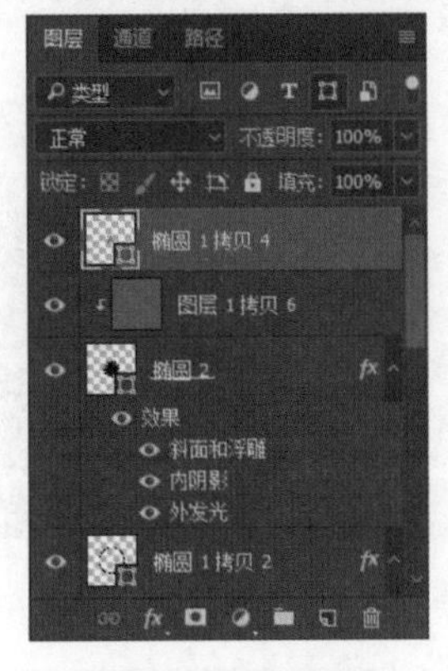

图7-79 复制椭圆

7.5 案例：音量调节按钮设计

当使用音乐App时，可能要调节音量，音量控钮可以提示用户当前调节的音量大小。音乐App中的音量调节按钮是一种进度条的形式，可以直观地看出音量大小，如图7-80所示。

图7-80 音乐App

7.5.1 设计构思

本例是一个立体化的音量调节按钮设计。设计师首先使用紫色的背景，旋钮主题颜色选用粉色，配合图层样式做出立体效果，再通过渐变叠加制作出渐变的圆盘，采用的彩色圆环有力地缓解了人们的视觉疲劳，降低了焦躁感，最后使用文字绘制中间的音量大小，使得整个按钮更有层次感和趣味感，效果如图7-81所示。

图7-81 音量调节按钮

7.5.2 操作步骤

01 新建文件。执行“文件→新建”命令，在弹出的“新建”对话框中创建800×800像素、背景色为#8211a4的空白文档，完成后单击“创建”按钮结束操作，如图7-82所示。

图7-82 新建文件

02 添加圆角矩形。单击工具栏中的“圆角矩形工具”按钮，在选项栏中选择工具的模式为“形状”，绘制圆角矩形，如图7-83所示。

图7-83 添加圆角矩形

03 添加渐变叠加。执行“添加图层样式 fx →渐变叠加”，设置参数，添加渐变叠加效果，如图7-84所示。

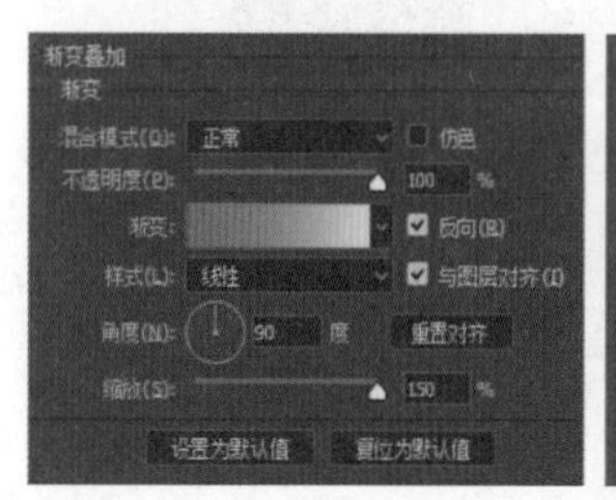

图7-84 添加渐变叠加

04 添加投影。执行“添加图层样式 fx →内阴影”，设置参数，添加投影效果，如图7-85所示。

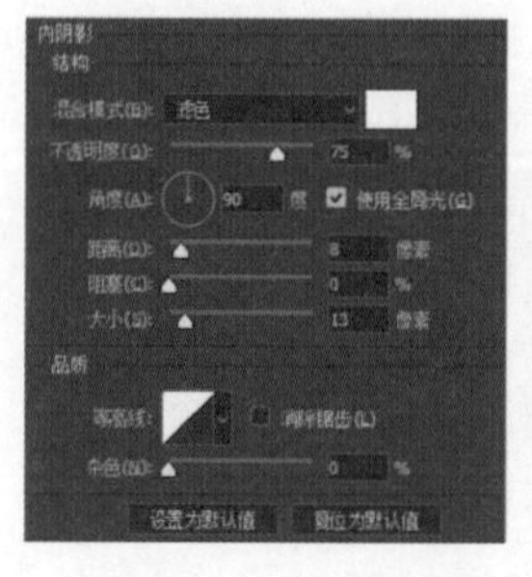

图7-85 添加投影

05 添加正圆。单击工具栏中的“椭圆工具”按钮，在选项栏中选择工具的模式为“形状”，设置填充为白色1，按住Shift键在页面中绘制正圆，如图7-86所示。

图7-86 添加正圆

06 添加渐变叠加。执行“添加图层样式 fx →渐变叠加”，设置参数，添加渐变叠加效果，如图7-87所示。

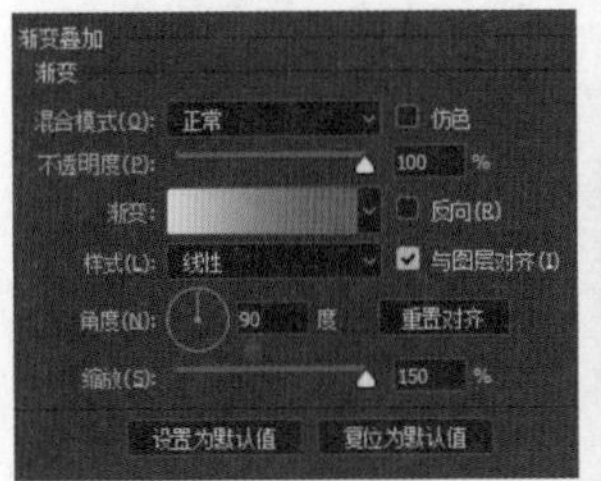

图7-87 添加渐变叠加

07 添加投影。执行“添加图层样式 fx →投影”，设置参数，添加投影果，如图7-88所示。

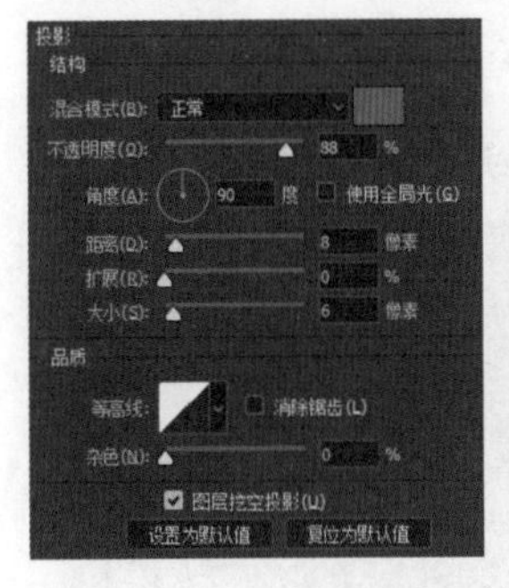

图7-88 添加投影

08 添加投影。我们可以通过添加投影来增加高光效果，执行“添加图层样式 fx →投影”，设置参数，添加投影效果，如图7-89所示。

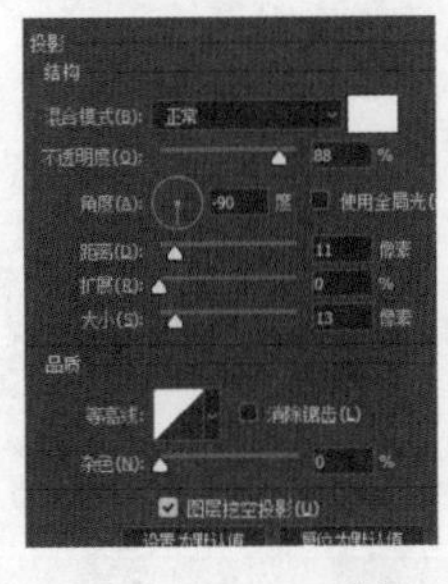

图7-89 添加投影

09 添加外发光。执行“添加图层样式 fx →外发光”，设置参数，添加外发光效果，如图7-90所示。

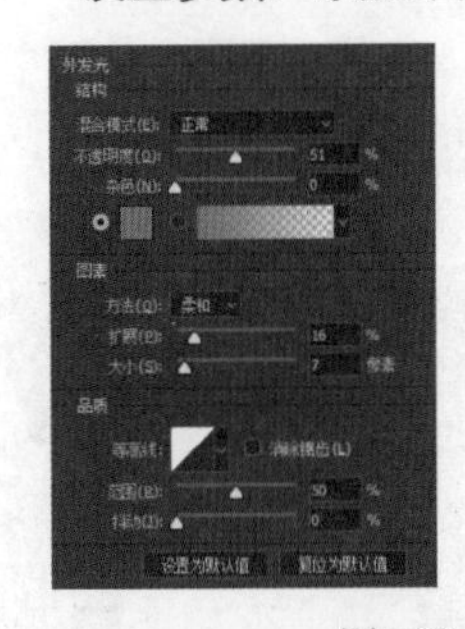

图7-90 添加外发光

10 复制椭圆。按Ctrl+J组合键复制圆形，设置颜色为#fcdba3，删除图层样式效果，如图7-91所示。

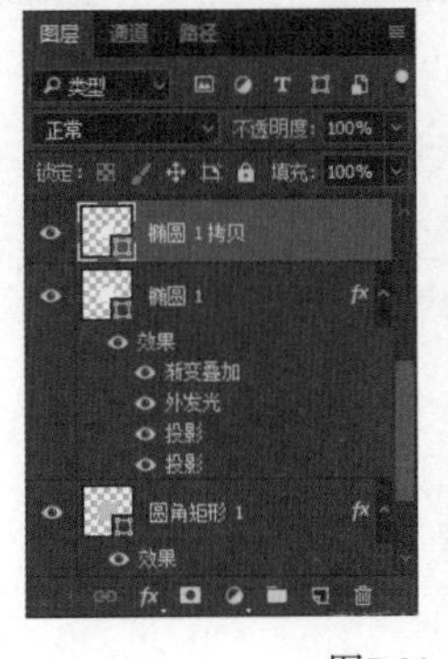

图7-91 复制椭圆

11 添加渐变叠加。执行“添加图层样式 fx →渐变叠加”，设置参数，添加渐变叠加效果，如图7-92所示。

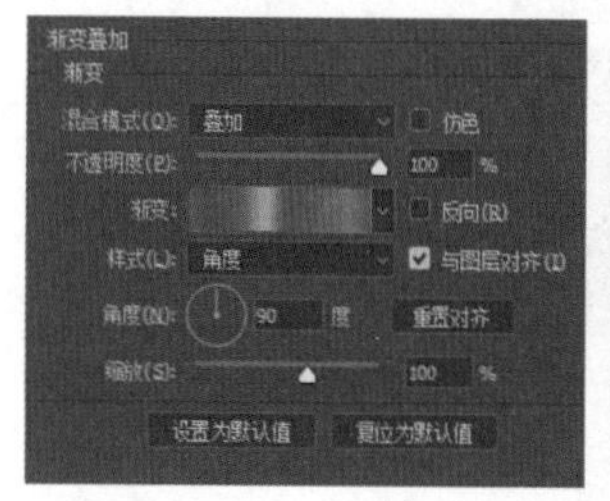
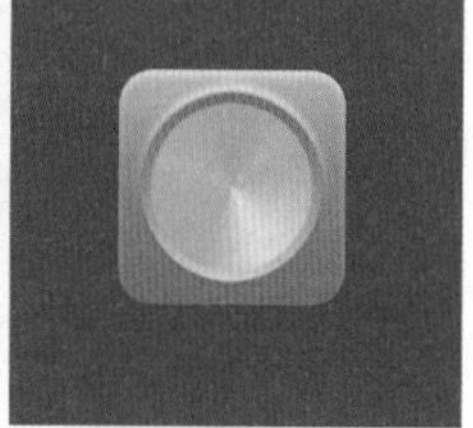

图7-92 添加渐变叠加

12 添加内阴影。执行“添加图层样式 fx →内阴影”，设置参数，添加内阴影效果，如图7-93所示。

图7-93 添加内阴影

13 新建图层。按Ctrl+Alt+Shift+N组合键新建图层，将图层颜色设置为白色，如图7-94所示。

图7-94 新建图层

14 添加杂色。执行“滤镜→杂色→添加杂色”，设置参数，如图7-95所示。

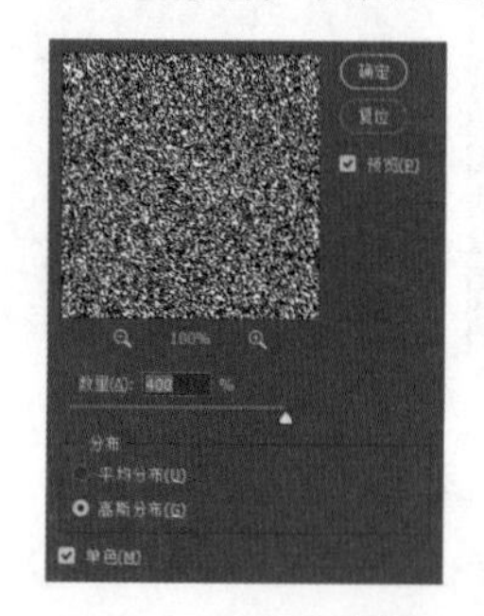

图7-95 添加杂色

15 添加径向模糊。执行“滤镜→模糊→径向模糊”，设置参数，将图层不透明度设置为80%，如图7-96所示。

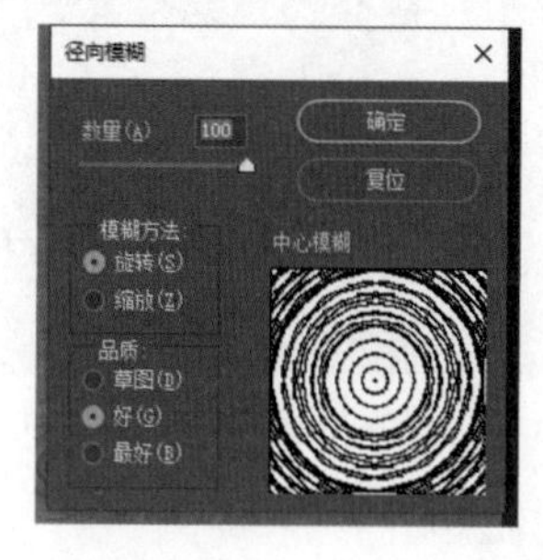

图7-96 添加径向模糊

16 添加剪贴蒙版。按Ctrl+Alt+G组合键创建剪贴蒙版，如图7-97所示。

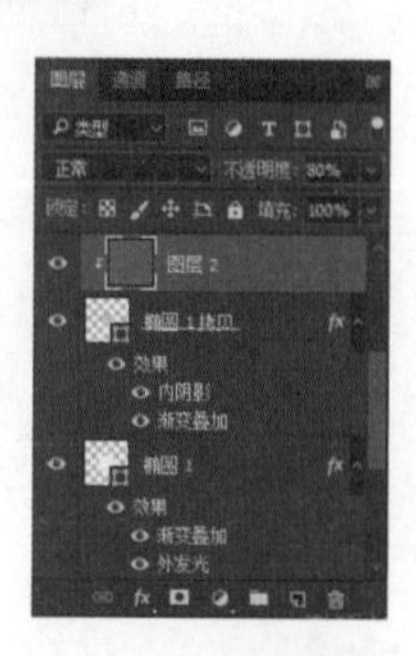

图7-97 添加剪贴蒙版

17 添加椭圆。单击工具栏中的“椭圆工具”按钮，在选项栏中选择工具的模式为“形状”，设置填充为白色，按住Shift键在页面中绘制正圆，如图7-98所示。

图7-98 添加椭圆

18 添加矩形。单击工具栏中的“矩形工具”按钮，在选项栏中选择工具的模式为“形状”，设置填充为白色，然后调整矩形位置，利用圆形及矩形的相交使矩形呈现三角形的效果。执行Ctrl+E组合键，合并矩形及圆形图层，如图7-99所示。

图7-99 添加矩形

19 添加渐变叠加。执行“添加图层样式 fx →渐变叠加”，设置参数，添加渐变叠加效果，如图7-100所示。

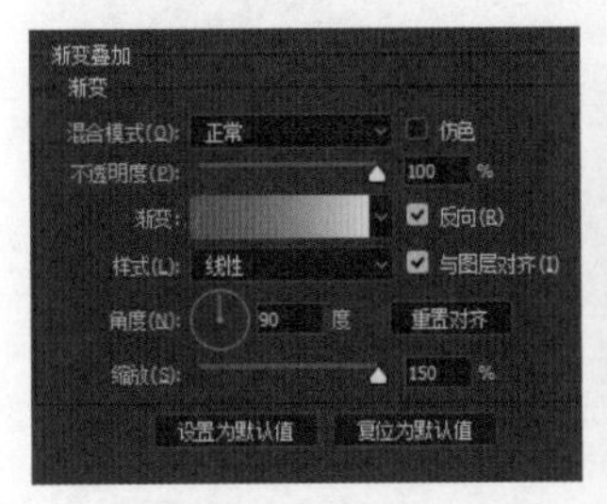

图7-100 添加渐变叠加

20 添加内阴影。执行“添加图层样式 fx →内阴影”，设置参数，添加内阴影效果，如图7-101所示。

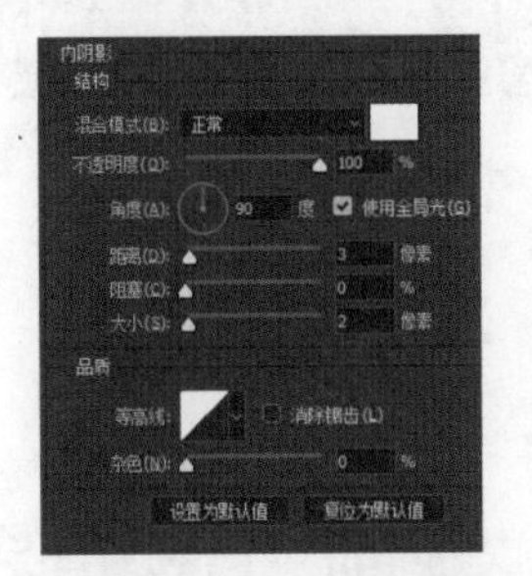

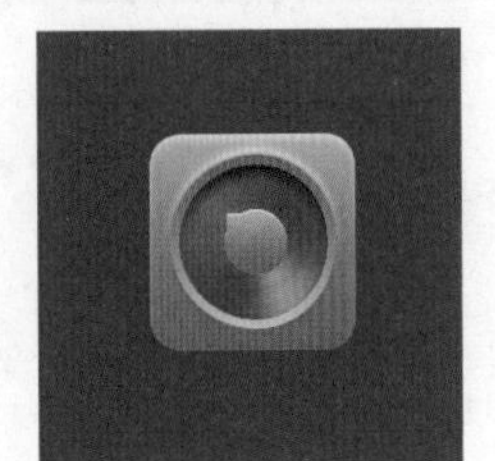

图7-101 添加内阴影

21 添加投影。执行“添加图层样式 fx →投影”，设置参数，添加投影效果，如图7-102所示。

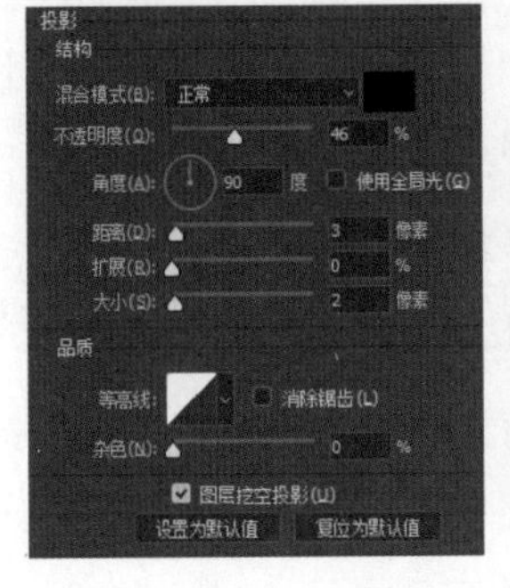

图7-102 添加投影

22 添加椭圆。单击工具栏中的“椭圆工具”按钮，在选项栏中选择工具的模式为“形状”，设置填充颜色为#c76066，按住Shift键绘制正圆，如图7-103所示。

图7-103 添加椭圆

23 添加文字。我们通过使用文字实现音量大小调节的效果。单击工具栏中的“椭圆工具”按钮，在选项栏中选择工具的模式为“形状”，无填充色，无描边，按住Shift键绘制正圆，然后单击工具栏中的“文字工具”按钮，将鼠标移到圆形的路径上单击，就可以在圆上输入文字，最终效果如图7-104所示。

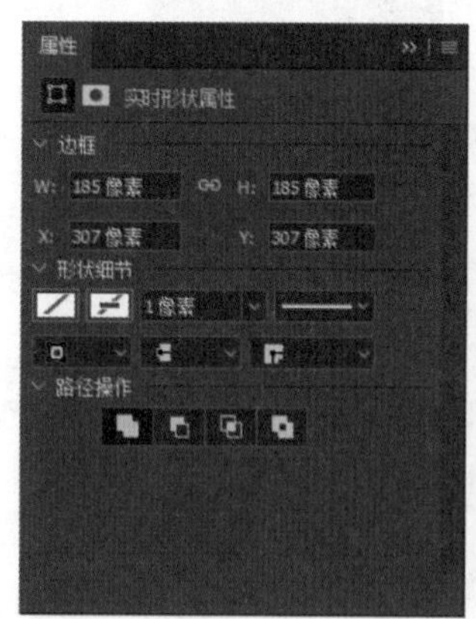

图7-104 添加文字并查看最终效果

7.6 案例：透明界面按钮设计

半透明的菜单界面按钮给人以晶莹剔透、时尚前卫的感觉，特别是经过细致处理的小按钮和小图标更是“点睛”的关键。

7.6.1 设计构思

本例制作的是具有半透明效果的菜单界面按钮。设计师首先采用圆角矩形画出造型，之后通过调整透明度、添加图层样式等方法使其看起来半透明且具有立体感，而后绘制出各种立体感的图标，效果如图7-105所示。

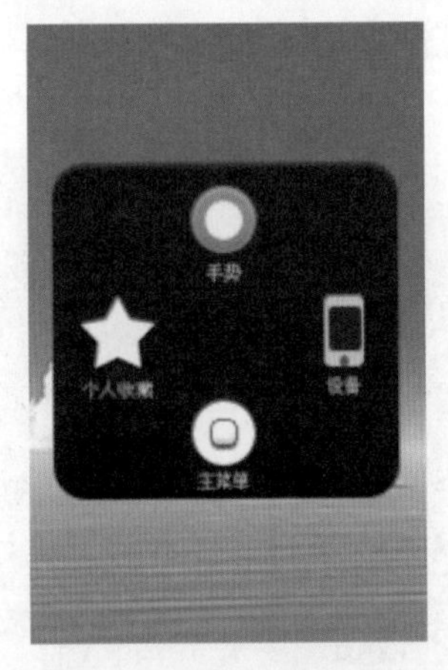

图7-105 透明界面按钮设计

7.6.2 操作步骤

01 打开文件。执行“文件→打开”命令，在弹出的“打开”对话框中选择素材文件，单击“打开”按钮，并单击“背景”图层后面的锁头图标，解锁图层，如图7-106所示。

图7-106 打开文件

02 绘制圆角矩形。单击工具栏中的“圆角矩形工具”按钮，在选项栏中选择工具模式的“形状”，设置填充颜色为白色，填充为50%，如图7-107所示。

图7-107 绘制圆角矩形

03 添加渐变叠加。执行“添加图层样式→渐变叠加”命令，设置参数，添加渐变叠加效果，如图7-108所示。

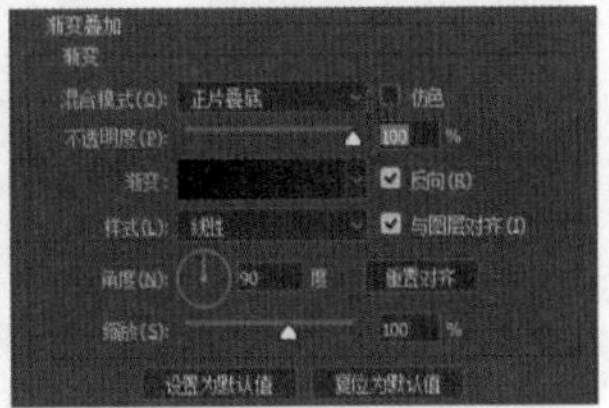

图7-108 添加渐变叠加

04 添加斜面和浮雕。执行“添加图层样式→斜面和浮雕”命令，设置参数，添加斜面和浮雕效果，如图7-109所示。

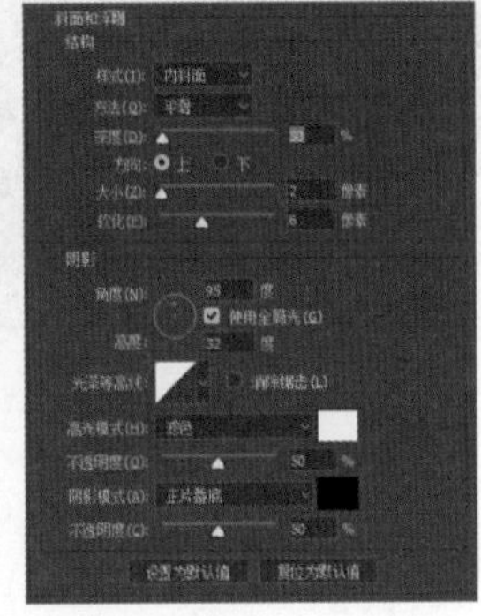

图7-109 添加斜面和浮雕

05 添加投影。执行“添加图层样式 fx →投影”命令，设置参数，添加投影效果，如图7-110所示。

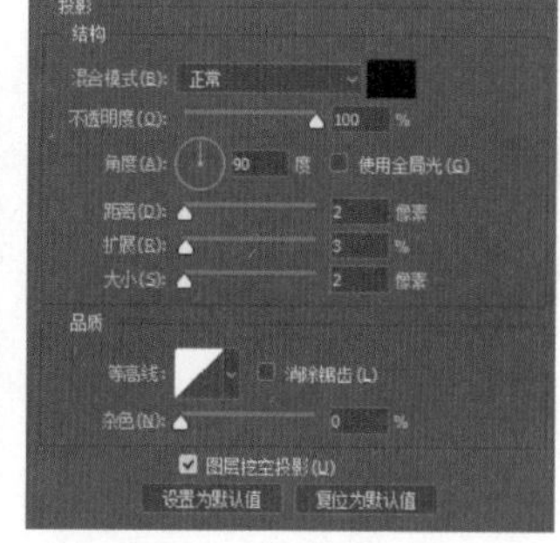

图7-110 添加投影

06 添加五角星形状。单击工具栏中的“自定义形状工具”按钮，在选项栏中选择工具模式的“形状”，设置填充颜色为白色，如图7-111所示。

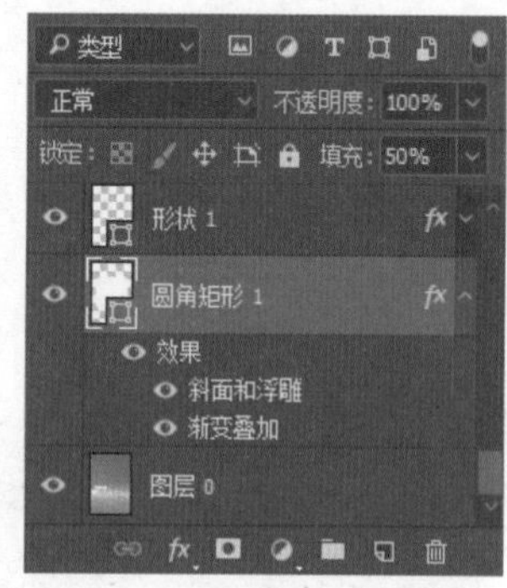

图7-111 添加五角星形状

07 添加描边。执行“添加图层样式 fx →描边”命令，设置参数，添加描边效果，如图7-112所示。

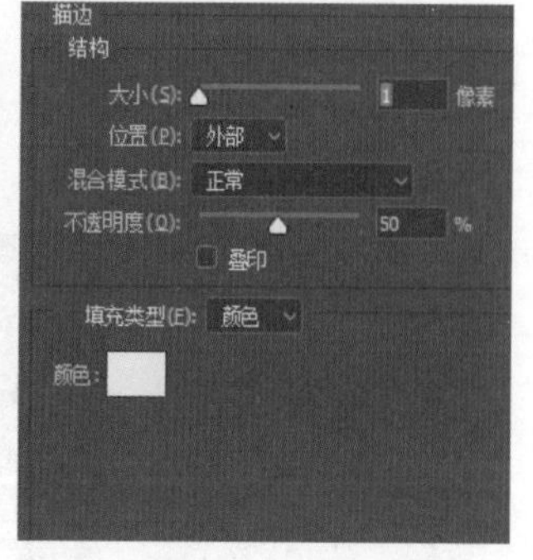

图7-112 添加描边

08 添加投影。执行“添加图层样式 fx →投影”命令，设置参数，添加投影效果，如图7-113所示。

图7-113 添加投影

09 添加内阴影。执行“添加图层样式 fx →内阴影”命令，设置参数，添加内阴影效果，如图7-114所示。

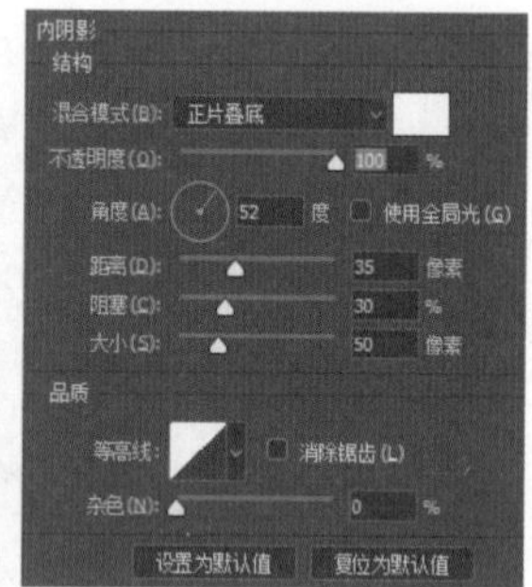

图7-114 添加内阴影

10 添加文字。单击工具栏中的“横版文字工具”按钮，在选项栏中设置字体为Fixedsys，字号为10点，颜色为白色，输入文字“个人收藏”，如图7-115所示。

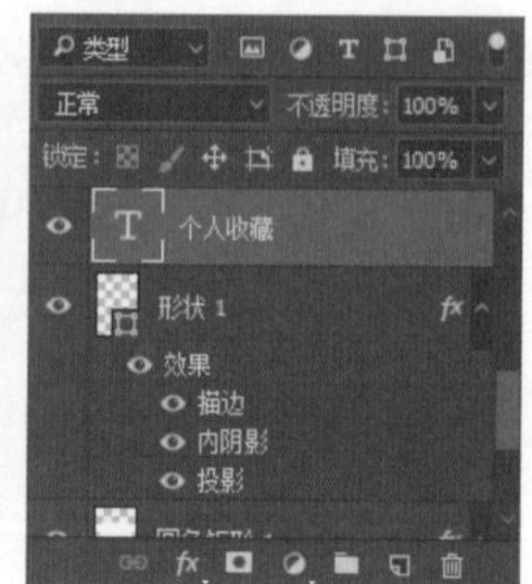

图7-115 添加文字

11 添加正圆。单击工具栏中的“椭圆工具”按钮，在选项栏中选择工具的模式为“形状”，设置填充颜色为白色，按住Shift键在页面中绘制正圆，如图7-116所示。

图7-116 添加正圆

12 添加外发光。执行“添加图层样式 fx →外发光”命令，设置参数，添加外发光效果，如图7-117所示。

图7-117 添加外发光

13 添加内发光。执行“添加图层样式 fx →内发光”命令，设置参数，添加内发光效果，如图7-118所示。

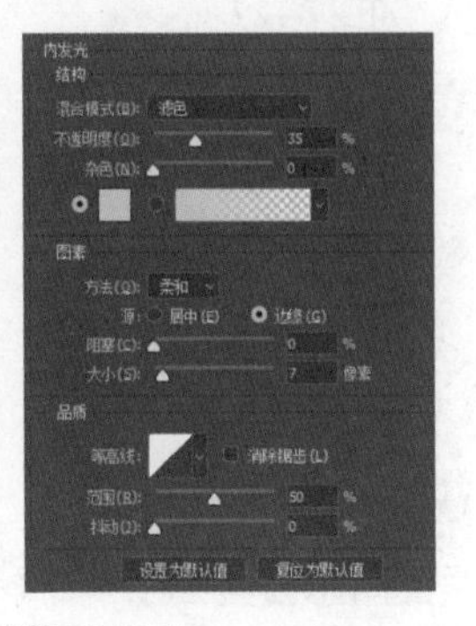

图7-118 添加内发光

14 绘制圆角矩形。单击工具栏中的“圆角矩形工具”命令，在选项栏中选择工具模式的“形状”，设置填充颜色为白色，如图7-119所示。

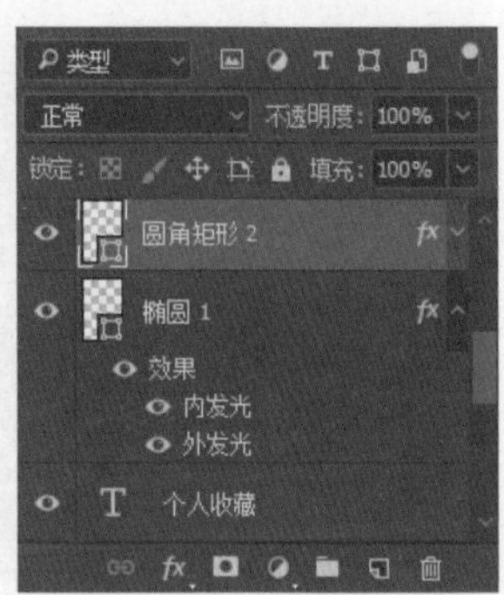

图7-119 绘制圆角矩形

15 添加描边。执行“添加图层样式 fx →描边”命令，设置参数，添加描边效果，如图7-120所示。

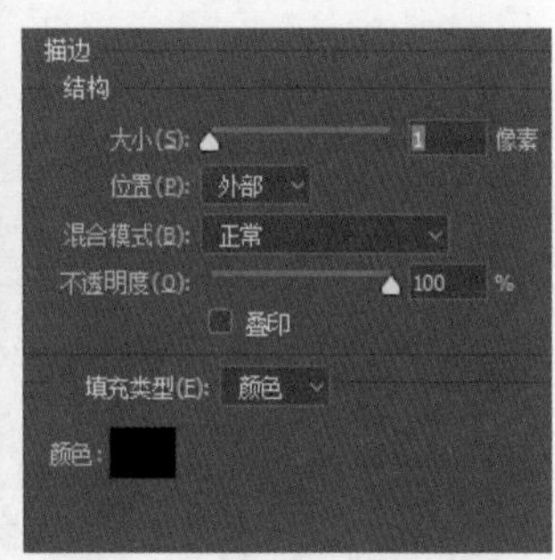

图7-120 添加描边

16 添加投影。执行“添加图层样式 fx →投影”命令，设置参数，添加投影效果，如图7-121所示。

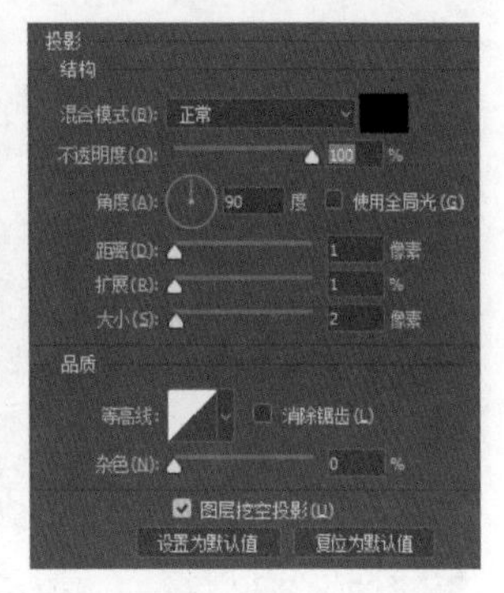

图7-121 添加投影

17 添加斜面和浮雕。执行“添加图层样式 fx →斜面和浮雕”命令，设置参数，添加斜面和浮雕效果，如图7-122所示。

图7-122 添加斜面和浮雕

18 添加文字。单击工具栏中的“横版文字工具”按钮，在选项栏中设置字体为Fixedsys，字号为10点，颜色为白色，输入文字“主菜单”，如图7-123所示。

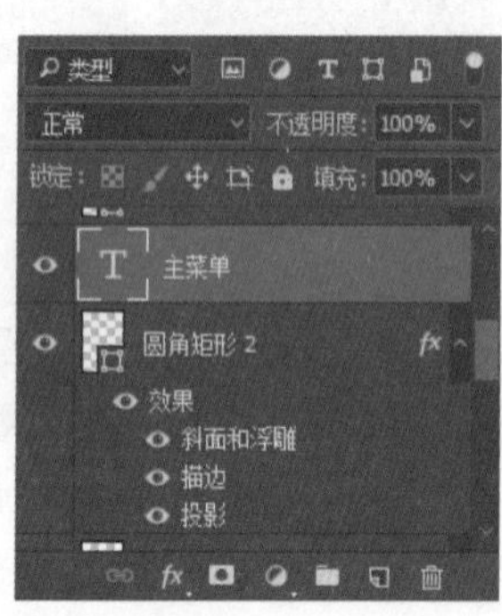

图7-123 添加文字

19 绘制圆角矩形。单击工具栏中的“圆角矩形工具”，在选项栏中选择工具模式的“形状”，设置填充颜色为白色，如图7-124所示。

图7-124 绘制圆角矩形

20 添加描边。执行“添加图层样式 fx →描边”命令，设置参数，添加描边效果，如图7-125所示。

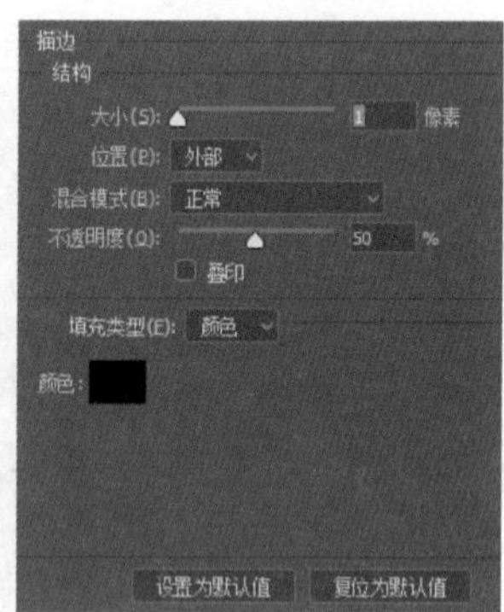

图7-125 添加描边

21 添加投影。执行“添加图层样式 fx →投影”命令，设置参数，添加投影效果，如图7-126所示。

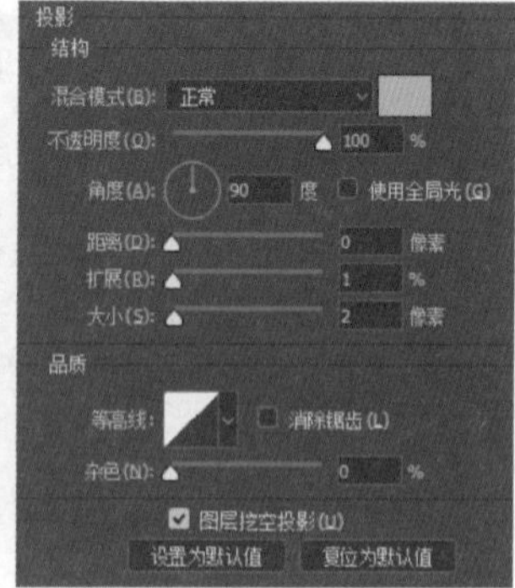

图7-126 添加投影

22 添加颜色叠加。执行“添加图层样式 fx →颜色叠加”命令，设置参数，添加颜色叠加效果，如图7-127所示。

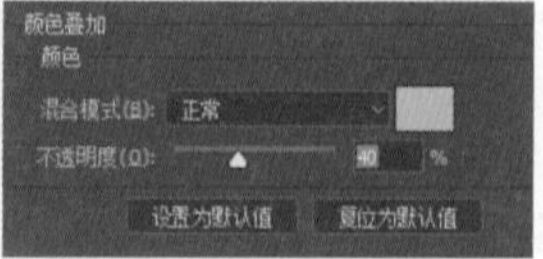

图7-127 添加颜色叠加

23 绘制圆角矩形。单击工具栏中的“圆角矩形工具”按钮，在选项栏中选择工具模式的“形状”，设置填充颜色为白色，如图7-128所示。

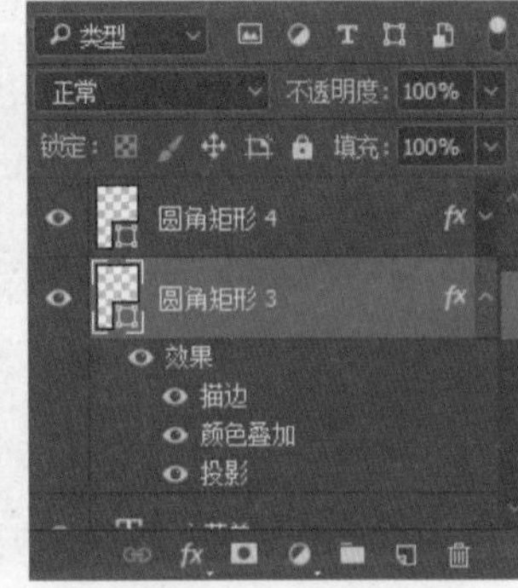

图7-128 绘制圆角矩形

24 添加渐变叠加。执行“添加图层样式fx→渐变叠加”命令，设置参数，添加渐变叠加效果，如图7-129所示。

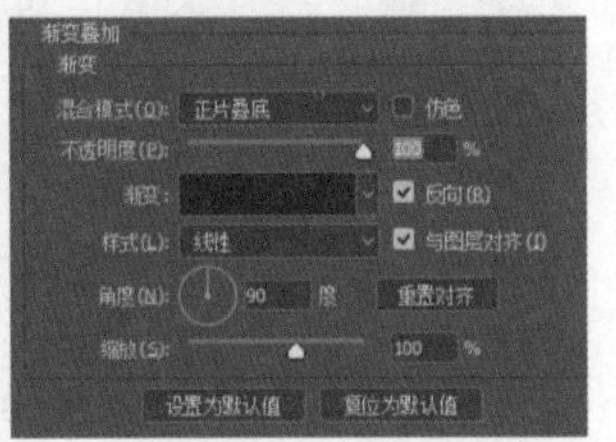

图7-129 添加渐变叠加

25 添加外发光。执行“添加图层样式fx→外发光”命令，设置参数，添加外发光效果，如图7-130所示。

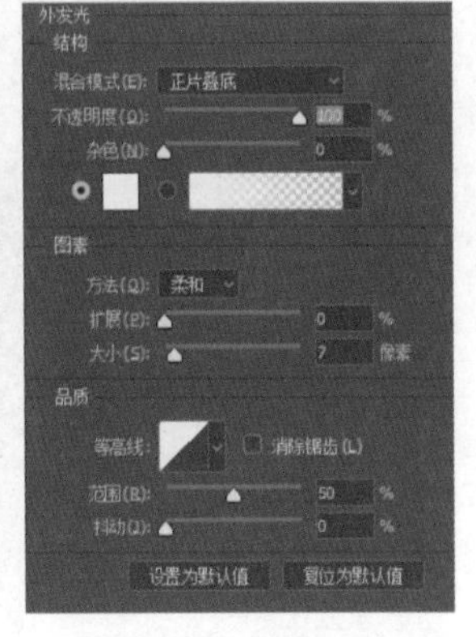

图7-130 添加外发光

26 添加正圆。单击工具栏中的“椭圆工具”按钮，在选项栏中选择工具的模式为“形状”，设置填充颜色为#303030，按住Shift键在页面中绘制正圆，如图7-131所示。

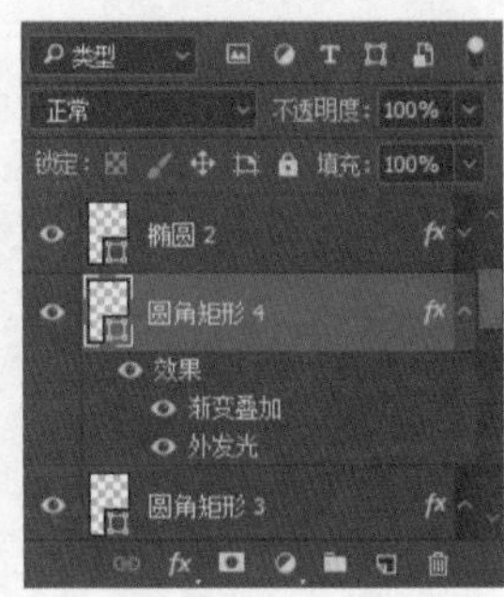

图7-131 添加正圆

27 添加内发光。执行“添加图层样式fx→内发光”命令，设置参数，添加内发光效果，如图7-132所示。

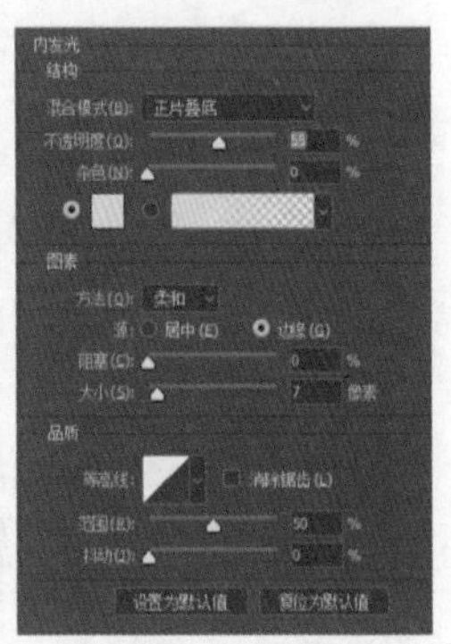

图7-132 添加内发光

28 添加光泽。执行“添加图层样式fx→光泽”命令，设置参数，添加光泽效果，如图7-133所示。

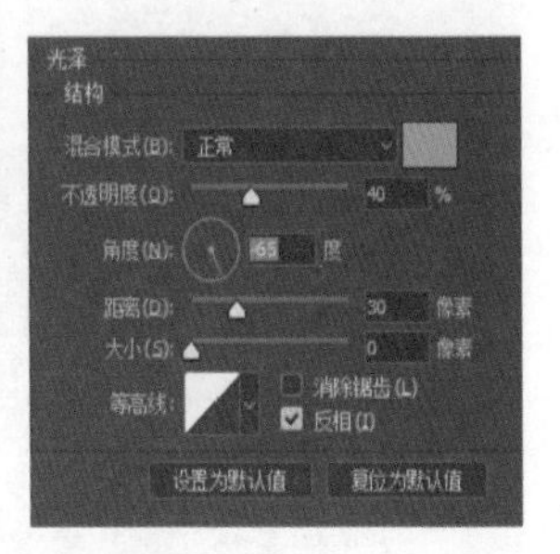

图7-133 添加光泽

29 添加文字。单击工具栏中的“横版文字工具”按钮，在选项栏中设置字体为Fixedsys，字号为10点，颜色为白色，输入文字“设备”，如图7-134所示。

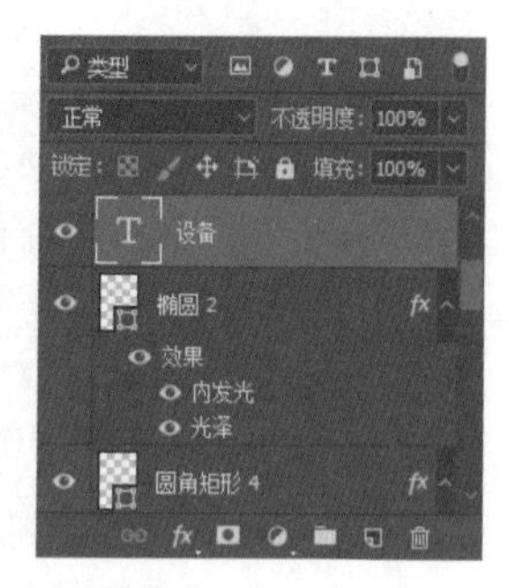

图7-134 添加文字

30 添加正圆。单击工具栏中的“椭圆工具”按钮，在选项栏中选择工具的模式为“形状”，设置填充为白色，按住Shift键在页面中绘制正圆，如图7-135所示。

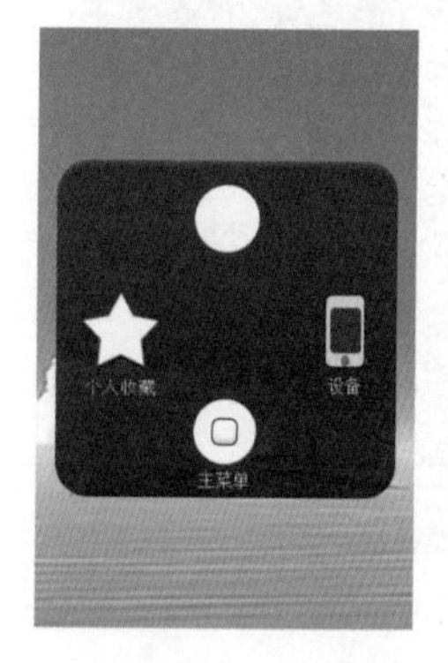

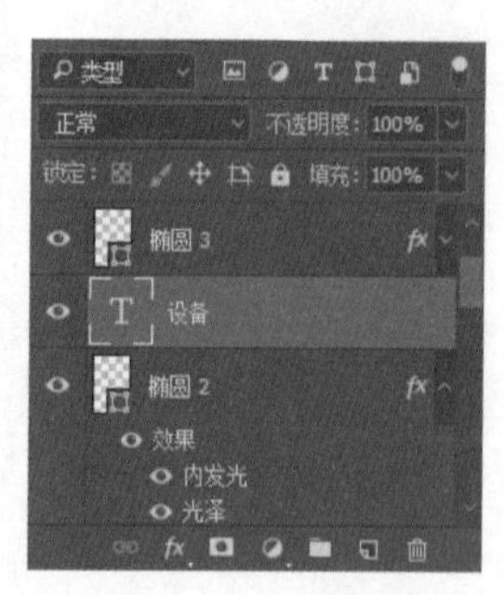

图7-135 添加正圆

31 添加渐变叠加。执行“添加图层样式→渐变叠加”命令，设置参数，添加渐变叠加效果，如图7-136所示。

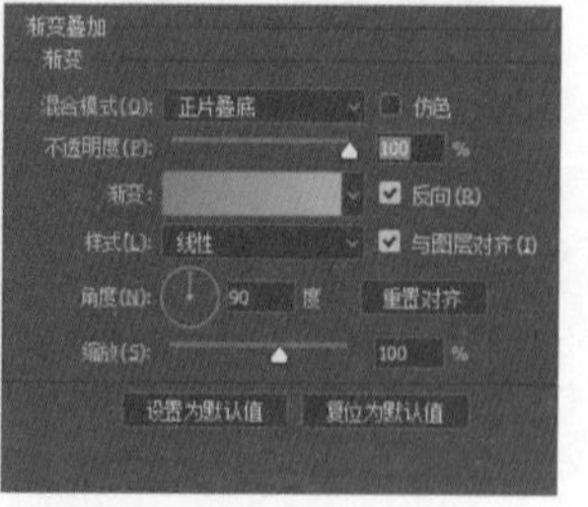

图7-136 添加渐变叠加

32 添加描边。执行“添加图层样式→描边”命令，设置参数，添加描边效果，如图7-137所示。

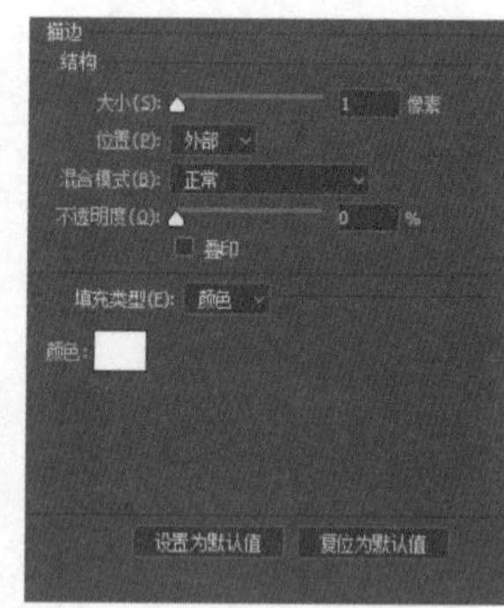

图7-137 添加描边

33 添加外发光。执行“添加图层样式→外发光”命令，设置参数，添加外发光效果，如图7-138所示。

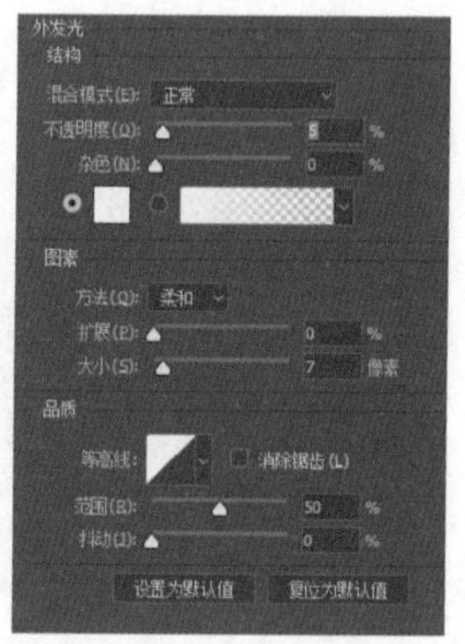

图7-138 添加外发光

34 添加正圆。单击工具栏中的“椭圆工具”按钮，在选项栏中选择工具的模式为“形状”，设置填充为白色，按住Shift键在页面中绘制正圆，如图7-139所示。

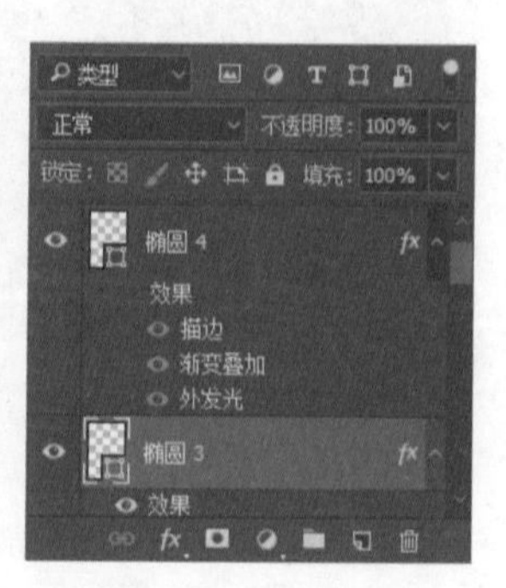

图7-139 添加正圆

35 添加渐变叠加。执行“添加图层样式 fx →渐变叠加”命令，设置参数，添加渐变叠加效果，如图7-140所示。

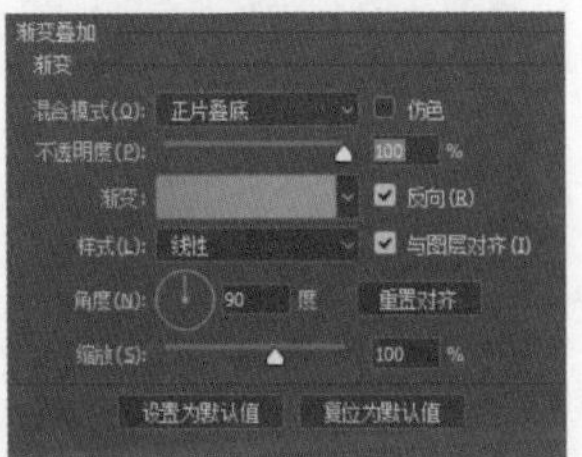

图7-140 添加渐变叠加

36 添加描边。执行“添加图层样式 fx →描边”命令，设置参数，添加描边效果，如图7-141所示。

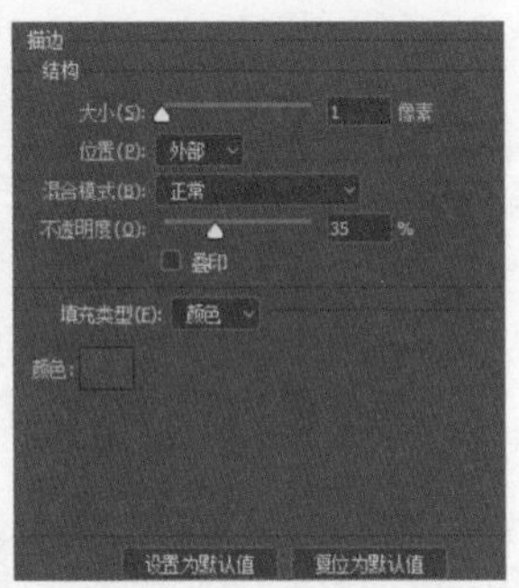

图7-141 添加描边

37 添加外发光。执行“添加图层样式 fx →外发光”命令，设置参数，添加外发光效果，如图7-142所示。

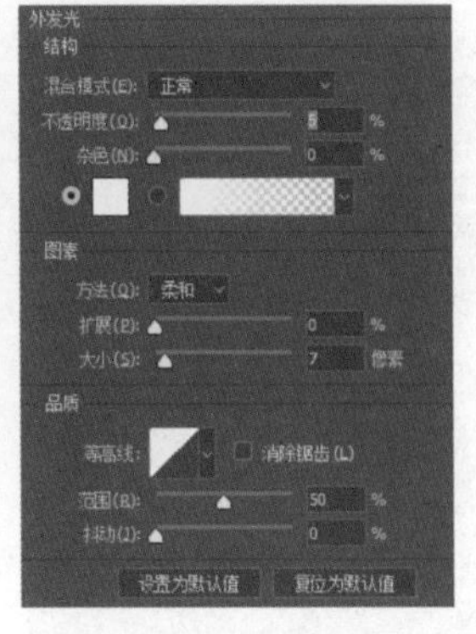

图7-142 添加外发光

38 添加正圆。单击工具栏中的“椭圆工具”按钮，在选项栏中选择工具的模式为“形状”，设置填充为白色，按住Shift键在页面中绘制正圆，如图7-143所示。

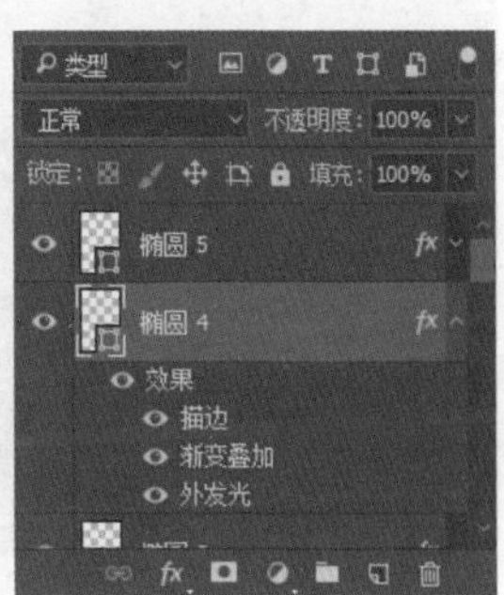

图7-143 添加正圆

39 添加描边。执行“添加图层样式 fx →描边”命令，设置参数，添加描边效果，如图7-144所示。

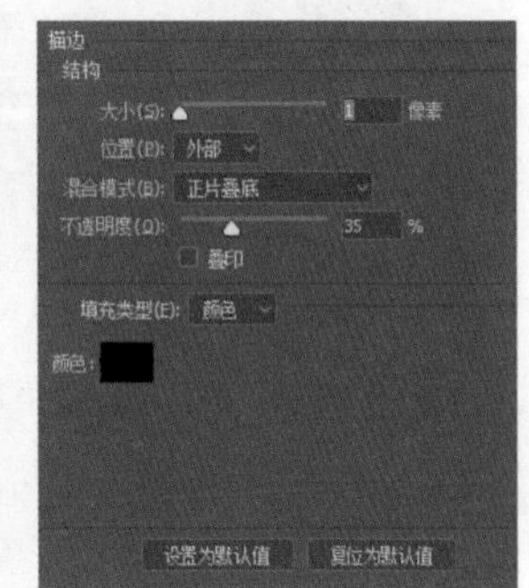

图7-144 添加描边

40 添加内发光。执行“添加图层样式 fx →内发光”命令，设置参数，添加内发光效果，如图7-145所示。

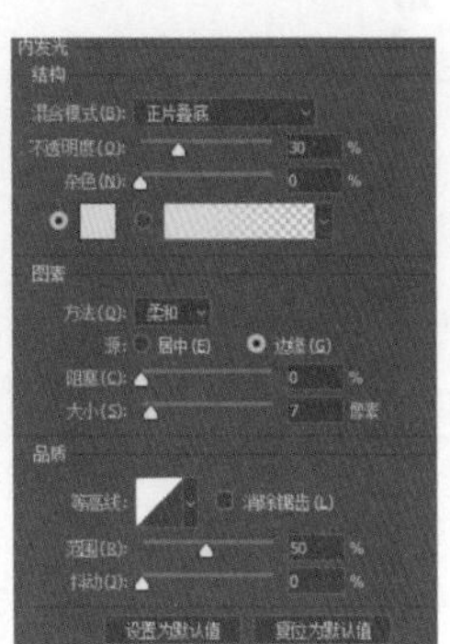

图7-145 添加内发光

41 添加光泽。执行“添加图层样式 fx →光泽”命令，设置参数，添加光泽效果，如图7-146所示。

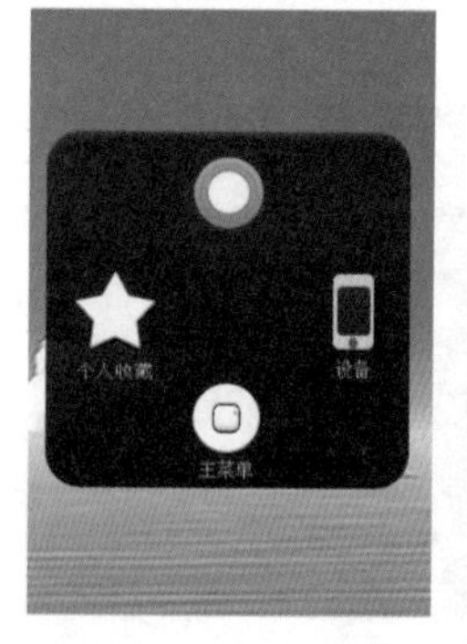

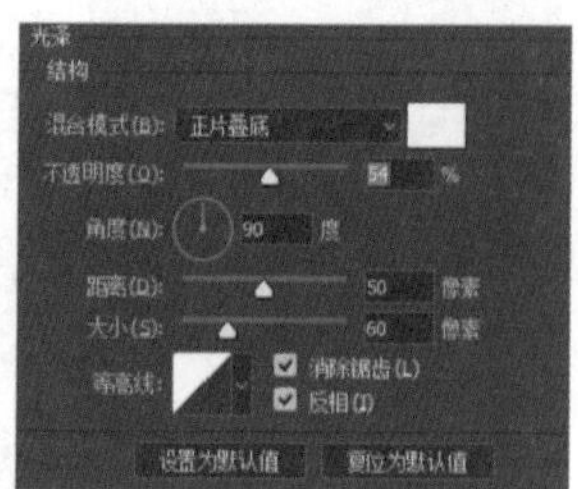

图7-146 添加光泽

42 添加文字。单击工具栏中的“横版文字工具”按钮，在选项栏中设置字体为Fixedsys，字号为10点，颜色为白色，输入文字“手势”，最终效果如图7-147所示。

图7-147 添加文字并查看最终效果

7.7 案例：滑动控件设计

鲜明的色彩可以给人一种清新舒爽的视觉效果，立体的效果给人十足的空间感。

滑动控件是手机界面重要的组成元素之一，在设计时要保持风格的一致性。

7.7.1 设计构思

本例是手机滑动调节控件的设计制作。设计师首先采用圆角矩形工具绘制滑动控件的滚动条，然后使用椭圆工具绘制滑动控件的滑动按钮，最后使用渐变工具为控件填充色彩，效果如图7-148所示。

图7-148 滑动控件设计

7.7.2 操作步骤

01 新建文件。执行“文件→新建”命令，在弹出的“新建”对话框中创建400×300像素、背景色为白色的空白文档，完成后单击“创建”按钮结束操作，如图7-149所示。

图7-149 新建文件

02 绘制背景。单击“背景”图层后面的锁头图标，解锁图层，设置前景色为#2d3f49，按Alt+Delete组合键为背景填充前景色，如图7-150所示。

图7-150 绘制背景

03 添加杂色。执行“滤镜→杂色→添加杂色”命令，设置参数，添加杂色效果，如图7-151所示。

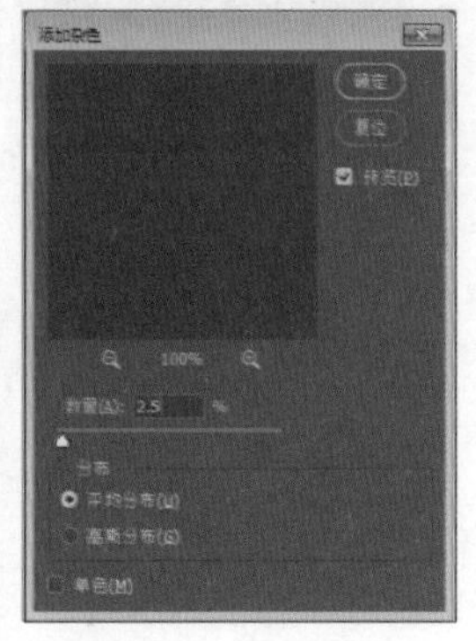

图7-151 添加杂色

04 绘制圆角矩形。单击工具栏中的“圆角矩形工具”按钮，在选项栏中选择工具模式的“形状”，设置填充颜色为白色，如图7-152所示。

图7-152 绘制圆角矩形

05 添加渐变叠加。执行“添加图层样式 fx →渐变叠加”命令，设置参数，添加渐变叠加效果，如图7-153所示。

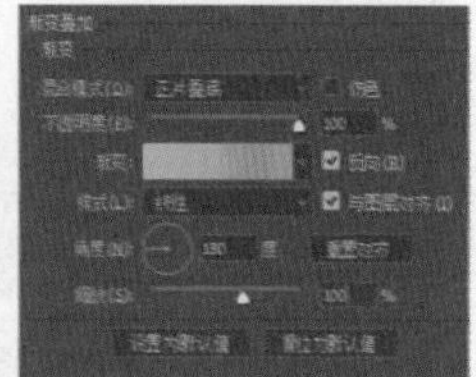

图7-153 添加渐变叠加

06 添加图案叠加。执行“添加图层样式 fx →图案叠加”命令，设置参数，添加图案叠加效果，如图7-154所示。

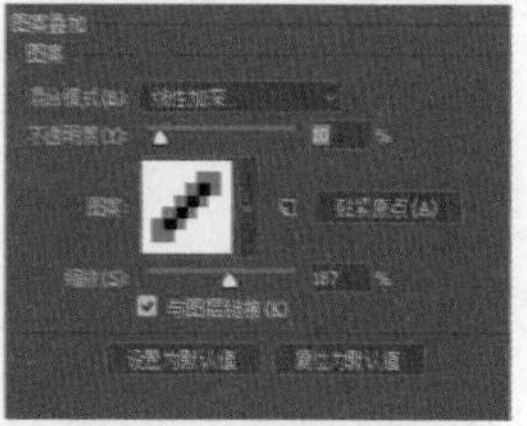

图7-154 添加图案叠加

07 添加内阴影。执行“添加图层样式 fx →内阴影”命令，设置参数添加内阴影效果，如图7-155所示。

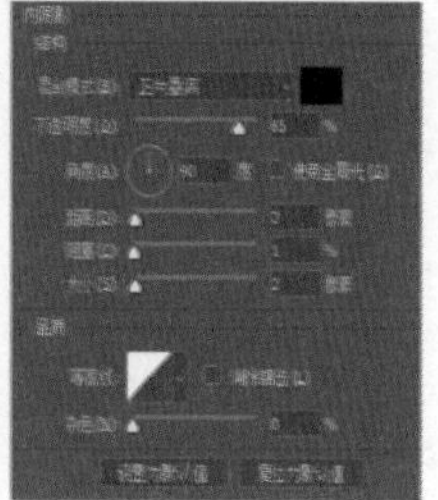

图7-155 添加内阴影

08 添加投影。执行“添加图层样式 fx →投影”命令，设置参数，添加投影效果，如图7-156所示。

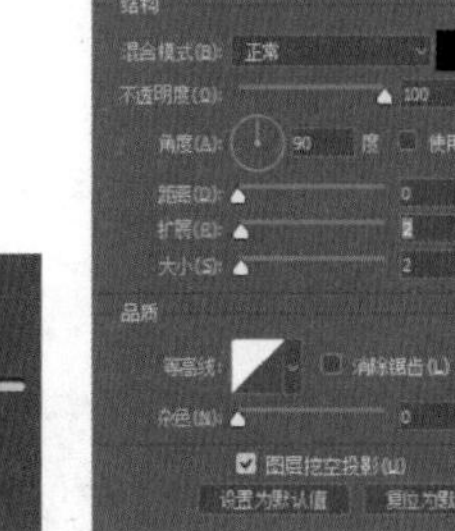

图7-156 添加投影

09 添加正圆。单击工具栏中的“椭圆工具”按钮，在选项栏中选择工具的模式为“形状”，设置填充为白色，按住Shift键在页面中绘制正圆，如图7-157所示。

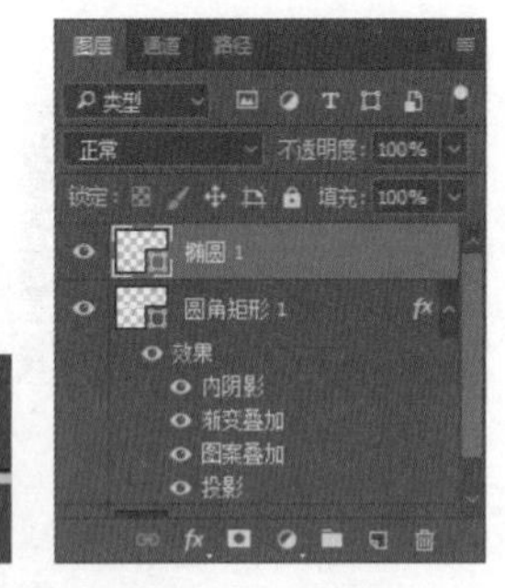

图7-157 添加正圆

10 添加渐变叠加。执行“添加图层样式 fx →渐变叠加”命令，设置参数，添加渐变叠加效果，如图7-158所示。

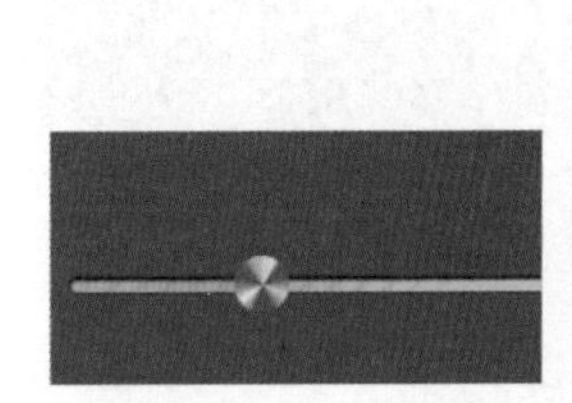

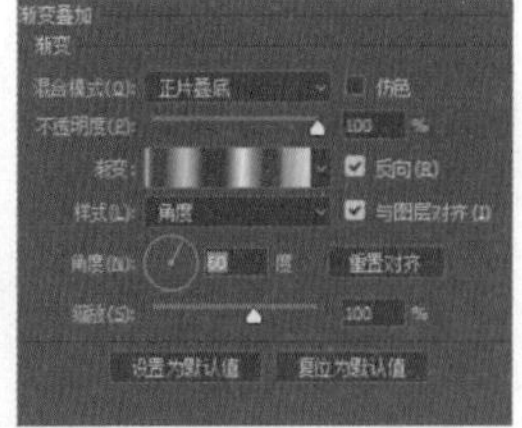

图7-158 添加渐变叠加

11 添加斜面和浮雕。执行“添加图层样式 fx →斜面和浮雕”命令，设置参数，添加斜面与浮雕效果，如图7-159所示。

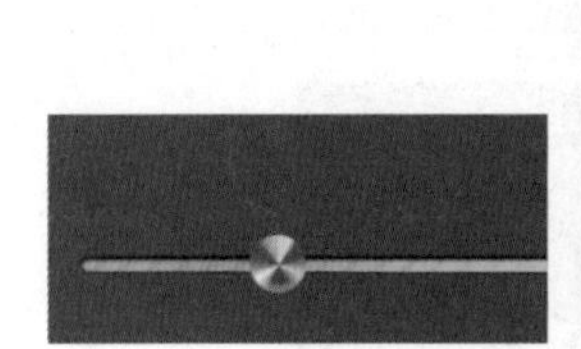

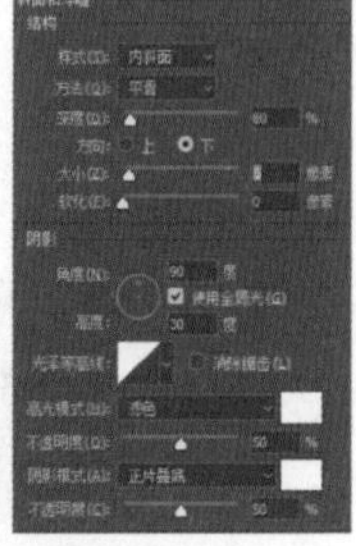

图7-159 添加斜面和浮雕

12 添加投影。执行“添加图层样式 fx →投影”命令，设置参数，添加投影效果，如图7-160所示。

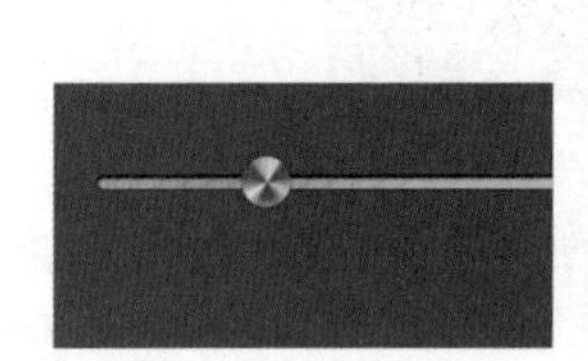

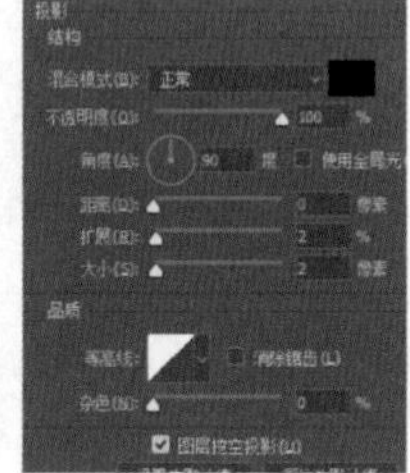

图7-160 添加投影

13 添加外发光。执行“添加图层样式 fx →外发光”命令，设置参数，添加外发光效果，如图7-161所示。

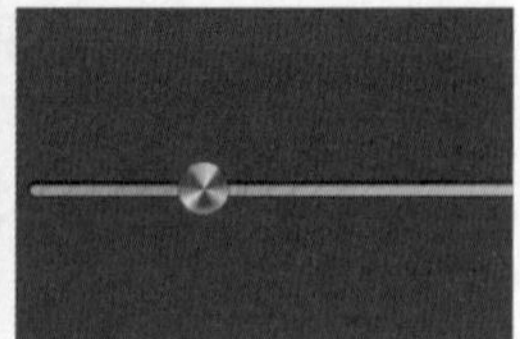

图7-161 添加外发光

CHAPTER 08

第 8 章

App UI基础界面设计

本章导读

App中的基础页面设计是帮助打开视野，使用户的视线可以分组。本章主要收录了4个界面制作的实战案例，涉及设置图层的样式效果、改变图形的显示区域等技巧。通过这些实战练习，读者可以掌握更多App界面的设计方法，使自己的作品显示出更加丰富多彩的视觉效果。

关键知识点

- 颜色搭配
- 氛围表现
- 蒙板应用
- 个性创意界面设计

8.1 UI 设计师必备技能之界面设计

一个产品的UI界面代表着该产品的气质和品位，就像商品的包装，包装的好坏在一定程度上影响着商品的销量。俗话说，人靠衣装，佛靠金装。好的App UI能给用户非常深刻的第一印象，提升产品的活跃度，可见App界面设计非常重要。

8.1.1 清晰地展现信息层级

App的UI设计在层级方面需要遵循的原则：

01 尽量用更少的层级来展示信息，因为在移动场景中，用户的注意时长很短，需要在最短的时间内引导用户关注到核心信息以完成主操作，如果层级过多，会使效率降低。

02 当不可避免地要采用多个层级时，使用尽可能少的设计手法进行层级区分，例如区分信息Tab A和信息Tab B，可以用颜色、大小、亮度、动静等手法来区分，但是在这些手法中尽量只选择一种，不要两种叠加，这样可以使界面展现得更为优雅，如图8-1所示。

图8-1 层级区分

8.1.2 采用一致的设计语言

这一点很好理解，即在整个App中采用一致的配色方案、材质、元素、厚度，但需要注意的是，设计语言包括但不限于这些内容，还需要在相同的场景中使用相同性质的控件，提供一致的交互和样式呈现。这样做的意义是尽量降低用户的学习成本，尽快从新手过渡到中等熟练阶段，如图8-2所示。

图8-2 界面示例

8.1.3 在细节上给予惊喜

这一点，笔者个人认为是最难的，也是体现设计师创新力和水平的部分，做得出色可以让用户产生强烈的印象和好感。一个直观的翻页动画、一个有趣的加载状态甚至一段让人忍俊不禁的文案都能够让一个App从“比较好”提升到“很好”。

8.2 案例：游戏加载界面设计

当进入页面加载时，短暂的等待中所看到的美丽界面设计是否能给你带来一瞬间的惊叹，让你不觉得等待是漫长的？精致的细节设计考验设计师的技术，同时也是最能打动人心的。

8.2.1 设计构思

本例是设计游戏加载界面。设计师以炫酷的星空图作为背景，通过添加图层样式时加载进度条表现出立体感，整体颜色配合符合游戏加载页面的意境，文字的添加更突出了主题，最后添加了一些游戏元素，使整体更加契合，效果如图8-3所示。

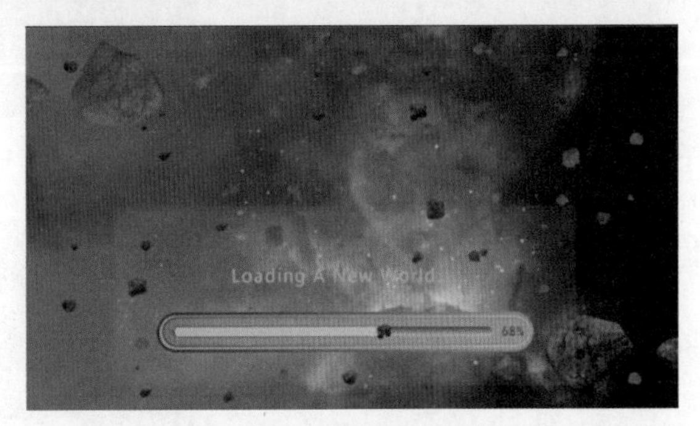

图8-3 游戏加载界面

8.2.2 操作步骤

01 打开文件。执行“文件→打开”命令，在弹出的“打开”对话框中选择素材文件，完成后单击“确定”按钮，如图8-4所示。

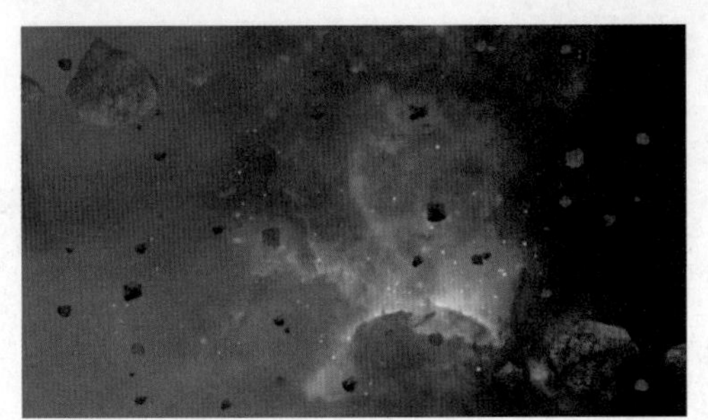

图8-4 打开文件

02 绘制矩形。单击工具箱中的“矩形工具”按钮，在选项栏中选择工具的模式为“形状”，宽度为1429像素，高度为281像素，填充颜色为#72d5d6，绘制矩形，不透明度设为14%，如图8-5所示。

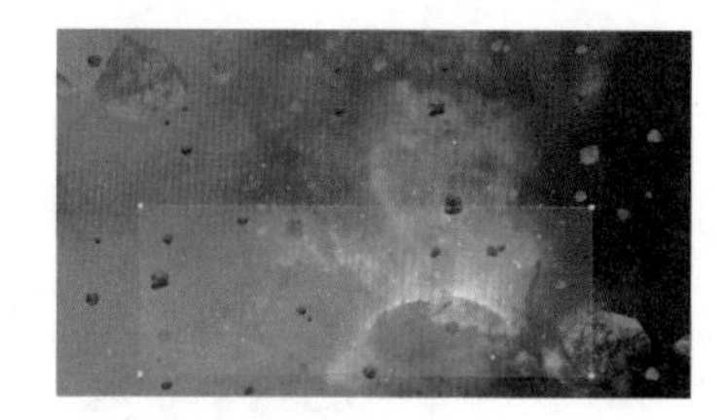

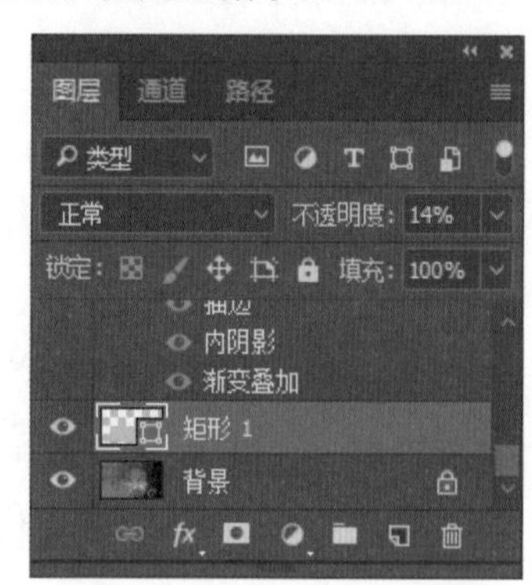

图8-5 绘制矩形

03 添加描边。执行“添加图层样式 fx →描边”命令，打开“图层样式”面板，之后在弹出的“图层样式”对话框中选择“描边”选项，设置参数，添加描边效果，如图8-6所示。

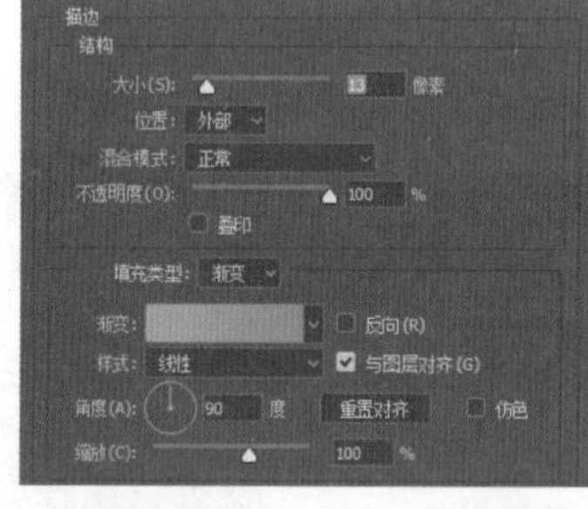

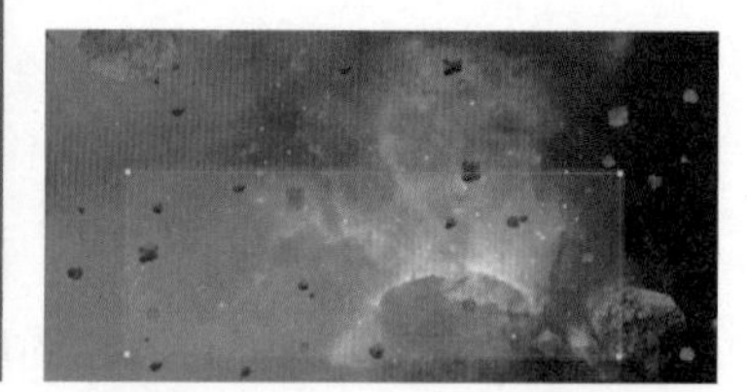

图8-6 添加描边

04 添加光泽。在打开的“图层样式”对话框中选择“光泽”选项，设置参数，填充颜色为#87e6ec，添加光泽效果，如图8-7所示。

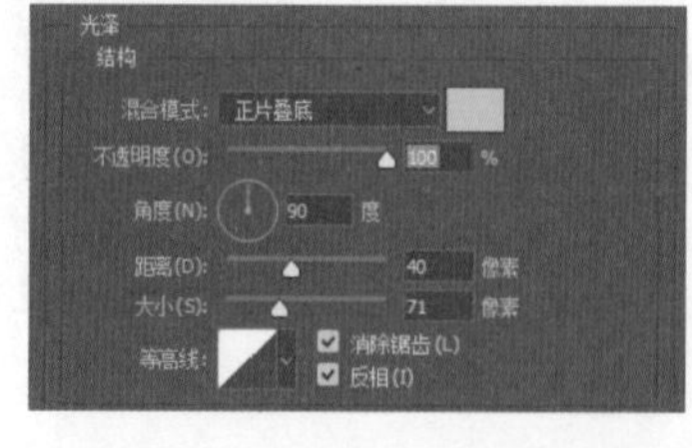

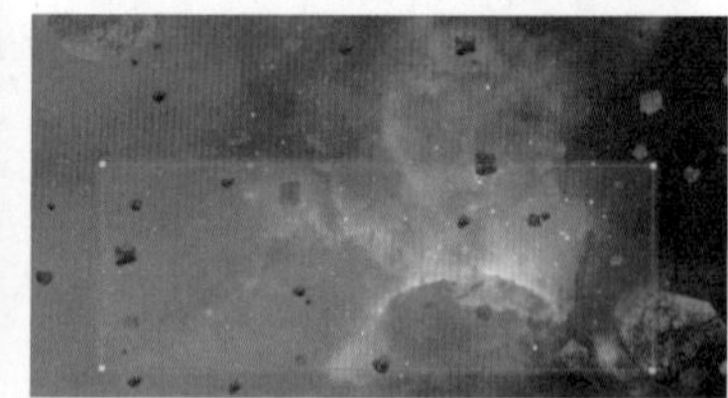

图8-7 添加光泽

05 绘制圆角矩形。新建图层，单击工具箱中的“圆角矩形工具”按钮，在选项栏中选择工具的模式为“形状”，颜色填充为#c4c7ce，绘制圆角矩形，如图8-8所示。

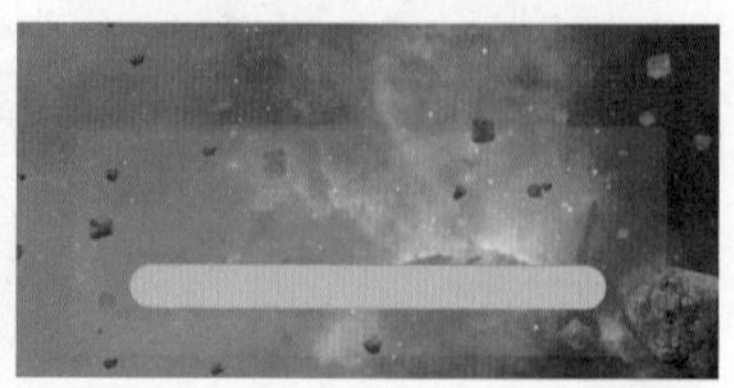

图8-8 绘制圆角矩形

06 添加描边。执行“添加图层样式 fx →描边”命令，打开“图层样式”面板，之后在弹出的“图层样式”对话框中选择“描边”选项，设置参数，添加描边效果，如图8-9所示。

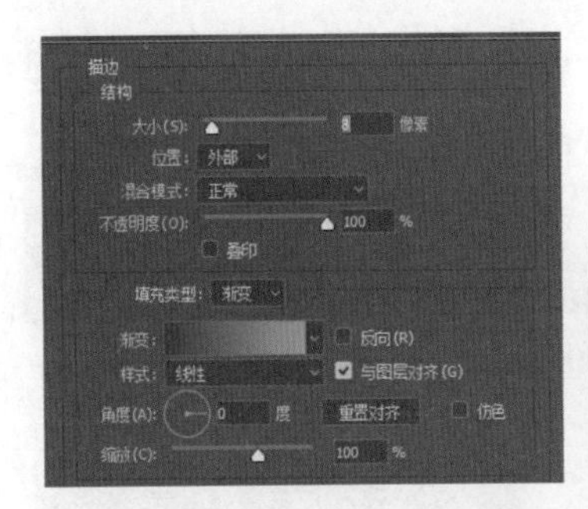

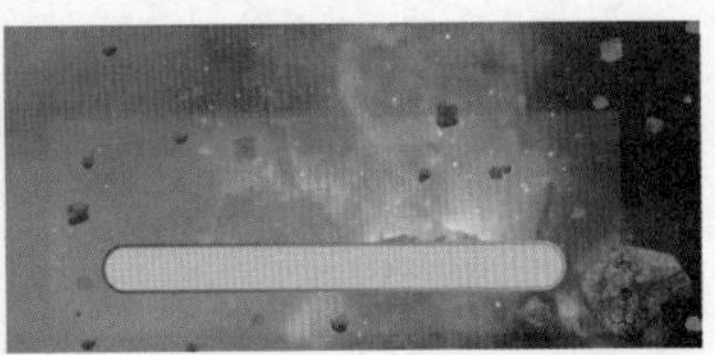

图8-9 添加描边

07 添加内发光。在打开的“图层样式”对话框中选择“内发光”选项，设置参数，添加内发光效果，如图8-10所示。

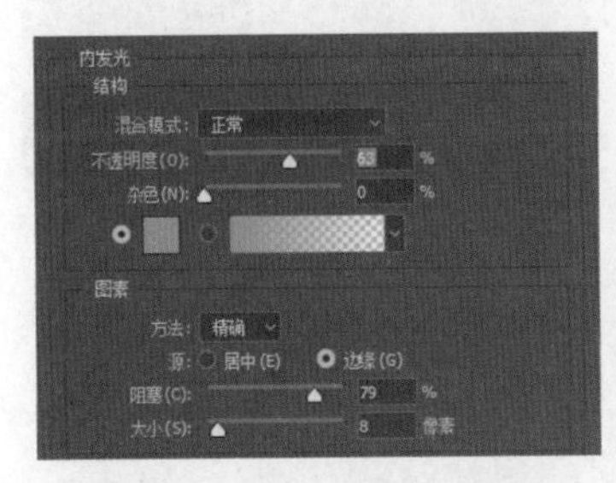

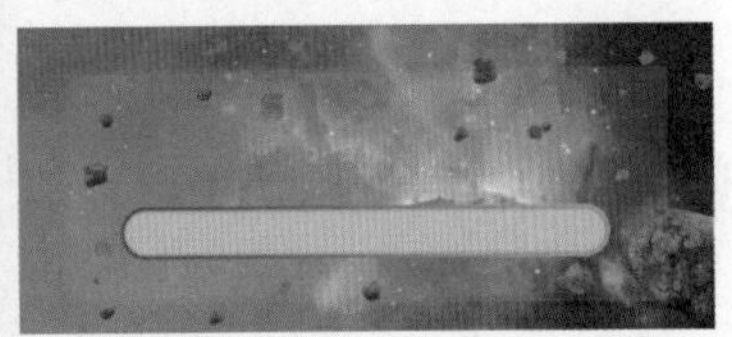

图8-10 添加内发光

08 添加外发光。在打开的“图层样式”对话框中选择“外发光”选项，设置参数，添加外发光效果，如图8-11所示。

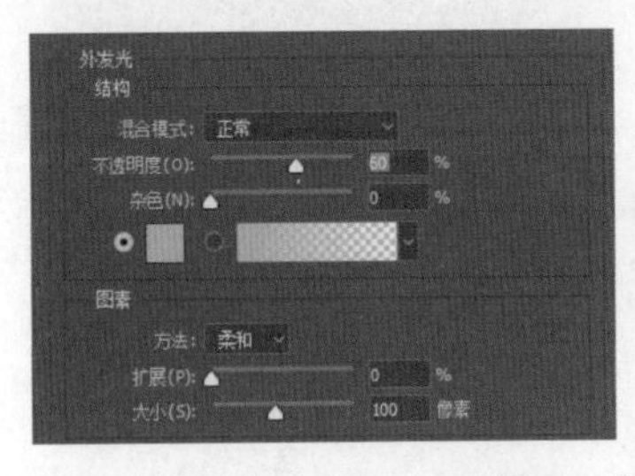

图8-11 添加外发光

09 绘制圆角矩形。新建图层，单击工具箱中的“圆角矩形工具”按钮，在选项栏中选择工具的模式为“形状”，填充颜色为#b5d1e4，绘制圆角矩形，如图8-12所示。

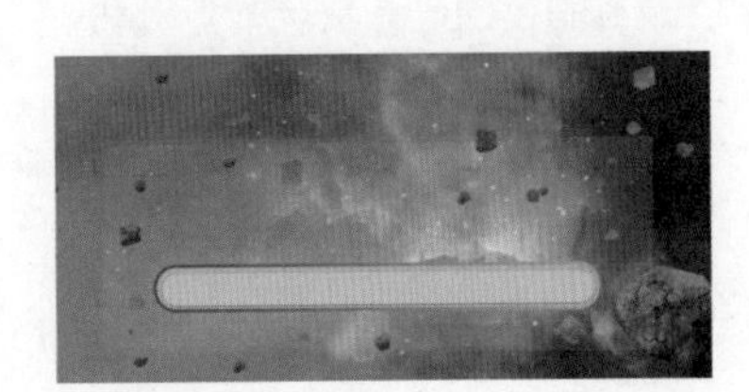

图8-12 绘制圆角矩形

10 添加描边。执行“添加图层样式 fx →描边”命令，打开“图层样式”面板，之后在弹出的“图层样式”对话框中选择“描边”选项，设置参数，添加描边效果，如图8-13所示。

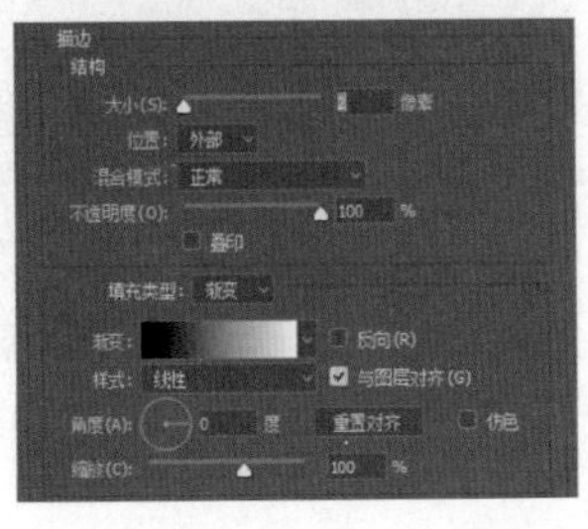
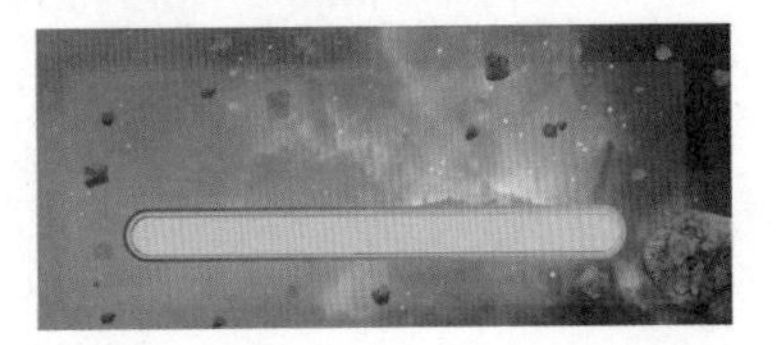

图8-13 添加描边

11 添加内阴影。在打开的“图层样式”对话框中选择“内阴影”选项，设置参数，添加内阴影效果，如图8-14所示。

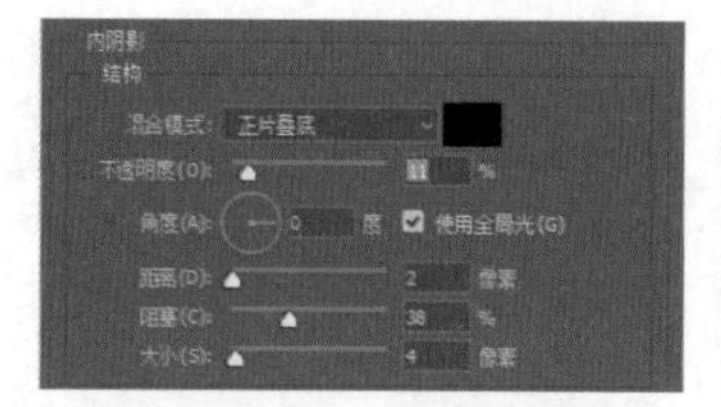

图8-14 添加内阴影

12 添加渐变叠加。在打开的“图层样式”对话框中选择“渐变叠加”选项，设置参数，添加渐变叠加效果，如图8-15所示。

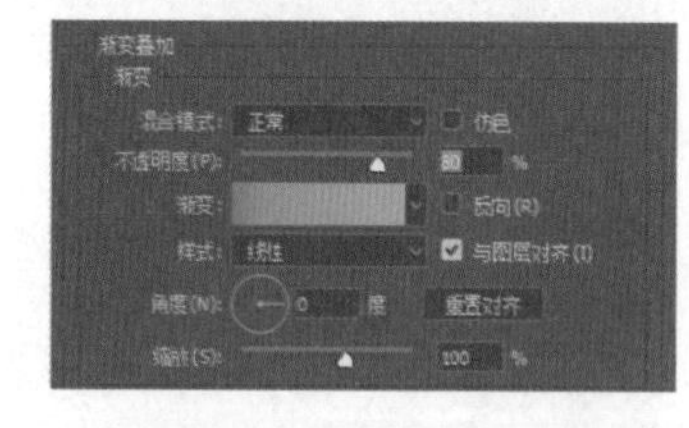

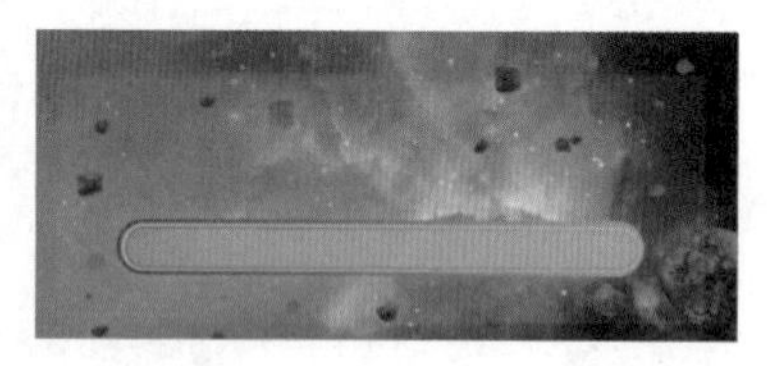

图8-15 添加渐变叠加

13 绘制圆角矩形。新建图层，单击工具箱中的“圆角矩形工具”按钮，在选项栏中选择工具的模式为“形状”，绘制圆角矩形，如图8-16所示。

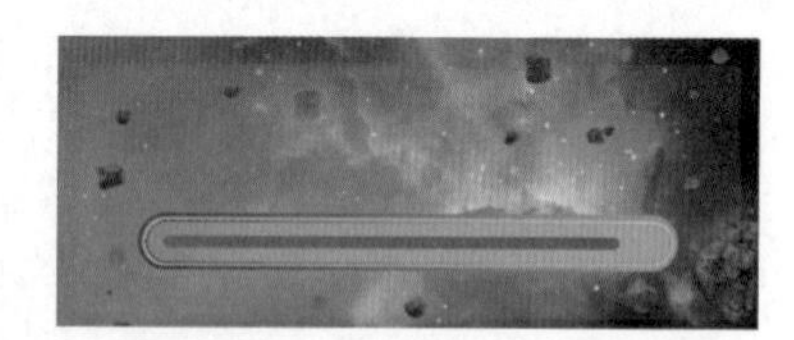

图8-16 绘制圆角矩形

14 添加描边。执行“添加图层样式 fx →描边”命令，打开“图层样式”面板，之后在弹出的“图层样式”对话框中选择“描边”选项，设置参数，添加描边效果，如图8-17所示。

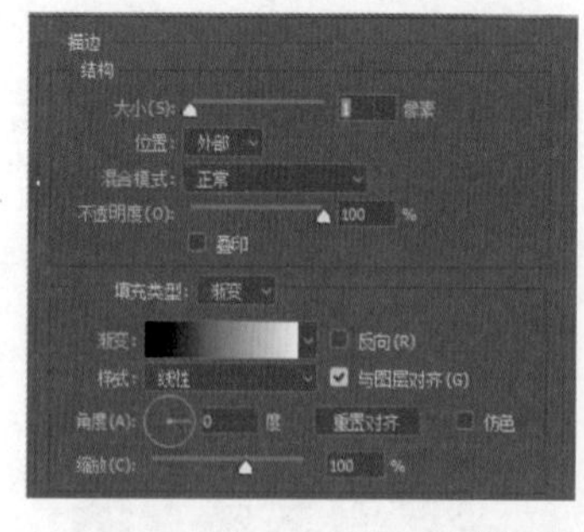

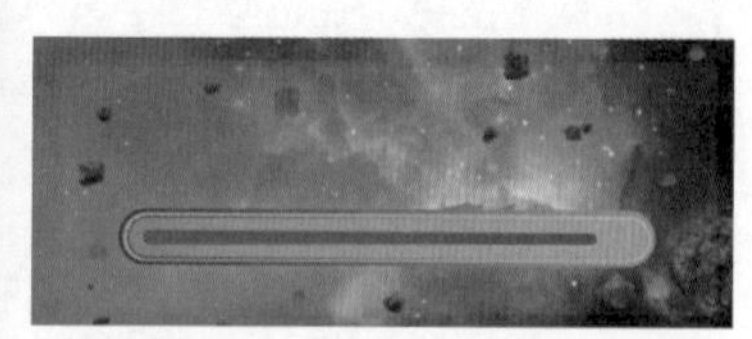

图8-17 添加描边

15 添加渐变叠加。在打开的“图层样式”对话框中选择“渐变叠加”选项，设置参数，添加渐变叠加效果，如图8-18所示。

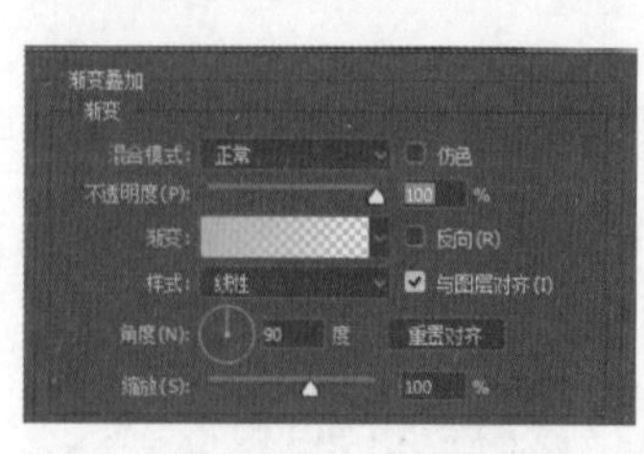

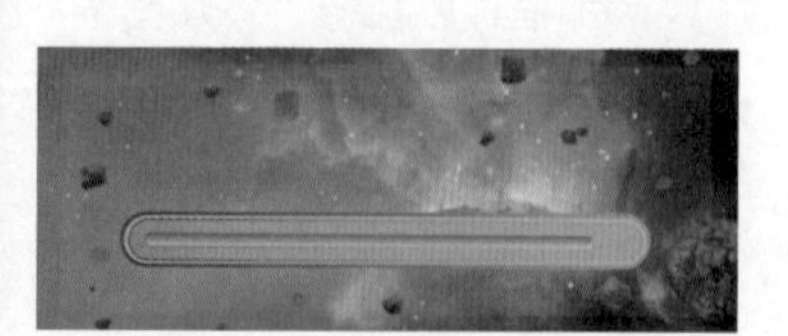

图8-18 添加渐变叠加

16 绘制圆角矩形。新建图层，单击工具箱中的“圆角矩形工具”按钮，在选项栏中选择工具的模式为“形状”，填充颜色为#03b5ff，绘制圆角矩形，如图8-19所示。

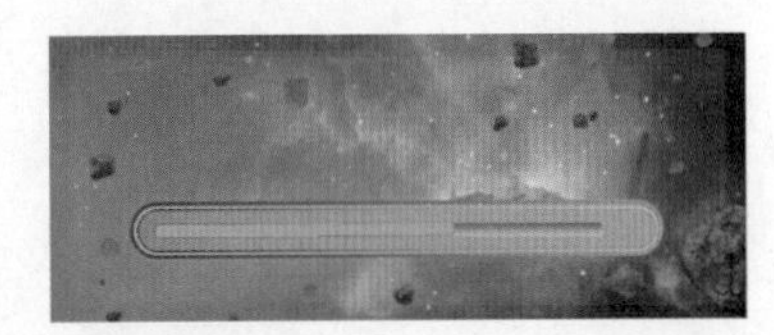

图8-19 绘制圆角矩形

17 添加描边。执行“添加图层样式 fx →描边”命令，打开“图层样式”面板，之后在弹出的“图层样式”对话框中选择“描边”选项，设置参数，添加描边效果，如图8-20所示。

图8-20 添加描边

18 添加光泽。在打开的“图层样式”对话框中选择“光泽”选项，设置参数，添加光泽效果，如图8-21所示。

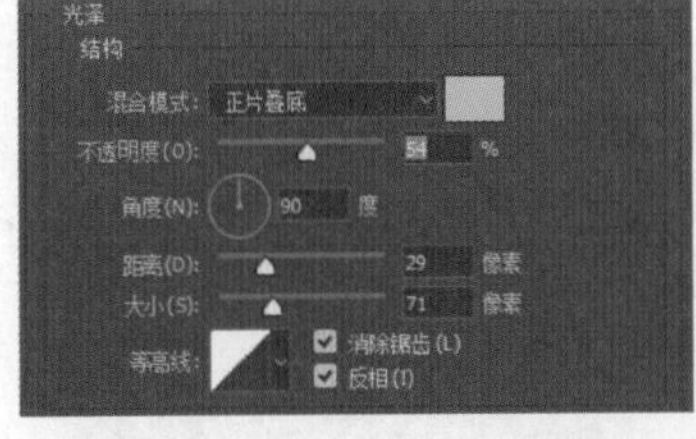
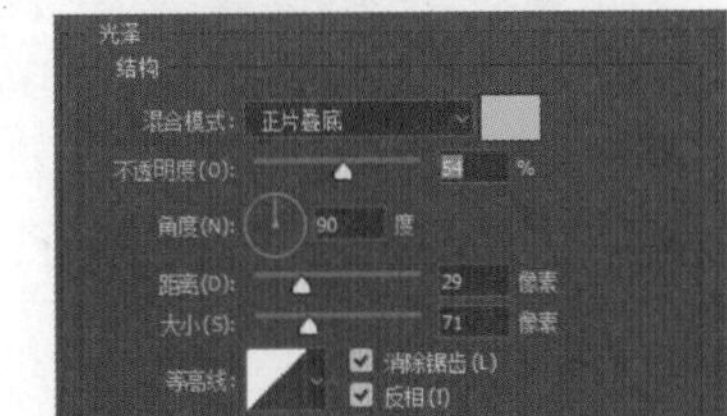

图8-21 添加光泽

19 添加渐变叠加。在打开的“图层样式”对话框中选择“渐变叠加”选项，设置参数，添加渐变叠加效果，如图8-22所示。

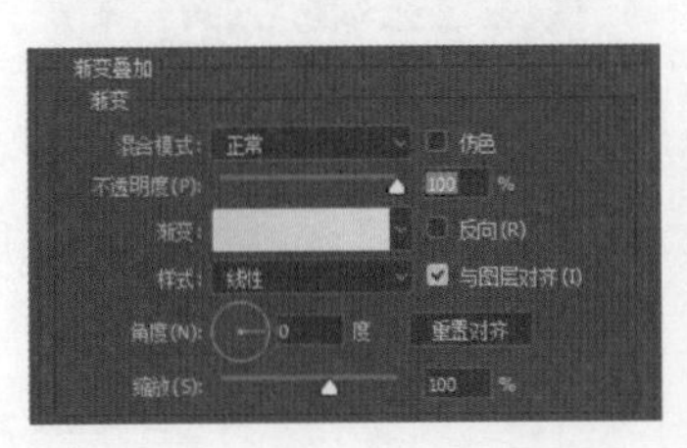
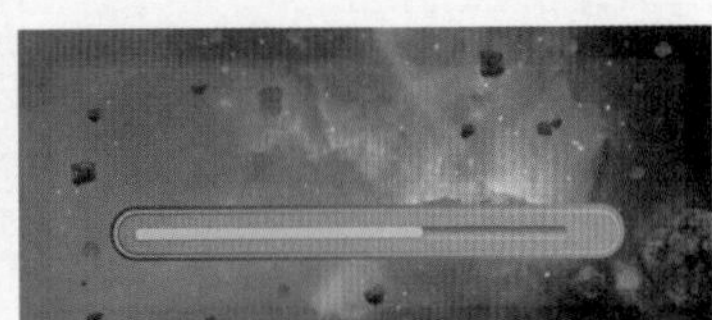

图8-22 添加渐变叠加

20 添加投影。在打开的“图层样式”对话框中选择“投影”选项，设置参数，添加投影效果，如图8-23所示。

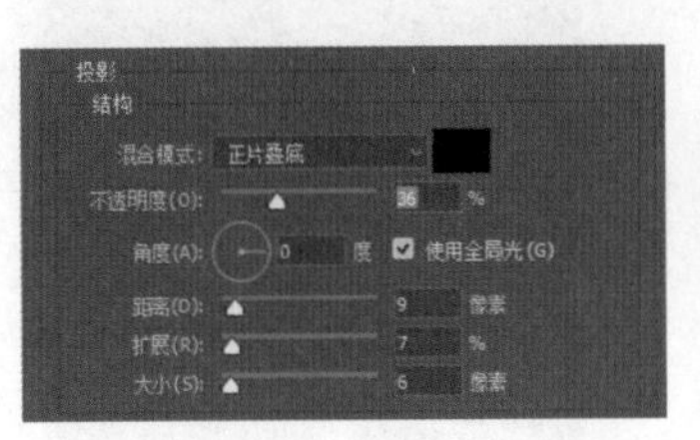
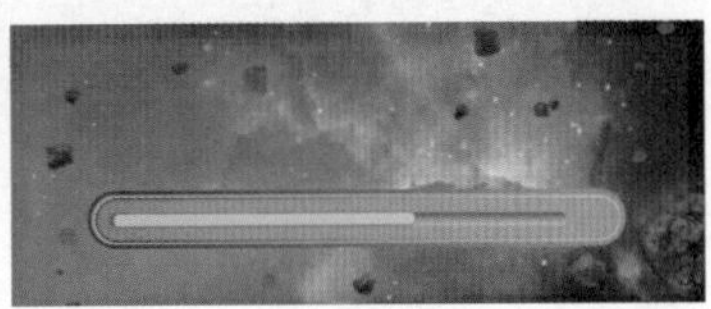

图8-23 添加投影

21 添加横排文字。单击工具箱中的“横排文字工具”按钮，在选项栏中选择字体为“黑体”，颜色为#14262f，添加进度，如图8-24所示。

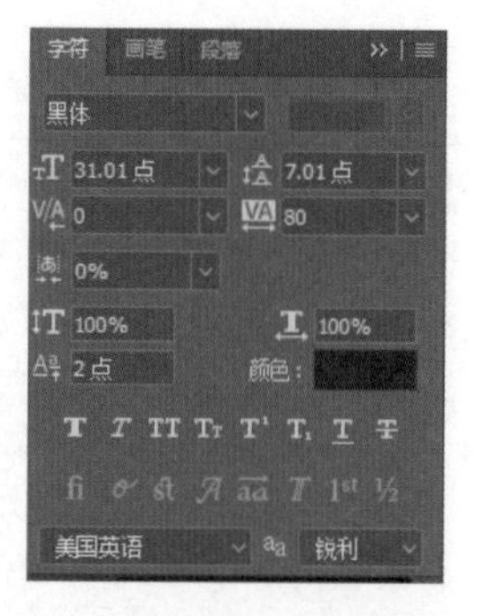

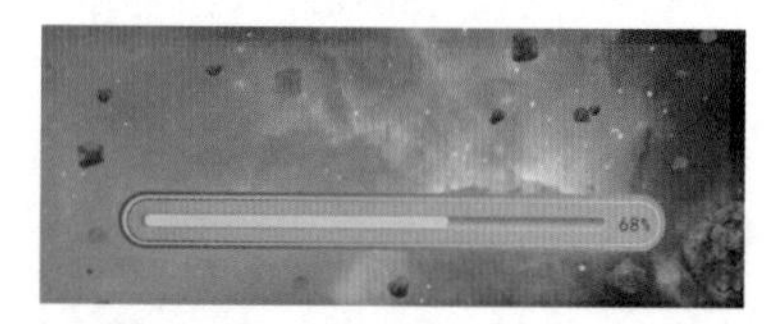

图8-24 添加横排文字

22 选择陨石。打开“背景”图层，单击工具箱中的“快速选择工具”按钮，选择陨石，单击工具栏中的“选择并遮住”，调整参数，单击“确定”按钮，如图8-25所示。

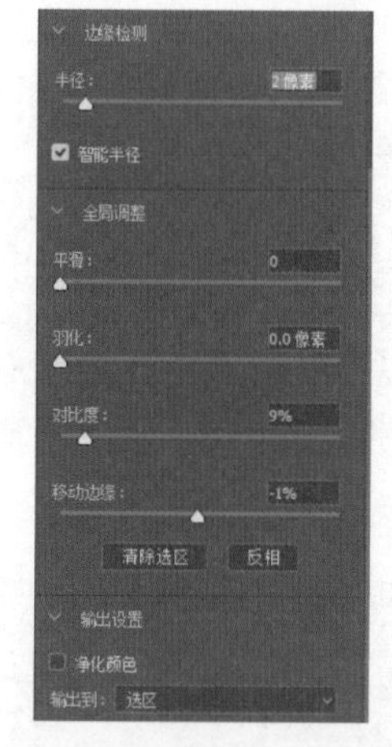

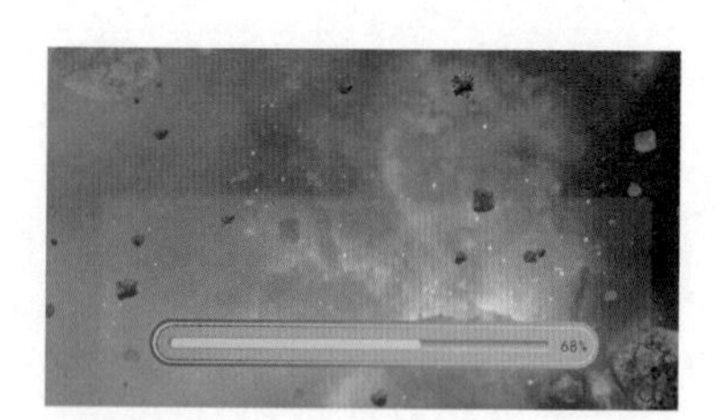

图8-25 选择陨石

23 添加陨石元素。按Ctrl+J组合键复制陨石，创建新的图层，将陨石图层拖到进度条的图层之前，如图8-26所示。

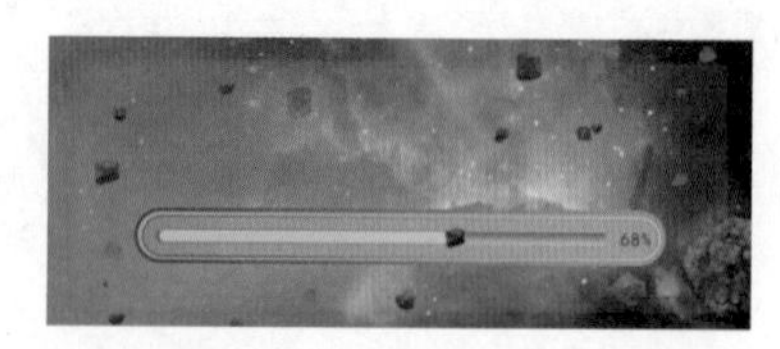

图8-26 添加陨石元素

24 添加光影。新建图层，单击工具栏中的“画笔工具”按钮，选择星星画笔，在进度条上添加光影效果，如图8-27所示。

图8-27 添加光影

25 添加文字。单击工具箱中的“横排文字工具”按钮，在选项栏中选择英文字体，颜色为#2ae82e，添加进度，如图8-28所示。

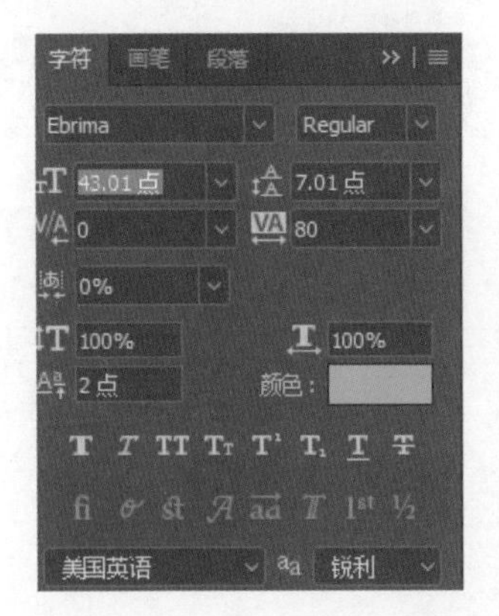

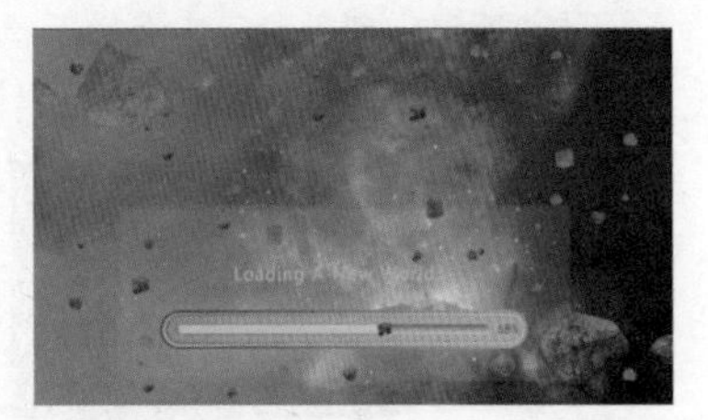

图8-28 添加文字

8.3 案例：拨号界面和等待接听界面设计

拨号和等待接听界面都是智能手机中常见的，一个良好的界面设计应该考虑到布局控制、视觉平衡、色彩搭配和文字的可阅读性这几点。

8.3.1 设计构思

本案例涉及拨号和等待接听两个常用界面。界面以蓝色的半透明景色为背景，绘制个性化的图标，整体给人高级、简单、舒适的感觉，效果如图8-29所示。

图8-29 等待接听界面

8.3.2 操作步骤

01 新建文件。执行“文件→新建”命令，在弹出的“新建文档”窗口中选择新建一个720×1280像素的文档，如图8-30所示。

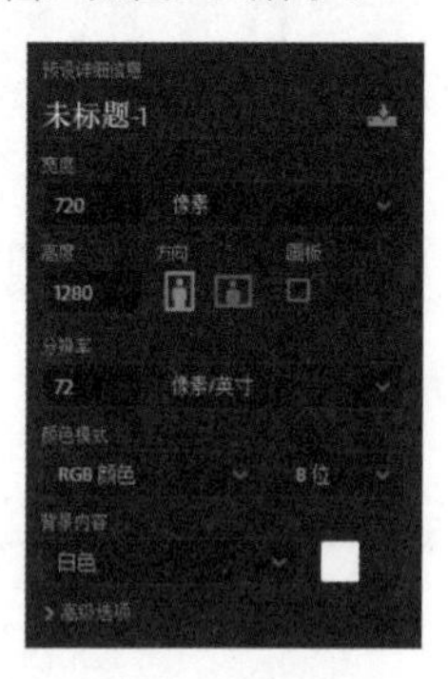

图8-30 新建文件

02 填充背景色。将前景色设置为#dee4e0，按Alt+Delete组合键将前景色填充到“背景”图层，如图8-31所示。

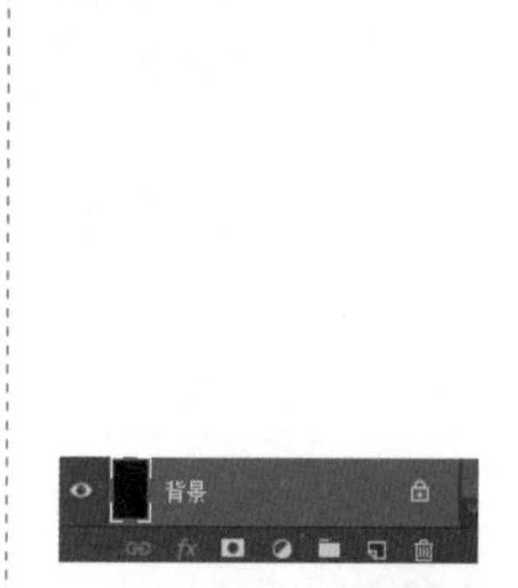

图8-31 填充背景色

03 绘制椭圆。新建图层，单击工具箱中的“椭圆工具”按钮，在选项栏中选择工具的模式为“形状”，填充颜色为#e0f7ff，按住Shift键绘制正圆，然后复制4个圆形在顶部排列，手机信号的效果就出来了，如图8-32所示。

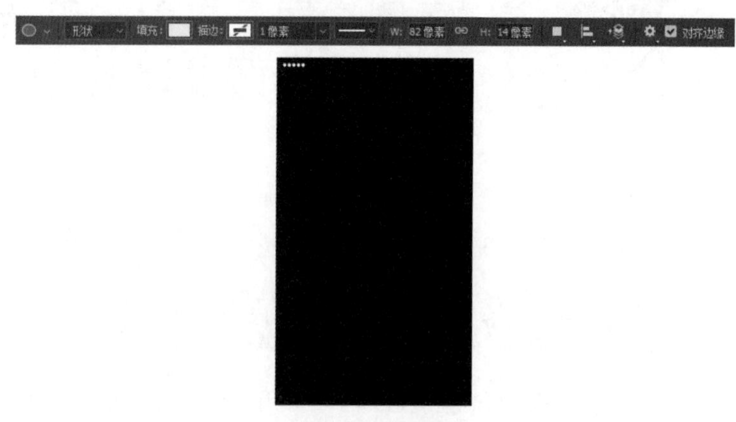

图8-32 绘制椭圆

04 绘制图标。单击工具栏中的“矩形工具”，利用各形状工具及形状相减原理绘制出WIFI图标和电量图标，如图8-33所示。

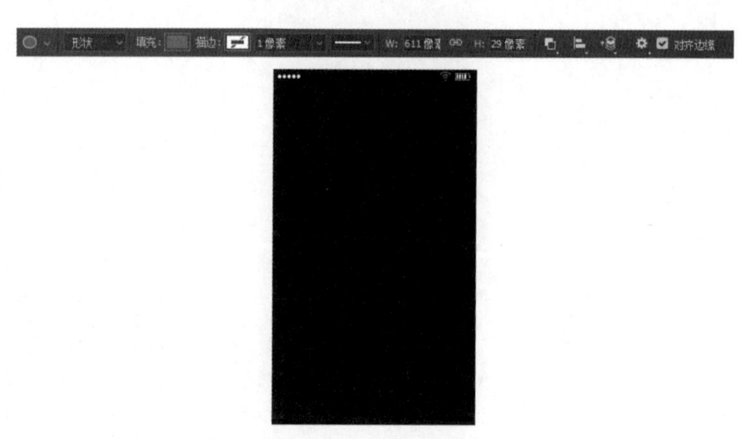

图8-33 绘制图标

05 添加文字。单击工具栏中的“直排文字工具”按钮，在工具栏中设置字体为“微软雅黑”，字号为24px，颜色为白色，输入时间等顶部导航栏信息，如图8-34所示。

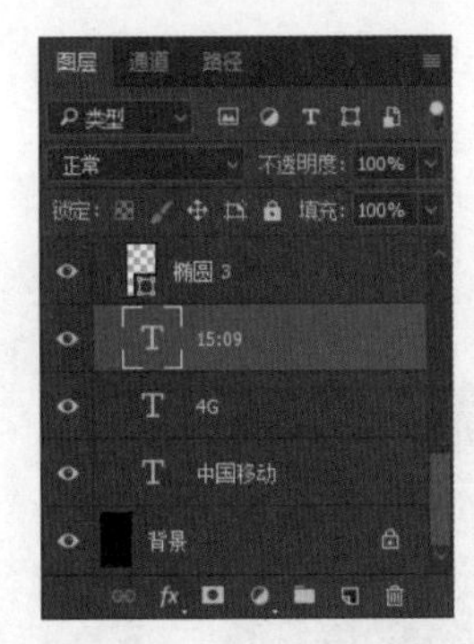

图8-34 添加文字

06 添加文字。单击工具栏中的“直排文字工具”按钮，在工具栏中设置字体为“微软雅黑”，字号为70px，颜色为白色，输入拨打号码数字，如图8-35所示。

图8-35 添加文字

07 绘制圆形。新建图层，单击工具箱中的“椭圆工具”按钮，在选项栏中选择工具的模式为“形状”，无填充颜色，描边为白色1点，然后重复上述步骤，实现数字虚拟键盘的按键底座，如图8-36所示。

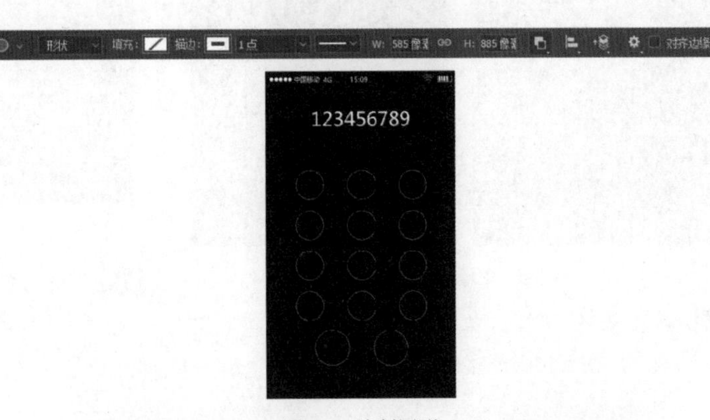

图8-36 绘制圆形

08 添加文字。单击工具栏中的“直排文字工具”按钮，在工具栏中设置字体为“微软雅黑”，颜色为白色，输入键盘数字，如图8-37所示。

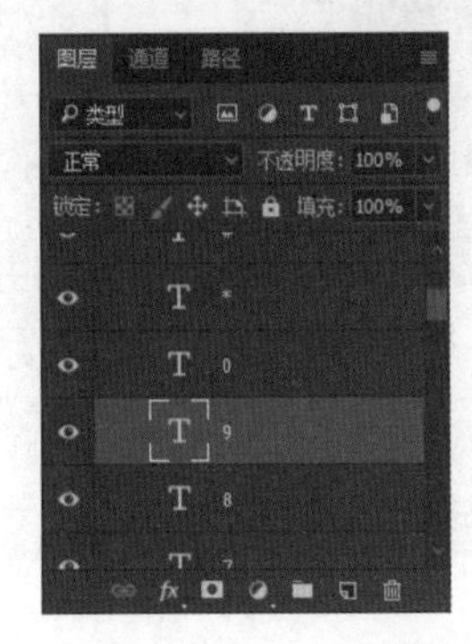

图8-37 添加文字

09 绘制圆角矩形。新建图层，单击工具箱中的“圆角矩形工具”按钮，在选项栏中选择工具的模式为“形状”，填充颜色为白色，多绘制几个，将绘制好的圆角矩形图层合并，得出图标，如图8-38所示。

图8-38 绘制圆角矩形

10 添加多边形。单击工具栏中的多边形工具，绘制出多边形，通过调整锚点改变多边形的形状，如图8-39所示。

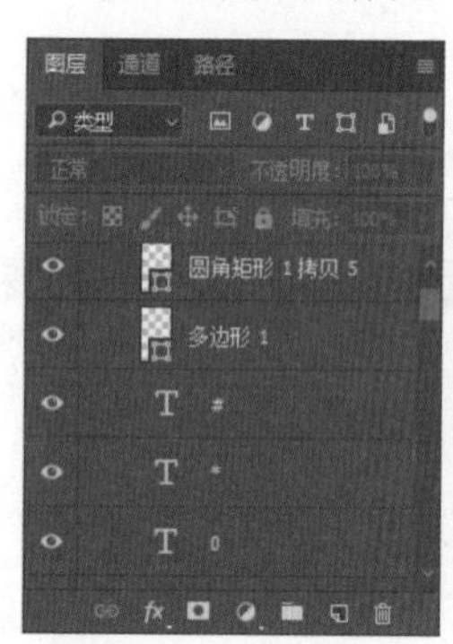

图8-39 添加多边形

11 添加删除符号。单击工具栏中的“直线工具”，在五边形形状内绘制出X符号，如图8-40所示。

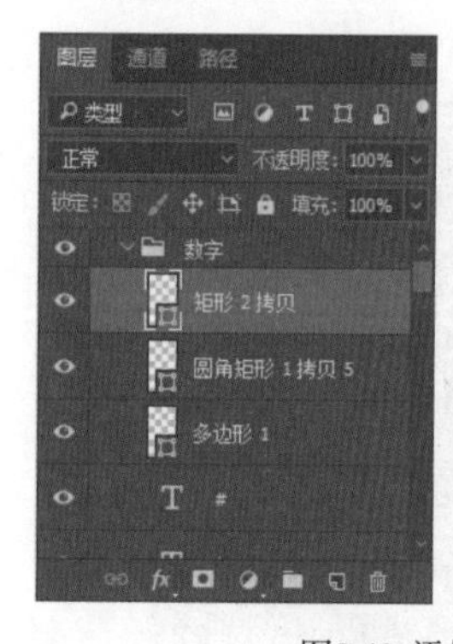

图8-40 添加删除符号

12 绘制圆角矩形。单击工具栏中的“圆角矩形工具”按钮，填充颜色为#45c941，绘制圆角矩形，如图8-41所示。

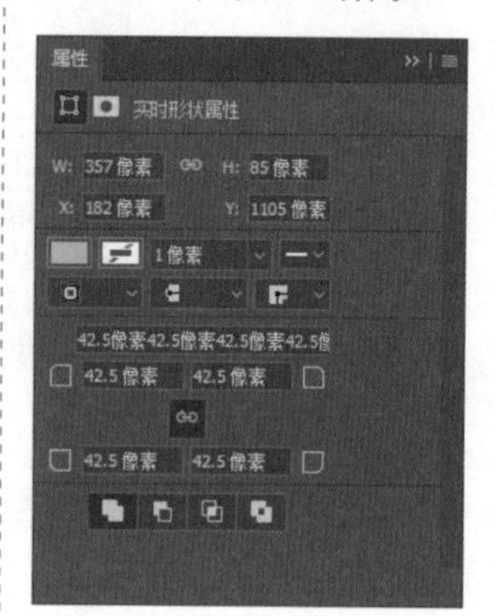

图8-41 绘制圆角矩形

13 绘制拨号图标。单击工具栏中的“钢笔工具”按钮，填充颜色为白色，绘制拨号图标，如图8-42所示。

图8-42 绘制拨号图标

14 新建文件。执行“文件→新建”命令，在弹出的“新建文档”窗口中选择新建一个720×1280像素、背景颜色为#dee4e0的文档，如图8-43所示。

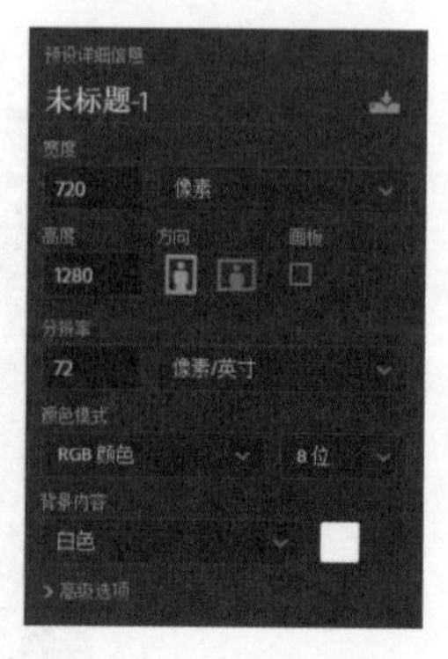

图8-43 新建文件

15 添加导航栏。按照步骤**02**～**05**添加导航栏，如图8-44所示。

图8-44 添加导航栏

16 添加文字。单击工具箱中的“文字工具”按钮，字体为“微软雅黑”，字号为70px，颜色为白色，输入文字“来电话啦”，如图8-45所示。

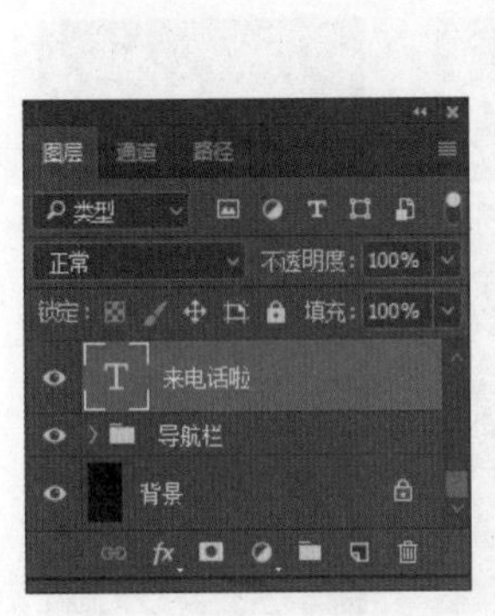

图8-45 添加文字

17 添加文字。来电的时候一般我们手机的界面都会显示来电电话的归属地，单击工具箱中的“文字工具”按钮，字体为“微软雅黑”，字号为26px，颜色为白色，输入文字，如图8-46所示。

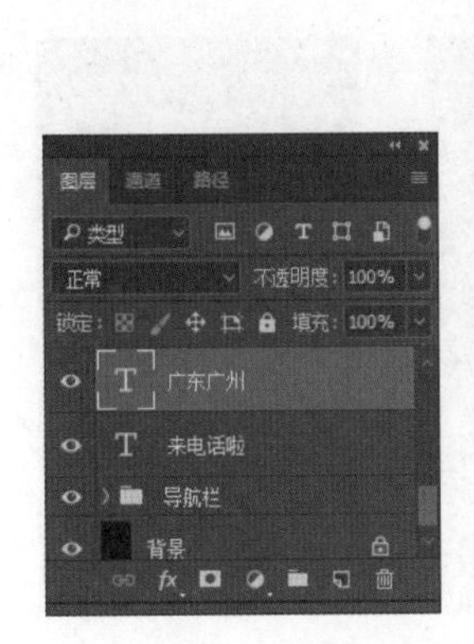

图8-46 添加文字

18 绘制图标。单击工具箱中的“钢笔”按钮，在选项栏中选择工具的模式为“形状”，填充颜色为白色，绘制一个电话的图标，如图8-47所示。

图8-47 绘制图标

19 绘制圆形。新建图层，单击工具箱中的“椭圆工具”按钮，在选项栏中选择工具的模式为“形状”，填充为0%，如图8-48所示。

图8-48 绘制圆形

20 添加内发光。在打开的“图层样式”对话框中选择“投影”选项，设置参数，添加投影效果，如图8-49所示。

图8-49 添加内发光

21 添加向右箭头。单击工具栏中的“矩形工具”，绘制一个宽3像素、高24像素、填充颜色为#00d459的矩形，然后按Ctrl+J组合键多复制一个矩形，调整两个矩形的角度，形成一个向右的箭头，合并两个矩形的图层，如图8-50所示。

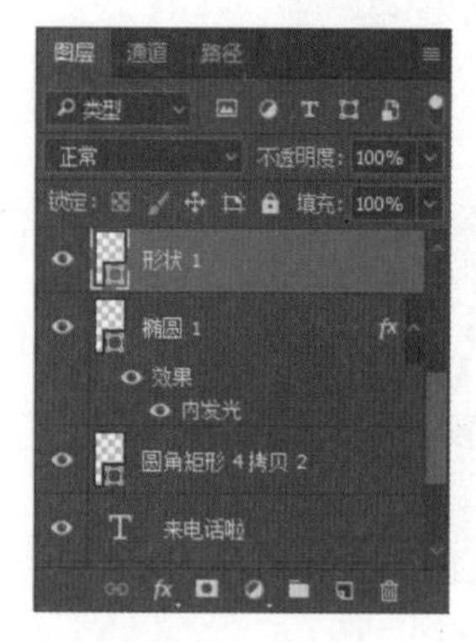

图8-50 添加向右箭头

22 复制矩形图层。按Ctrl+J组合键复制向右箭头矩形，调整形状大小，设置矩形填充颜色为#007c34，如图8-51所示。

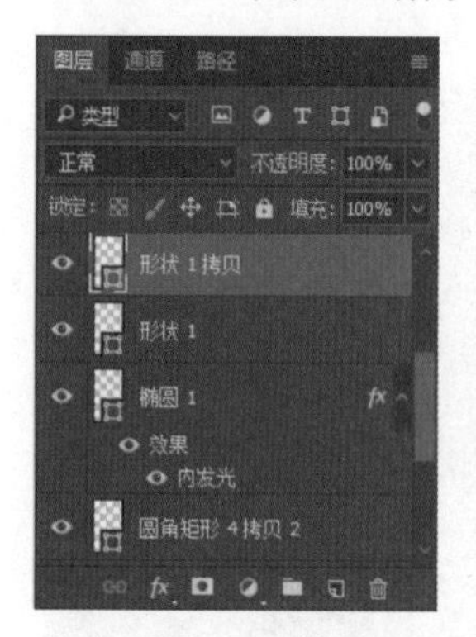

图8-51 复制矩形图层

23 绘制向左箭头。按Ctrl+J组合键复制两个向右箭头矩形图层，将复制的图层水平翻转，分别设置填充颜色为#dc001f、#85000c，形成向左的拒接箭头效果，如图8-52所示。

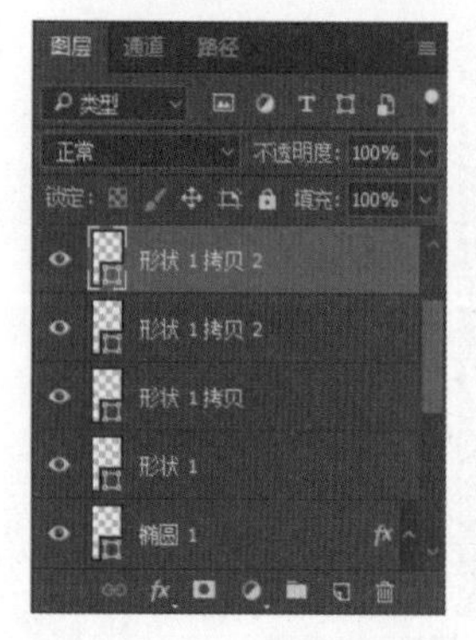

图8-52 绘制向左箭头

24 复制箭头图层。按Ctrl+J组合键复制向下箭头图层，旋转箭头向上，填充色为白色，如图8-53所示。

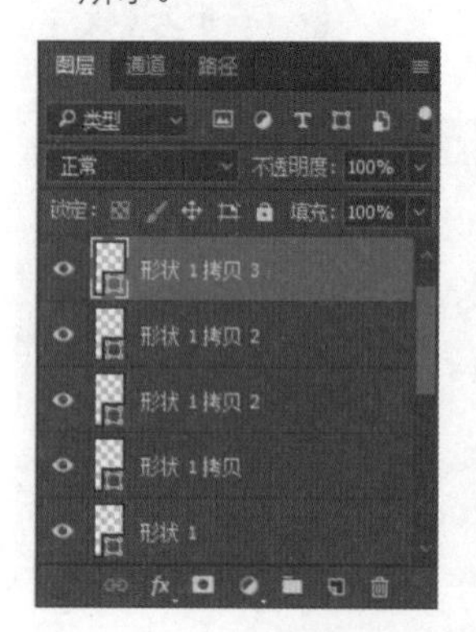

图8-53 复制箭头图层

25 添加文字。单击工具箱中的“文字工具”按钮，在选项栏中选择工具的模式为“横排文字工具”，字体颜色为白色，字体为微软雅黑，字号为25px，如图8-54所示。

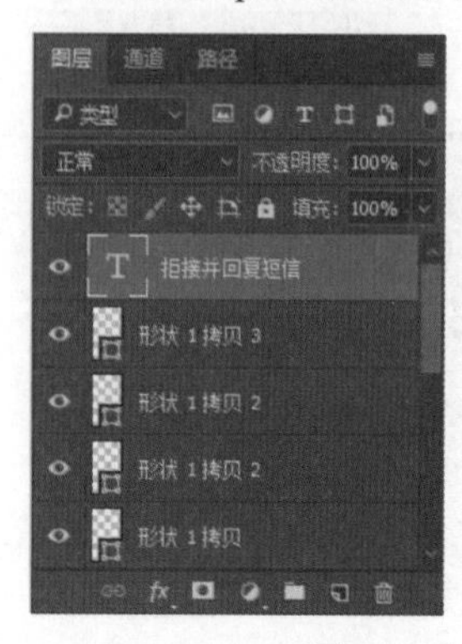

图8-54 添加文字

8.4 案例：搜索结果页面设计

搜索结果的页面是平时人们在手机中搜索后弹出的页面，简单的排版效果可以让人更直观明了地看到搜索的结果。

8.4.1 设计构思

本例制作的是搜索框。设计师先导入一个失焦模糊背景，突出搜索的结果内容，再通过绘制窗口的其他细节丰富场景，最后简单排版文字来完成这个案例，效果如图8-55所示。

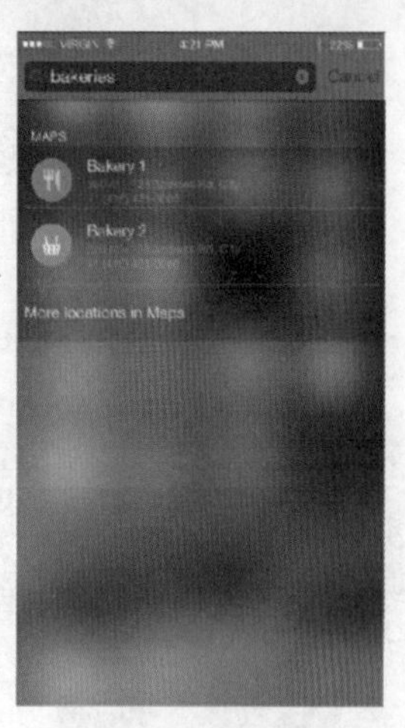

图8-55 搜索框

8.4.2 操作步骤

01 新建文件。执行“文件→新建”命令，在弹出的“新建文档”窗口中选择新建一个750×1334像素的文档，如图8-56所示。

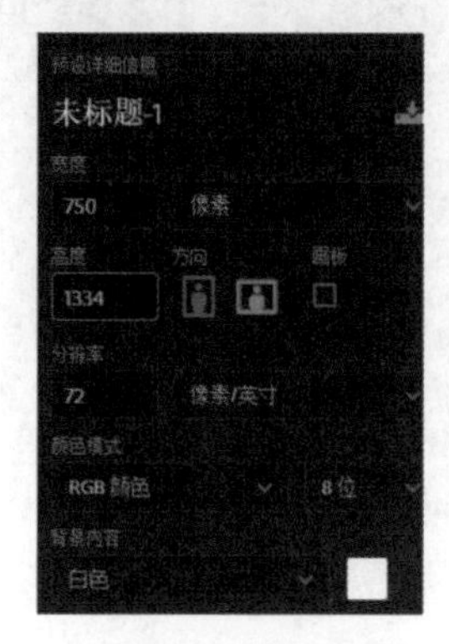

图8-56 新建文件

02 添加背景图片。执行“文件→打开”，选择背景图片，导入画布中，如图8-57所示。

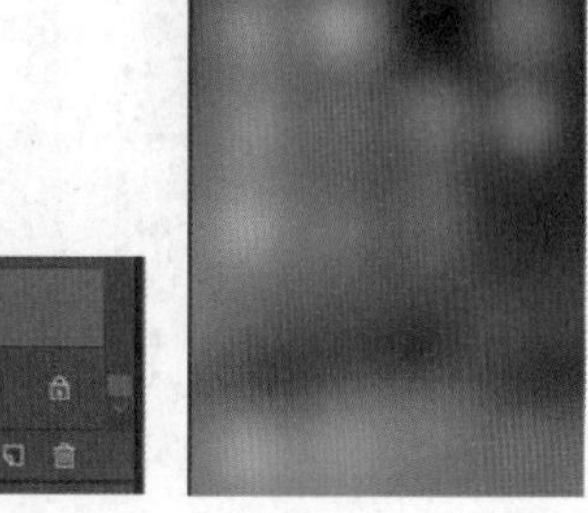

图8-57 添加背景图片

03 添加圆形。新建图层，单击工具箱中的“圆形工具”按钮，在选项栏中选择工具的模式为“形状”，颜色填充为白色，绘制12px×12px的圆形，然后绘制无填充、描边为1像素的圆形，让圆形组成信号效果，如图8-58所示。

图8-58 添加圆形

04 添加文字和WIFI图标。单击工具栏的“文字工具”，输入文字，导入WIFI图标，如图8-59所示。

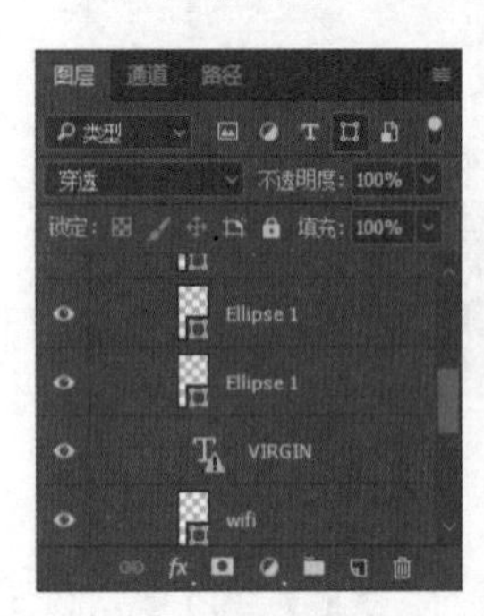

图8-59 添加文字和WIFI图标

05 完善顶部信息栏。单击工具栏中的“文字工具”，分别输入时间文字及电池剩余电量文字，导入蓝牙图标图片，利用“矩形工具”绘制电池形状，如图8-60所示。

图8-60 完善顶部信息栏

06 绘制圆角矩形工具。单击工具栏中的“圆角矩形工具”，选择“形状”，填充颜色为#363345，绘制圆角矩形，如图8-61所示。

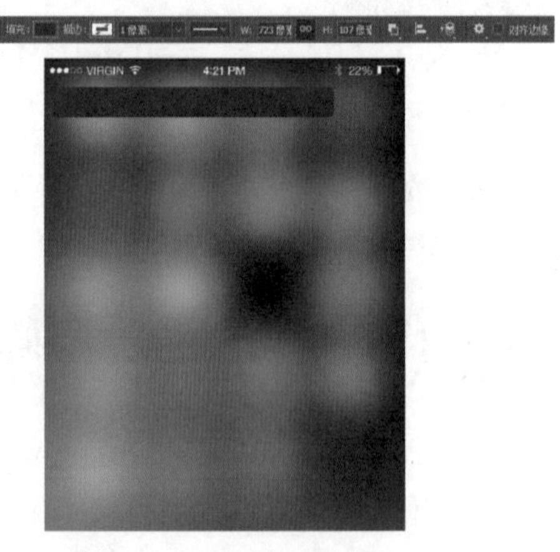

图8-61 绘制圆角矩形工具

07 绘制搜索图标。单击工具栏中的“钢笔工具”，绘制搜索图标，填充颜色为白色，图层混合模式设置为“柔光”，如图8-62所示。

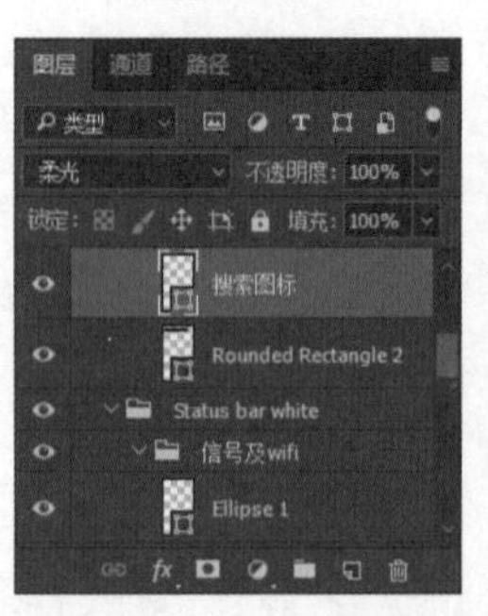

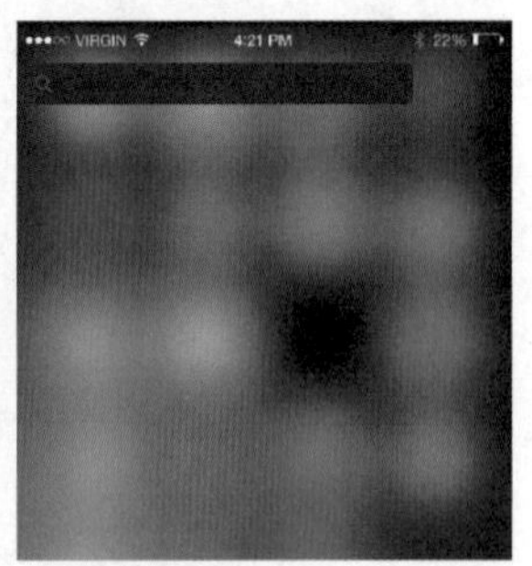

图8-62 绘制搜索图标

08 添加删除图标。执行“文件→打开”，导入删除图标图片，图层混合模式设置为“柔光”，如图8-63所示。

图8-63 添加删除图标

09 添加文字。单击工具栏中的“文字工具”，分别输入所需的文字，单击工具箱中的“钢笔工具”按钮，在选项栏中选择工具的模式为“形状”，描边为白色，绘制形状，如图8-64所示。

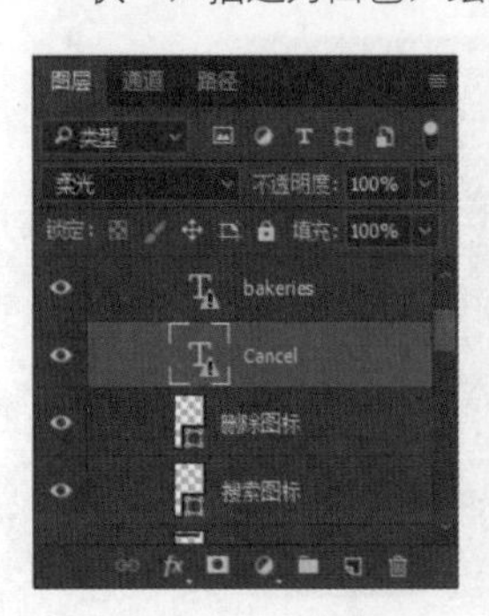

图8-64 添加文字

10 绘制矩形。新建图层，单击工具箱中的“矩形工具”按钮，在选项栏中选择工具的模式为“形状”，颜色填充为#6d687a，在背景图层的上一层绘制矩形，不透明度为95%，如图8-65所示。

图8-65 绘制矩形

11 添加投影。执行“添加图层样式 fx →投影”命令，打开“图层样式”面板，之后在弹出的“图层样式”对话框中选择“投影”选项，设置参数，添加投影效果，如图8-66所示。

图8-66 添加投影

12 添加矩形。新建图层，单击工具箱中的“矩形工具”按钮，在选项栏中选择工具的模式为“形状”，颜色填充为黑色，不透明度为20%，如图8-67所示。

图8-67 添加矩形

13 添加文字。单击工具栏中的“文字工具”，选择“横排文字工具”，字体颜色为白色，输入文字，如图8-68所示。

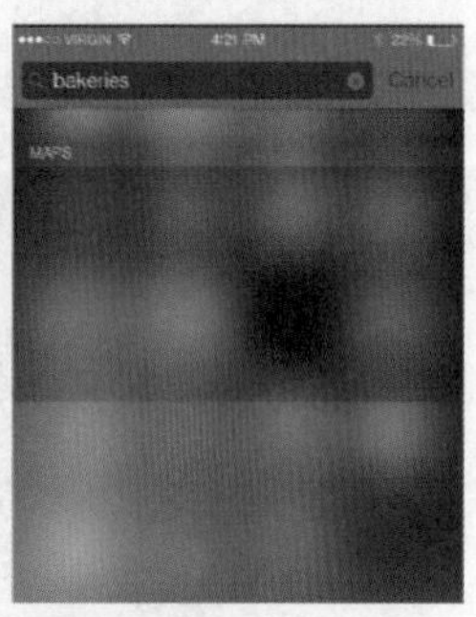

图8-68 添加文字

14 添加直线。单击工具栏中的“直线工具”，颜色为白色，绘制直线，图层混合模式为柔光，图层不透明度为40%，如图8-69所示。

图8-69 添加直线

15 绘制圆形。单击工具栏中的“圆形工具”，填充颜色为#b1916d，按住Shift键绘制圆形，如图8-70所示。

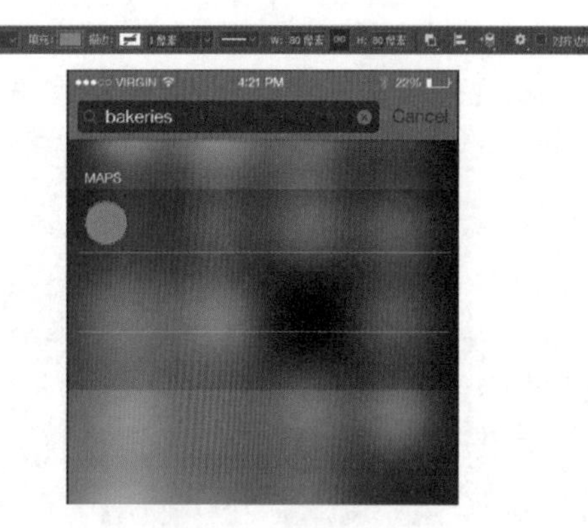

图8-70 绘制圆形

16 复制圆形。按Crtl+J组合键复制椭圆形状，设置填充颜色为#e5a62e，然后在打开的“图层样式”面板中选择“投影”选项，设置参数，添加投影效果，如图8-71所示。

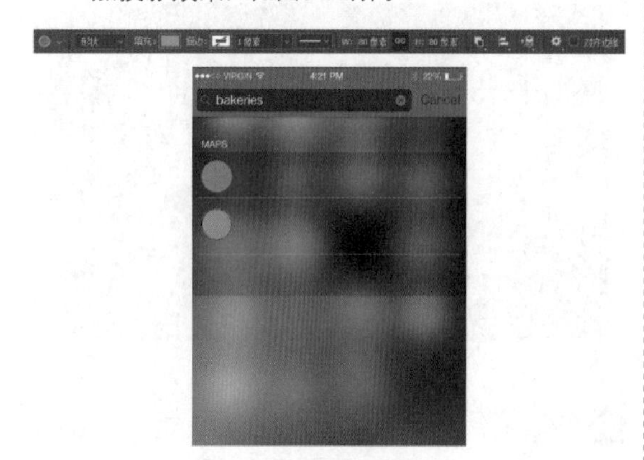

图8-71 复制圆形

17 打开文件。执行“文件→打开”命令，在弹出的窗口中选择图标素材文件，单击“确定”按钮，将图标素材文件拖曳到场景中，调整大小和位置，如图8-72所示。

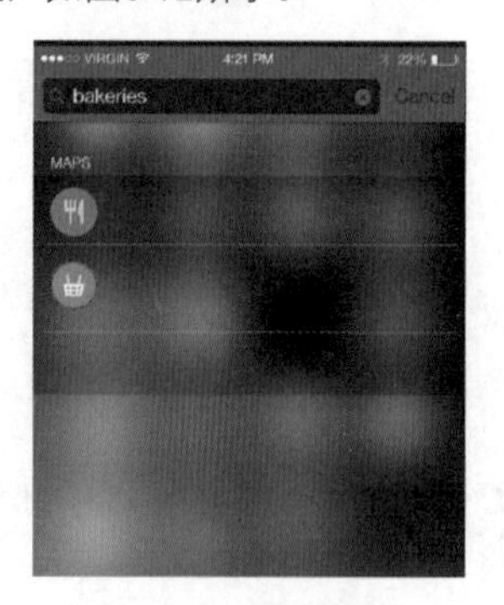

图8-72 打开文件

18 添加文字。单击工具栏中的“文字工具”，输入文字，将文字分别排放到相应位置，如图8-73所示。

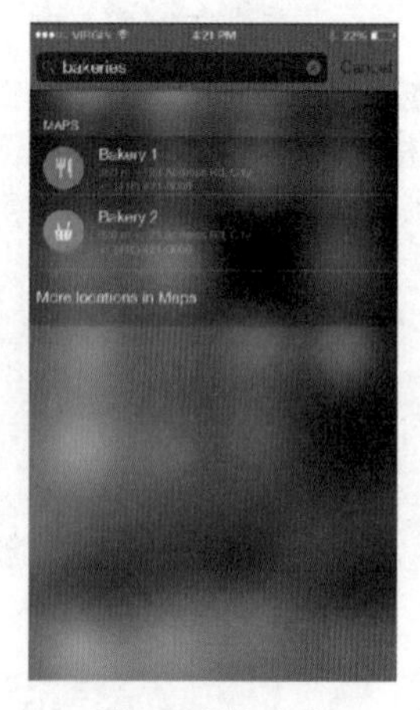

图8-73 添加文字

8.5 案例：个性报错页面设计

“报错页面”是指在服务器找不到指定的页面时所显示的页面，如果手机页面的报错页面都是默认的页面，就会显得非常单调。本身访问到错误页面就是不愉快的用户体验，而有意思的报错页面可以减少用户使用时的挫折感，并显示网站对用户体验细节的关注。

8.5.1 设计构思

本例是个性报错页面的设计。设计师用神秘的磨砂界面来作为报错页面的整体，通过绘制警示符号来强调重点，整体很有设计感和动感，突出了报错页面的主题，让用户感受到不一样的高质感的报错页面，效果如图8-74所示。

图8-74 个性报错页面设计

8.5.2 操作步骤

01 新建文件。执行“文件→新建”命令，在弹出的“新建文档”窗口中选择新建一个1000×1000像素的文档，如图8-75所示。

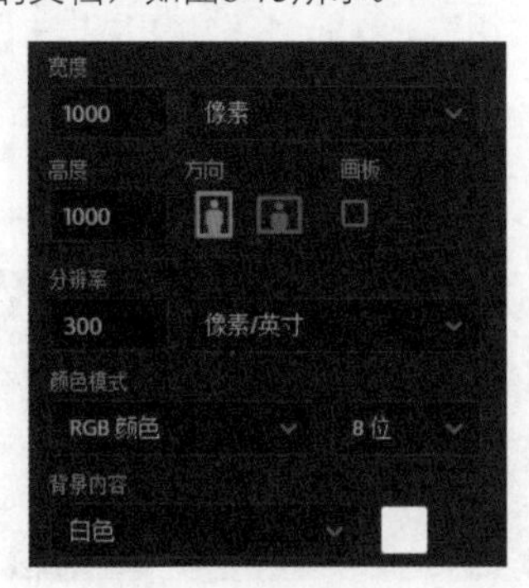

图8-75 新建文件

02 填充渐变。单击工具栏中的“渐变工具”按钮，为背景图层添加渐变，如图8-76所示。

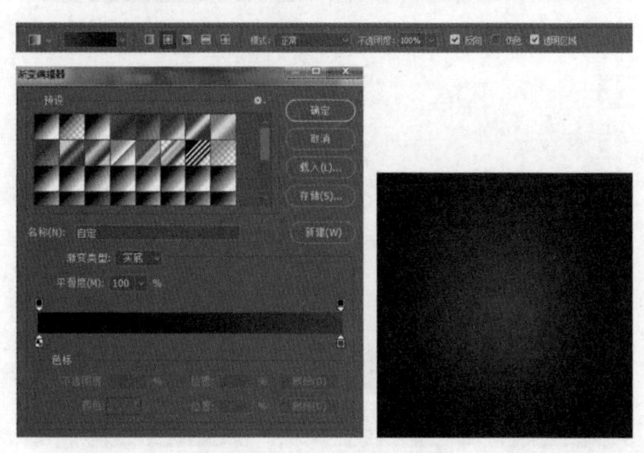

图8-76 填充渐变

03 添加杂色。执行“滤镜→杂色→添加杂色”命令，在弹出的“添加杂色”窗口中设置杂色数量，如图8-77所示。

图8-77 添加杂色

04 绘制多边形。新建图层，单击工具箱中的“多边形工具”按钮，在选项栏中选择工具的模式为“形状”，边数设置为3，颜色填充为#c80002，绘制多边形，利用“自由钢笔工具”修饰形状，如图8-78所示。

图8-78 绘制多边形

05 添加描边。执行“添加图层样式fx→描边”命令，打开“图层样式”面板，之后在弹出的“图层样式”对话框中选择“描边”选项，设置参数，添加描边效果，如图8-79所示。

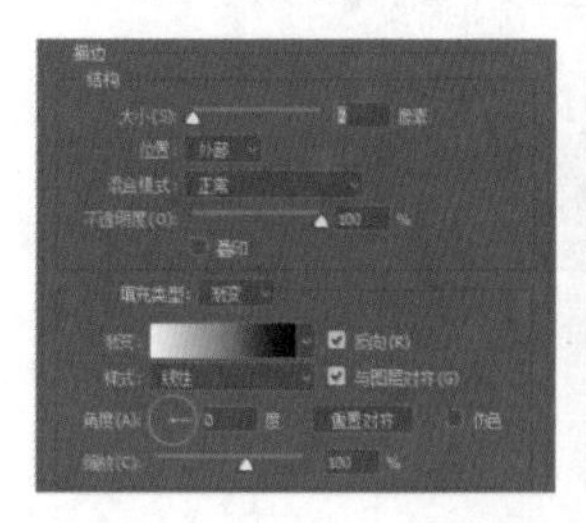
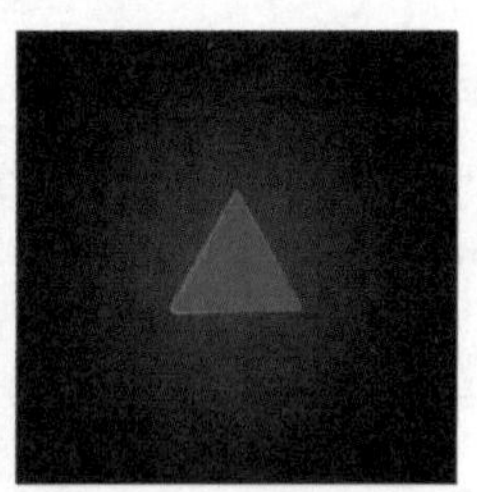

图8-79 添加描边

06 添加渐变叠加。在打开的“图层样式”面板中选择“渐变叠加”选项，设置参数，添加渐变叠加效果，如图8-80所示。

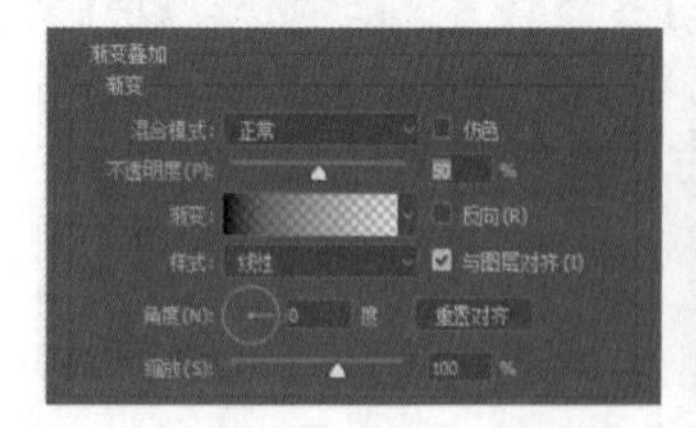
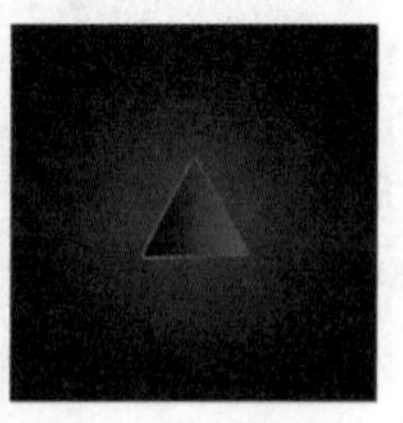

图8-80 添加渐变叠加

07 添加外发光。在打开的“图层样式”面板中选择“外发光”选项，设置参数，添加外发光效果，如图8-81所示。

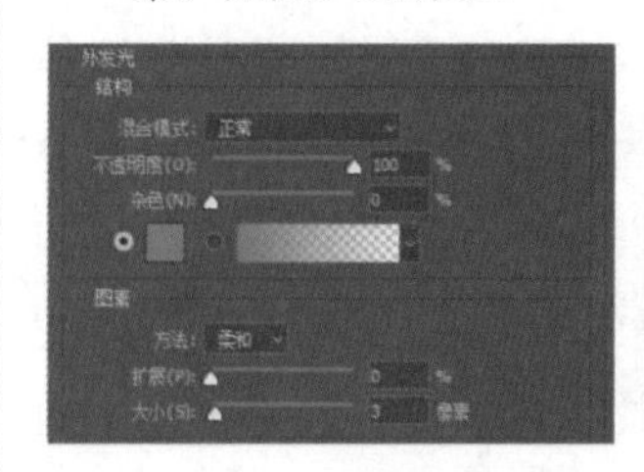

图8-81 添加外发光

08 绘制多边形。新建图层，单击工具箱中的“多边形工具”按钮，在选项栏中选择工具的模式为“形状”，边数设置为3，颜色填充为#ece1e0，绘制多边形，利用“自由钢笔工具”修饰形状，如图8-82所示。

图8-82 绘制多边形

09 添加内阴影。执行“添加图层样式fx→内阴影”命令，打开“图层样式”面板，之后在弹出的“图层样式”对话框中选择“内阴影”选项，设置参数，添加内阴影效果，如图8-83所示。

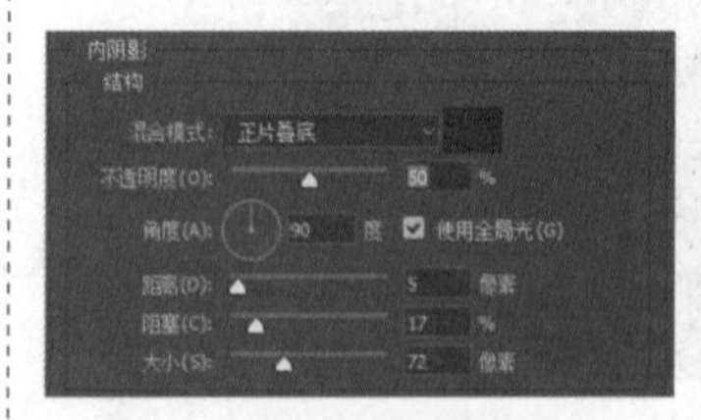

图8-83 添加内阴影

10 绘制圆角矩形。新建图层，单击工具箱中的“圆角矩形工具”按钮，在选项栏中选择工具的模式为“形状”，颜色填充为#c80002，绘制圆角矩形，如图8-84所示。

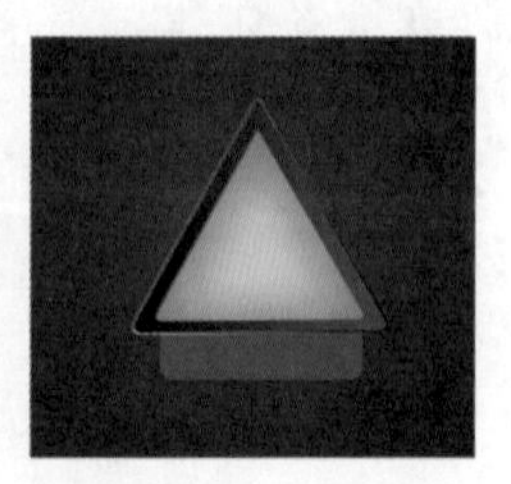

图8-84 绘制圆角矩形

11 添加描边。执行“添加图层样式 fx →描边”命令，打开“图层样式”面板，之后在弹出的“图层样式”对话框中选择“描边”选项，设置参数，添加描边效果，如图8-85所示。

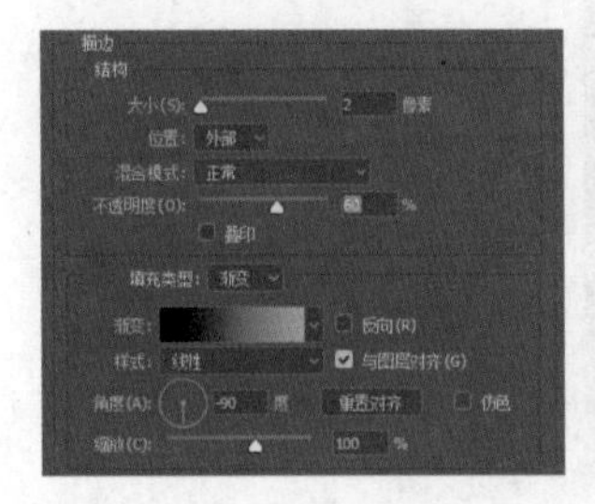

图8-85 添加描边

12 添加光泽。在打开的“图层样式”面板中选择“光泽”选项，设置参数，添加光泽效果，如图8-86所示。

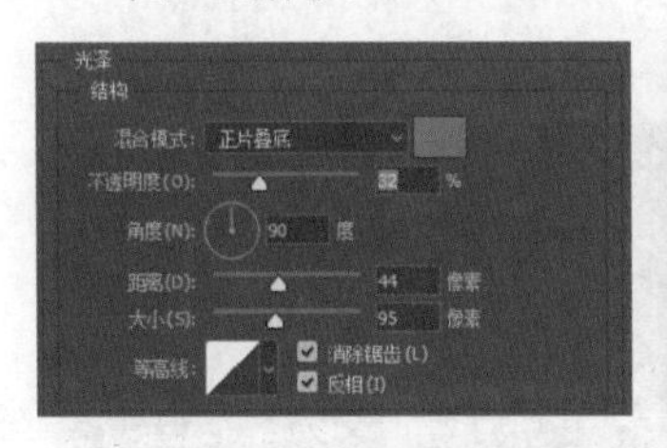

图8-86 添加光泽

13 添加渐变叠加。在打开的“图层样式”面板中选择“渐变叠加”选项，设置参数，添加渐变叠加效果，如图8-87所示。

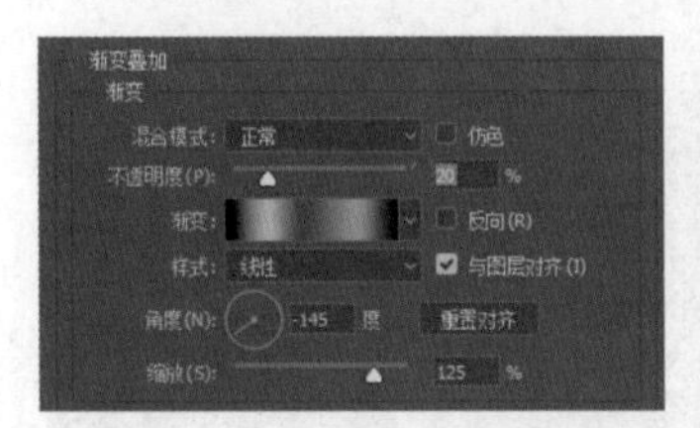

图8-87 添加渐变叠加

14 绘制形状。单击工具箱中的“钢笔工具”按钮，在选项栏中选择工具的模式为“形状”，填充为黑色，绘制形状，如图8-88所示。

图8-88 绘制形状

15 添加描边。执行“添加图层样式 fx →描边”命令，打开“图层样式”面板，之后在弹出的“图层样式”对话框中选择“描边”选项，设置参数，添加描边效果，如图8-89所示。

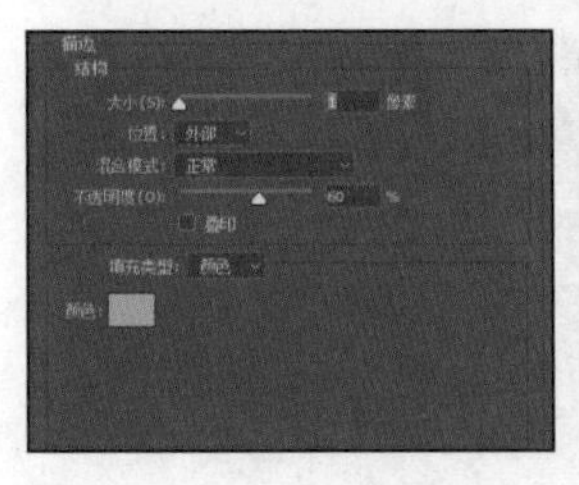

图8-89 添加描边

16 添加外发光。在打开的“图层样式”面板中选择“外发光”选项，设置参数，添加外发光效果，如图8-90所示。

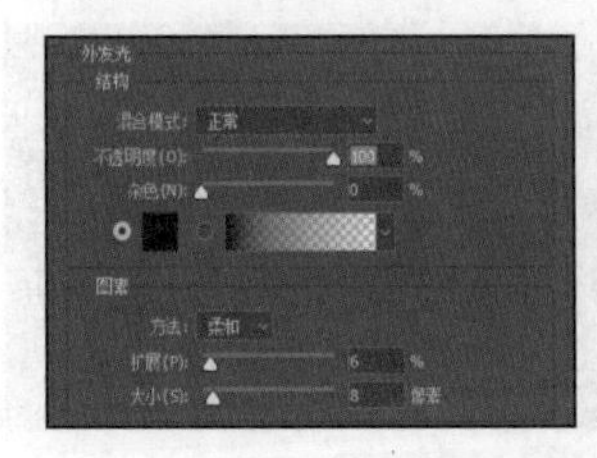

图8-90 添加外发光

17 添加投影。在打开的“图层样式”面板中选择“投影”选项，设置参数，添加投影效果，如图8-91所示。

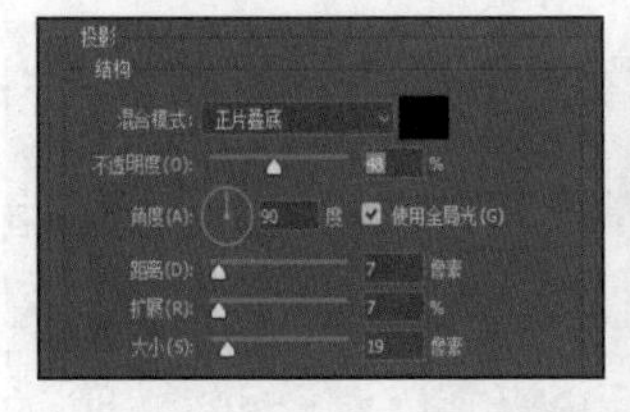

图8-91 添加投影

18 绘制形状。单击工具箱中的“钢笔工具”按钮，在选项栏中选择工具的模式为“形状”，填充为黑色，绘制状态栏中的形状，如图8-92所示。

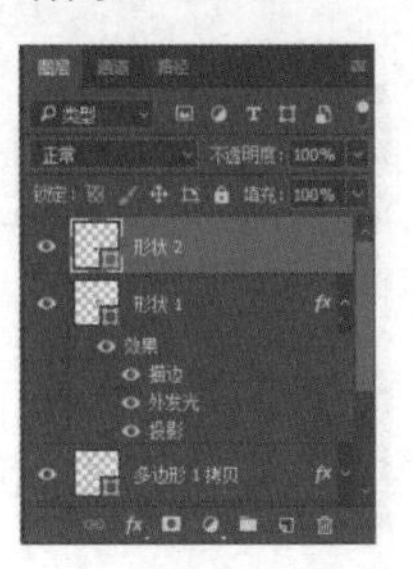

图8-92 绘制形状

19 添加描边。执行“添加图层样式 fx →描边”命令，打开“图层样式”面板，之后在弹出的“图层样式”对话框中选择“描边”选项，设置参数，添加描边效果，如图8-93所示。

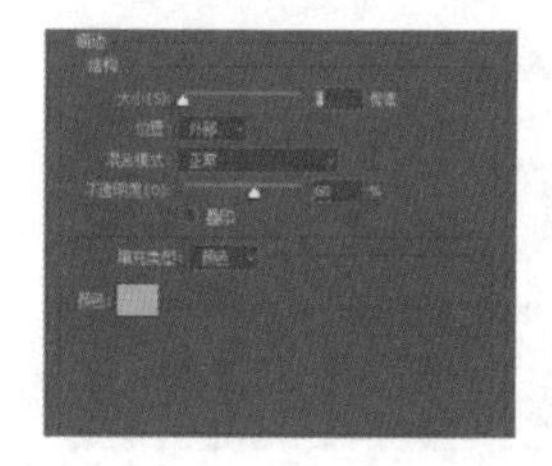

图8-93 添加描边

20 添加外发光。在打开的“图层样式”面板中选择“外发光”选项，设置参数，添加外发光效果，如图8-94所示。

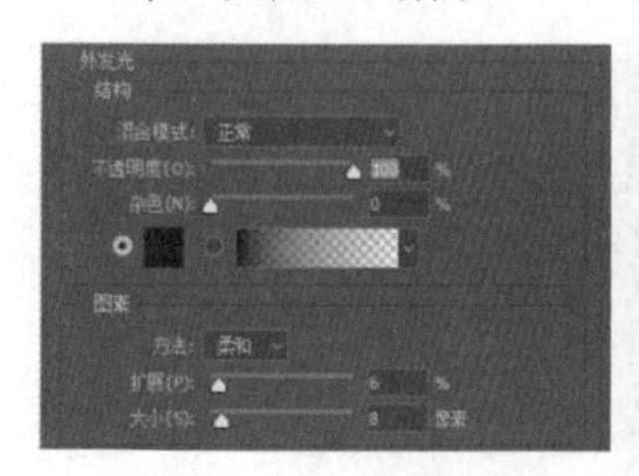

图8-94 添加外发光

21 添加投影。在打开的“图层样式”面板中选择“投影”选项，设置参数，添加投影效果，如图8-95所示。

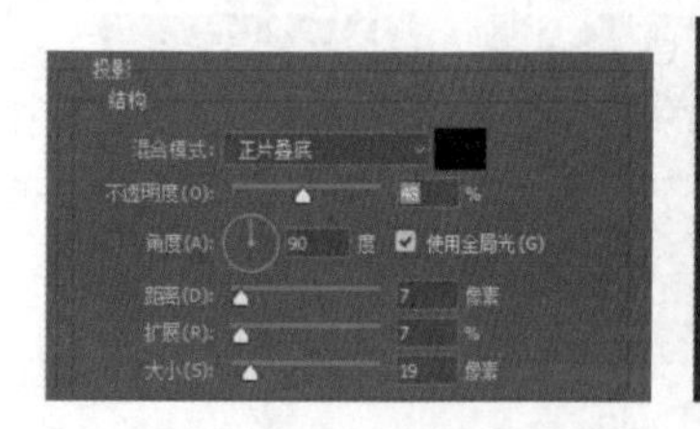

图8-95 添加投影

22 绘制形状。单击工具箱中的“钢笔工具”按钮，在选项栏中选择工具的模式为“形状”，填充为白色，绘制形状，将图层不透明度设为50%，如图8-96所示。

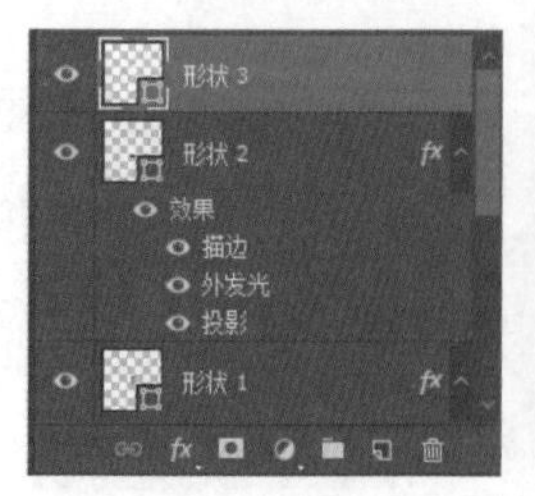

图8-96 绘制形状

23 添加文字。单击工具箱中的“横排文字工具”按钮，在选项栏中选择字体为黑体，颜色为白色，添加文字，如图8-97所示。

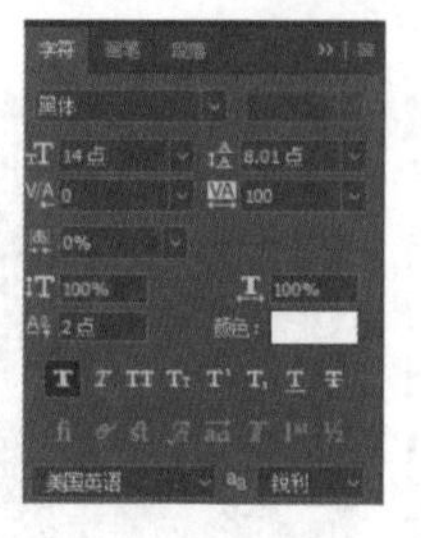

图8-97 添加文字

24 添加渐变叠加。执行“添加图层样式 fx →渐变叠加”命令，打开“图层样式”面板，之后在弹出的“图层样式”对话框中选择“渐变叠加”选项，设置参数，添加渐变叠加效果，如图8-98所示。

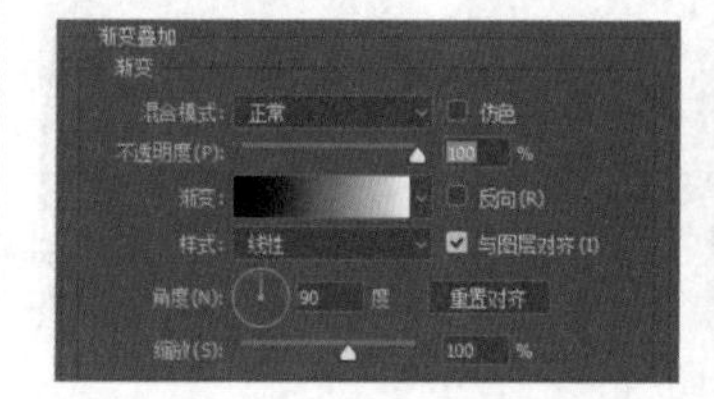
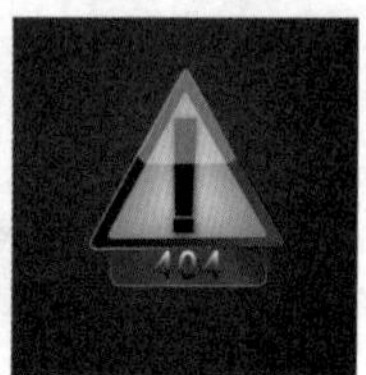

图8-98 添加渐变叠加

25 添加投影。在打开的“图层样式”面板中选择“投影”选项，设置参数，添加投影效果，如图8-99所示。

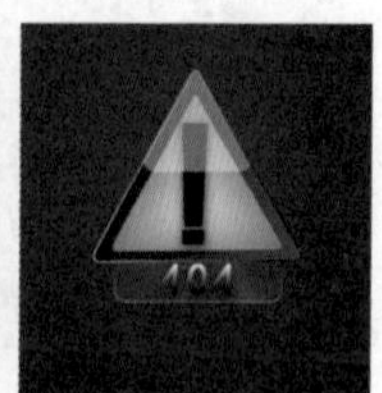

图8-99 添加投影

26 添加文字。单击工具箱中的“横排文字工具”按钮，在选项栏中选择字体为英文字体，颜色为#939292，添加文字，如图8-100所示。

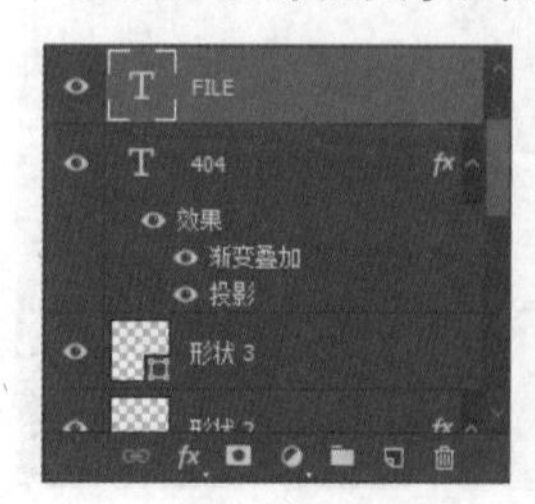

图8-100 添加文字

27 添加外发光。执行“添加图层样式 fx →外发光”命令，打开“图层样式”面板，之后在弹出的“图层样式”对话框中选择“外发光”选项，设置参数，添加外发光效果，如图8-101所示。

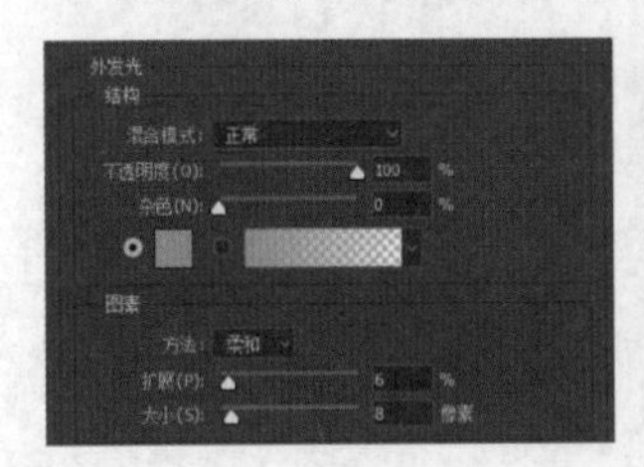

图8-101 添加外发光

28 添加投影。在打开的“图层样式”面板中选择“投影”选项，设置参数，添加投影效果，如图8-102所示。

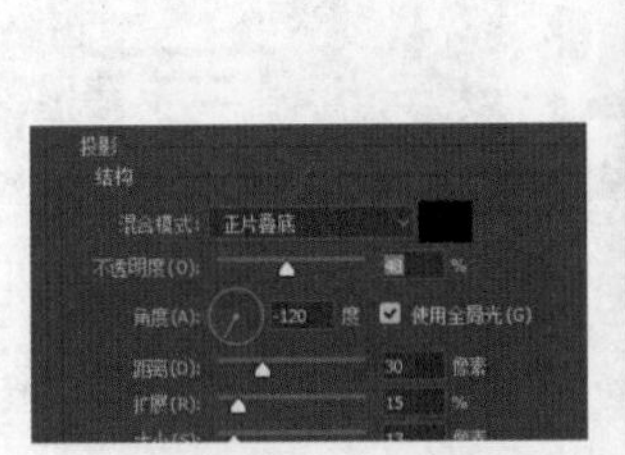

图8-102 添加投影

29 添加更多效果。用同样的方法绘制更多效果，这就完成了报错页面的案例制作，如图8-103所示。

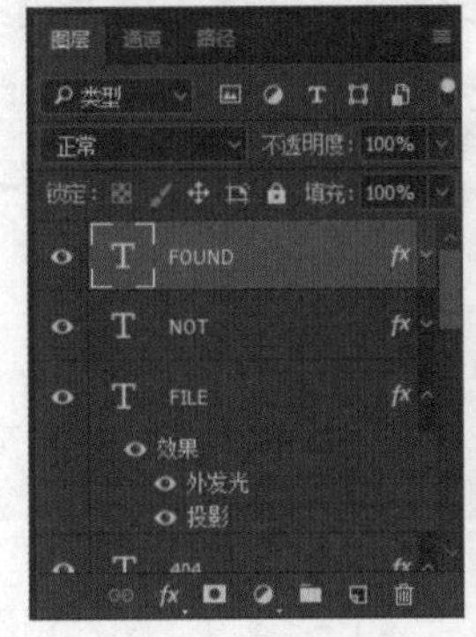

图8-103 添加更多效果

CHAPTER 09

第 9 章

App UI导航列表设计

本章导读

导航列表中的每个菜单项都是进入相应应用功能的入口点。本章主要收录了4个界面实战案例，涉及图层样式、混合模式、滤镜的使用等技巧和方法。通过本章的学习，读者不仅可以学到更高级的操作技巧，还可以熟练掌握设计整体手机界面的工作流程。

关键知识点

- 透明效果的表现
- 画笔工具的应用
- 设计导航和标题栏
- 扁平化手机界面设计

9.1
UI 设计师必备技能之交互设计

说起UI设计，就不得不提交互设计。交互设计属于定义、设计人造系统的行为的设计领域，它定义了两个或多个互动的个体之间交流的内容和结构，使之互相配合，共同达成某种目的。那么，交互设计师在整个交互的过程中需要遵循哪些设计原则呢？我们根据自身的经验总结了交互设计的六大设计原则，下面一一介绍。

9.1.1 可视性

可视性，简而言之就是指看的程度。交互设计师在交互的过程中，这点是首先要规划好的。可视性越好，越方便用户发现和了解使用方法。可视性把握不好的话，也就很难达成良好的用户体验效果，也有可能直接导致整个设计的失败。例如图9-1所示的喜马拉雅App页面中，资讯信息的可视性较高。

图9-1 喜马拉雅App页面

9.1.2 反馈

反馈与活动相关的信息，以便用户能够继续下一步操作。所有的设计最终目标都是达成用户的满意。设计是为用户服务的，所以交互过程要能够引导用户进行下一步的操作，以方便用户为准。

9.1.3 限制

在特定时刻显示用户操作，以防误操作。把握好时刻是设计师需要注意的一点，以避免不必要的麻烦。

9.1.4 映射

准确表达控制及其效果之间的关系。在逻辑设计中，映射是将门级的描述在用户的约束下，按照一定的算法定位到器件的单元结构中。在交互设计中，设计师就要准确表达控制及其效果之间的关系。

9.1.5 一致性

保证同一系统的同一功能的表现及操作一致。这样做的目的是简化整个交互流程，提高操作的效率。化繁为简才能更好地给客户带来好的体验。

9.1.6 启发性

充分准确地操作提示。

交互设计的六大设计原则旨在规范整个交互流程，并且实现好的用户体验。把握好以上六大设计原则，整个交互流程就成功了。

9.2 案例：导航栏设计

导航栏是由于互联网的兴起而出现的网站导航，可以帮助上网者找到想要浏览的网页、想要查找的信息，基本上每个网站都有自己的网站导航系统为网页的浏览者提供导航服务，也有专业的导航网站提供专业的导航服务。

9.2.1 设计构思

本例制作的是导航栏。设计师首先绘制圆角矩形作为导航栏的框架，再添加相应的导航文字，使导航栏的使用更直接，最后为导航栏绘制倒影，使效果更加精彩，效果如图9-2所示。

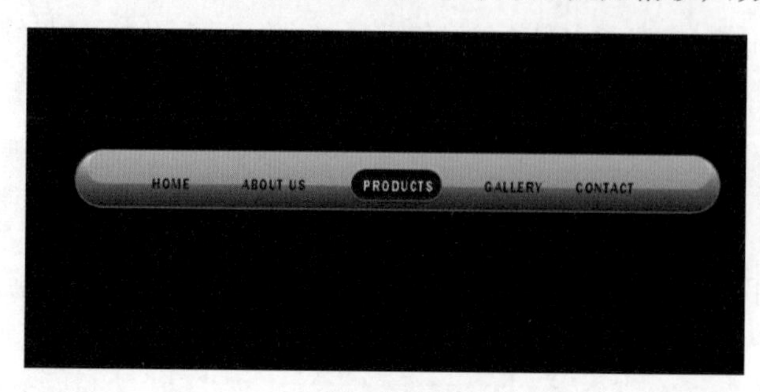

图9-2 导航栏

9.2.2 操作步骤

01 新建文档。执行“文件→新建”命令，在弹出的“新建文档”窗口中选择新建一个3×2英寸的文档，填充黑色，如图9-3所示。

图9-3 新建文档

02 绘制圆角矩形。新建图层，单击工具箱中的“圆角矩形工具”按钮，在选项栏中选择工具的模式为“形状”，填充颜色为#7b7b7b，如图9-4所示。

图9-4 绘制圆角矩形

03 添加描边。执行“添加图层样式 fx →描边”命令，打开“图层样式”面板，之后在弹出的“图层样式”对话框中选择“描边”选项，设置参数，添加描边效果，如图9-5所示。

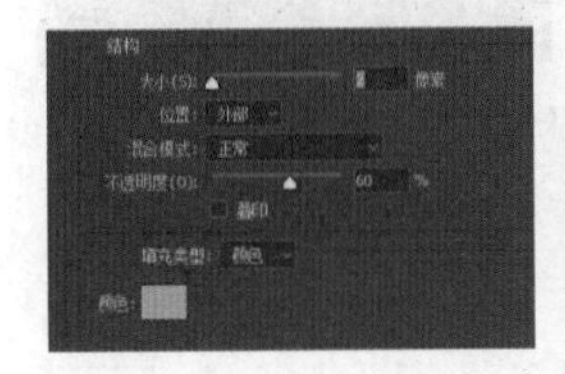

图9-5 添加描边

04 添加渐变叠加。在打开的“图层样式”对话框中选择“渐变叠加”选项，设置参数，添加渐变叠加效果，如图9-6所示。

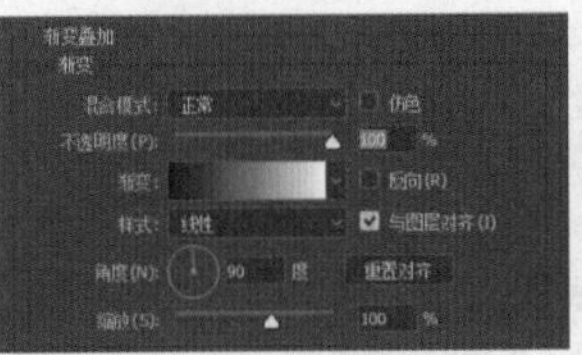

图9-6 添加渐变叠加

05 绘制圆角矩形。新建图层，单击工具箱中的“圆角矩形工具”按钮，在选项栏中选择工具的模式为“形状”，填充颜色为#bebebe，如图9-7所示。

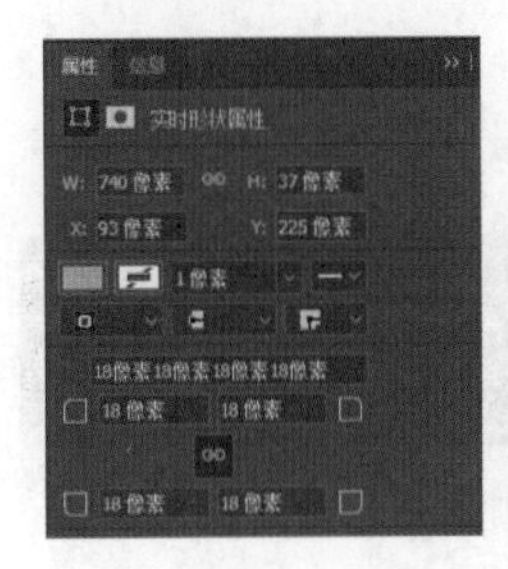

图9-7 绘制圆角矩形

06 添加描边。执行“添加图层样式 fx →描边”命令，打开“图层样式”面板，之后在弹出的“图层样式”对话框中选择“描边”选项，设置参数，添加描边效果，如图9-8所示。

图9-8 添加描边

07 绘制圆角矩形。新建图层，单击工具箱中的“圆角矩形工具”按钮，在选项栏中选择工具的模式为“形状”，填充颜色为黑色，如图9-9所示。

图9-9 绘制圆角矩形

08 添加斜面和浮雕。执行“添加图层样式 fx.→斜面和浮雕”命令，打开“图层样式”面板，之后在弹出的“图层样式”对话框中选择“斜面和浮雕”选项，设置参数，添加斜面和浮雕效果，如图9-10所示。

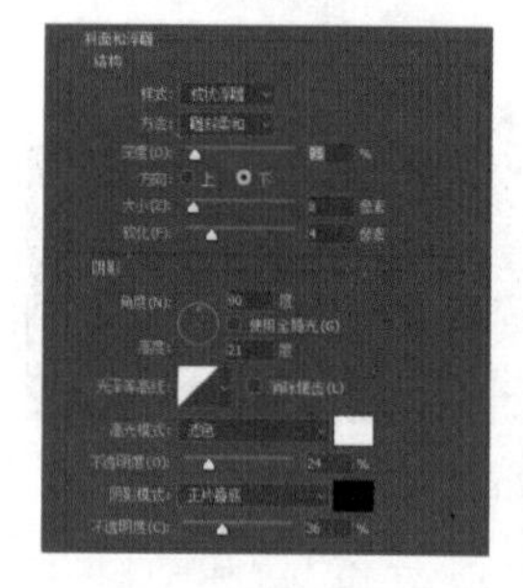

图9-10 添加斜面和浮雕

09 添加描边。在打开的“图层样式”对话框中选择“描边”选项，设置参数，添加描边效果，如图9-11所示。

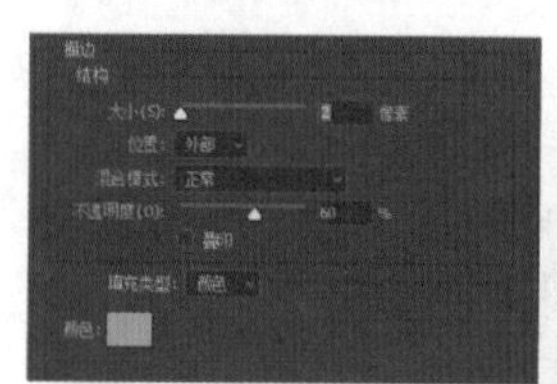
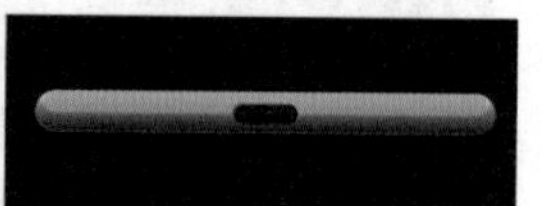

图9-11 添加描边

10 盖印图层。关闭背景图层前的眼睛图标，按Ctrl+Shift+Alt+E组合键盖印当前图层，如图9-12所示。

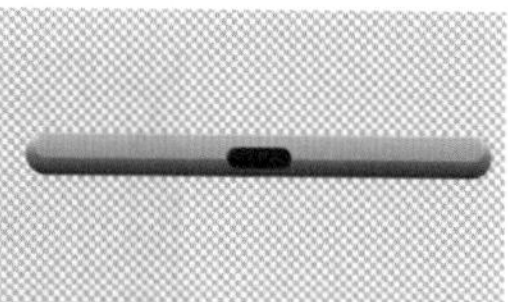

图9-12 盖印图层

11 绘制倒影。将“图层1”移动到背景图层上方，单击图层下方的“添加矢量蒙版”按钮，添加蒙版，然后用黑色的画笔工具改变图层不透明度，画出倒影，如图9-13所示。

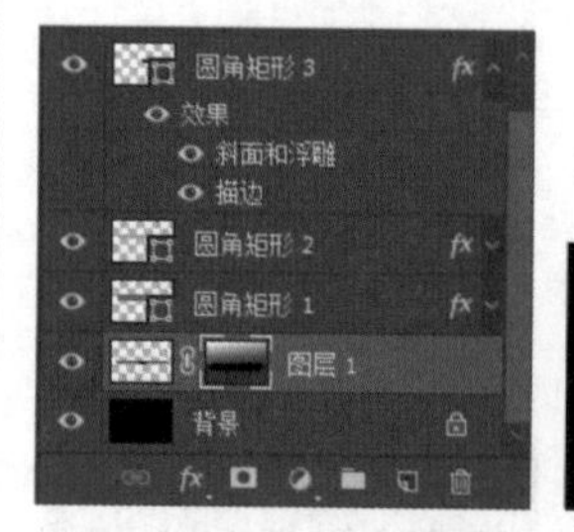

图9-13 绘制倒影

12 添加文字。单击工具栏中的“横排文字工具”按钮，输入导航栏文字，完成导航栏案例的设计，如图9-14所示。

图9-14 添加文字

9.3 案例：透明列表页面设计

消息列表是我们日常生活中经常遇见的功能项，很多地方都有消息列表的应用，比如QQ、微信、微博等软件都离不开消息列表，通过消息列表我们可以清楚直观地知道当前的信息。

9.3.1 设计构思

本案例制作的是一个透明的消息列表。设计师先绘制透明的窗口，使消息列表别具一格，再通过细节的叠加使消息列表更加形象，通过发光选项对当前消息起到提示的作用，最后对信息进行完善以创建消息列表，效果如图9-15所示。

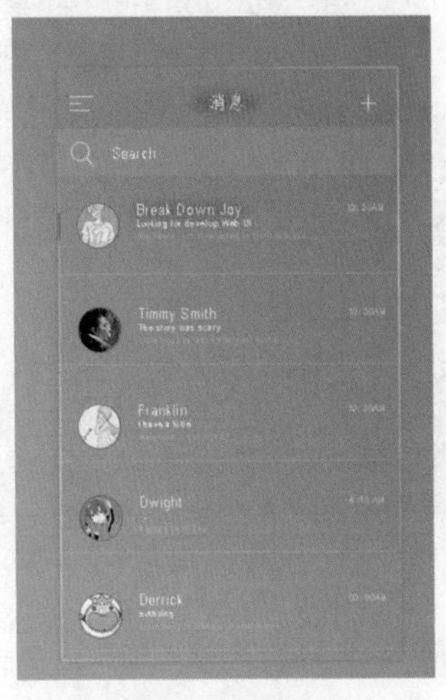

图9-15 透明列表

9.3.2 操作步骤

01 新建文档。执行“文件→新建”命令，在弹出的“新建文档”窗口中选择新建一个3×2英寸的文档，填充黑色，如图9-16所示。

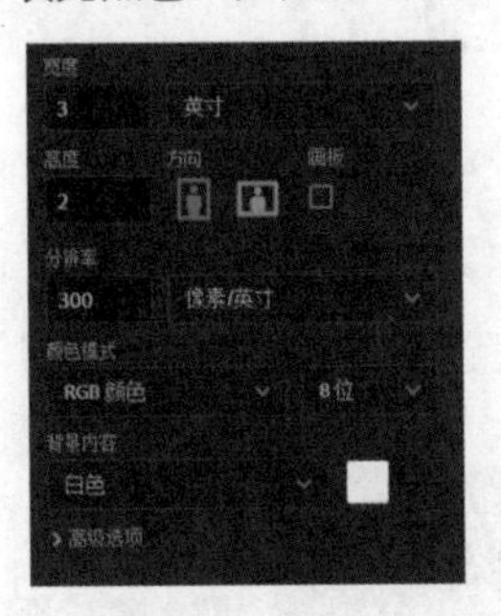

图9-16 新建文档

02 填充渐变。新建图层，单击工具栏中的“渐变工具”，设置渐变编辑器，在图层中填充渐变色，并将图层不透明度设为52%，如图9-17所示。

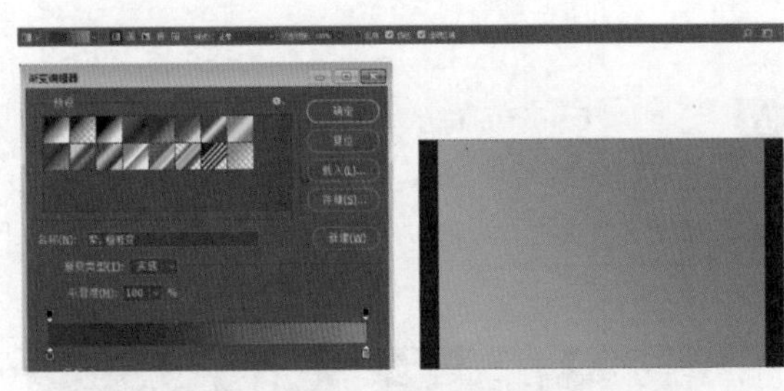

图9-17 填充渐变

03 绘制矩形。新建图层，单击工具箱中的“矩形工具”按钮，在选项栏中选择工具的模式为“形状”，绘制矩形，如图9-18所示。

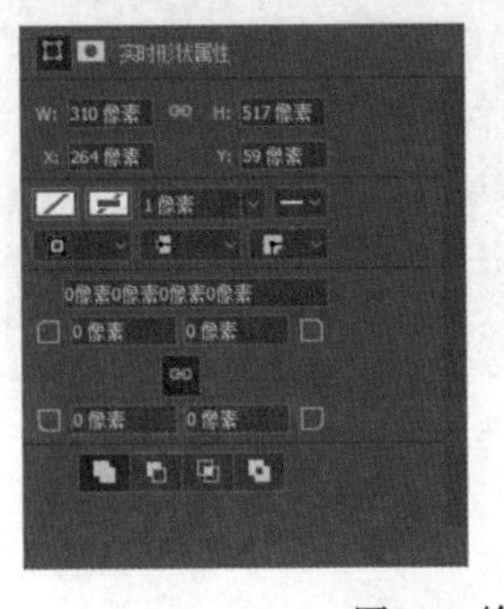

图9-18 绘制矩形

04 添加描边。执行“添加图层样式 fx →描边”命令，打开“图层样式”面板，之后在弹出的“图层样式”对话框中选择“描边”选项，设置参数，添加描边效果，如图9-19所示。

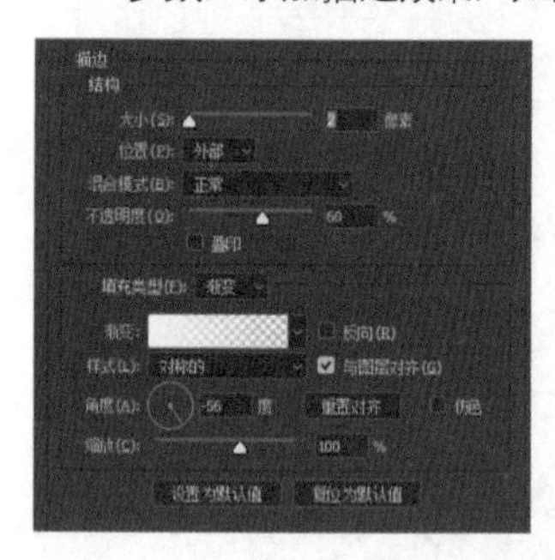

图9-19 添加描边

05 添加外发光。在打开的“图层样式”对话框中选择“外发光”选项，设置参数，添加外发光效果，如图9-20所示。

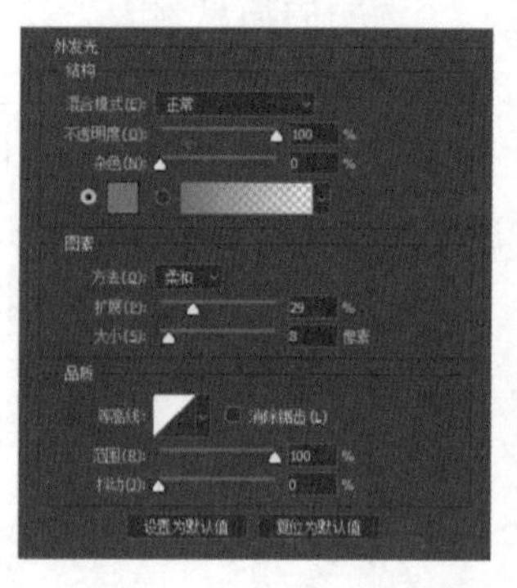

图9-20 添加外发光

06 绘制形状。单击工具栏中的“钢笔工具”按钮，在选项栏中选择工具的模式为“形状”，绘制形状，如图9-21所示。

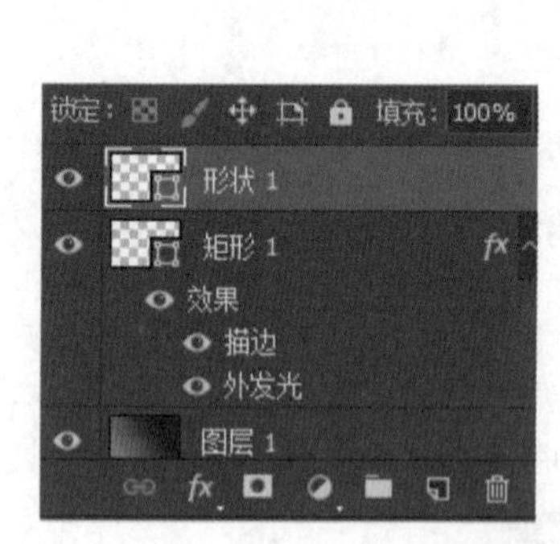

图9-21 绘制形状

07 绘制形状。用同样的方法绘制其他形状，绘制成简单的菜单项图标，如图9-22所示。

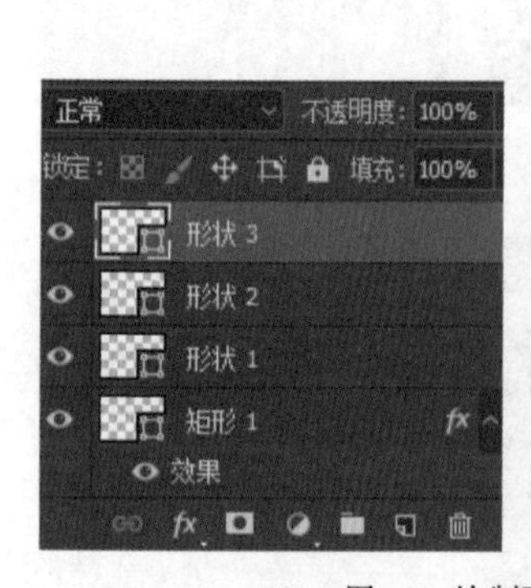

图9-22 绘制形状

08 绘制椭圆。新建图层，单击工具箱中的“椭圆工具”按钮，在选项栏中选择工具的模式为“形状”，绘制椭圆，如图9-23所示。

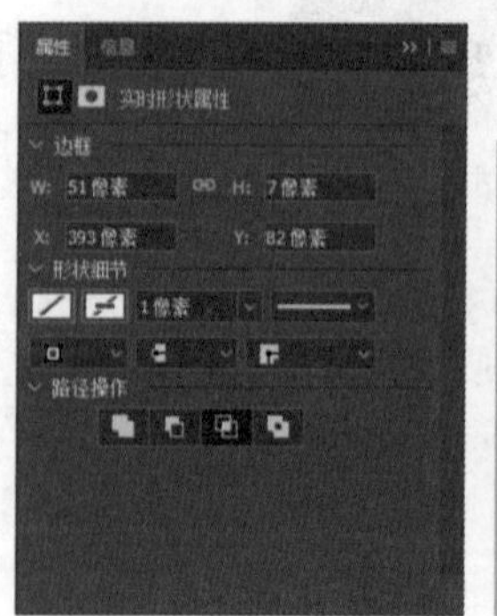

图9-23 绘制椭圆

09 添加内阴影。执行“添加图层样式 fx →内阴影”命令，打开“图层样式”面板，之后在弹出的“图层样式”对话框中选择“内阴影”选项，设置参数，添加内阴影效果，如图9-24所示。

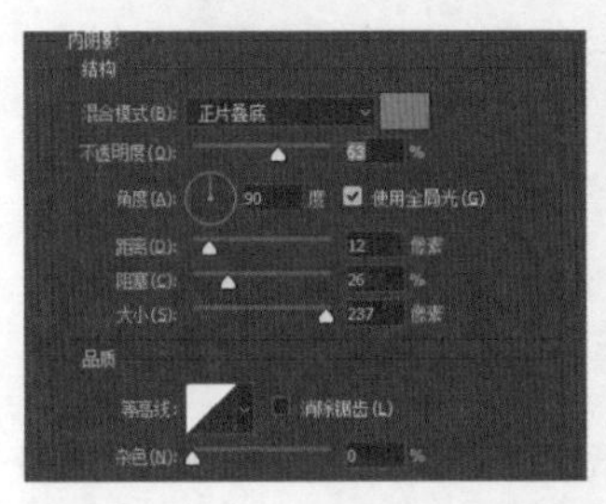

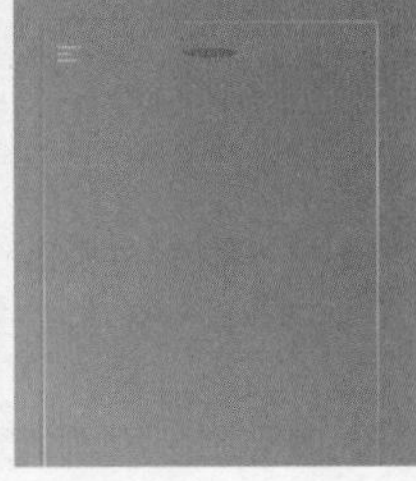

图9-24 添加内阴影

10 添加光泽。在打开的“图层样式”对话框中选择“光泽”选项，设置参数，添加光泽效果，如图9-25所示。

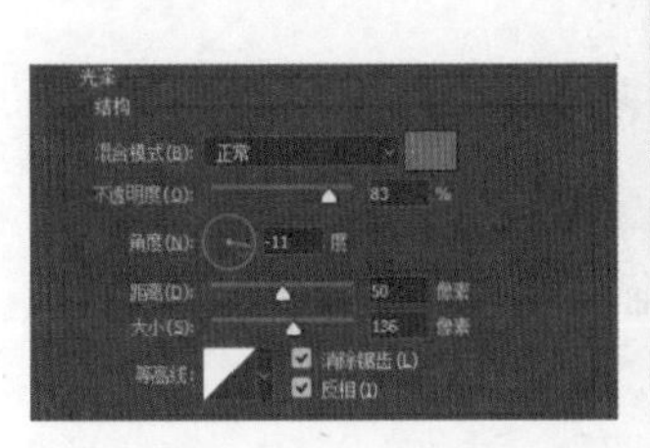

图9-25 添加光泽

11 添加外发光。在打开的“图层样式”对话框中选择“外发光”选项，设置参数，添加外发光效果，如图9-26所示。

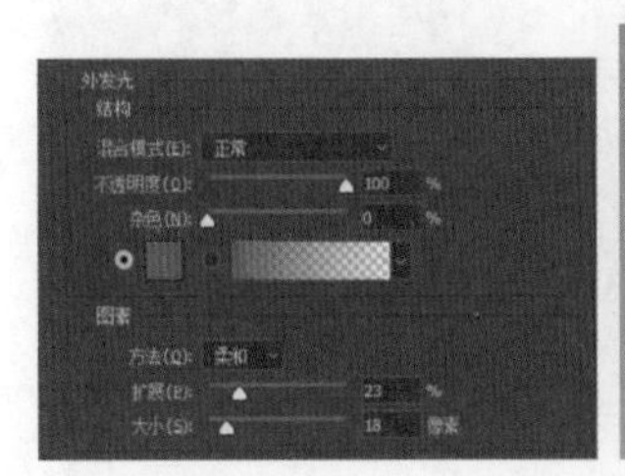

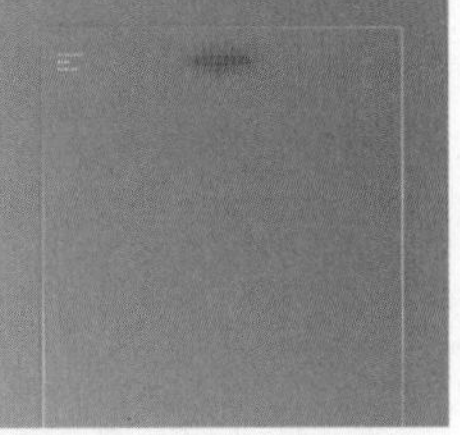

图9-26 添加外发光

12 添加文字。单击工具栏中的“横排文字工具”按钮，输入导航栏文字，如图9-27所示。

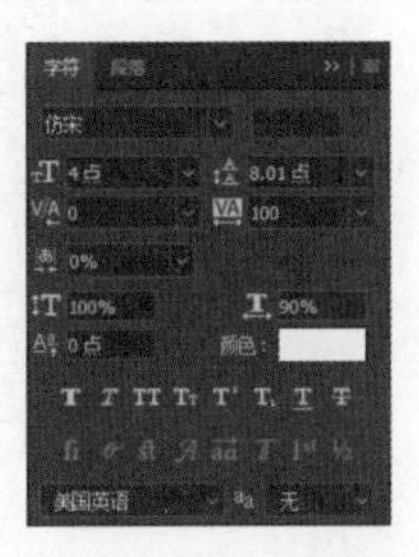

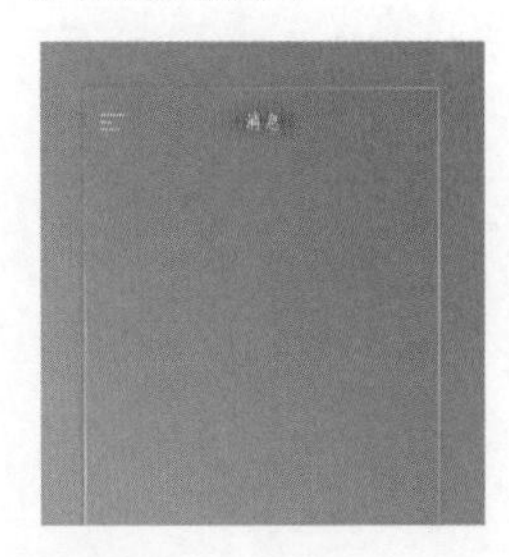

图9-27 添加文字

13 添加文字。单击工具栏中的“横排文字工具”按钮，输入符号“+”可以直接形成所要添加的图标，如图9-28所示。

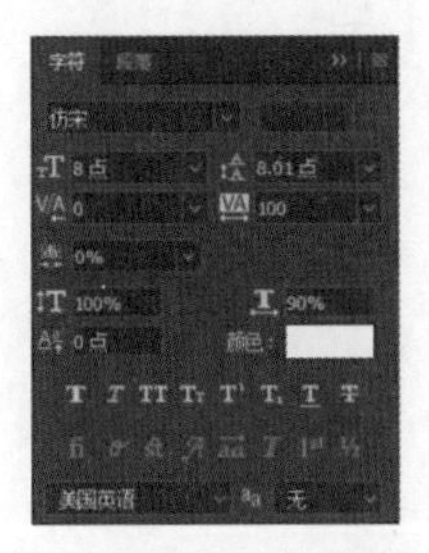

图9-28 添加文字

14 绘制矩形。新建图层，单击工具箱中的“矩形工具”按钮，在选项栏中选择工具的模式为“形状”，绘制矩形，将图层的不透明度设为10%，如图9-29所示。

图9-29 绘制矩形

15 绘制形状。单击工具栏中的“钢笔工具”按钮，在选项栏中选择工具的模式为“形状”，绘制形状，如图9-30所示。

图9-30 绘制形状

16 添加文字。单击工具栏中的“横排文字工具”按钮，输入文字形成所要添加的图标，如图9-31所示。

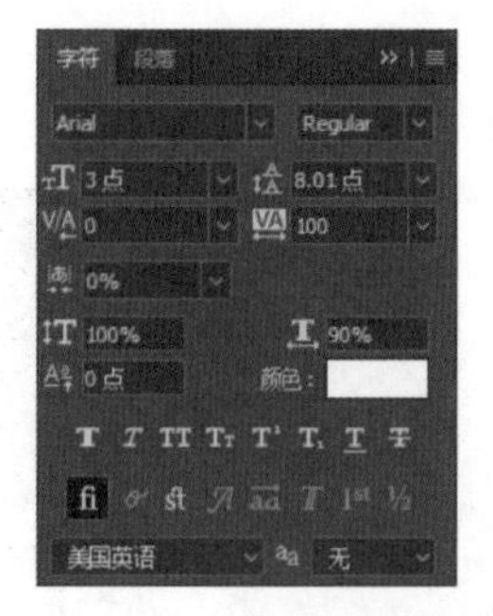
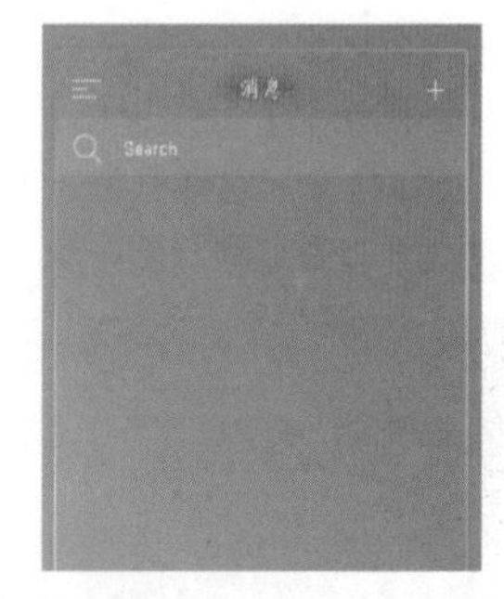

图9-31 添加文字

17 绘制直线。单击工具栏中的“直线工具”按钮，在选项栏中选择工具的模式为“形状”，绘制直线，并将图层的不透明度设为10%，如图9-32所示。

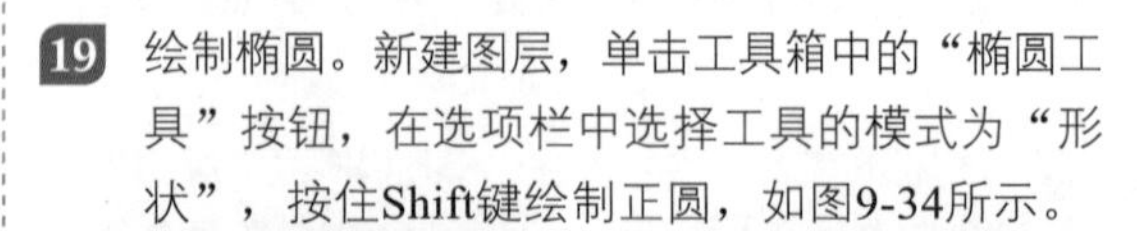
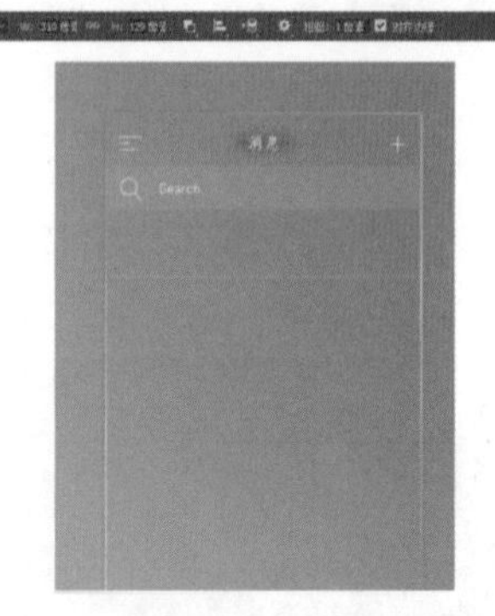

图9-32 绘制直线

18 绘制矩形。新建图层，单击工具箱中的“矩形工具”按钮，在选项栏中选择工具的模式为“形状”，绘制矩形，如图9-33所示。

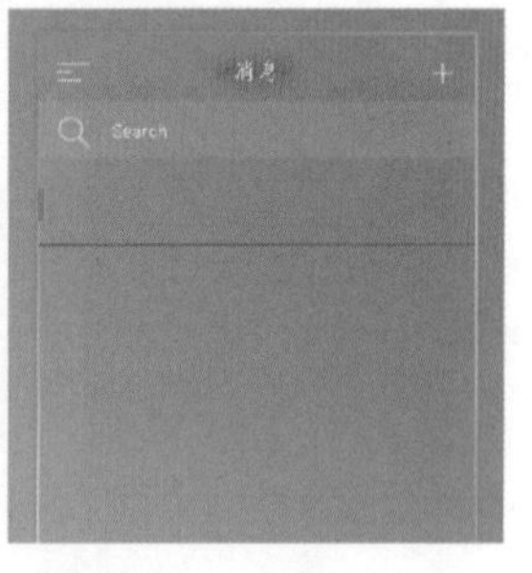

图9-33 绘制矩形

19 绘制椭圆。新建图层，单击工具箱中的“椭圆工具”按钮，在选项栏中选择工具的模式为“形状”，按住Shift键绘制正圆，如图9-34所示。

图9-34 绘制椭圆

20 添加描边。执行“添加图层样式 fx →描边”命令，打开“图层样式”面板，之后在弹出的“图层样式”对话框中选择“描边”选项，设置参数，添加描边效果，如图9-35所示。

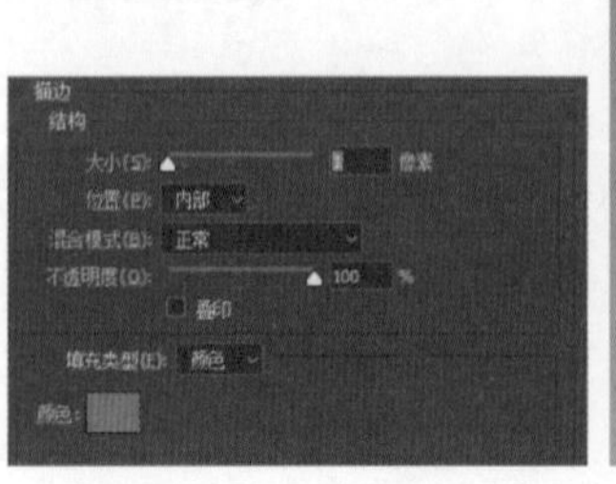
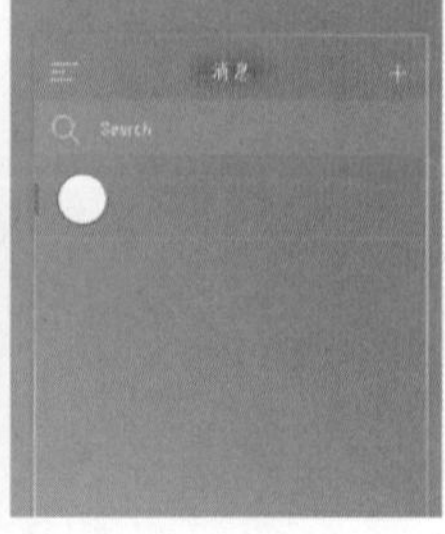

图9-35 添加描边

21 添加文字。单击工具栏中的“横排文字工具”按钮，输入文字，形成添加图标，如图9-36所示。

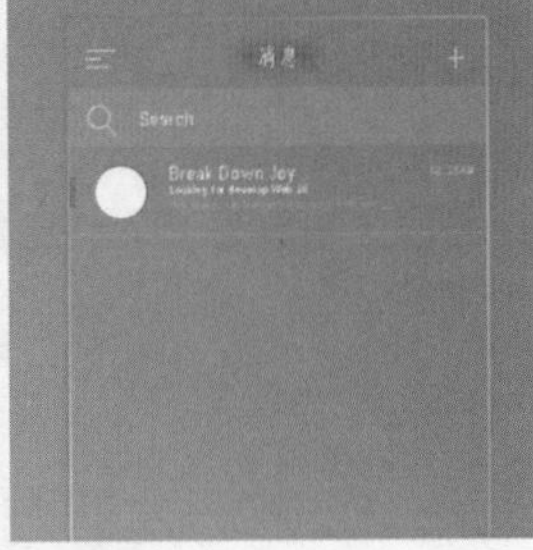

图9-36 添加文字

22 导入素材。执行“文件→打开”命令，选择头像素材，然后将素材拖曳到场景中，调节适合的大小，如图9-37所示。

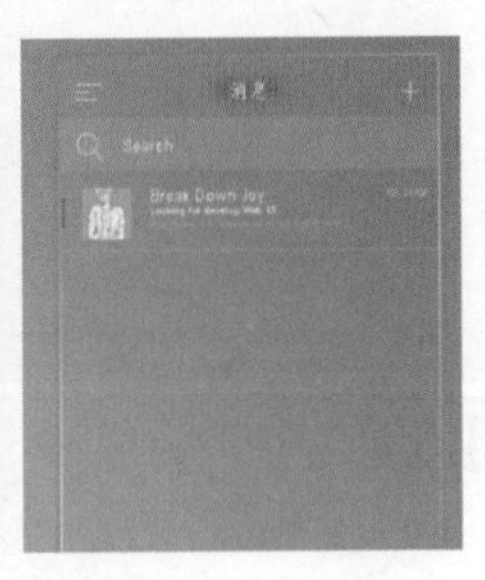

图9-37 导入素材

23 创建剪贴蒙版。右击头像图层，选择“创建剪贴蒙版”按钮，为椭圆图层创建剪贴蒙版，如图9-38所示。

图9-38 创建剪贴蒙版

24 绘制椭圆。新建图层，单击工具箱中的“椭圆工具”按钮，在选项栏中选择工具的模式为“形状”，绘制椭圆，如图9-39所示。

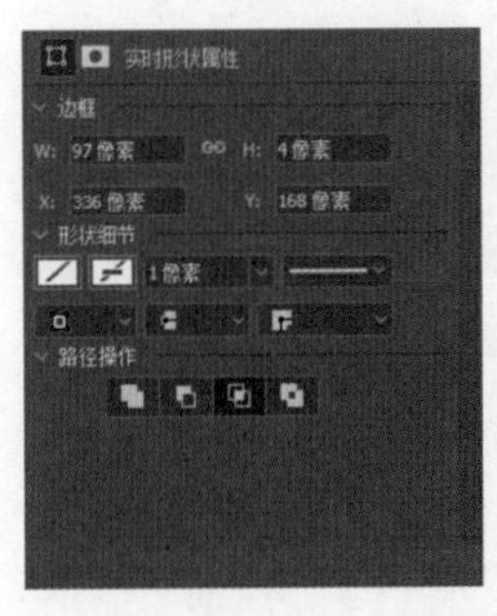

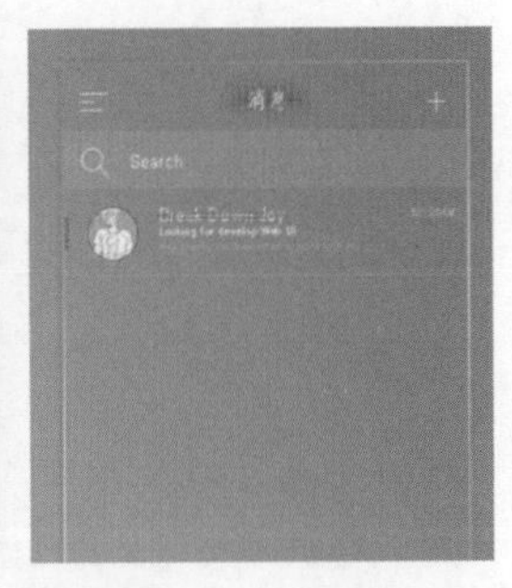

图9-39 绘制椭圆

25 添加内阴影。执行“添加图层样式 fx →内阴影”命令，打开“图层样式”面板，之后在弹出的“图层样式”对话框中选择“内阴影”选项，设置参数，添加内阴影效果，如图9-40所示。

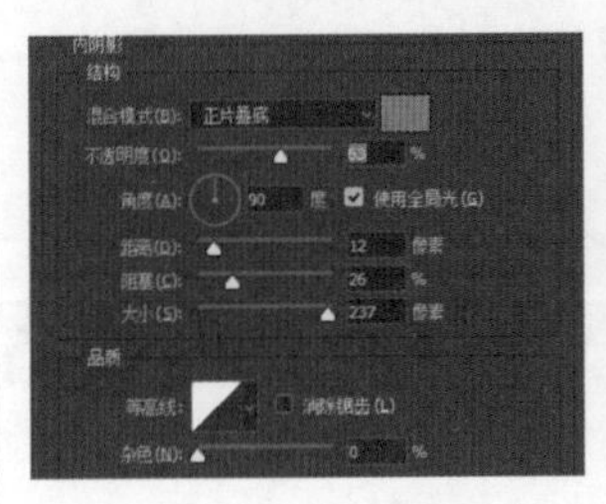

图9-40 添加内阴影

26 添加光泽。在打开的“图层样式”对话框中选择“光泽”选项，设置参数，添加光泽效果，如图9-41所示。

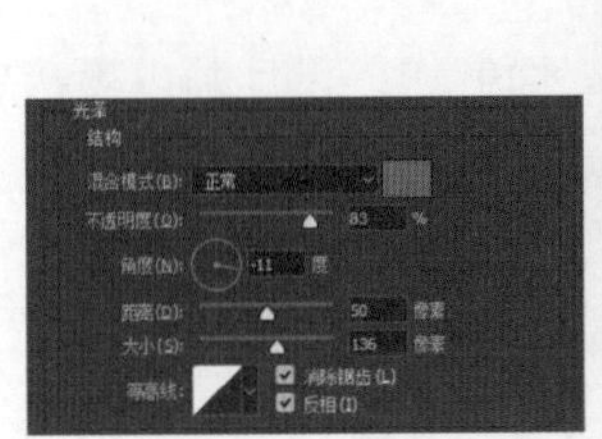

图9-41 添加光泽

27 添加外发光。在打开的“图层样式”对话框中选择“外发光”选项，设置参数，添加外发光效果，如图9-42所示。

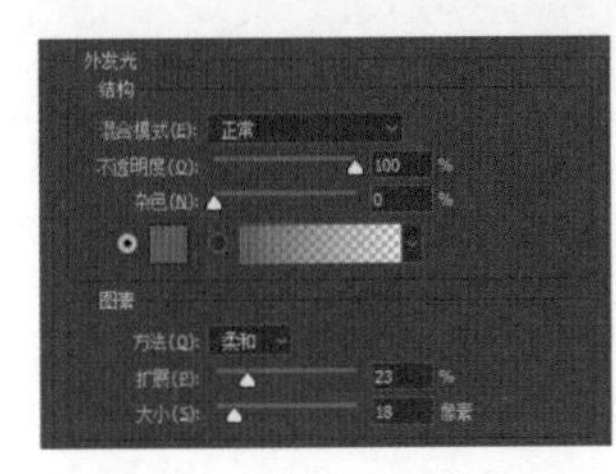

图9-42 添加外发光

28 绘制更多效果。利用相同的方法绘制更多的效果，完成透明的消息列表的案例，如图9-43所示。

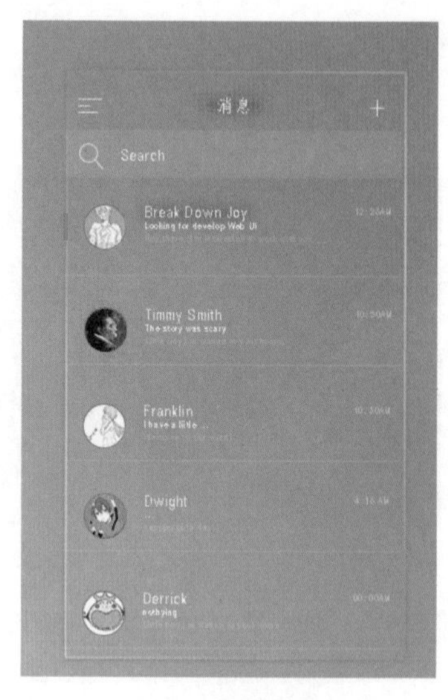

图9-43 最终效果

9.4 案例：通话界面设计

通话页面是每个手机通话必备的页面功能，一个好的手机通话页面设计可以给用户带来好的使用体验。

9.4.1 设计构思

本例是手机通话界面制作。设计师以黑灰色为背景，让界面看起来简洁明了，清晰的按钮设计不会让人觉得烦琐、难以理解，整个界面简洁大方、便于操作。整体界面效果如图9-44所示。

图9-44 通话界面

9.4.2 操作步骤

01 新建文档。执行“文件→新建”命令，在弹出的“新建文档”窗口中选择新建一个720×1280像素的文档，背景颜色为黑色，如图9-45所示。

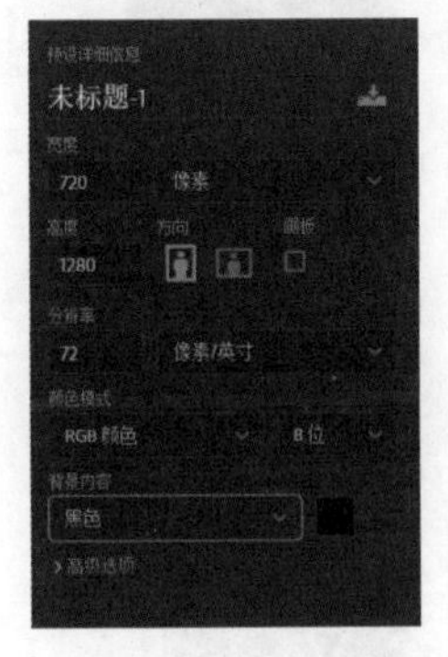

图9-45 新建文档

02 添加状态栏信息。按照8.2节拨号界面和等待接通界面的步骤方法绘制及添加状态栏的图标和文字，如图9-46所示。

图9-46 添加状态栏信息

03 添加对话时间对象文字。单击工具栏中的“文字工具”，文字颜色设置为白色，输入文字，调节适合的大小，如图9-47所示。

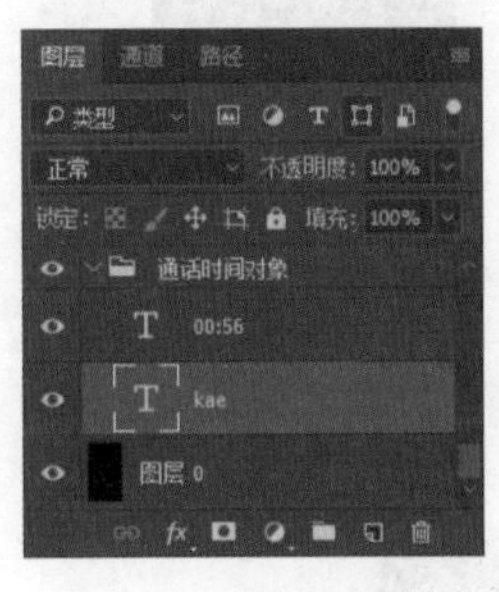

图9-47 添加对话时间对象文字

04 绘制圆形。新建图层，单击工具箱中的“椭圆工具”按钮，在选项栏中选择工具的模式为“形状”，绘制圆形，如图9-48所示。

图9-48 绘制圆形

05 导入头像素材。执行“文件→打开”命令，选择手机状态栏素材，将素材拖曳到上一步创建的圆形中，调节适合的大小，创建剪贴蒙版，如图9-49所示。

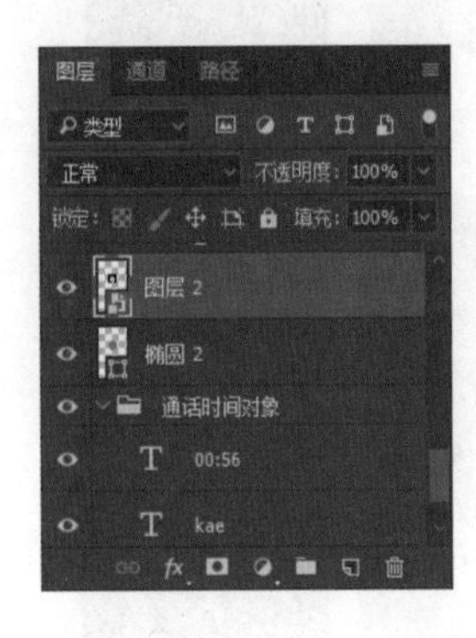

图9-49 导入头像素材

06 绘制图标。单击工具栏中的各种形状工具，实现静音图标，如图9-50所示。

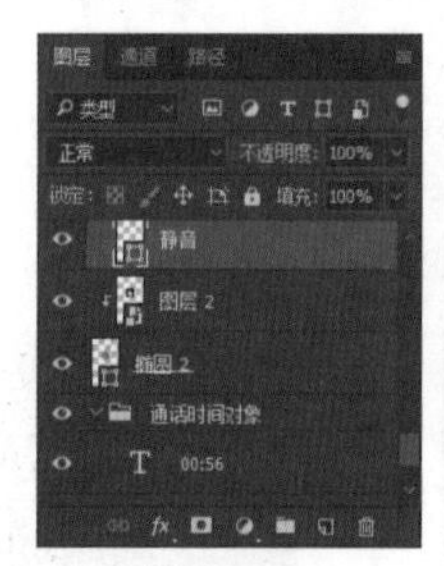

图9-50 绘制图标

07 绘制其他图标。用同样的方法绘制其他的图标，如图9-51所示。

图9-51 绘制其他图标

08 添加文字。单击工具栏中的“横排文字工具”按钮，输入文字，文字颜色为白色，字体为微软雅黑，字号为20px，如图9-52所示。

图9-52 添加文字

09 绘制圆角矩形。新建图层，单击工具箱中的“圆角矩形工具”按钮，在选项栏中选择工具的模式为“形状”，绘制圆角矩形，如图9-53所示。

图9-53 绘制圆角矩形

10 绘制其他矩形。复制圆角矩形，使其组成一个拨号键图标，如图9-54所示。

图9-54 绘制其他矩形

11 绘制正圆。新建图层，单击工具箱中的“椭圆工具”按钮，在选项栏中选择工具的模式为“形状”，绘制圆形，无填充，描边为白色一点，如图9-55所示。

图9-55 绘制正圆

12 绘制图标。使用“钢笔工具”绘制白色的挂机键图标，如图9-56所示。

图9-56 绘制图标

13 绘制圆角矩形。新建图层，单击工具箱中的“圆角矩形工具”按钮，在选项栏中选择工具的模式为“形状”，绘制圆角矩形，然后将圆角矩形图层移动到挂机图标下一层，如图9-57所示。

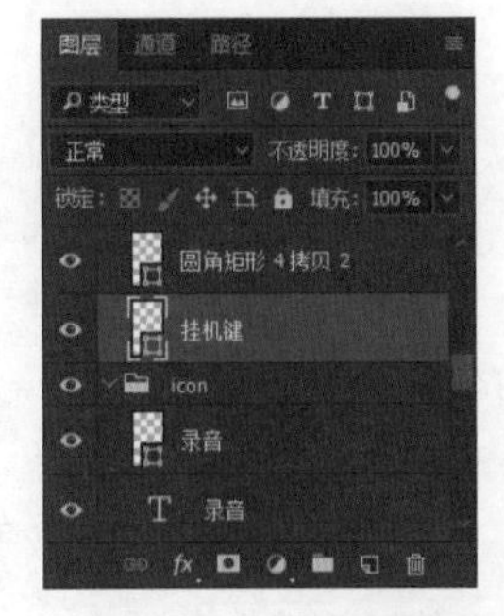

图9-57 绘制圆角矩形

14 绘制下拉图标。按照绘制拨号键的方法绘制下拉图标按键，如图9-58所示。

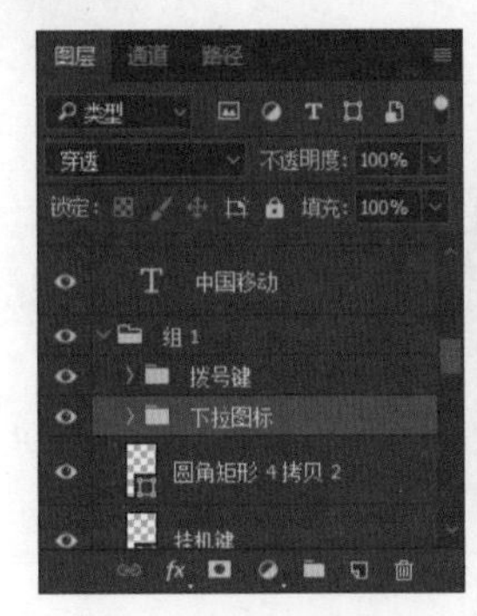

图9-58 绘制下拉图标

9.5 案例：食谱小部件页面的设计

在移动设备上，过于复杂的效果不但很难吸引用户，反而时常让用户在视觉上产生疲劳，对于产品界面中的基本功能产生认知障碍。因此，我们在设计中需要参考“扁平化”的美学。“扁平化设计”指的是抛弃那些已流行多年的渐变、阴影、高光等拟真视觉效果，从而打造出一种看上去更“平”的界面。

9.5.1 设计构思

扁平化设计风格更专注于简约、实用。扁平化风格的最大优势在于可以更加简单直接地将信息和事物的工作方式展示出来，减少认知障碍的产生。整体页面效果如图9-59所示。

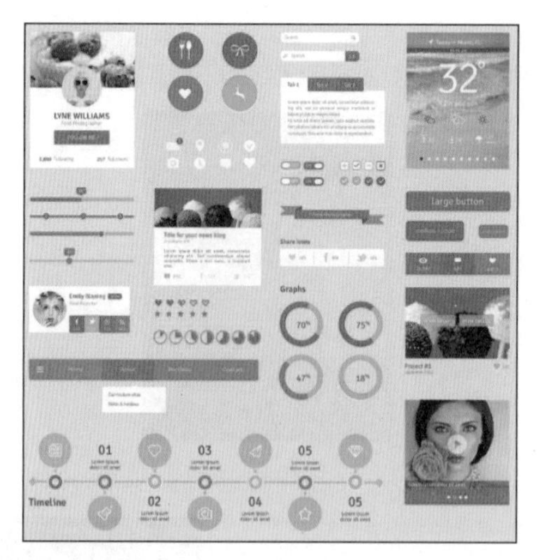

图9-59 扁平化网格

9.5.2 操作步骤

01 打开文件。执行“文件→打开”命令，在弹出的窗口中选择“背景.jpg”文件，单击“确定”按钮，打开文件，如图9-60所示。

图9-60 打开文件

02 绘制圆角矩形。新建图层，单击工具箱中的“圆角矩形工具”按钮，在选项栏中选择工具的模式为“形状”，填充颜色为#637eff，绘制圆角矩形，让矩形的两个角为圆角、两个角为直角，如图9-61所示。

图9-61 绘制圆角矩形

03 导入图片。执行“文件→打开”，选择“苹果派”图片，调整位置，创建剪贴蒙版，如图9-62所示。

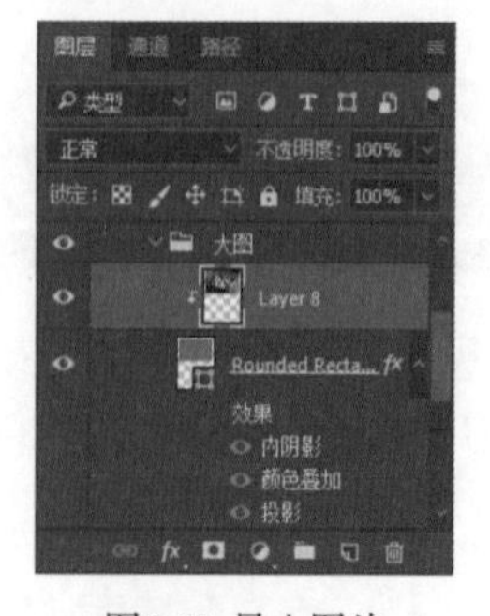

图9-62 导入图片

04 添加文字。单击工具栏中的“横排文字工具”按钮，输入文字，如图9-63所示。

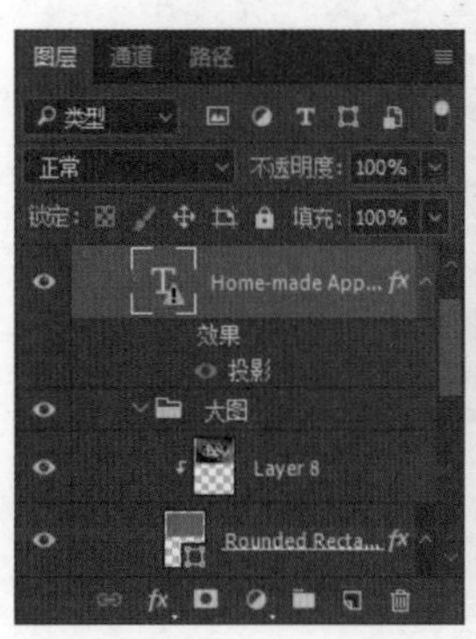

图9-63 添加文字

05 添加投影。执行“添加图层样式→投影”命令，打开“图层样式”面板，设置参数，添加投影效果，如图9-64所示。

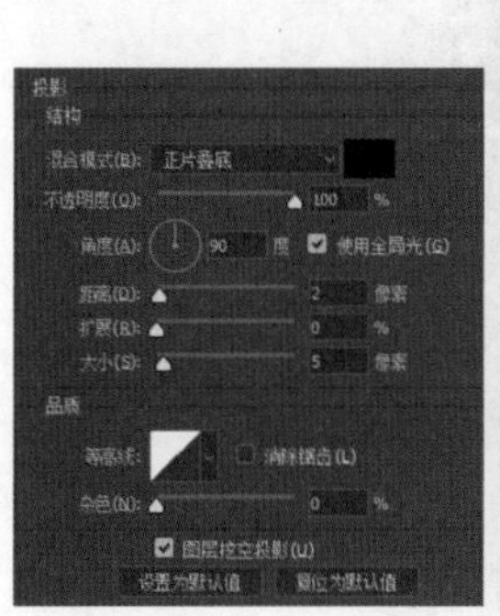

图9-64 添加投影

06 添加矩形。新建图层，单击工具箱中的“矩形工具”按钮，在选项栏中选择工具的模式为“形状”，填充颜色为白色，图层填充为10%，绘制矩形，如图9-65所示。

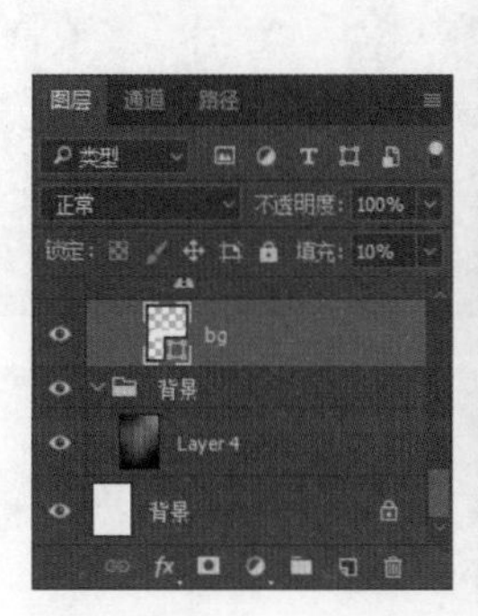

图9-65 添加矩形

07 添加描边。执行“添加图层样式→描边”命令，打开“图层样式”面板，设置参数，添加描边效果，如图9-66所示。

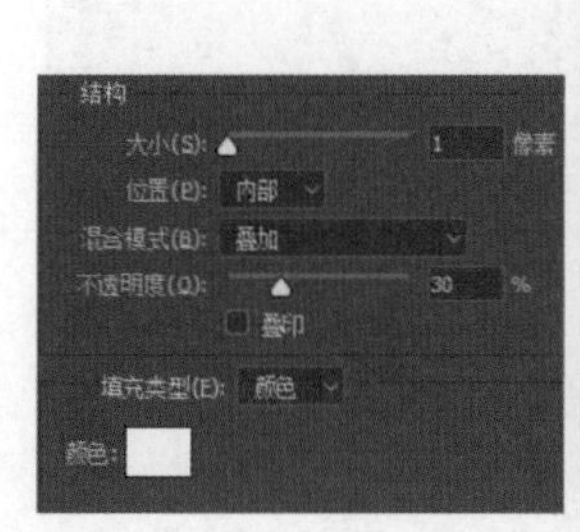

图9-66 添加描边

08 添加文字。单击工具栏中的“横排文字工具”按钮，输入文字，文字颜色为白色，如图9-67所示。

图9-67 添加文字

09 绘制图标。新建图层，利用“矩形工具”等绘制需要的图标，添加颜色叠加效果，如图9-68所示。

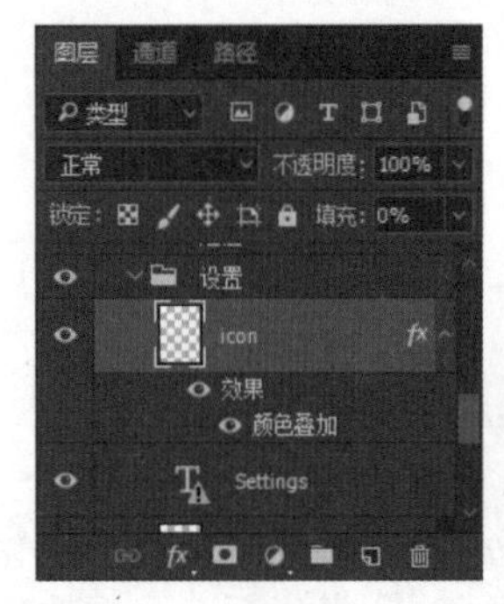

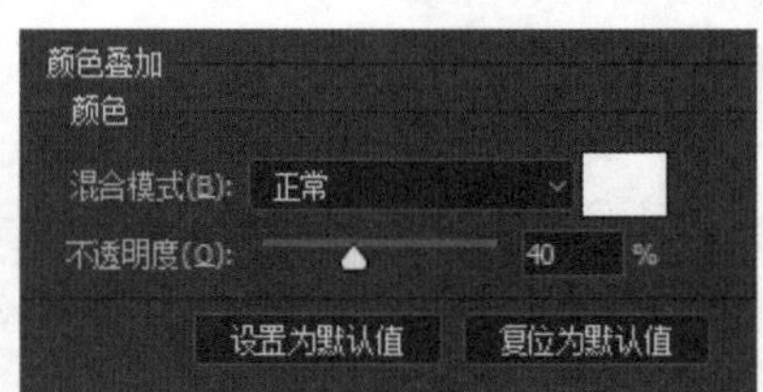

图9-68 绘制图标

10 绘制其他模块。按照步骤**06**～**09**绘制其他模块部件，如图9-69所示。

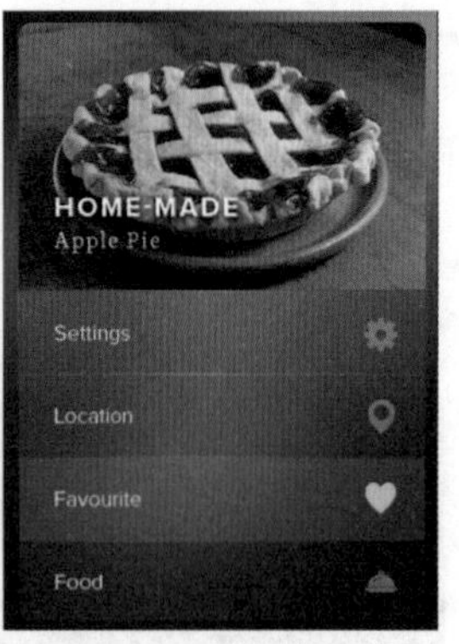

图9-69 绘制其他模块

11 绘制高光块。新建图层，单击工具箱中的“矩形工具”按钮，在选项栏中选择工具的模式为“形状”，填充颜色为白色，绘制矩形，如图9-70所示。

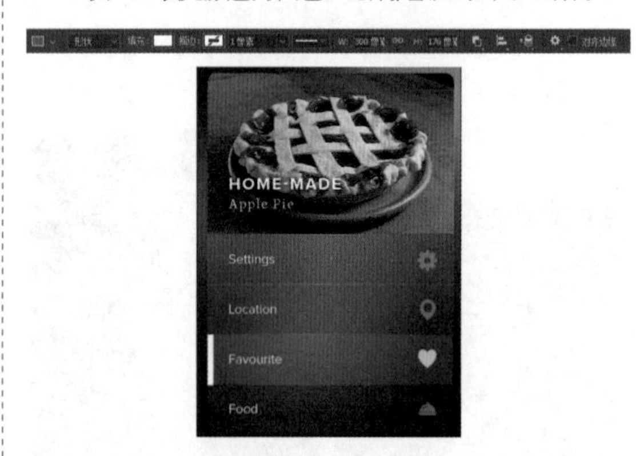

图9-70 绘制高光块

12 更多扁平化效果。更多效果如图9-71所示。

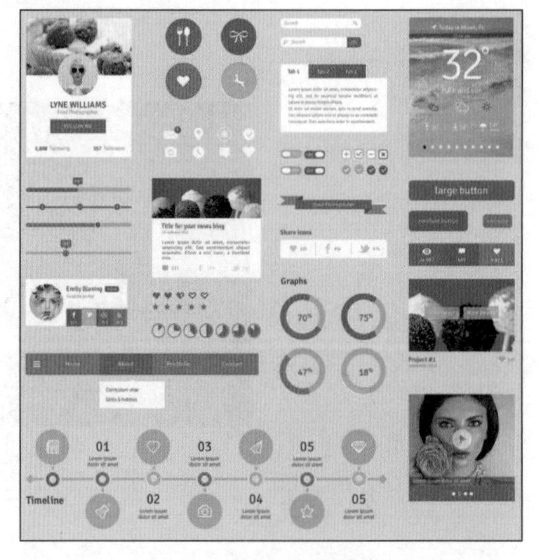

图9-71 更多扁平化效果

CHAPTER 10

第10章

App综合案例设计

本章导读

本章主要详解App商业案例实战。本章利用一个App作为案例，从色彩、布局、风格等搭配的运用为读者展示App整体创作的过程，只有通过真正的商业案例才能够掌握UI设计的精髓，同时达到独立设计常用流行应用界面的目的。

关键知识点

- App整体设计
- 引导界面
- 登录/注册界面
- 扁平化选择
- 欢迎界面

10.1 案例：引导页面设计

当你第一次打开一款应用的时候，常常会看到精美的引导页，它们在你未使用产品之前提前告知你产品的主要功能与特点，第一次印象的好坏会极大地影响后续对产品的使用体验。打开淘宝手机App时的引导页，如图10-1所示。

图10-1 淘宝手机App引导页

10.1.1 设计构思

本例制作App的引导页。引导页是一个App的“脸面”，所以引导页要吸引眼球，干净整洁，具有引导性。本例使用图片的背景，搭配清新的颜色，成为整个App的颜色和格调的先行页，效果如图10-2所示。

图10-2 引导页

10.1.2 操作步骤

01 新建文件。执行“文件→新建”命令，在弹出的“新建文档”窗口中选择新建一个720×1280像素的文档，如图10-3所示。

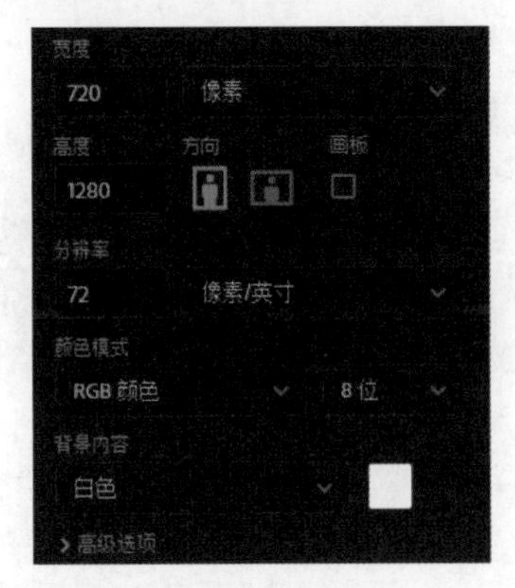

图10-3 新建文件

02 打开文件。执行“文件→打开”，在弹出的窗口中选择素材图片，单击“确定”按钮关闭文件选择窗口，然后打开背景图片，将图片拖曳到场景中，调整大小和位置，如图10-4所示。

图10-4 打开文件

03 绘制矩形。新建图层，单击工具箱中的“矩形工具”按钮，在选项栏中选择工具的模式为“形状”，填充颜色为#3a9ca7，改变图层不透明度为80%，如图10-5所示。

图10-5 绘制矩形

04 绘制椭圆。新建图层，单击工具箱中的“椭圆工具”按钮，在选项栏中选择工具的模式为“形状”，填充颜色为#dcdcdc，按住Shift键绘制正圆，改变图层不透明度为40%，如图10-6所示。

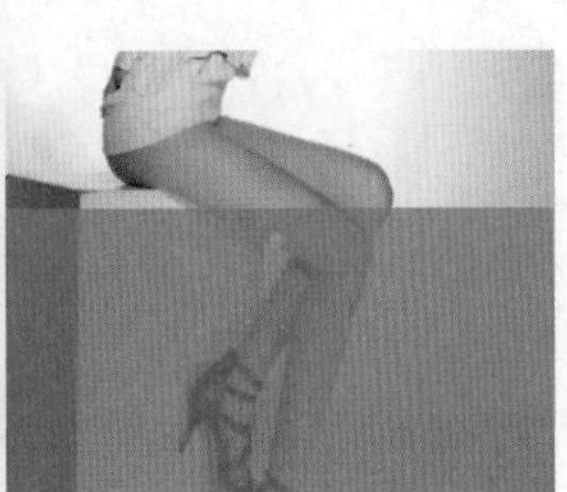

图10-6 绘制椭圆

05 绘制椭圆。新建图层，单击工具箱中的“椭圆工具”按钮，在选项栏中选择工具的模式为“形状”，按住Shift键绘制正圆，然后用同样的方法绘制更多的正圆，如图10-7所示。

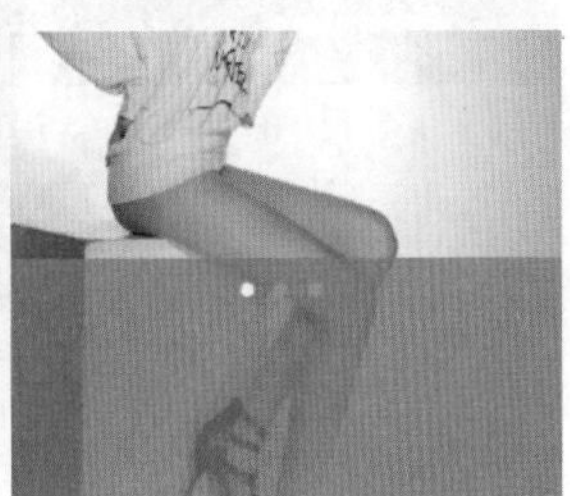

图10-7 绘制椭圆

06 添加文字。单击工具栏中的“横排文字工具”按钮，输入介绍文字，如图10-8所示。

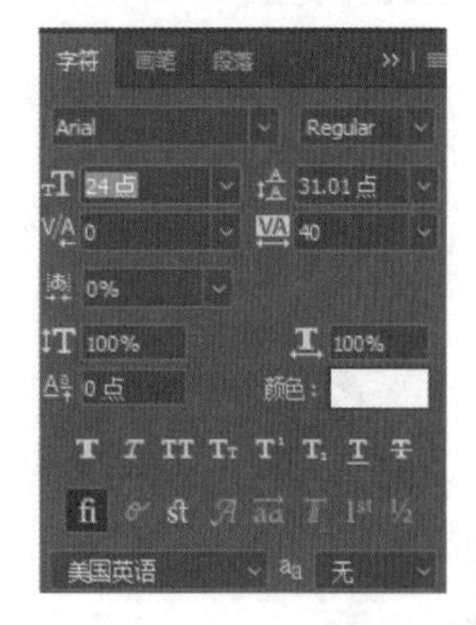

图10-8 添加文字

07 绘制矩形。新建图层，单击工具箱中的“矩形工具”按钮，在选项栏中选择工具的模式为“形状”，填充颜色为#7b7b7b，如图10-9所示。

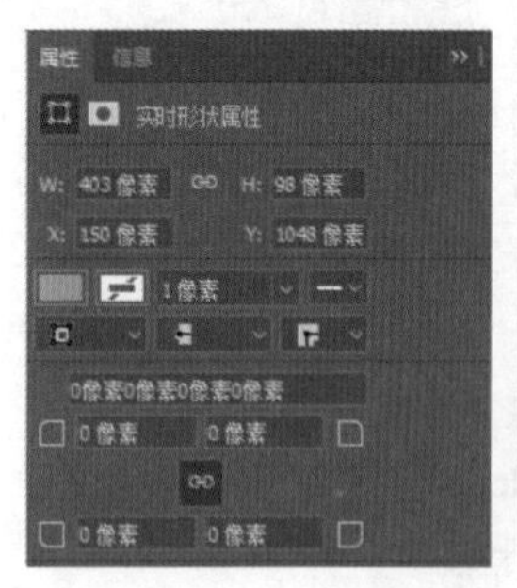

图10-9 绘制矩形

08 添加描边。执行“添加图层样式→描边”命令，打开“图层样式”面板，之后在弹出的“图层样式”对话框中选择“描边”选项，设置参数，添加描边效果，如图10-10所示。

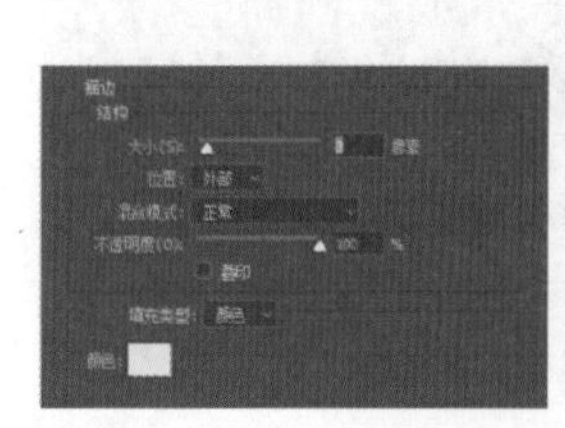

图10-10 添加描边

09 添加文字。单击工具栏中的“横排文字工具”按钮，输入功能文字，如图10-11所示。

图10-11 添加文字

10 绘制矩形。新建图层，单击工具箱中的“矩形工具”按钮，在选项栏中选择工具的模式为“形状”，填充颜色为黑色，将图层不透明度设为50%，如图10-12所示。

图10-12 绘制矩形

11 绘制形状。单击工具栏中的“钢笔工具”按钮，在选项栏中选择工具的模式为“形状”，绘制信号的图标形状，如图10-13所示。

图10-13 绘制信号图标的形状

12 绘制电池形状。单击工具栏中的“钢笔工具”按钮，在选项栏中选择工具的模式为“形状”，绘制电池的图标形状，如图10-14所示。

图10-14 绘制电池形状

13 绘制WIFI形状。单击工具栏中的“钢笔工具”按钮，在选项栏中选择工具的模式为“形状”，绘制WIFI信号的图标形状，如图10-15所示。

图10-15 绘制WIFI形状

14 添加时间。单击工具栏中的“横排文字工具”按钮，输入时间，这就完成了这个App的引导页设计，将各个部分放置到一个组内，如图10-16所示。

图10-16 添加时间并查看最终效果

10.2 案例：登录/注册界面设计

登录/注册界面是网站或App常用的小组件之一，功能虽少，却是很重要的用户登录、注册入口。登录/注册界面可以说是与用户关系最为密切的界面之一，所以此界面的用户体验需格外重视，一个美观易用的登录界面不仅能给用户留下深刻的印象，也有可能吸引临时访客注册。例如微博登录界面，界面中可以直观地看到不同的登录方式，如图10-17所示。

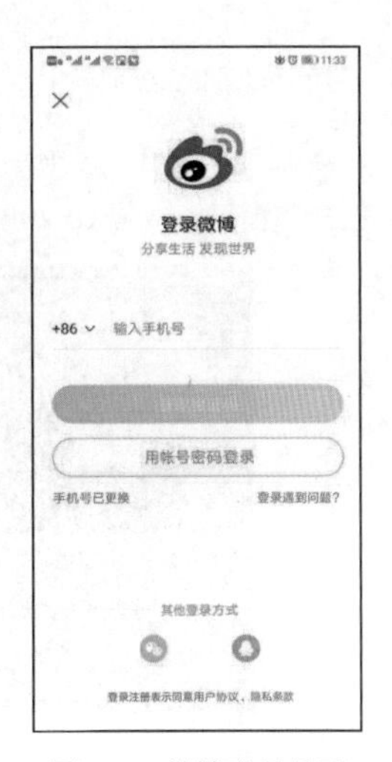

图10-17 微博登录界面

10.2.1 设计构思

本例制作App的登录/注册界面。本例使用耳机图片为背景，搭配清新的颜色，营造出美观易用的界面，整体颜色与之前的界面相映衬，体现了一个App各界面的密切关系，效果如图10-18所示。

图10-18 登录/注册界面

10.2.2 操作步骤

01 打开文件。执行“文件→打开”，在弹出的窗口中选择背景图片，单击“确定”按钮关闭文件选择窗口，打开背景图片，如图10-19所示。

图10-19 打开文件

02 替换颜色。执行“图像→调整→替换颜色”命令，在弹出的窗口中设置替换颜色参数，单击“确定”按钮关闭窗口，如图10-20所示。

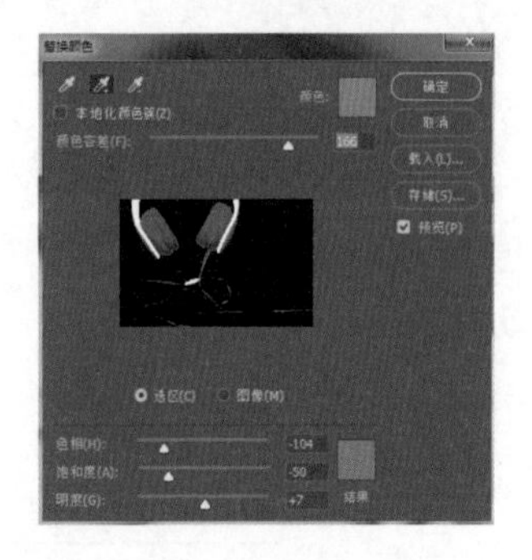

图10-20 替换颜色

03 裁剪图形。单击工具栏中的“裁剪工具”，设置比例为“16:9”，大小为720和1280，裁剪图形，单击Enter键确定操作，如图10-21所示。

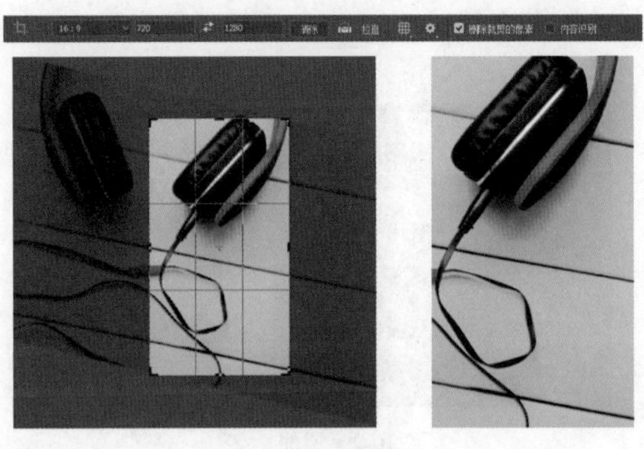

图10-21 裁剪图形

04 拖曳图形。单击工具栏中的“移动工具”，将图层拖曳到场景文件中，并关闭原场景中的其他图层，如图10-22所示。

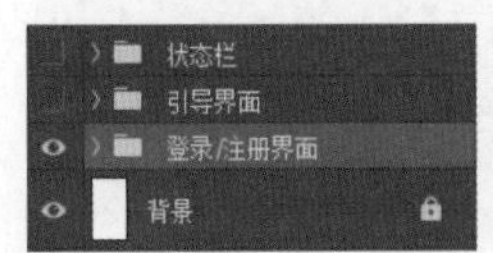

图10-22 拖曳图形

05 添加图层。按Ctrl+J组合键新建图层，将前景色设为白色，再按Alt+Delete组合键填充前景色，并将图层的不透明度设为15%，如图10-23所示。

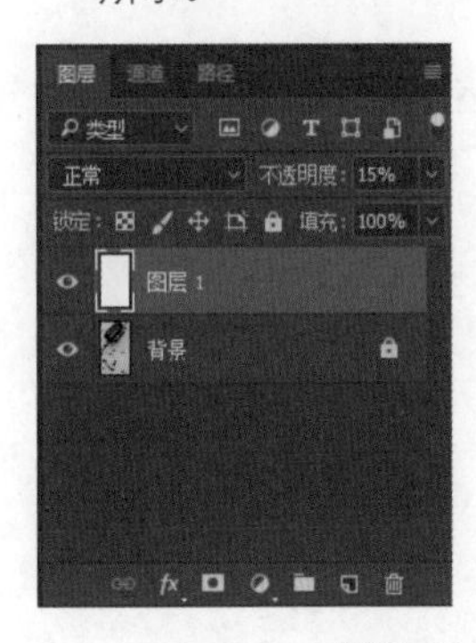

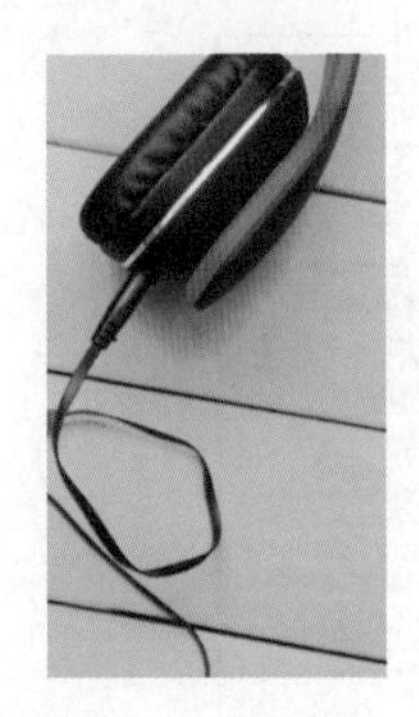

图10-23 添加图层

06 添加图层蒙版。单击图层下面的工具栏中的“添加图层蒙版”，为图层建立蒙版，单击工具栏中的“画笔工具”，将颜色设置为黑色，调节合适的不透明度，涂抹耳机部分，如图10-24所示。

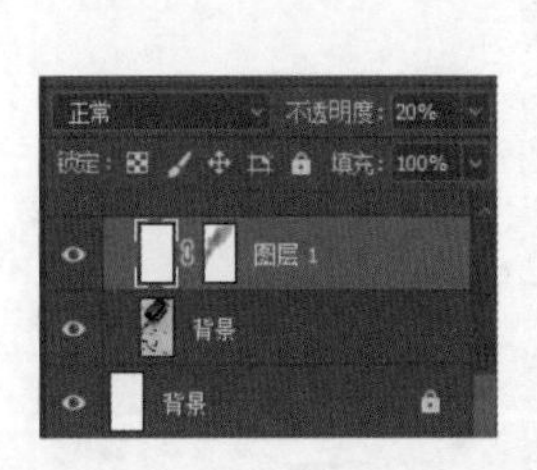

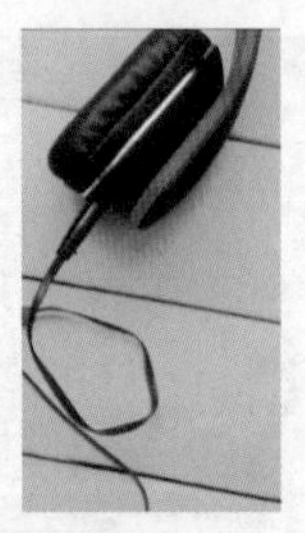

图10-24 添加图层蒙版

07 绘制圆角矩形。新建图层，单击工具箱中的“圆角矩形工具”按钮，在选项栏中选择工具的模式为“形状”，填充颜色为白色，如图10-25所示。

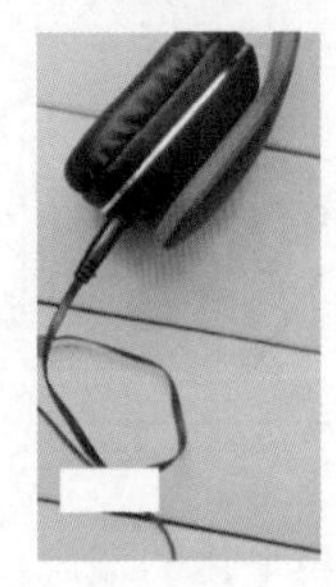

图10-25 绘制圆角矩形

08 绘制圆角矩形。新建图层，单击工具箱中的“圆角矩形工具”按钮，在选项栏中选择工具的模式为“形状”，填充颜色为#00cfa9，如图10-26所示。

图10-26 绘制圆角矩形

09 添加文字。单击工具栏中的“横排文字工具”按钮，输入登录或注册文字，如图10-27所示。

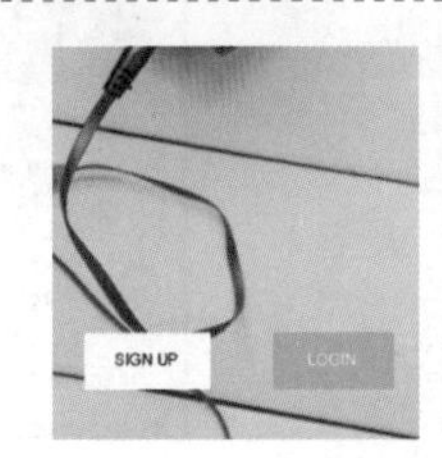

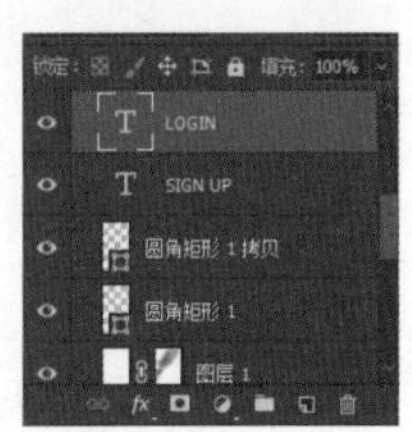

图10-27 添加文字

10 绘制矩形。新建图层，单击工具箱中的“矩形工具”按钮，在选项栏中选择工具的模式为“形状”，填充颜色为#9df9ed，将图层不透明度设为68%，如图10-28所示。

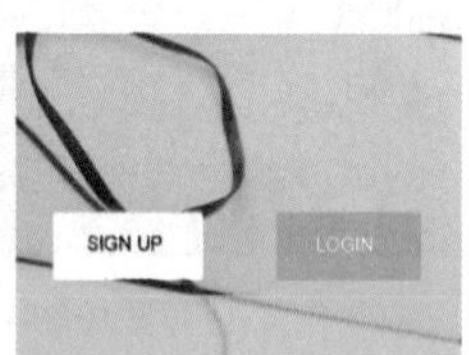

图10-28 绘制矩形

11 添加文字。单击工具栏中的“横排文字工具”按钮，输入简单的文字说明，打开状态栏组，来完成简单的登录/注册页面的设计，如图10-29所示。

图10-29 添加文字

10.3 案例：扁平化选择列表设计

扁平化的概念最核心的地方就是：去掉冗余的装饰效果，意思是去掉多余的透视、纹理、渐变等能做出3D效果的元素，让“信息”本身重新作为核心被凸显出来，并且在设计元素上强调抽象、极简、符号化。可参考淘宝中的搜索结果界面，如图10-30所示。

图10-30 搜索结果界面

10.3.1 设计构思

本例制作扁平化的列表界面。本案例先绘制矩形，再将素材拖到文档中，并创建剪贴蒙版，最后增加文字说明，即可完成整个界面的制作，效果如图10-31所示。

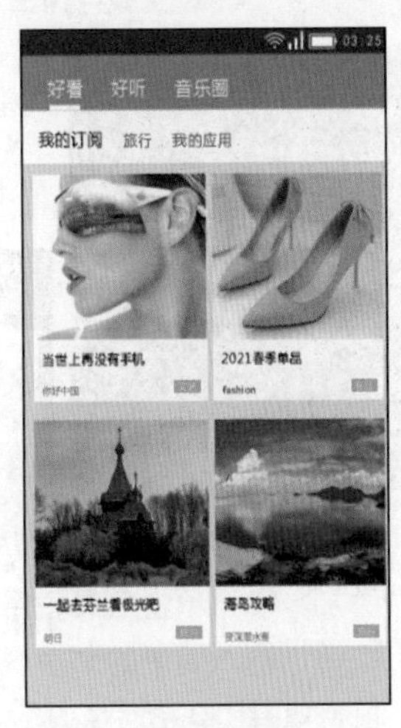

图10-31 扁平化选择列表

10.3.2 操作步骤

01 新建图层。按Ctrl+J组合键新建图层，将前景色设为#e8e8e8，再按Alt+Delete组合键填充灰色，并将其他界面隐藏，如图10-32所示。

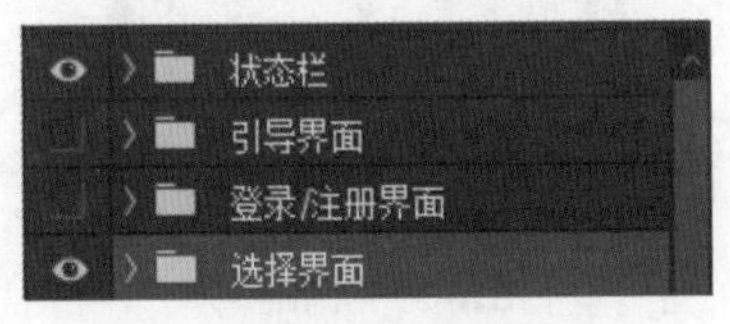

图10-32 新建图层

02 绘制矩形。新建图层，单击工具箱中的“矩形工具”按钮，在选项栏中选择工具的模式为“形状”，填充颜色为#1ca7b7，如图10-33所示。

图10-33 绘制矩形

03 添加文字。单击工具栏中的“横排文字工具”按钮，输入简单的文字说明，说明此界面的功能，如图10-34所示。

图10-34 添加文字

04 绘制矩形。新建图层，单击工具箱中的“矩形工具”按钮，在选项栏中选择工具的模式为“形状”，填充颜色为白色，然后用同样的方法绘制其他矩形，如图10-35所示。

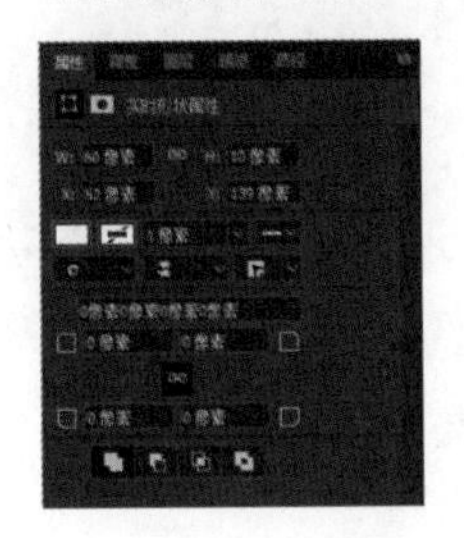

图10-35 绘制矩形

05 绘制矩形。新建图层，单击工具箱中的“矩形工具”按钮，在选项栏中选择工具的模式为“形状”，填充颜色为白色，如图10-36所示。

图10-36 绘制矩形

06 添加文字。单击工具栏中的“横排文字工具”按钮，输入简单的文字说明，说明此界面的功能，如图10-37所示。

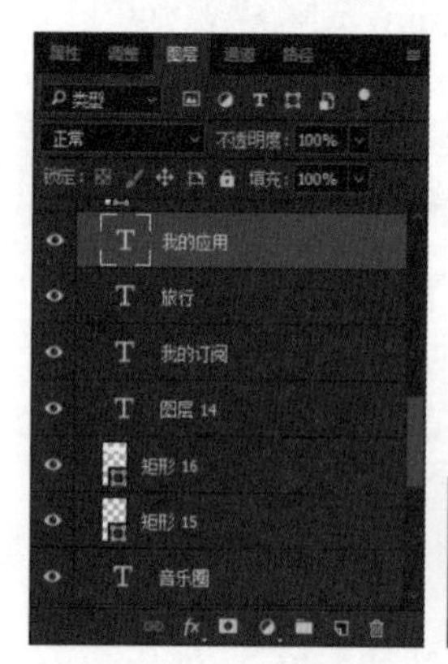

图10-37 添加文字

07 打开素材。执行“文件→打开”，在弹出的窗口中选择图片，单击“确定”按钮关闭文件选择窗口，将打开的图片拖曳到场景中，按Ctrl+T组合键调节合适的大小，如图10-38所示。

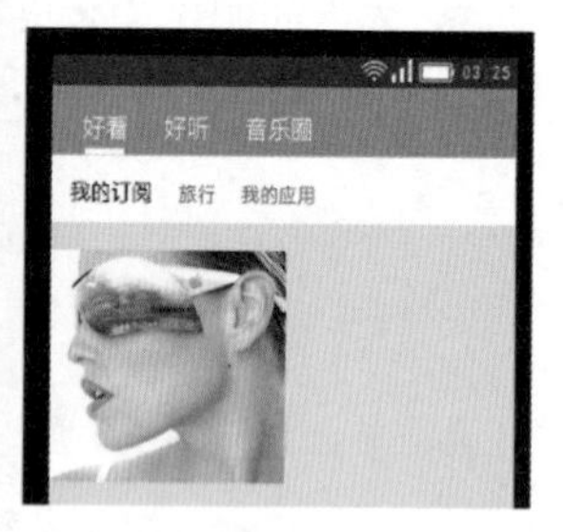

图10-38 打开素材

08 绘制矩形。在导入图片的下一层新建图层，单击工具箱中的“矩形工具”按钮，在选项栏中选择工具的模式为“形状”，填充颜色为白色，如图10-39所示。

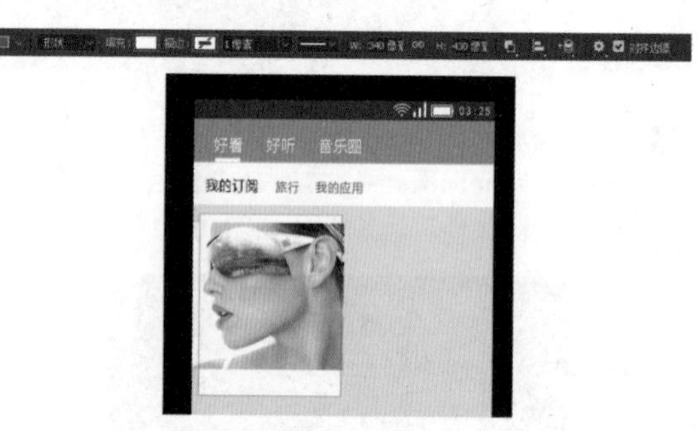

图10-39 绘制矩形

09 创建剪贴蒙版。右击图片图层选择“创建剪贴蒙版”按钮，调整图片大小，如图10-40所示。

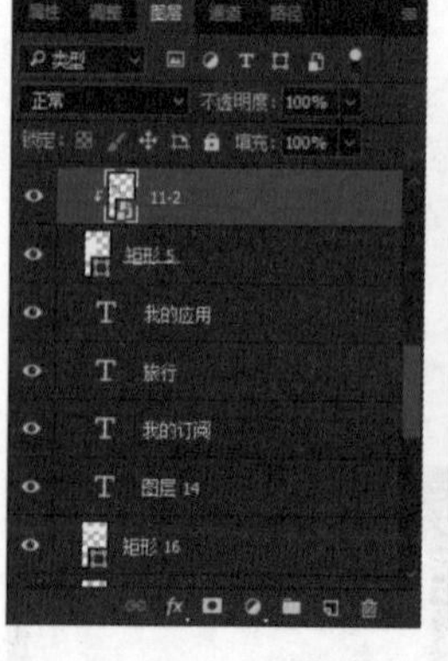

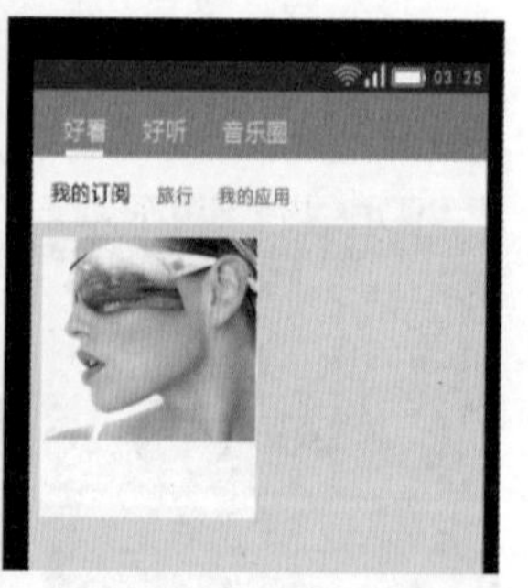

图10-40 创建剪贴蒙版

10 添加文字。单击工具栏中的“横排文字工具”按钮，输入选项文字说明，如图10-41所示。

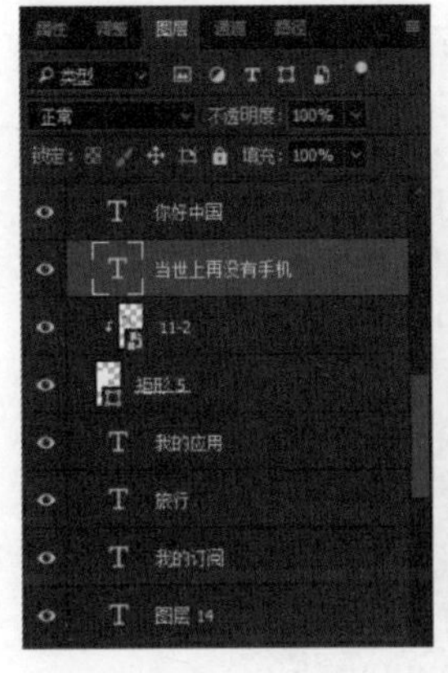

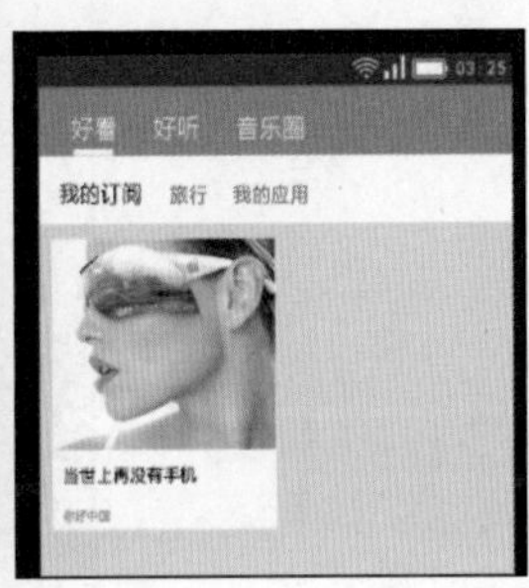

图10-41 添加文字

11 绘制矩形。在导入图片的下一层新建图层，单击工具箱中的“矩形工具”按钮，在选项栏中选择工具的模式为“形状”，填充颜色为#23c6d9，如图10-42所示。

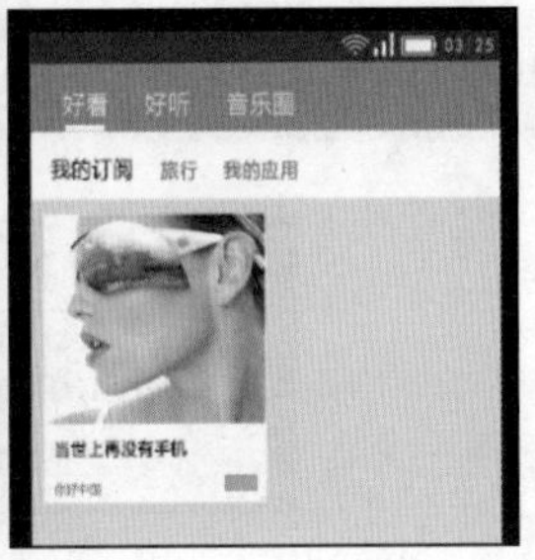

图10-42 绘制矩形

12 添加文字。单击工具栏中的“横排文字工具”按钮，输入选项文字说明，如图10-43所示。

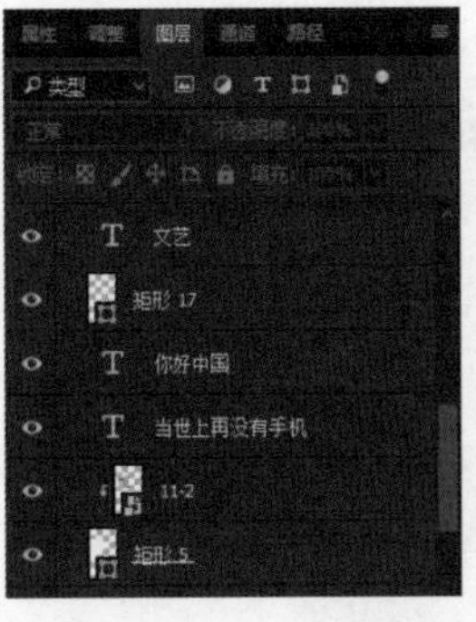

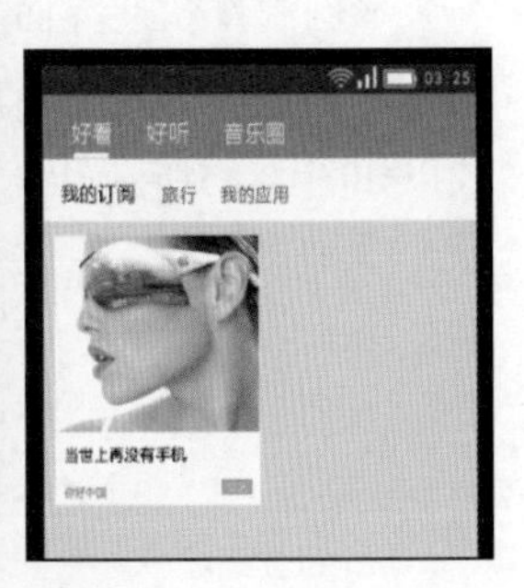

图10-43 添加文字

13 绘制更多效果。用相同的方式将界面绘制完整，如图10-44所示。

图10-44 最终效果

10.4 案例：欢迎界面设计

欢迎界面可以在未使用产品之前提前告知你产品的主要功能与特点，第一次印象的好坏会极大地影响后续对产品的使用体验。因此，各个公司都在努力将欢迎界面设计好，从一开始就引人入胜。

10.4.1 设计构思

本例制作欢迎界面。本案例利用几何形状的搭配来制作页面，利用色彩的搭配给用户带来本产品清新文艺的特点，整体效果如图10-45所示。

图10-45 欢迎界面

10.4.2 操作 步骤

01 新建图层。按Ctrl+J组合键新建图层，将前景色设为白色，再按Alt+Delete组合键填充白色，并将其他界面隐藏，如图10-46所示。

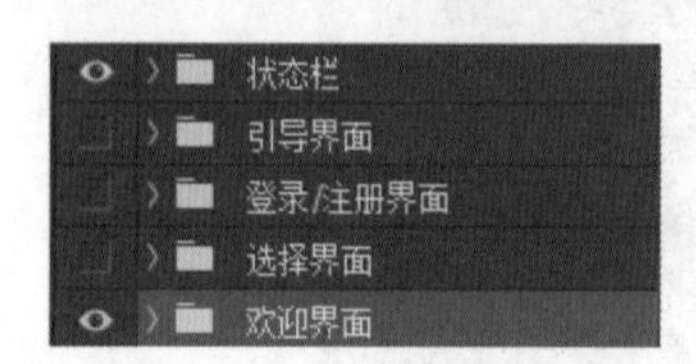

图10-46 新建图层

02 绘制椭圆。新建图层，单击工具箱中的“椭圆工具”按钮，在选项栏中选择工具的模式为“形状”，填充颜色为#fda4ba，按住Shift键绘制正圆，改变图层不透明度为53%，如图10-47所示。

图10-47 绘制椭圆

03 添加文字。单击工具栏中的“横排文字工具”按钮，输入欢迎页面的文字，如图10-48所示。

图10-48 添加文字

04 绘制椭圆。新建图层，单击工具箱中的“椭圆工具”按钮，在选项栏中选择工具的模式为“形状”，新建图层，按住Shift键绘制正圆，填充颜色为灰色，如图10-49所示。

图10-49 绘制椭圆

05 打开素材。执行“文件→打开”，在弹出的窗口中选择图片，单击“确定”按钮关闭文件选择窗口，将打开的图片拖曳到场景中，按Ctrl+T组合键调节合适的大小，如图10-50所示。

图10-50 打开素材

06 创建剪贴蒙版。右击图层选择“创建剪贴蒙版”按钮，调整图片大小，如图10-51所示。

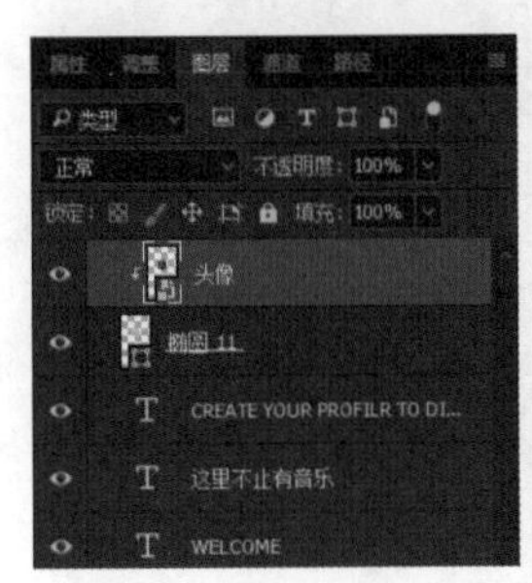

图10-51 创建剪贴蒙版

07 绘制圆角矩形。新建图层，单击工具箱中的“圆角矩形工具”按钮，在选项栏中选择工具的模式为“形状”，填充颜色为白色，如图10-52所示。

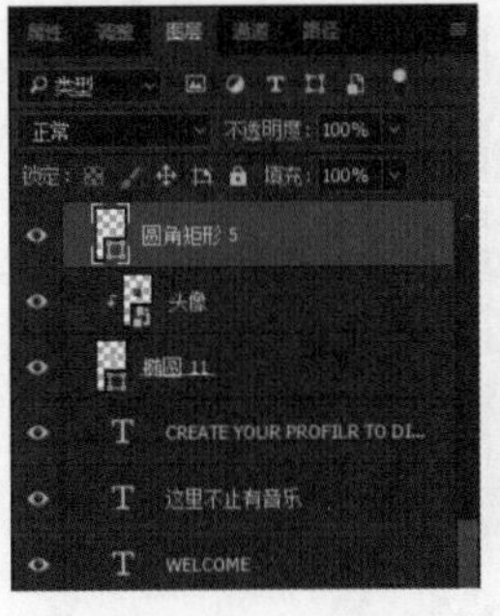

图10-52 绘制圆角矩形

08 添加描边。执行“添加图层样式→描边”命令，打开“图层样式”面板，之后在弹出的“图层样式”对话框中选择“描边”选项，设置参数，添加描边效果，如图10-53所示。

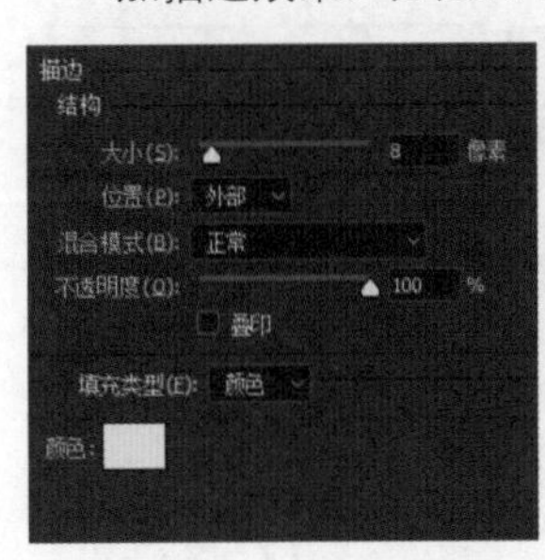

图10-53 添加描边

09 绘制矩形。新建图层，单击工具箱中的“矩形工具”按钮，在选项栏中选择工具的模式为“形状”，填充颜色为#f8f8f8，然后以相同的方式绘制其他矩形，如图10-54所示。

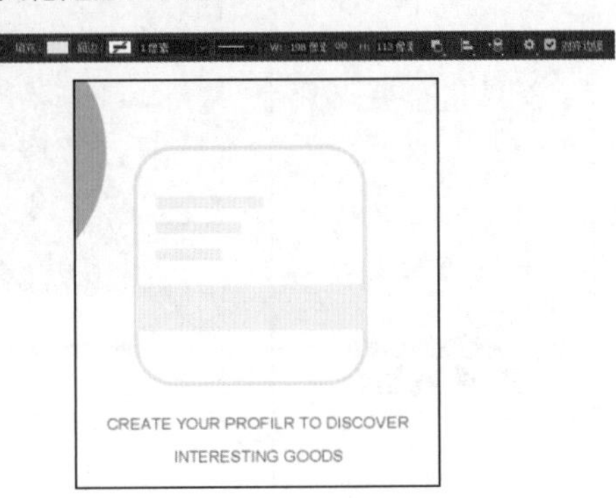

图10-54 绘制矩形

10 绘制椭圆。新建图层，单击工具箱中的“椭圆工具”按钮，在选项栏中选择工具的模式为“形状”，按住Shift键绘制正圆，然后用同样的方法绘制更多的正圆，如图10-55所示。

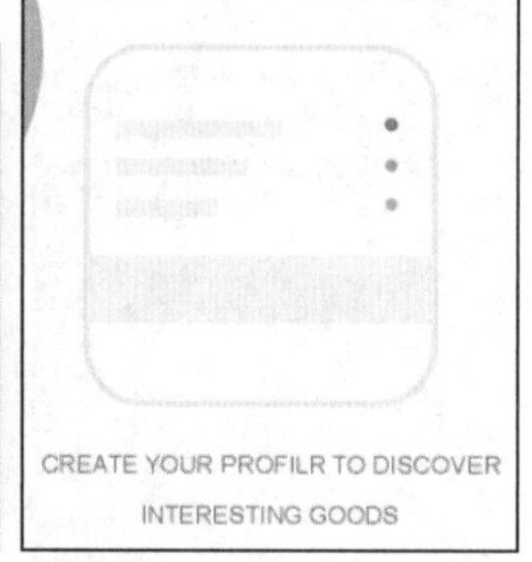

图10-55 绘制椭圆

11 绘制椭圆。新建图层，单击工具箱中的“椭圆工具”按钮，在选项栏中选择工具的模式为“形状”，按住Shift键绘制正圆，然后用同样的方法绘制更多的正圆，如图10-56所示。

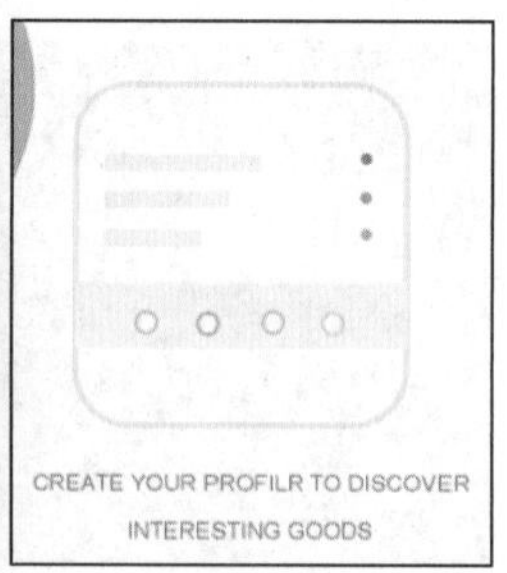

图10-56 绘制椭圆

12 绘制矩形。新建图层，单击工具箱中的“矩形工具”按钮，在选项栏中选择工具的模式为“形状”，填充颜色为#1ca7b7，调整矩形不透明度为90%，如图10-57所示。

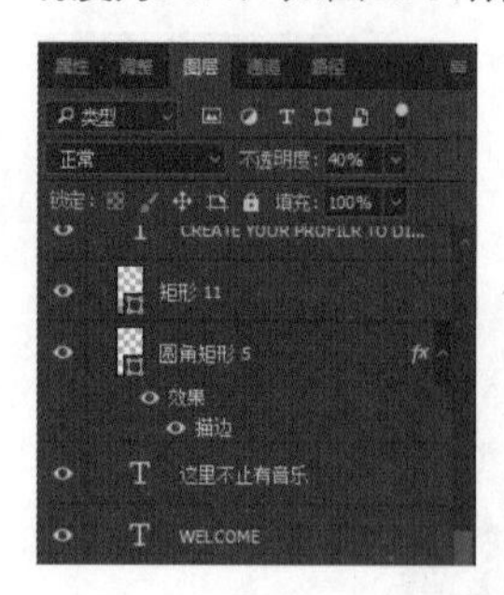

图10-57 绘制矩形

13 绘制形状。单击工具栏中的“钢笔工具”按钮，在选项栏中选择工具的模式为“形状”，绘制形状，完成本案例的制作，如图10-58所示。

图10-58 绘制形状

14 更多效果。利用相似的做法绘制更多的界面，如图10-59所示。

图10-59 更多效果